机械制造技术基础

吉林科学技术出版社

图书在版编目（CIP）数据

机械制造技术基础 / 陈建东，任海彬，毕伟主编
. -- 长春 : 吉林科学技术出版社, 2022.4
ISBN 978-7-5578-9299-9

Ⅰ. ①机… Ⅱ. ①陈… ②任… ③毕… Ⅲ. ①机械制造工艺－高等学校－教材 Ⅳ. ①TH16

中国版本图书馆 CIP 数据核字(2022)第 072669 号

机械制造技术基础

主　　编　陈建东　任海彬　毕　伟
出 版 人　宛　霞
责任编辑　孔彩虹
封面设计　树人教育
制　　版　北京荣玉印刷有限公司
幅面尺寸　185mm×260mm
开　　本　16
字　　数　382 千字
印　　张　16.25
印　　数　1–1500 册
版　　次　2022年4月第1版
印　　次　2022年4月第1次印刷

出　　版　吉林科学技术出版社
发　　行　吉林科学技术出版社
地　　址　长春市南关区福祉大路5788号出版大厦A座
邮　　编　130118
发行部电话/传真　0431-81629529　81629530　81629531
　　　　　　　　81629532　81629533　81629534
储运部电话　0431-86059116
编辑部电话　0431-81629510
印　　刷　廊坊市印艺阁数字科技有限公司

书　　号　ISBN 978-7-5578-9299-9
定　　价　78.00元

编委会

前　言

PREFACE

为了适应我国制造业对人才的需求，我国高等教育正进行着一场重大变革，各院校都在大力培养工程能力创新型应用性人才。这就要求学生在掌握一定专业理论知识的同时，还要具备很强的实践创新能力，能够将所学的知识用于生产实践。

本书以培养机械工程能力创新型应用性的人才为目标，以能力为本位，以重点培养学生创新和实践能力为核心，旨在使学生掌握最基本、最实用的机械制造方面的相关知识。通过本书的理论教学，加之实验教学、生产实习和课程设计等实践教学环节的配合，学生应掌握金属切削的基本理论，能初步分析和处理与切削加工有关的工艺技术问题。

本书的编写本着"实际、实用、实效、够用"的原则，突出基本概念、基本原理、基本方法和基本训练。在内容安排上侧重机械制造方面冷加工领域的基本知识、基本原理和基本方法，突出专业基础内容；在次序的安排上，既考虑了专业知识本身的内在联系，又遵循了专业知识前后贯通的原则，集基础性、传统性、应用性和学以致用等特点于一身。

本书涉及知识面较广，内容充实，重点突出，图文并茂，宜教宜学，结合案例教学，可读 性较强。全书贯彻执行法定计量单位及现行国家标准。

本书是两位作者在总结多年教学实践经验，参阅了兄弟院校有关机械制造基础教材及相关资料、参考书籍的基础上编写而成的，吸取了其多年教学改革的经验和成果，在此致以谢意。

尽管我们在教材建设的特色方面做了许多努力，但由于本书内容较多，编者水平有限，缺点和错误在所难免，希望广大读者对本书提出宝贵意见，以利于本书质量的提高。

目　　录

项目一　机械制造概述

项目概述

机械制造技术是一个永恒的主题，是设想、概念、科学技术物化的基础和手段，它有两方面的含义：一是指用机械加工零件（或工件）的技术，也就是指用切削加工的方法在机床（工具机或工作母机）上进行加工；二是指制造某种机械的技术，如汽车等。随着科技水平的发展，在制造方法上也有了很大的发展，除机械方法加工外，还出现了电加工、光学加工、化学加工等非机械加工方法，因此，将机械制造技术扩大，称之为制造技术。虽然强调了各种各样的技术，但机械制造技术仍然是它的主题和基础部分。就机械制造业来说，为整个国民经济提供技术装备，其发展水平是国家工业化程度的主要标志之一，是国家重要的支柱产业。

学习目标

1. 了解制造技术的重要性。
2. 熟悉机械制造技术的发展概况及趋势。
3. 掌握本课程研究内容、特点及学习方法。

任务一　制造技术的重要性

机械制造的重要性不言而喻，概括起来可以总结为以下几个方面。

一、人类社会的发展与制造技术相互促进

人类的发展过程就是一个不断制造的过程，从石器、陶器的制作到蒸汽机、内燃机的发明，再到现在的集成电路、纳米技术的应用，都离不开制造。随着社会的发展，制造技术的范围、规模在不断扩大，技术水平也在不断提高，从最初为了生活必需和存亡征战而进行的制造，逐渐向文化、艺术、工业发展，出现了纸张、笔墨、活版、石雕、钱币等制造技术；随后出现了大工业生产，人类的物质生活和精神文明有了很大的提高，同时对精神和物质有了更高的要求，从而大大推动了制造技术的发展；蒸汽机制造技术的问世，内燃机制造技术的出现和发展，促进了现代汽车、火车和舰船的出现，喷气涡轮发动机制造技术促进了现代喷气客机和超音速飞机的发展，集成电路制造技术的进步提升了现代计算机水平，宇宙飞船、航天飞机、人造卫星以及空间工作站等制造技术的出现，使人类走出了地球，走向了太空。所以说，制造技术的发展促进了人类社会的发展，反过来人类社会

的更大需求推动了制造技术的发展，二者关系密切。

二、机械制造是国民经济的基础和支柱

在整个制造业中，机械制造业占有非常重要的地位，因为机械制造业是向国民经济其他各部门提供工具、仪器和各种机械设备的技术装备部，并使其不断发展；机械制造技术是与国民经济各部门联系最密切、最广泛的实用科学技术，如果没有机械制造业提供质量优良、技术先进的技术装备，那么信息技术、新材料技术、海洋工程技术、生物工程技术以及空间技术等新技术群的发展将会受到严重的制约。因此，国民经济各部门的生产水平和经济效益在很大程度上取决于机械制造业所提供装备的技术性能、质量和可靠性，国民经济的发展速度在很大程度上取决于机械制造技术水平的高低和发展速度。

三、制造技术是国力与国防的坚强后盾

一个国家的国力主要体现在政治实力、经济实力和军事实力上，而制造技术水平直接影响到经济实力和军事实力，只有制造强，军事才能强。一个国家如果靠进口军事装备来保卫自己不是长久之计，也没有保障，必须要有自己的军事工业。有了自己强大的国力和国防，在国际社会上才会有地位，才能立足于世界。

四、制造业是解决就业的重要途径

一个国家，尤其是工业国家，约有1/4的人口从事制造业方面的工作。在我国，制造业吸引了约一半的城市就业人口，农村劳动力的转移也有近一半流入了制造业。

任务二　机械制造技术的发展概况及趋势

一、机械制造技术的发展概况

制造技术的发展大体可以分为三个重要阶段。

1. 手工业生产阶段

人类的制造活动可以追溯到石器时代，人类为了生存，利用天然石料制作劳动工具用以猎取自然资源；随着青铜器以及铁器时代的到来，为了满足以农业为主的自然经济的需要，出现了如纺织、冶炼、锻造等较为原始的制造活动。这个阶段的制造水平比较低，多靠手工、畜力或极其简单的机械（如凿、劈、锯、碾等）来加工，多为个体和小作坊生产方式，技术水平取决于制造经验，基本上适应了当时人类的发展需要。

2. 大工业生产阶段

这一阶段从18世纪开始到20世纪中叶发展最快，奠定了现代制造技术的基础，对现代工业、农业、国防工业的发展影响深远。18世纪蒸汽机的发明，出现了真正意义上的机械加工机床；19—20世纪，内燃机的发明，出现了汽车制造技术以及汽车装配生产线；20世纪50年代，出现了以大规模生产方式为主要特征的制造技术。同时，出现了以零件为对象的加工流水线和自动生产线，以部件和产品为对象的装配流水线和自动装配线，适

应了大批大量生产的需求。

3. 虚拟现实生产工业阶段

20世纪60年代以来，随着计算机技术、信息技术、网络技术的发展，采用计算机仿真、虚拟制造、集成制造、并行工程等方法，将设计和工艺高度结合，进行计算机辅助设计、计算机辅助工艺设计和数控加工，使产品在设计阶段就能发现加工中的问题，进行协同解决；同时，可以集全世界的制造技术和资源进行全世界范围内的合作生产，大大缩短了产品的开发周期，提高了产品质量。

这个阶段，工业生产采用强有力的软件，在计算机上进行系统完整的仿真，可以避免在生产加工时才能发现的一些问题，缩短产品开发周期的同时，避免了多代样机试制造成的损失。可以说，它既是虚拟的，也是现实的。

二、机械制造技术的发展趋势

未来，机械制造技术与材料科学、电子科学、信息科学、生命科学、管理科学等交叉、融合，朝着精密化、自动化、敏捷化和可持续方向发展。发展的重点为创新设计、并行设计、现代成形与改性技术、材料成形过程仿真和优化、高速和超高速加工、精密工程和纳米技术、数控加工技术、集成制造技术、虚拟制造技术、协同制造技术等。

任务三　本课程研究内容、特点及学习方法

一、本课程研究内容和学习要求

本课程主要介绍了机械产品的生产过程、机械加工过程及其装备，包括了金属切削过程及其基本规律、刀具、机床、夹具的基本知识、机械加工工艺规程和装配工艺规程的设计。

通过本课程的学习，要求学生：①对制造活动有一个总体的了解；②掌握金属切削过程的实质以及诸多现象的变化规律，并能结合实际初步解决生产中的相关问题；③了解常用刀具的结构、工作原理和工艺特点，能够结合生产实际合理选择刀具；④熟悉金属切削机床的结构、工作原理和工艺范围，能够结合生产实际正确选用机床设备；⑤掌握机械加工精度和表面质量的基本理论和基本知识，具有分析生产过程中的质量、生产效率等问题的能力；⑥掌握机械加工的基本知识，初步具有设计和编制零件加工工艺规程和装配工艺规程的能力，初步掌握设计机床夹具的步骤和方法；⑦了解各种先进制造技术的特点、应用范围，了解先进制造模式的发展概况及趋势。

二、本课程特点及学习方法

本课程具有很强的实践性和综合性，学习本课程时，除了阅读参考书籍之外，更要加强实践环节，即通过实习、课程设计及工厂调研更好地体会和加深理解。本课程的特点及学习方法阐述如下。

1. 综合性

机械制造技术是一门综合性很强的课程，涉及多门选修课的知识，如金属工艺学、工程材料、互换性与测量技术、机械设计以及化学、物理、力学等基础知识。因此，学习本课程时，需要特别紧密联系和综合应用以往所学的知识。

2. 实践性

机械制造技术本身就是机械制造生产实践的总结，具有极强的实践性。因此，在学习本课程时，要特别注意理论联系生产实际。在生产实践中，可以学到丰富的知识和经验，并进行总结和深化，从而又上升到理论知识；同时，在实践中，可以发现一些与技术发展不协调的情况需要改进和完善，这就要求我们运用理论知识去分析和处理实践中的问题。

为了能更好地学好本课程，应在学习之前或中期安排一定时间的生产实习，并在课程结束之后，安排 2 ~ 3 周课程设计，这样可以加强工程训练，深化本课程的学习。

课后思考

1. 简述机械制造技术的重要性。
2. 简述制造技术发展的三个重要阶段。
3. 简述机械制造技术的发展趋势。
4. 简述本课程的特点及学习方法。

项目二　金属切削基础知识

项目概述

金属切削加工实质上是工件和刀具相互作用的过程，是目前应用最为广泛的机械加工方法。本章主要介绍金属切削过程中的基本概念以及发生的物理现象，揭示这些物理现象内在的机理和规律；通过学习能够用金属切削的科学理论去指导生产实践，能根据具体加工条件合理选择刀具材料、切削部分几何参数及切削用量，能计算切削力和功率，并能运用所学知识分析及解决生产中出现的相关问题。

学习目标

1. 了解金属切削过程中的基本概念。
2. 熟悉刀具材料。
3. 掌握金属切削过程。
4. 了解切削力。
5. 了解切削热和切削温度。
6. 了解刀具磨损与刀具耐用度。
7. 掌握切削条件的合理选择。

任务一　认识金属切削机床

金属切削过程是工件和刀具相互作用的过程，其目的是将工件上多余的金属切除，并在保证高生产率和低成本的前提下，使工件达到符合设计要求的加工精度和表面质量。在这一过程中，刀具和工件之间将产生变形、摩擦、磨损、切削力、切削热等诸多物理现象，通过对这些物理现象的研究，揭示其内在的机理和规律；用金属切削的科学理论去指导生产实践，运用所学知识分析及解决生产中出现的相关问题。

一、概述

1. 金属切削机床的定义及其在国民经济中的地位

金属切削机床是用切削方法将金属毛坯加工成机器零件的机器，是制造机器的机器，称为“工作母机”。机床是机械制造业的核心和基石，它为各种类型的机械制造企业提供先进的制造技术与优质高效的机床设备，促进机械制造业的生产能力和工艺水平的提高。机床工业的技术水平代表了一个国家制造业的水平。随着科学技术的发展，现代数控机床成为制造业信息化的重要基础，是提高产品质量和劳动生产率必不可少的物质手段，是实现制造业自动化、柔性化、智能化生产的基础。《国家中长期科学和技术发展规划纲要（2006—2020）》中将数控机床列为16个重大专项之一，确立了机床工业在国民经济中的重要地位。《中国制造2025》也将高档数控机床、机器人等列为十大重点发展的领域，进一步凸显了机床的战略地位。

2. 金属切削机床分类与机床型号编制

（1）金属切削机床分类　金属切削机床的品种和规格繁多，有多种分类方法，主要有以下几种：

①按通用性程度分类　按照其通用性程度，可以将机床分为以下几类：

a. 通用机床。通用机床的工艺范围宽，适应不同加工要求的能力强，但其结构比较复杂，通常适合单件小批生产。典型的通用机床如卧式车床、万能外圆磨床、万能升降台铣床等。

b. 专门化机床。专门化机床的工艺范围较窄，只能用于加工某一类（或少数几类）零件的某一道（或少数几道）特定工序，如曲轴车床、凸轮轴磨床。

c. 专用机床。专用机床是为加工特定零件的特定工序而设计制造的机床，适于大批量生产，如汽车制造中的各种钻、铣、镗等组合机床。

②按自动化程度分类　按照其自动化程度，可将机床分为手动机床、机动机床、半自动机床、自动机床。自动机床具有完整的自动工作循环，包括自动装卸工件、能够连续地自动加工出工件。半自动机床也有完整的自动工作循环，但装卸工件还需人工完成，因此不能连续地加工。

③按机床的工作精度分类　按照其工作精度，可将机床分为普通精度机床、精密机床和高精度机床。

④按质量和尺寸分类　按照其质量和尺寸，可将机床分为仪表机床、中型机床（一般机床）、大型机床（质量大于10 t）、重型机床（质量在30 t以上）和超重型机床（质量在100 t以上）。

⑤按机床主要部件的数目分类　按照其主要部件的数目，可将机床分为单轴机床、多轴机床、单刀机床、多刀机床等。

现代机床向着数控化方向发展，数控机床的功能多样化、工序高度集中。例如，车削中心集合了数控车、钻、铣、镗等类型机床的功能。机床的数控化引起了机床传统分类方法的变化，使机床品种趋向综合。

（2）机床型号的编制　机床型号是机床产品的代号，用以表明机床类型、通用性和结构特性、主要技术参数等。我国现有机床型号是按照GB/T 15375—2008《金属切削机床型号　编制方法》规定编制的。机床型号由汉语拼音字母和阿拉伯数字按一定规律组合而成。

①通用机床型号表示方法

通用机床型号表示方法如下：

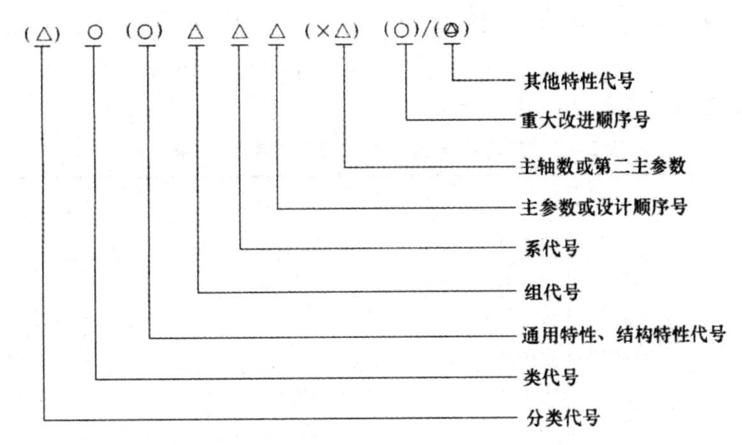

注：1. “（　）”的代号或数字，当无内容时，则不表示；若有内容，则不带括号。

2. 有“○”符号的，为大写的汉语拼音字母。

3. 有“△”符号的，为阿拉伯数字。

4. 有“◎”符号的，为大写的汉语拼音字母或阿拉伯数字，或两者兼有之。

a. 机床的分类及其代号。机床按其工作原理，分为车床、钻床、镗床、磨床、齿轮加工机床、螺纹加工机床、铣床、刨插床、拉床、锯床、其他机床共 11 个大类。必要时，需要用分类代号表示，如磨床类可分为 M、2M 和 3M。机床的分类和代号见表 2－1。

表 2－1　机床的分类和代号

类别	车床	钻床	镗床	磨床			齿轮加工机床	螺纹加工机床	铣床	刨插床	拉床	锯床	其他机床
代号	C	Z	T	M	2M	3M	Y	S	X	B	L	G	Q
读音	车	钻	镗	磨	二磨	三磨	牙	丝	铣	刨	拉	割	其

②机床的通用特性、结构特性代号　机床的通用特性、结构特性代号用大写的汉语拼音字母表示，位于类代号之后。通用特性代号有统一的固定含义，对于各类机床的意义相同，见表 2－2。例如“MGB”表示半自动高精度磨床，“CM”表示精密机床。如果某类型机床仅有某种通用特性，而无普通型的，则通用特性不必表示。例如 C1107 型单轴纵切自动车床，由于这类自动车床没有“半自动型”，所以不需用字母“Z”表示。

表 2－2　机床的通用特性代号

通用特性	高精度	精密	自动	半自动	数控	加工中心（自动换刀）	仿形	轻型	加重型	柔性加工单元	数显	高速
代号	G	M	Z	B	K	H	F	Q	C	R	X	S
读音	高	密	自	半	控	换	仿	轻	重	柔	显	速

对主参数值相同，而结构、性能不同的机床，在型号中用结构特性代号表示。当型号中有通用特性代号时，结构特性代号应排在通用特性代号之后。结构特性代号为汉语拼音字母，通用特性代号中已有的字母和“I”“O”两个字母不能使用，以免混淆。例如，CA6140 中的“A”表示其与 C6140 型机床在结构上有区别。

③机床组、系的划分　在每一类机床中，按工艺范围、布局形式及结构等将机床分为若干个组，每一组又分为若干个系列，见表 2－3。例如，CA6140 中的“61”表示车床中的第 6 组、第 1 系列，为卧式车床。

表 2－3　常用机床组、系代号及主参数（摘录）

类	组	系	机床名称	主参数的折算系数	主参数
车床	1	1	单轴纵切自动车床	1	最大棒料直径
	1	2	单轴横切自动车床	1	最大棒料直径
	1	3	单轴转塔自动车床	1	最大棒料直径
	2	1	多轴棒料自动车床	1	最大棒料直径
	2	2	多轴卡盘自动车床	1/10	卡盘直径
	2	6	立式多轴半自动车床	1/10	最大车削直径
	3	0	回轮车床	1	最大棒料直径
	3	1	滑鞍转塔车床	1/10	卡盘直径
	3	3	滑枕转塔车床	1/10	卡盘直径
	4	1	曲轴车床	1/10	最大工件回转直径
	4	6	凸轮轴车床	1/10	最大工件回转直径
	5	1	单柱立式车床	1/100	最大车削直径
	5	2	双柱立式车床	1/100	最大车削直径
	6	0	落地车床	1/100	最大工件回转直径
	6	1	卧式车床	1，10	床身上最大回转直径
	6	2	马鞍车床	1/10	床身上最大回转直径
	6	4	卡盘车床	1/10	床身上最大回转直径
	6	5	球面车床	1/10	刀架上最大回转直径
	7	1	仿形车床	1/10	刀架上最大车削直径
	7	5	多刀车床	1/10	刀架上最大车削直径
	7	6	卡盘多刀车床	1/10	刀架上最大车削直径
	8	4	轧辊车床	1/10	最大工件直径
	8	9	铲齿车床	1/10	最大工件直径
钻床	1	3	立式坐标镗钻床	1/10	工作台面宽度
	2	1	深孔钻床	1/10	最大钻孔直径
	3	0	摇臂钻床	1	最大钻孔直径
	3	1	万向摇臂钻床	1	最大钻孔直径
	4	0	台式钻床	1	最大钻孔直径
	5	0	圆柱立式钻床	1	最大钻孔直径
	5	1	方柱立式钻床	1	最大钻孔直径
	5	2	可调多轴立式钻床	1	最大钻孔直径
	8	1	中心孔钻床	1/10	最大工件直径
	8	2	平端面中心孔钻床	1/10	最大工件直径

续表

类	组	系	机床名称	主参数的折算系数	主参数
镗床	4	1	立式单柱坐标镗床	1/10	工作台面宽度
	4	2	立式双柱坐标镗床	1/10	工作台面宽度
	4	6	卧式坐标镗床	1/10	工作台面宽度
	6	1	卧式镗床	1/10	镗轴直径
	6	2	落地镗床	1/10	镗轴直径
	6	9	落地铣镗床	1/10	镗轴直径
	7	0	单面卧式精镗床	1/10	工作台面宽度
	7	1	双面卧式精镗床	1/10	工作台面宽度
	7	2	立式精镗床	1/10	最大镗孔直径

④机床主参数、设计顺序号　机床主参数是表示机床规格大小的一种参数，它直接反映机床的加工能力大小，用折算系数表示（见表 2－3），位于系代号之后。某些通用机床，当无法用一个主参数表示时，则用设计顺序号表示；有的机床还用第二主参数来补充表示其工作能力和加工范围，如补充给出最大工件长度、最大跨距等。在 GB/T 15375—2008《金属切削机床　型号编制方法》中，对各种机床的主参数有明确规定。

⑤主轴数或第二主参数　对于多轴车床、多轴钻床等，其主轴数置于主参数后，用“×”分开，读作“乘”。第二主参数一般指最大工件长度、最大跨距、工作台面长度等，也用折算值表示。

⑥机床的重大改进顺序号　当机床的性能及结构布局有重大改进时，则在原机床型号的尾部加重大改进顺序号，按 A、B、C、D 的顺序选用，如“M1432A”表示是在 M1432 基础上的第一次重大改进。

⑦其他特性代号　其他特性代号反映各类机床的特性。例如对于数控机床，其他特性代号可反映不同的控制系统、联动轴数、自动交换工作台等；对于一般机床，其他特性代号可反映同一型号的变形等。其他特性代号可用汉语拼音字母表示（“I”“O”两个字母除外），其中，“L”表示联动轴数，“F”表示复合。

综合上述通用机床型号的编制方法，举例如下：

【例 1】　CA6140 机床型号的含义：

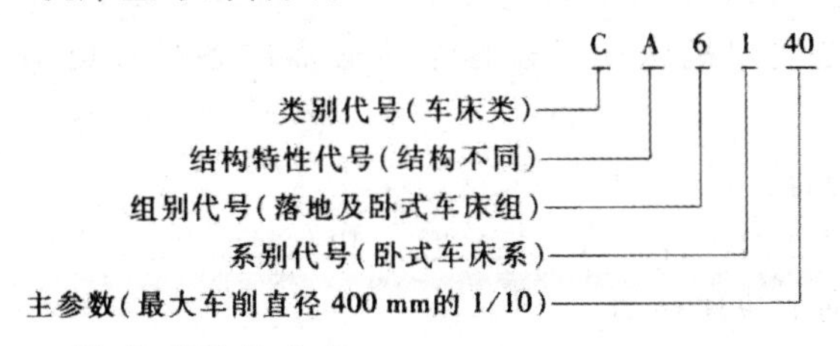

【例 2】　MKG1340 机床型号的含义：

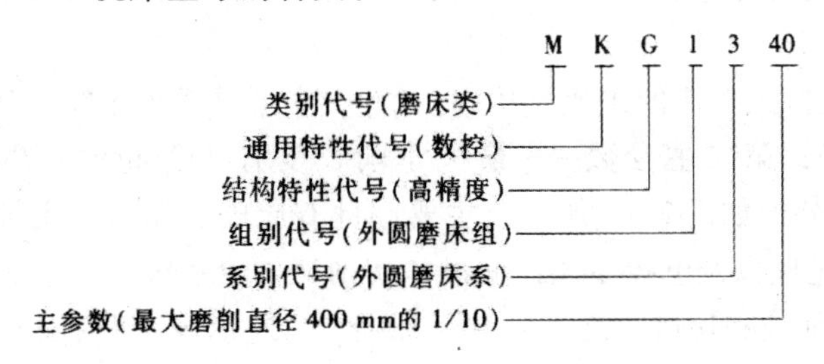

【例3】　最大磨削直径为320 mm的高精度万能外圆磨床，其型号为：MG1432。

【例4】　最大棒料直径为50 mm的六轴棒料自动车床，其型号为：C2150×6。

【例5】　最大回转直径为400 mm的半自动曲轴磨床的第一种变型代号：MB8240/1。

二、常用普通机床

1. 车床

车床种类很多，按其结构和用途主要分为卧式及落地车床、立式车床、转塔车床、单轴和多轴自动和半自动车床、仿形车床和多刀车床、数控车床和车削中心以及各种专门化车床（如凸轮轴车床、曲轴车床、车轮车床、铲齿车床等）等类别。车床在金属切削机床中所占比例为20%～35%，其中普通卧式车床应用最广。下面以CA6140型卧式车床为例介绍车床的功能和运动。

（1）CA6140型卧式车床的功能　CA6140型卧式车床的工艺范围很广，能进行多种回转表面和螺纹表面的加工。CA6140型卧式车床是普通精度级机床，其万能性较好，但结构复杂而且自动化程度较低，在加工形状比较复杂的工件时，需频繁地换刀，耗费辅助时间，所以仅适用于单件小批生产，很适合机修、工具车间使用。

（2）CA6140型卧式车床的运动

①车床的表面成形运动　CA6140型车床具备下列表面成形运动：

a. 工件的旋转运动。工件（主轴）的旋转运动是车削的主运动，主轴转速以n表示，单位为r/min。

b. 刀具的进给运动。车削圆柱表面时，刀具应做平行于工件中心线方向的运动；车削端面时，刀具应做垂直于工件中心线方向的运动；车削圆锥表面时，刀具应做与工件中心线成一定角度方向的运动；车削成形回转表面时，刀具应做曲线运动。刀具的运动是车削的进给运动，车床床鞍的进给量常以f表示，单位为mm/r。

②车床的辅助运动　主运动和进给运动是形成加工表面形状所必需的运动，称为机床的表面成形运动。机床在加工过程中除完成成形运动外，还需完成其他一系列运动。这些运动虽然与表面成形过程没有直接关系，但是在加工过程中是不可缺少的，统称为辅助运动。辅助运动的作用是实现机床加工过程中所必需的各种辅助动作，为表面成形创造条件。

车床上的辅助运动有：

a. 切入运动。刀具相对工件切入一定深度，以保证加工达到所要求的尺寸。

b. 刀架纵向及横向的快速移动。

c. 其他各种空行程运动，如开机、停机、变速、变向等控制运动，装卸、夹紧、松开工件的运动等。

（3）CA6140型卧式车床的组成及功用　CA6140型卧式车床的主参数——床身上最大回转直径为400 mm，第二主参数——最大车削长度有750 mm、1 000 mm、1 500 mm、2 000 mm四种。其外形如图2-1所示，主要部件有床腿、床身、主轴箱、进给箱、溜板箱、床鞍、刀架、尾座以及电控系统、润滑和切削液供给系统等。左、右床腿之间设有接盘18，以便回收切削液和切屑，之上安装了床身8，左床腿19内安装着主电动机、润滑油箱和电控箱，右床腿 13 内安装有切削液箱。

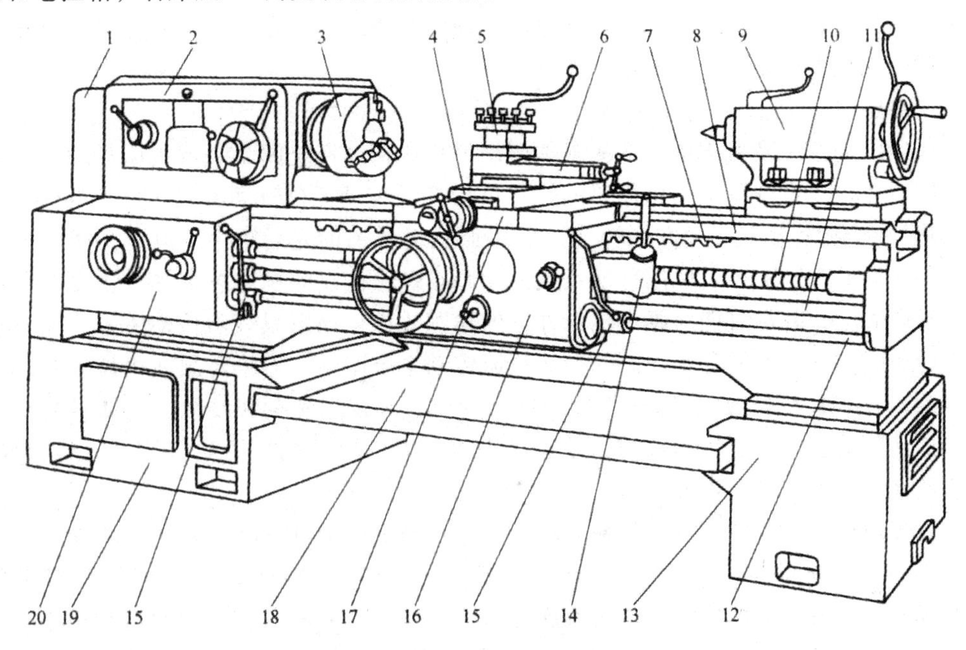

图 2－1　CA6140 型卧式车床外形

1—侧盖；2—主轴箱；3—卡盘；4—滑板；5—四方刀架；6—刀架；7—齿条；
8—床身；9—尾座；10—丝杠；11—光杠；12—操纵杆；13—右床腿；
14、15—操纵手柄；16—溜板箱；17—床鞍；18—接盘；19—左床腿；20—进给箱

床身是车床的基础件，其左上方安装有主轴箱 2，左前面安装有进给箱 20，正侧面还安装了丝杠 10、光杠 11、操纵杆 12 以及齿条 7。床身的功用是支撑这些零部件，使它们在工作时保持准确的相对位置。另外，在床身的上部还设置了山形和平形的导轨，为运动部件提供位置基准。

床鞍 17 可以在床身导轨上滑动，这就是车床的纵向进给运动。床鞍下方安装有溜板箱 16，床鞍上部设有横向导轨，以使滑板 4 沿横向移动，这就是车床的横向进给运动。在滑板 4 上安装有可旋转的刀架 6，刀架滑板可沿刀架导轨做手动进给运动，除用于刀具位置的微调外，还可实现斜向手动进给。

在刀架上方安装有四方刀架 5，在刀架四个侧面的矩形槽内都可以安装车刀。逆时针扳动刀架手柄可使刀架转动 90°，若顺时针扳动则可使刀架夹紧。

主电动机的动力通过 V 带（在侧盖 1 内）传至主轴箱，经主轴箱完成多级变速后驱动主轴实现主运动。主轴前端安装有卡盘 3，工件被夹紧在卡盘内。可见，主轴箱的功用是支承主轴并把动力经变速传动机构传给主轴，使主轴带动工件按规定的转速旋转，以实现主运动。

另外，主轴箱变速机构还将一部分动力传至进给箱 20，经进给箱变速后，动力传至丝杠 10 和光杠 11。至于动力是经丝杠还是经光杠传动，或者是两者都脱开用手轮驱动，则由溜板箱的操纵手柄控制。在丝杠传动状态下，可以纵向车削各种圆柱螺纹；在光杠传动状态下，可以采用不同的进给量纵向车削圆柱表面，或者横向车削端面。

尾座9的套筒前端莫氏锥孔可套接麻花钻、扩孔钻、铰刀等刀具或顶尖，进行孔加工或使工件定位。扳动尾座手轮，可驱动尾座套筒沿机床纵向移动。尾座底板可在机床纵向导轨上移动，位置确定后，可用手柄夹紧。

（4）CA6140型卧式车床传动链

①机床传动系统及机床传动链的基本概念　机床传动系统图是表示机床运动传递关系的示意图。在传动系统图中，用简单的符号表示各种传动元件（可参考GB/T 4460—2013《机械制图　机构运动简图用图形符号》），按照运动传递的先后顺序，以展开图的形式绘出各传动元件的传动关系。机床传动系统图常画在一个能反映机床外形和各主要部件相互位置的投影面上，并尽可能地画在机床外形的轮廓线内。该图只表示传动关系，而不表示各元件的实际尺寸和空间位置。此外，在机床传动系统图中，通常还须注明齿轮及蜗轮的齿数（有时还须注明模数）、蜗杆头数、带轮直径、丝杠的螺距和线数、电动机的功率和转速、传动轴的编号等。传动轴的编号通常从动力源（电动机）开始，按运动传递顺序，以罗马数字Ⅰ、Ⅱ、Ⅲ、Ⅳ等表示。

为了实现加工过程中所需的各种运动，机床传动链必须具备以下三个基本部分：

a. 执行件。执行件是指执行机床运动的部件，如主轴、刀架、工作台等，其任务是带动工件或刀具完成一定形式的运动（旋转运动或直线运动）和保持准确的运动轨迹。

b. 动力源。动力源是指提供运动和动力的装置，是执行件的运动来源。普通机床通常都采用三相异步电动机作为动力源，现代数控机床的动力源采用直流或交流调速电动机和伺服电动机。

c. 传动装置。传动装置是指传递运动和动力的装置，通过它把动力源的运动和动力传给执行件。通常，传动装置同时还需完成变速、变向、改变运动形式等任务，使执行件获得所需要的运动速度、运动方向和运动形式。

传动装置把机床执行件和动力源（如把主轴和电动机），或者把执行件和执行件（如把主轴和刀架）连接起来，构成传动链。

②机床传动链的性质　根据传动链的性质，传动链可以分为两大类：外联系传动链和内联系传动链。

a. 外联系传动链。外联系传动链是联系动力源（如电动机）和机床执行件（如主轴、刀架、工作台等）之间的传动链，使执行件得到运动，而且改变运动的速度和方向，但不要求动力源和执行件之间有严格的传动比关系。例如，车削螺纹时，从电动机传到车床主轴的传动链就是外联系传动链，它只决定车螺纹速度的快慢，而不影响螺纹表面的成形。再如在卧式车床上车削外圆柱表面时，由于工件旋转与刀具移动之间不要求严格的传动比关系，两个执行件的运动可以互相独立调整，所以传动工件和传动刀具的两条传动链都是外联系传动链。

b. 内联系传动链。内联系传动链是指所联系的执行件相互之间的相对速度（及相对位移量）有严格的要求，以确保执行件运动轨迹的传动链。例如，在卧式车床上用螺纹车刀车螺纹时，为了保证所需螺纹的导程大小，主轴（工件）转一周时，车刀必须移动一个规定的准确距离，这个距离即为导程，而联系主轴和刀架之间的这条传动链，就是一条对传动比有严格要求的内联系传动链。再如齿轮滚刀加工直齿圆柱齿轮时，为了得到正确的渐开线齿形，滚刀转 $1/k$ 转（k 是滚刀头数）时，工件就必须转 $1/z$ 转（z 为齿轮齿数）。同样，联系滚刀旋转和工件旋转的传动链，由于必须保证两者的严格运动关系，故而它也是内联系传动链。若这条传动链的传动比不准确，就不可能展成正确的渐开线齿形。由此可见，在内联系传动链中，各传动副的传动比必须准确不变，不应有传动比不可靠的摩擦传动副（如 V 带传动副）或是瞬时传动比有变化的传动副（如链传动副）。

下面以 CA6140 型卧式车床为例介绍机床传动链相关知识。图 2－2 所示为 CA6140 型卧式车床的传动系统图。

③CA6140 型卧式车床的主运动传动链

a. 主运动传动链的传动路线。主运动传动链的两个末端件是主电动机与主轴，其功用是把动力源（电动机）的运动及动力传给主轴，使主轴带动工件旋转，实现车削主运动，并满足卧式车床主轴变速和换向的要求。

如图 2－2 所示，运动由电动机（7.5 kW，1 450 r/min）经 V 带传动副 $\phi130/\phi230$ 传至主轴箱中的轴Ⅰ。在轴Ⅰ上装有双向多片离合器 M1。当压紧离合器 M1 左部的摩擦片时，轴Ⅰ的运动经齿轮副 56/38 或 51/43 传给轴Ⅱ，从而使轴Ⅱ获得两种转速。当压紧离合器 M1 右部的摩擦片时，轴Ⅰ的运动经右部摩擦片及齿轮 50 传至轴Ⅶ上的空套齿轮 34，然后再传给轴Ⅱ上的固定齿轮 30，使轴Ⅱ转动。这时由于轴Ⅰ至轴Ⅱ的传动中多经过一个中间齿轮 34，因此轴Ⅱ的转动方向与经 M1 左部传动时相反，且反转转速只有一种。当离合器 M1 处于中间位置时，其左部和右部的摩擦片都没有被压紧，空套在轴Ⅰ上的齿轮 56、51 和齿轮 50 都不转动，轴Ⅰ的运动不能传至轴Ⅱ，因此Ⅵ主轴停止转动。

轴Ⅱ的运动可分别通过三对齿轮副 22/58、30/50 或 39/41 传至轴Ⅲ，因而轴Ⅲ正转共有 $2\times3=6$ 种转速。运动由轴Ⅲ传到主轴有两条传动路线：

高速传动路线。主轴Ⅵ上的滑移齿轮 50 移至左端，与轴Ⅲ上右端的齿轮 63 啮合，于是运动就由轴Ⅲ经齿轮副 63/50 直接传给主轴，使主轴得到 450～1 400 r/min 的 6 种高转速。

低速传动路线。主轴Ⅵ上的滑移齿轮 50 移至右端，使主轴上的齿形离合器 M2 啮合，于是轴Ⅲ的运动就经齿轮副 20/80 或 50/50 传给轴Ⅳ，然后再由轴Ⅳ经齿轮副 20/80 或 51/50 传给轴 V，再经齿轮副 26/58 和齿形离合器 M2 传给主轴，使主轴获得 10～500 r/min的低转速。

在分析机床传动系统时，为简便起见，常用传动路线表达式来表示。CA6140 型卧式车床主运动传动链的传动路线表达式为：

$$\left(\begin{array}{c}\text{主支动机}\\ 7.5\ \text{kW}\\ 1\ 450\ \text{r/min}\end{array}\right)-\frac{\phi130}{\phi230}-\text{Ⅰ}-\left\{\begin{array}{l}\begin{array}{c}\text{M1（左）}\\ \text{（正转）}\end{array}-\left[\begin{array}{c}\frac{56}{38}\\ \frac{51}{43}\end{array}\right]-\\ \begin{array}{c}\text{M1（右）}\\ \text{（反转）}\end{array}-\frac{50}{34}-\text{Ⅶ}-\frac{34}{30}\end{array}\right\}-\text{Ⅱ}-\left[\begin{array}{c}\frac{39}{41}\\ \frac{30}{50}\\ \frac{22}{58}\end{array}\right]-$$

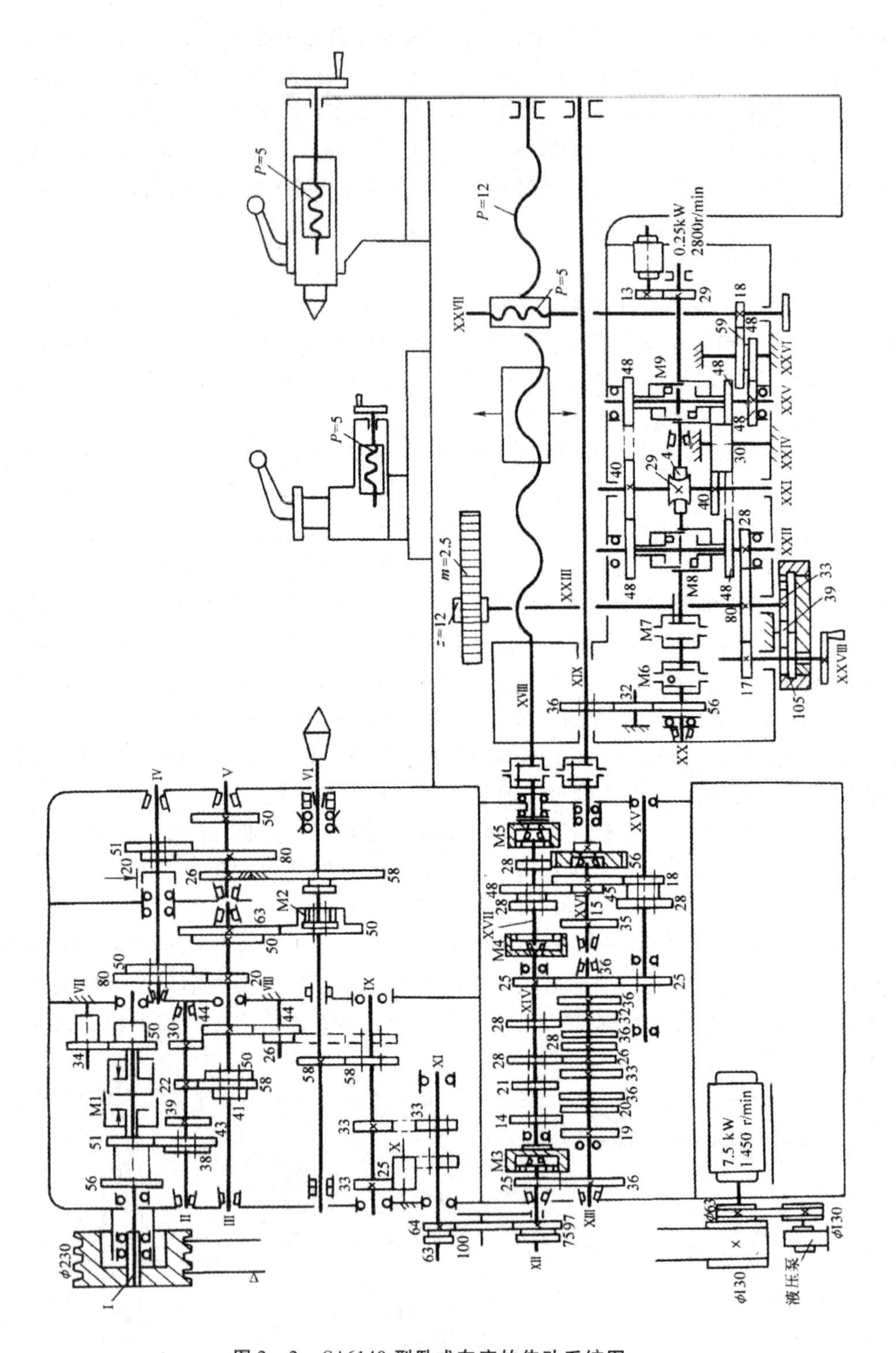

图 2－2　CA6140 型卧式车床的传动系统图

$$
\text{Ⅲ}-\left\{\begin{array}{c}
-\dfrac{63}{50}-\quad \underset{(\text{左移})}{\text{M2}}\quad - \\
\left\{\begin{array}{c}\dfrac{20}{80}\\ \dfrac{50}{50}\end{array}\right\}-\text{Ⅳ}-\left\{\begin{array}{c}\dfrac{20}{80}\\ \dfrac{51}{50}\end{array}\right\}-\text{Ⅴ}-\dfrac{26}{58}\quad \underset{(\text{左移})}{\text{M2}}\quad -
\end{array}\right\}-\underset{(\text{主轴})}{\text{Ⅵ}}
$$

由传动路线表达式可以清楚地看出从电动机至主轴各种转速的传动关系。根据传动系统图分析机床的传动关系时，首先应弄清楚机床有几个执行件，工作时有哪些运动，它的动力源是什么，然后按照运动的传递顺序，从动力源至执行件依次分析各传动轴之间的传动结构和传动关系。从传动系统图中看懂传动路线是认识和分析机床的基础，通常的方法是“抓两端，连中间”。也就是说，在了解某一条传动链的传动路线时，首先，应搞清楚此传动链两端的末端件是什么（“抓两端”）；其次，再找到它们之间的传动联系（“连中间”），这样就很容易找出传动路线。在分析传动结构时，应特别注意齿轮、离合器等传动件与传动轴之间的连接关系（如固定、空套或滑移），从而找出运动的传递关系。在分析传动系统图时应与传动原理图和传动框图联系起来。

b. 主轴转速级数。由机床传动系统图和传动路线表达式可以看出，主轴正转时，利用各滑动齿轮轴向位置的各种不同组合，共得 $2\times3\times(1+2\times2)=30$ 种传动主轴的路线。又经过计算可知，从轴Ⅲ到轴Ⅴ的4条传动路线的传动比为

$$u_1=\frac{20}{80}\times\frac{20}{80}=\frac{1}{16};\quad u_2=\frac{20}{80}\times\frac{51}{50}\approx\frac{1}{4};\quad u_3=\frac{50}{50}\times\frac{20}{80}=\frac{1}{4};\quad u_4=\frac{50}{50}\times\frac{51}{50}\approx1$$

其中 u_2 和 u_3 基本相同，所以实际上只有3种不同的传动比。因此，运动经由这条低速传动路线时，主轴实际上只能得到 $2\times3\times(2\times2-1)=18$ 级转速。加上由高速路线传动获得的6级转速，主轴总共可获得 $2\times3\times(1+3)=6+18=24$ 级转速。同理，主轴反转时有 $3\times[1+(2\times2-1)]=12$ 级转速。

主轴各级转速的数值，可根据主运动传动时所经过的传动件的运动参数（如带轮直径、齿轮齿数等）列出运动平衡式来计算。方法仍然是“抓两端，连中间”，即首先应找出此传动链两端的末端件，然后再找它们之间的传动联系。例如，对于车床的主运动传动链，首先应找出它的两个末端件——电动机和主轴，然后从两端向中间，找出它们之间传动联系，列出运动平衡式，即可计算出主轴转速的数值。对于图2-2所示的齿轮啮合位置，主轴的转速为

$$n_{\text{主轴}}=1\ 450\ \text{r/min}\times\frac{130}{230}\times\frac{51}{43}\times\frac{22}{58}\times\frac{20}{80}\times\frac{20}{80}\times\frac{26}{58}\approx10\ \text{r/min}$$

应用上述运动平衡式，可以计算出主轴正转时的24级转速为10～1 400 r/min。同理，也可计算出主轴反转时的12级转速为14～1 580 r/min。主轴反转通常不是用于切削，而是用于车削螺纹时，在完成一次切削后使车刀沿螺旋线退回，而不断开主轴和刀架间的传动链，以免在下一次切削时发生“乱扣”现象。为了节省退回时间，主轴反转转速比正转转速高。

④CA6140型卧式车床的进给运动传动链　进给运动传动链是实现刀具纵向或横向移动的传动链。卧式车床在切削螺纹时，进给运动传动链是内联系传动链，主轴转一周时刀架的移动量应等于螺纹导程。在切削圆柱面和端面时，进给运动传动链是外联系传动链，进给量也是以工件每转一周刀架的移动量来计算的。因此，在分析进给运动传动链时都应

该把主轴和刀架作为传动链的两个末端件。

进给运动传动链的传动路线（见图2－2）为：运动从主轴Ⅵ经轴Ⅸ（或再经轴Ⅹ上的中间齿轮25使运动反向）传至轴Ⅺ，再经过交换齿轮传至轴Ⅻ，然后传入进给箱。从进给箱传出的运动，一条路线是经丝杠Ⅹ、Ⅷ带动溜板箱，使刀架纵向运动，这是车削螺纹的传动链；另一条路线是经光杠Ⅹ、Ⅸ和溜板箱带动刀架做纵向或横向的机动进给，这是一般机动进给的传动链。

a. 车削螺纹。CA6140型卧式车床可车削米制螺纹、英制螺纹、模数螺纹和径节螺纹四种标准的常用螺纹，此外，还可车削大导程、非标准和较精密的螺纹。它既可以车削右旋螺纹，也可以车削左旋螺纹。无论车削哪一种螺纹，都必须在加工中形成螺纹左、右旋表面的母线和螺旋导线。一般用螺纹车刀形成母线，即按成形法形成母线，因此不需要成形运动；同时按轨迹法形成螺旋导线。螺旋导线的形成需要一个复合的成形运动，这个复合的成形运动必须保证主轴旋转一周，刀具准确地移动一个导程。根据这个相对运动关系，可列出车削螺纹时的运动平衡式为

$$1\mathrm{r}_{主轴} uP = S \tag{2-1}$$

式中 $1\mathrm{r}_{主轴}$——车床主轴转1转，下同；

u——从主轴到丝杠之间的总传动比；

P——机床丝杠的导程，单位为mm，CA6140型卧式车床的$P=12$ mm；

S——被加工螺纹的导程，单位为mm。

由式（2－1）可见，为了车削不同类型、不同导程的螺纹，必须对车削螺纹的传动链进行适当调整，使u值有相应的改变。

车削普通螺纹。在GB/T 193—2003《普通螺纹　直径与螺距系列》中规定了普通螺纹螺距的标准值。CA6140型卧式车床可加工的普通螺纹导程见表2－4，米制标准导程数列是按分段等差数列规律排列的（表中横向），各段之间互相成倍数关系（表中纵向）。

表2－4　CA6140型卧式车床可加工的普通螺纹导程　　单位：mm

—	1	—	1.25	—	1.5
1.75	2	2.25	2.5	—	3
3.5	4	4.5	5	5.5	6
7	8	9	10	11	12

注：标准模数数值与本表本一致，但需增加2.75 mm、3.25 mm、3.75 mm、6.5 mm等。

车削普通螺纹时，进给箱中的离合器M3和M4脱开，M5接合（见图2－2），运动由轴Ⅵ经齿轮副58/58、换向机构33/33（车左旋螺纹时经33/25、25/33）、交换齿轮(63/100)×(100/75)传到进给箱中，然后由移换机构的齿轮副25/36传至轴ⅩⅢ，再经过双轴滑移变速机构的齿轮副19/14或20/14，36/21，33/21，26/28，28/28，36/28，32/28传至轴ⅩⅣ，然后再由移换机构的齿轮副(25/36)×(36/25)传至轴Ⅹ、Ⅴ，接着再由轴Ⅹ、Ⅴ至轴Ⅻ间的两组滑移变速机构，最后经离合器M5传至丝杠Ⅹ、Ⅷ。当溜板箱中的开合螺母与丝杠相啮合时，就可带动螺纹车刀车削普通螺纹。

车削普通螺纹时，进给传动链的传动路线表达式如下：

$$\frac{\text{Ⅵ}}{\text{主轴}}-\frac{58}{58}-\text{Ⅸ}-\left\{\begin{matrix}(\text{右旋螺纹})\\ \frac{33}{33}\\ (\text{左旋螺纹})\\ \frac{33}{25}-\text{Ⅺ}-\frac{25}{33}\end{matrix}\right\}-\text{Ⅺ}-\frac{63}{100}\times\frac{100}{75}-\text{Ⅻ}-\frac{25}{36}-\text{XIII}-\left\{\begin{matrix}\frac{19}{14}\\ \frac{20}{14}\\ \frac{36}{21}\\ \frac{26}{28}\\ \frac{28}{28}\\ \frac{36}{28}\\ \frac{32}{28}\\ \frac{33}{21}\end{matrix}\right\}$$

$$-\text{XIV}-\frac{25}{36}\times\frac{36}{25}-\text{XV}-\left\{\begin{matrix}\frac{28}{35}\times\frac{35}{28}\\ \frac{18}{45}\times\frac{35}{28}\\ \frac{28}{35}\times\frac{15}{48}\\ \frac{18}{45}\times\frac{15}{48}\end{matrix}\right\}-\text{XVII}-\text{M5}-\frac{\text{XVIII}}{\text{丝杠}}-\text{刀架}$$

其中，轴XIII－轴XIV之间的变速机构可变换8种不同的传动比 $u_{基1}\sim u_{基8}$，见表2－5左列。$u_{基1}\sim u_{基8}$ 也可用公式表示，即

$$u_{基j}=\frac{S_j}{7}\ (j=1\sim8;\ S_j=6.5,\ 7,\ 8,\ 9,\ 9.5,\ 10,\ 11,\ 12)$$

表2－5　CA6140型卧式车床的普通螺纹导程与传动比之间的对应

基本组的传动比	增倍组的传动比			
	$u_{倍1}=\frac{18}{45}\times\frac{15}{48}=\frac{1}{8}$	$u_{倍2}=\frac{28}{35}\times\frac{15}{48}=\frac{1}{4}$	$u_{倍3}=\frac{18}{45}\times\frac{35}{28}=\frac{1}{2}$	$u_{倍4}=\frac{28}{35}\times\frac{35}{28}=1$
$u_{基1}=\frac{26}{28}\times\frac{6.5}{7}$	—	—	—	—
$u_{基2}=\frac{28}{28}\times\frac{7}{7}$	—	1.75	3.5	7
$u_{基3}=\frac{32}{28}\times\frac{8}{7}$	1	2	4	8
$u_{基4}=\frac{36}{28}\times\frac{9}{7}$	—	2.25	4.5	9
$u_{基5}=\frac{19}{14}\times\frac{9.5}{7}$	—	—	—	—

续表

基本组的传动比	增倍组的传动比			
	$u_{倍1}=\frac{18}{45}\times\frac{15}{48}=\frac{1}{8}$	$u_{倍2}=\frac{28}{35}\times\frac{15}{48}=\frac{1}{4}$	$u_{倍3}=\frac{18}{45}\times\frac{35}{28}=\frac{1}{2}$	$u_{倍4}=\frac{28}{35}\times\frac{35}{28}=1$
$u_{基6}=\frac{20}{14}\times\frac{10}{7}$	1.25	2.5	5	10
$u_{基7}=\frac{33}{21}\times\frac{11}{7}$	—	—	5.5	11
$u_{基8}=\frac{36}{21}\times\frac{12}{7}$	1.5	3	6	12

这些传动比的分母都是7，分子则除6.5和9.5用于其他种类的螺纹外，其余按等差数列排列。这套变速机构称为基本组。轴XV－轴XV间的变速机构可变换4种传动比$u_{倍1}\sim u_{倍4}$（见表2－5的顶行），可实现螺纹导程标准中的倍数关系，称为增倍机构或增倍组。基本组、增倍组和移换机构组成进给变速机构。

根据传动系统图或传动路线表达式，可以列出车削普通（右旋）螺纹的运动平衡式为

$$S=1\mathrm{r}_{主轴}\times\frac{58}{58}\times\frac{33}{33}\times\frac{63}{100}\times\frac{100}{75}\times\frac{25}{36}\times u_{基}\times\frac{25}{36}\times\frac{36}{25}\times u_{倍}\times 12 \tag{2－2}$$

式中 S——被加工螺纹的导程，单位为mm；

$u_{基}$——基本组的传动比；

$u_{倍}$——增倍组的传动比。

将式（2－2）简化后可得

$$S=7u_{基}\,u_{倍}=7\times\frac{S_j}{7}u_{倍}=S_j u_{倍} \tag{2－3}$$

由式（2－3）可见，选择不同的$u_{基}$和$u_{倍}$的值，就可以组配得到各种螺纹导程S的值。利用基本组可以得到按等差数列排列的基本导程S_j，利用增倍组可把由基本组得到的8种基本导程值按1/1，1/2，1/4，1/8缩小，两者串联使用就可以获得普通螺纹标准导程。

由表2－5可知，经这一条传动路线能获得的最大导程是12 mm，当需要获得导程大于12 mm的螺纹（如车削多线大导程螺纹或车削油槽）时，可将轴IX上的滑移齿轮58向右移动，使之与轴VIII上的齿轮26啮合。于是，主轴VI与轴IX之间传动路线表达式可以写为

$$\text{主轴VI}-\left\{\begin{array}{c}\text{（正常螺纹导程1:1）}\\ \frac{58}{58}\\ \text{（扩大螺纹导程4:1）}\\ \frac{58}{26}-\text{V}-\left\{\begin{array}{c}\frac{80}{20}\\ \frac{50}{51}\end{array}\right\}-\text{IV}-\left\{\begin{array}{c}\frac{50}{50}\\ \frac{80}{20}\end{array}\right\}-\text{III}-\frac{44}{44}-\text{VIII}-\frac{26}{58}\end{array}\right\}-\text{IX}-\cdots$$

加工扩大螺纹导程的螺纹时，自轴IX以后的传动路线仍与加工正常导程的螺纹时相同。由此可算出从轴VI到IX间的传动比为

$$u_{扩1}=\frac{58}{26}\times\frac{50}{51}\times\frac{50}{50}\times\frac{44}{44}\times\frac{26}{58}\approx1;\quad u_{扩2}=\frac{58}{26}\times\frac{80}{20}\times\frac{50}{50}\times\frac{44}{44}\times\frac{26}{58}=4$$

$$u_{扩3}=\frac{58}{26}\times\frac{50}{51}\times\frac{80}{20}\times\frac{44}{44}\times\frac{26}{58}\approx4;\quad u_{扩4}=\frac{58}{26}\times\frac{80}{20}\times\frac{80}{20}\times\frac{44}{44}\times\frac{26}{58}=16$$

而在加工正常导程螺纹时，主轴Ⅵ与轴Ⅸ间的传动比 $u_{正}=\frac{58}{58}=1$。可见，当传动链其他部分不变时，只做上述调整，便可使导程相应地扩大4倍或16倍。因此，通常把上述传动机构称为扩大导程机构，它实质上也是一个增倍组。但是必须注意，由于扩大螺纹导程机构的传动齿轮就是主运动的传动齿轮，所以有如下结论：

只有主轴上的M2啮合上，即主轴处于低速状态时才能用扩大螺纹导程机构，当轴Ⅲ-Ⅳ-Ⅴ之间的传动比为 $\frac{50}{50}\times\frac{50}{50}=1$，$u_{扩1}=1$ 时，即扩大导程等于正常导程，扩大螺纹导程机构不起作用；当传动比为 $\frac{20}{80}\times\frac{50}{50}=\frac{1}{4}$ 时，$u_{扩2}=4$，导程扩大至4倍；当传动比为 $\frac{20}{80}\times\frac{20}{80}=\frac{1}{16}$ 时，$u_{扩4}=16$，导程扩大至16倍。因此，当主轴转速确定后，螺纹导程能扩大的倍数也就确定了。

车削模数螺纹。车削模数螺纹主要指车削米制蜗杆和特殊丝杠。模数螺纹的导程为

$$P_z = k\pi m \tag{2-4}$$

式中　P_z——模数螺纹的导程，单位为mm；

k——螺纹的线数；

m——模数螺纹的模数（见表2-6），单位为mm。

表2-6　CA6140型卧式车床车削模数螺纹的模数　　单位：mm

基本组的传动比	增倍组的传动比			
	$u_{倍1}=\frac{18}{45}\times\frac{15}{48}=\frac{1}{8}$	$u_{倍2}=\frac{28}{35}\times\frac{15}{48}=\frac{1}{4}$	$u_{倍3}=\frac{18}{45}\times\frac{35}{28}=\frac{1}{2}$	$u_{倍4}=\frac{28}{35}\times\frac{35}{28}=1$
$u_{基1}=\frac{26}{28}\times\frac{6.5}{7}$	—	—	—	—
$u_{基2}=\frac{28}{28}\times\frac{7}{7}$	—	—	—	1.75
$u_{基3}=\frac{32}{28}\times\frac{8}{7}$	0.25	0.5	1	2
$u_{基4}=\frac{36}{28}\times\frac{9}{7}$	—	—	—	2.25
$u_{基5}=\frac{19}{14}\times\frac{9.5}{7}$	—	—	—	—
$u_{基6}=\frac{20}{14}\times\frac{10}{7}$	—	—	1.25	2.5
$u_{基7}=\frac{33}{21}\times\frac{11}{7}$	—	—	—	2.75
$u_{基8}=\frac{36}{21}\times\frac{12}{7}$	—	—	1.5	3

模数 m 的标准值也是按分段等差数列（段与段之间等比）的规律排列的。与普通螺

纹不同的是，在模数螺纹导程 P_z 的计算式中含有特殊因子 π。为此，车削模数螺纹时，交换齿轮需换为（64/100）×（100/97）。其余部分的传动路线与车削普通螺纹时完全相同。运动平衡式为

$$P_z = 1r_{主轴} \times \frac{58}{58} \times \frac{33}{33} \times \frac{64}{100} \times \frac{100}{97} \times \frac{25}{36} \times u_{基} \times \frac{25}{36} \times \frac{36}{25} \times u_{倍} \times 12 \qquad (2-5)$$

因 $\frac{64}{100} \times \frac{100}{97} \times \frac{25}{36} \approx \frac{7\pi}{48}$，故代入式（2－5）化简后得

$$P_z = \frac{7\pi}{4} u_{基}\, u_{倍}$$

因为 $P_z = k\pi m$，从而得

$$m = \frac{7}{4k} u_{基}\, u_{倍} = \frac{1}{4k} S_j u_{倍} \qquad (2-6)$$

由式（2－6）可见，改变 $u_{基}$ 和 $u_{倍}$，就可以车削出按分段等差数列排列的各种模数螺纹，若再应用扩大螺纹导程机构，还可以车削出大导程的模数螺纹。

b. 车削圆柱面和端面。车削圆柱面和端面时，形成母线的成形运动是相同的（主轴旋转），但形成导线时成形运动（刀架移动）的方向不同。运动从进给箱经光杠输入溜板箱，经转换机构实现纵向进给车削圆柱面，或横向进给车削端面。

传动路线。为了避免丝杠磨损过快，车削圆柱面和端面时的进给运动是由光杠经溜板箱驱动而不是丝杠驱动的，同时为了便于操纵，将操纵机构放在溜板箱上。车削圆柱面和端面时，将进给箱中的离合器 M5 脱开，使轴XⅦ的齿轮 28 与轴X、Ⅸ左端的齿轮 56 啮合。运动由进给箱传至光杠X、ⅠX，再经溜板箱中的齿轮副（36/32）×（32/56）、超越离合器 M6 及安全离合器 M7、轴XX、蜗杆副 4/29 传至轴XX、Ⅰ。当运动由轴X、XⅠ经齿轮副 40/48 或（40/30）×（30/48）、双向离合器 M8、轴X、Ⅻ、齿轮副 28/80、轴XⅢ传至小齿轮 12 时，由于小齿轮 12 与固定在床身上的齿条相啮合，小齿轮转动使刀架做纵向机动进给。当运动由轴X、Ⅺ经齿轮副 40/48 或（40/30）×（30/48）、双向离合器 M9、轴XXV及齿轮副（48/48）×（59/18）传至横向进给丝杠XX、Ⅶ后，就使横刀架做横向机动进给。其传动路线表达式如下：

$$\cdots \text{XⅦ}-\frac{28}{56}\underset{\text{光杠}}{\text{XIX}}\frac{36}{32}-\frac{32}{56}-\text{XX}-\underset{\text{蜗杆副}}{\frac{4}{29}}-\underset{\uparrow A^*}{\text{XXI}}-\begin{cases}\left.\begin{Bmatrix}M8\uparrow\frac{40}{48}\\ M8\downarrow\frac{40}{30}\times\frac{30}{48}\end{Bmatrix}\right.-\text{XXⅡ}-\frac{28}{80}-\text{XXⅢ}-\text{小齿轮 12}\\ \left.\begin{Bmatrix}M8\uparrow\frac{40}{48}\\ M8\downarrow\frac{40}{30}\times\frac{30}{48}\end{Bmatrix}\right.-\text{XXV}-\frac{48}{48}-\text{XXⅥ}-\frac{59}{18}-\text{丝杠}\end{cases}$$

注：A^* 为“快速驱动电动机（250 W，2 800 r/min）$-\frac{13}{29}-$”。

纵向机动进给量。CA6140 型卧式车床有 64 种纵向机动进给量，它们由 4 种类型的传动路线来获得。当主轴运动经正常导程的普通螺纹传动路线传递时，可获得正常进给量。

这时的运动平衡式为

$$f_{纵} = 1r_{主轴} \times \frac{58}{58} \times \frac{33}{33} \times \frac{63}{100} \times \frac{100}{75} \times \frac{25}{36} \times u_{基} \times \frac{25}{36} \times \frac{36}{25} \times u_{倍} \times \frac{28}{56} \times \frac{36}{32} \times \frac{32}{56} \times \frac{4}{29} \times \frac{40}{30} \times \frac{30}{48} \times \frac{28}{80} \times 2.5 \times \pi \times 12 \tag{2-7}$$

化简后可得

$$f_{纵} = 0.711 u_{基} u_{倍} \tag{2-8}$$

由式（2－8）可知，改变 $u_{基}$ 和 $u_{倍}$ 可得到 0.08～1.22 mm/r 的 32 种正常进给量。

此外，主轴运动经正常导程的英制螺纹传动路线传递时，可得到 0.86～1.59 mm/r 的 8 种较大的纵向进给量；经扩大螺纹导程机构及英制螺纹传动路线，且主轴处于 10～125 r/min 的 12 级低转速时，可获得 1.71～6.33 mm/r 的 16 种加大的纵向进给量；经扩大螺纹导程机构及普通螺纹传动路线，且主轴处于 450～1 400 r/min（500 r/min 除外）的 6 级高转速，当 $u_{倍} = 1/8$ 时，可得到 0.028～0.054 mm/r 的 8 种小纵向进给量。

横向机动进给量。机动进给时横向进给量的计算，除在溜板箱中由于使用离合器 M9，因而从轴Ⅹ、Ⅺ以后传动路线有所不同外，其余与纵向进给时的计算方法相同。由传动分析可知，在对应的传动路线下，所得到的横向机动进给量是纵向机动进给量的一半。

⑤刀架的快速移动　为了减轻工人劳动强度和提高工作效率，刀架可以实现纵向和横向机动快速移动。当需要刀架快速接近或退离工件的加工部位时，可按下快速移动按钮，使快速电动机（250 W，2 800 r/min）启动。这时运动经齿轮副 13/29 使轴ⅩⅩ高速转动，再经蜗杆副 4/29 传到溜板箱内的转换机构，使刀架实现纵向或横向的快速移动，快移方向仍由溜板箱中的双向离合器 M8 和 M9 控制。为了缩短辅助时间和简化操作，在刀架快速移动时不必脱开进给运动传动链。这时，为了避免仍在转动的光杠和快速电动机同时传动轴ⅩⅩ而造成破坏，在齿轮 56 与轴ⅩⅩ之间装有超越离合器。

（5）CA6140 型卧式车床主轴箱的典型结构　CA6140 型卧式车床主轴箱是一个比较复杂的传动部件。为了研究各传动件的结构和装配关系，常用展开图来表达，如图 2－3 所示的主轴箱展开图。该图是沿图 2－4 所示的轴Ⅳ－Ⅰ－Ⅱ－Ⅲ（Ⅴ）－Ⅵ－Ⅺ－Ⅸ－Ⅹ的轴线剖切并展开后绘制出来的。在展开图中可以看出各传动件（轴、齿轮、带传动和离合器等）的传动关系，各传动轴及主轴上有关零件的结构形状、装配关系和尺寸，以及箱体有关部分的轴向尺寸和结构。展开图把立体结构展开在一个平面上，其中有些轴之间的距离拉开了。例如轴Ⅳ画得离轴Ⅲ与轴Ⅱ较远，从而使原来相互啮合的齿轮副分开了。因此，读展开图时，首先应弄清楚传动关系及其他向视图及剖视图。

①卸荷带轮　如图 2－3 所示，电动机输出的运动由 4 根 V 带将运动传至轴Ⅰ左端的带轮 2。带轮 2 与花键套 1 用螺钉连接成一体，支承在法兰 3 内的两个深沟球轴承上，而法兰 3 被固定在主轴箱体 4 上。这样，带轮 2 可通过花键套 1 带动轴Ⅰ旋转，而 V 带的拉力则经轴承和法兰 3 传至主轴箱体 4，使轴Ⅰ的花键部分只传递转矩，不承受弯矩，因而不产生弯曲变形。

②双向多片离合器、制动器及其操纵机构　双向多片离合器装在轴Ⅰ上（见图 2－5），由内摩擦片 3、外摩擦片 2、止推片 10 及 11、压块 8 及空套齿轮 1 等组成。离合器左右两部

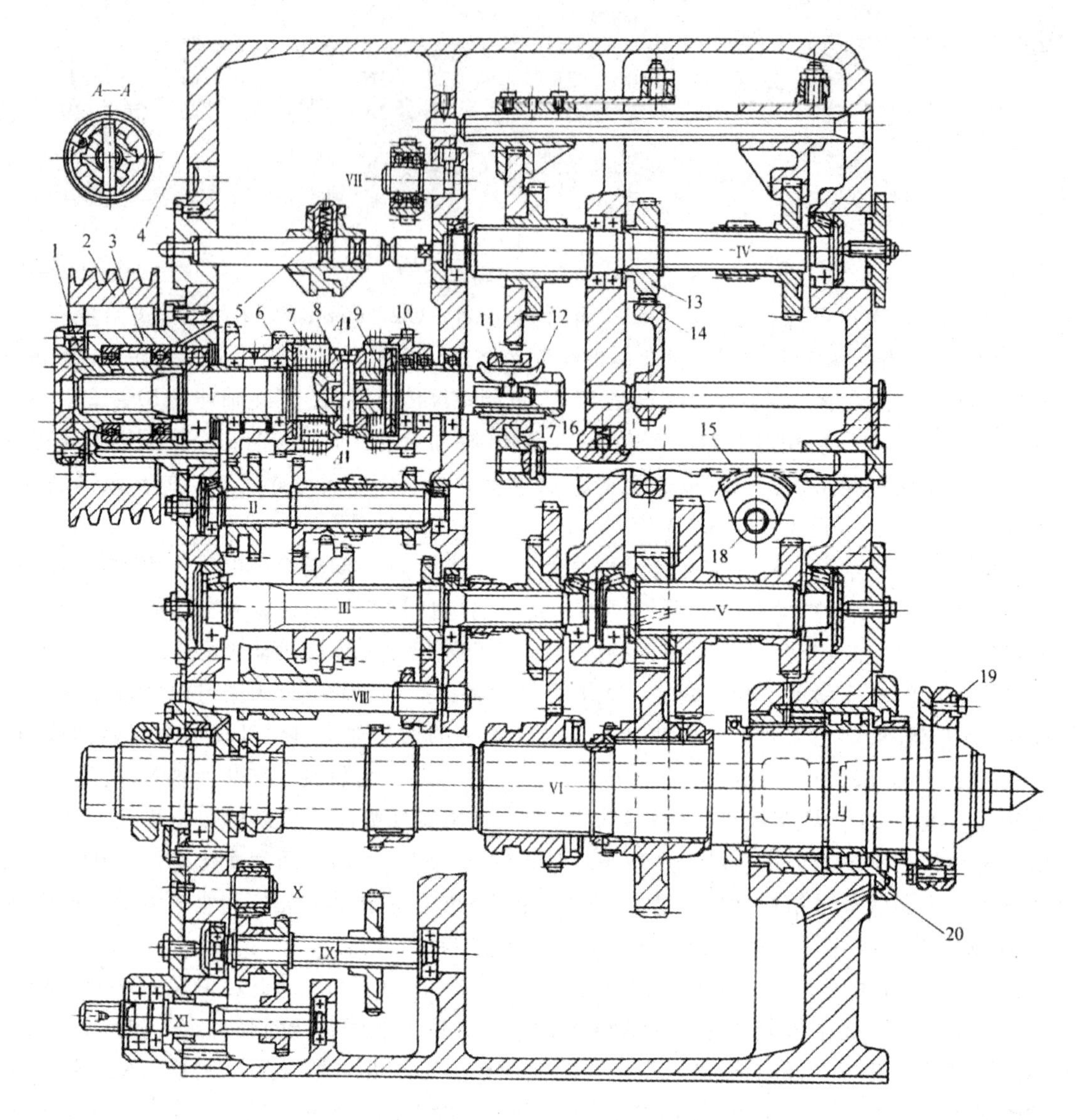

图 2-3 CA6140 型卧式车床主轴箱展开图

1—花键套；2—带轮；3—法兰；4—主轴箱体；5—弹簧销；6—空套齿轮；7—正转摩擦片；8—压块；9—反转摩擦片；10—齿轮；11—滑套；12—元宝销；13—制动盘；14—制动杠杆；15—齿条；16—杆；17—拨叉；18—扇形齿轮；19—圆形拨块；20—端盖

分结构是相同的。双向多片离合器的作用是在主电动机转向不变的前提下，除实现主轴转向（正转、反转或停止）的控制并靠摩擦力传递运动和转矩外，还可实现过载保护。当机床过载时，摩擦片打滑，就可避免损坏传动齿轮或其他零件。左离合器用来传动主轴正转，用于切削加工，需传递的转矩较大，所以摩擦片较多。右离合器传动主轴反转，主要用于退刀，摩擦片较少。图 2-5a)表示的是左离合器，图中内摩擦片 3 的内孔为花键孔，装在轴 I 的花键部位上，与轴 I 一起旋转。外摩擦片 2 的外圆上有四个凸起，卡在空套齿轮 1（展开图 2-3 中件号 6，以下用“展 6”表示，以此类推）的缺口槽中；外摩擦片的内孔是光滑圆孔，空套在轴 I 的花键部位的外圆上。内、外摩擦片相间安装，在未被压紧

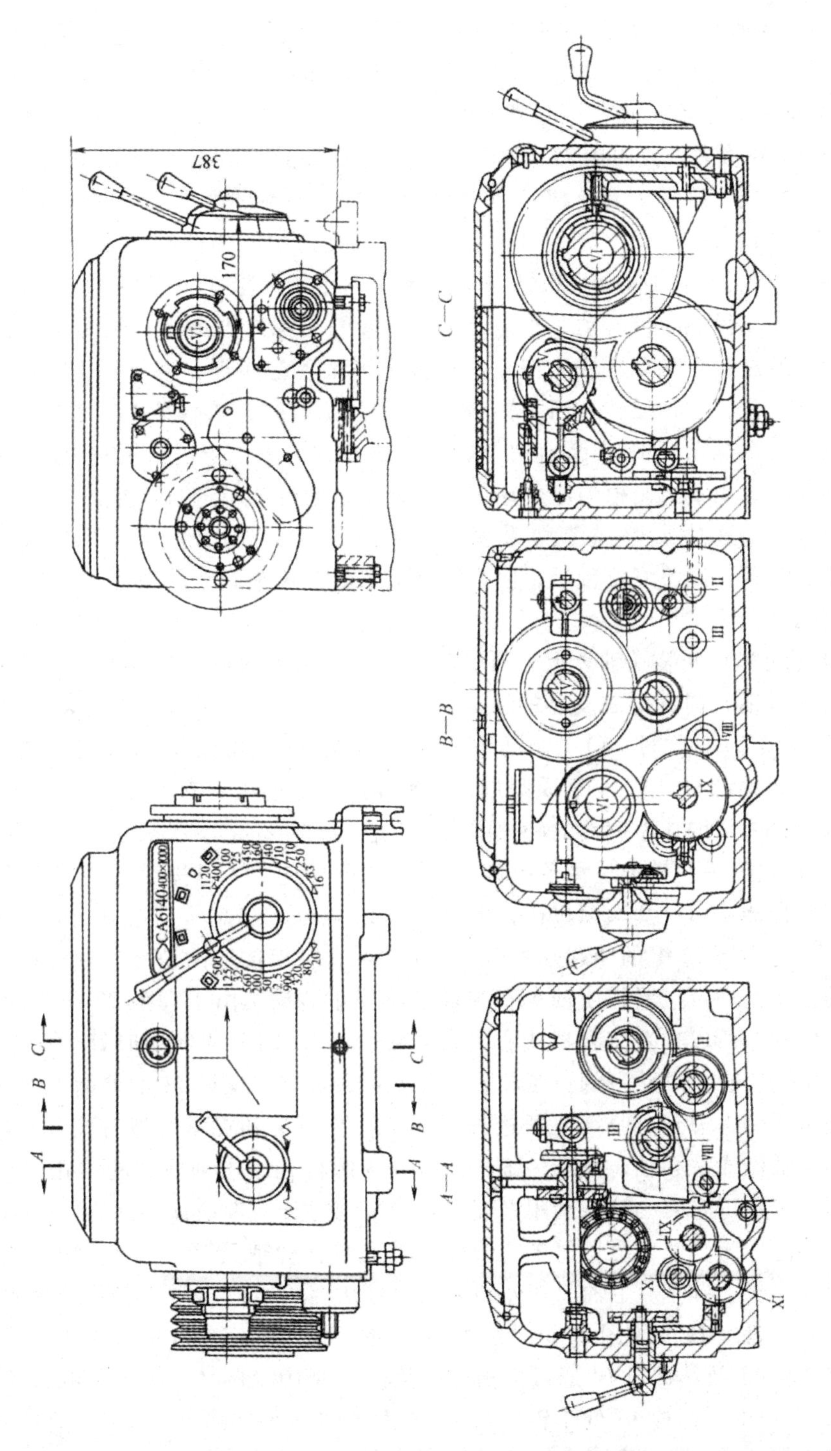

图 2-4　CA6140 型卧式车床主轴箱侧视图和剖视图

时，内、外摩擦片互不联系。当图 2-5a)中杆 7(展 16)通过销 5 向左推动压块 8(展 8)时，使内摩擦片 3 与外摩擦片 2 相互压紧，于是轴 I 的运动便通过内、外摩擦片之间的摩擦力传给空套齿轮 1(展 6)使主轴正转。同理，当压块 8 向右压时，运动传给轴 I 右端的齿轮(展10)使主轴反转。当压块8处于中间位置时，左、右离合器都处于脱开状态，这时虽然轴Ⅰ转动，但离合器不传递运动，主轴处于停止状态。离合器的左、右接合或脱升(即压块8处于左端、右端或中间位置)由手柄18来操纵(见图2－5b))。当向上扳动手柄18时，杆20向外移动，使曲柄21及扇形齿轮17(展18)做顺时针转动，齿条22(展15)向右移动。齿条左端有拨叉23(展17)，它卡在空心轴Ⅰ右端的滑套12(展11)的环槽内，从而使滑套12也向右移动。滑套12内孔的两端为锥孔，中间为圆柱孔。当滑套12向右移动时，就将元宝销(杠杆)6(展12)的右端向下压，由于元宝销6的回转中心轴装在轴Ⅰ上，因而元宝销6做顺时针转动，于是元宝销下端的凸缘便推动装在轴Ⅰ内孔中的拉杆7向左移动，并通过销5带动压块8向左压紧，主轴正转。同理，将手柄18扳至下端位置时，右离合器压紧，主轴反转。当手柄18处于中间位置时，离合器脱开，主轴停止转动。为了操纵方便，在操纵杆19上装有两个操纵手柄18，分别位于进给箱右侧及溜板箱右侧。离合器摩擦片间的压紧力是根据应传递的额定转矩，通过螺母进行调整的。当摩擦片磨损后，压紧力减小，这时可用螺钉旋具将弹簧销4按下，再拧动压块8上的螺母9，使螺母收紧摩擦片的间距，调整好位置后，使弹簧销4重新卡入螺母9的缺口中，防止螺母在工作过程中松动。

制动器（刹车）安装在轴Ⅳ上。制动器的功用是在多片离合器脱开后立刻制动主轴，以缩短制动（辅助）时间。制动器的结构如图2－5(b)、(c)所示。它由装在轴Ⅳ上的制动盘16（展开图2－3中件13）、制动带15、调节螺钉13和杠杆14（展开图2－3中件14）等组成。制动盘16是一个钢质圆盘，与轴Ⅳ用花键连接。制动盘的周边围着制动带，制动带为钢带，为了增加摩擦面的摩擦因数，在它的内侧固定一层酚醛石棉。制动带的一端与杠杆14连接，另一端通过调节螺钉13等与箱体相连。为了操纵方便并不会出错，制动器和多片离合器共用一套操纵机构，也由手柄18操纵。当离合器脱开时，齿条22处于中间位置，这时齿条22上的凸起正处于与杠杆14下端相接触的位置，使杠杆14向逆时针方向摆动，将制动带拉紧，使轴Ⅳ和主轴迅速停止转动。由于齿条22凸起的左边和右边都是凹下的槽，所以在左离合器或右离合器接合时，杠杆14向顺时针方向摆动，使制动带放松，主轴旋转。制动带的拉紧和放松程度可通过调节螺钉13的伸缩来调整。

③主轴组件　考虑到有时需要通过长棒料及安装顶尖和夹紧装置等需要，CA6140型卧式车床的主轴做成空心轴，两端为锥孔，中间为圆柱孔。主轴前端的锥孔（莫氏6号）用于安装顶尖，也可安装心轴，利用锥面配合的摩擦力直接带动顶尖或心轴转动；主轴尾端的锥孔主要是作为工艺基准，尾端的圆柱面是安装各种辅具（气动、液压或电气装置）的安装基面（见图2－3）。主轴前端外圆采用短锥法兰式结构，用于安装卡盘或拨盘。安装时，拨盘或卡盘座12（见图2－6）由主轴15的短圆锥面定位，使事先装在拨盘或卡盘座上的四个螺栓13及其螺母14通过主轴轴肩及锁紧盘10（圆环）的圆柱孔，然后将锁紧盘10转过一个角度，螺栓13处于锁紧盘10的沟槽内（如图所示），并拧紧螺栓13和螺母14，就可以使卡盘的拨盘可靠地安装在主轴的前端。这种结构装卸方便，工作可靠，定心精度高；主轴前端的悬伸长度较短，有利于提高主轴组件的刚度，所以得到广泛的应用。主轴轴肩右端面上的圆形拨块11（见图2－3中的件19）用于传递转矩。

近年来，CA6140型卧式车床的主轴组件在结构上有较大改进，由原来的三支承结构

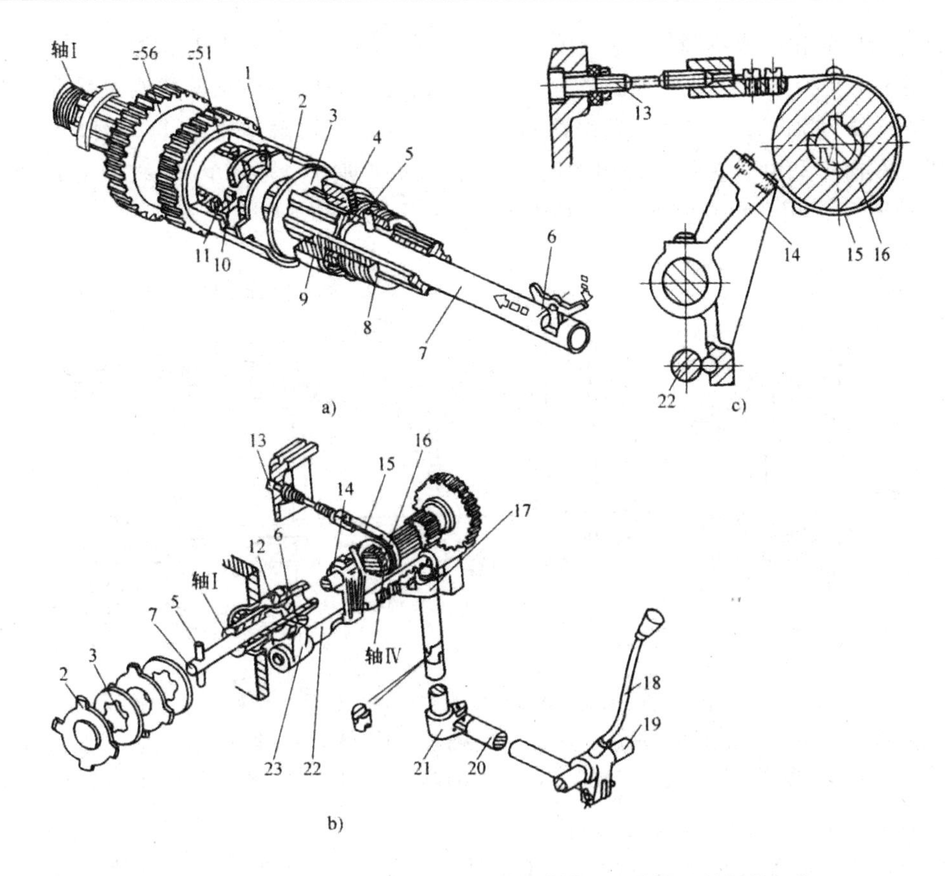

图 2-5　CA6140 型卧式车床双向多片离合器、制动器及其操纵机构

1—空套齿轮；2—外摩擦片；3—内摩擦片；4—弹簧销；5—销；6—元宝销；7、20—杆；8—压块；9—螺母；10、11—止推片；12—滑套；13—调节螺钉；14—制动杠杆；15—制动带；16—制动盘；17—扇形齿轮；18—手柄；19—操纵杆；21—曲柄；22—齿条；23—拨叉

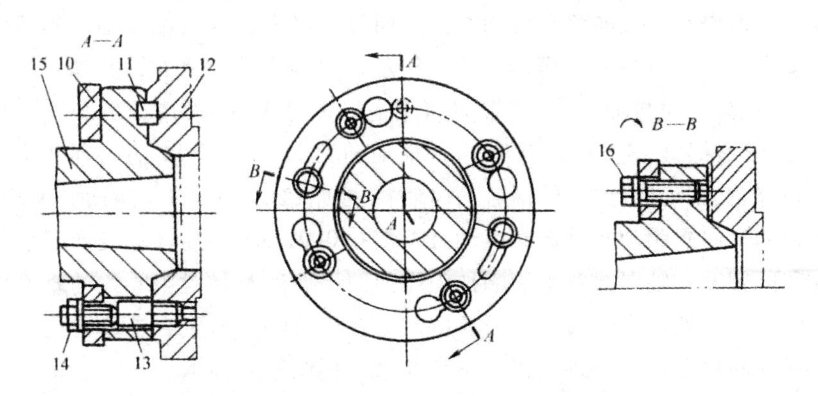

图 2-6　CA6140 型卧式车床卡盘或拨盘的安装

10—锁紧盘；11—端面键；12—拨盘或卡盘座；13—螺栓；14—螺母；15—主轴；16—螺钉

（前、后支承为主，中间支承为辅）改为两支承结构，由前端轴向定位改为后端轴向定位（见图 2-7）。经实际使用验证，这种结构的主轴组件完全可以满足刚度与精度方面的要

求，且使结构简化，成本降低。主轴的前支承是P5级精度的NN3021K型双列圆柱滚子轴承2，用于承受径向力。这种轴承具有刚性好、精度高、尺寸小及承载能力强等优点。后支承有两个滚动轴承，一个是P5级精度的7212AC型角接触球轴承11，大口向外安装，用于承受径向力和由后向前（即由左向右）方向的轴向力，另一个P5级精度的51215型推力球轴承10，用于承受由前向后（即由右向左）方向的轴向力。

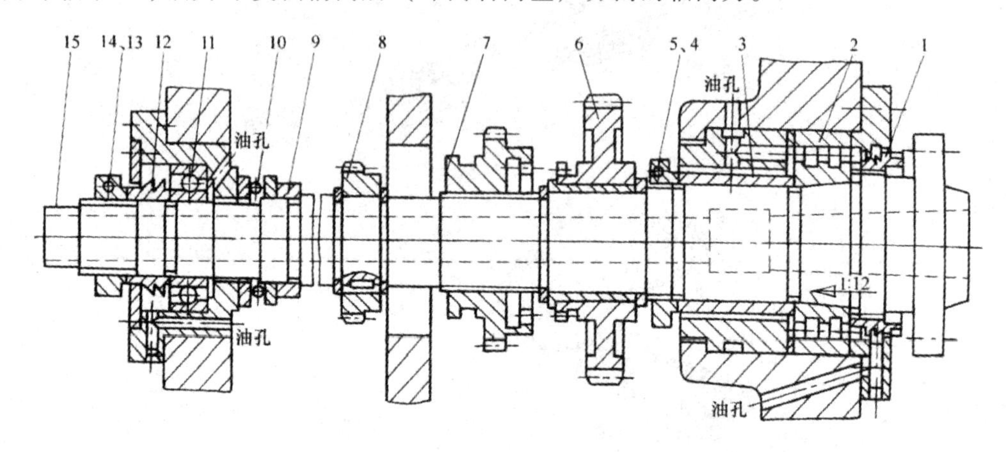

图2-7　CA6140型卧式车床主轴（组件）结构

1—螺母；2—双列圆柱滚子轴承；3、9、12—轴套；4、13—锁紧螺钉；5、14—调整螺母；6—斜齿圆柱齿轮；7、8—齿轮；10—推力球轴承；11—角接触球轴承；15—主轴

主轴支承对主轴的回转精度及刚度影响很大，轴承的间隙直接影响加工精度，所以，主轴轴承应在无间隙或少量过盈的条件下运转。因此，主轴组件应在结构上保证能调整轴承间隙。前轴承径向间隙的调整方法如下：首先松开主轴前端螺母1，并松开前支承左端调整螺母5上的锁紧螺钉4。拧动螺母5，推动轴套3，这时P5级NN3021K型轴承2的内环相对于主轴锥面做轴向移动，由于轴承内环很薄，而且内孔也和主轴锥面一样，具有1∶12的锥度，因此内环在轴向移动的同时沿径向弹性膨胀，从而调整轴承的径向间隙或预紧程度。调整妥当后，再将前端螺母1和支承左端调整螺母5上的锁紧螺钉4拧紧。后支承中轴承11的径向间隙与轴承10的轴向间隙是用螺母14同时调整的，方法是：松开调整螺母14上的锁紧螺钉13，拧动螺母14，推动轴套12、轴承11的内环和滚珠，从而消除轴承11的间隙；拧动螺母14的同时，向后拉主轴15及轴套9，从而调整轴承10的轴向间隙。主轴的径向圆跳动及轴向圆跳动公差都是0.01 mm。主轴的径向圆跳动影响加工表面的圆度和同轴度；轴向圆跳动影响加工端面的平面度及其对中心线的垂直度，以及螺纹的螺距精度。当主轴的跳动量超过公差值时，在前后轴承精度合格的前提下，只需适当地调整前支承的间隙即可，如跳动仍达不到要求，再调整后轴承。

主轴上装有三个齿轮。右端的斜齿圆柱齿轮6空套在主轴上。采用斜齿轮可以使主轴运转比较平稳；由于它是左旋齿轮，在传动时作用于主轴上的轴向分力与纵向切削力方向相反，因此还可以减少主轴后支承所承受的轴向力。中间的齿轮7可以在主轴的花键上滑移，它是内齿离合器。当离合器处在中间位置时，主轴空挡，此时可较轻快地用手扳动主轴转动，以便找正工件或测量主轴旋转精度。当离合器在左侧位置时，主轴高速旋转；移到右侧位置时，主轴在中、低速段旋转。左端的齿轮 8 固定在主轴上，用于传动进给链。

④变速操纵机构 主轴箱中共有 7 个滑动齿轮块，其中 5 个用于改变主轴转速，一个用于车削左、右螺纹的变换，一个用于正常导程与扩大导程的变换。这些滑动齿轮块由三套操纵机构分别操纵。轴Ⅱ上的双联齿轮和轴Ⅲ上的三联齿轮是用一个手柄同时操纵的（见图 2－8），变速手柄装在主轴箱的前壁面上，手柄通过链传动使轴 4 转动。在轴 4 上固定有盘形凸轮 3 和曲柄 2，凸轮 3 上有一条封闭的曲线槽，它由两段不同半径的圆弧和直线所组成。凸轮上有六个不同的变速位置 a～f，凸轮曲线槽通过杠杆 5 操纵轴Ⅱ上的双联滑动齿轮。当杠杆的滚子中心处于凸轮曲线槽的大半径处时，此齿轮在左端位置；若处于小半径处时，则移到右端位置。曲柄 2 上圆销的伸出端套有滚子，嵌在拨叉 1 的长槽中。当曲柄 2 随着轴 4 转动时，可带动拨叉 1 拨动轴Ⅲ上的滑动齿轮，使它处于左、中、右三种不同的位置。顺次地转动手柄至各个变速位置，就可使两个滑动齿轮块的轴向位置实现六种不同的组合，从而使轴Ⅲ得到六种不同的转速。滑动齿轮块移至规定的位置后，必须可靠地定位，这里采用了钢球定位装置（见图 2－3 中的件 5 下端）。其余的操纵机构不再赘述。

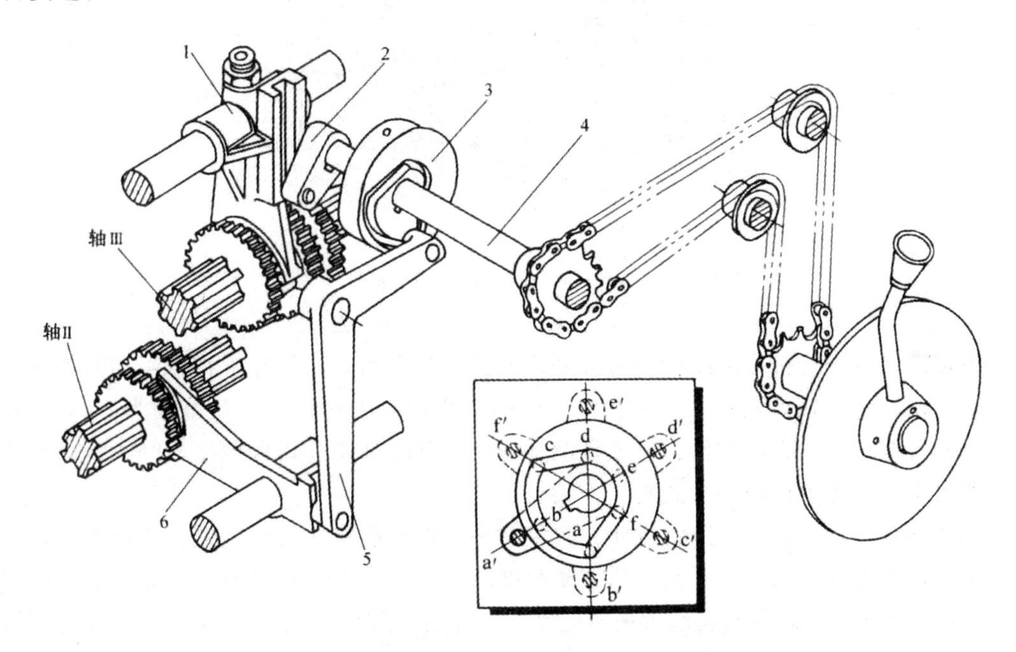

图 2－8 CA6140 型卧式车床主轴箱轴Ⅱ和轴Ⅲ上滑动齿轮操纵机构立体图

1、6—拨叉；2—曲柄；3—凸轮；4—轴；5—杠杆

2. 铣床

铣削是平面加工的主要方法，除此之外，铣削还适于加工台阶面、沟槽、各种形状复杂的成形表面（如齿轮、螺纹、曲面等）以及用于切断等。

铣床的主要类型有卧式升降台铣床、万能升降台铣床、立式升降台铣床、龙门铣床、万能工具铣床及各种专门化铣床。

（1）卧式升降台铣床和立式升降台铣床 图 2－9 所示为卧式升降台铣床，其主轴是水平安装的，简称卧铣。它由底座 8、床身 1、悬梁 2、主轴刀杆 3、悬梁上刀杆支架 6、升降台7、滑座5、工作台4以及装在主轴上的刀杆等主要部件组成。床身内部装有主传动系统，经主轴、刀杆带动铣刀做旋转主运动。悬梁2及支架6的位置可根据刀杆的长度进行调整，以较大刚度支承刀杆。工件用夹具或分度头等附件安装在工作台上，也可用压板直接固定在工作台上。升降台连同滑座、工作台可沿床身上的导轨上下移动，以手动或机动做垂直进给运动。滑座及工作台可在升降台的导轨上做横向进给运动，工作台又可沿滑座上的导轨做纵向进给运动。

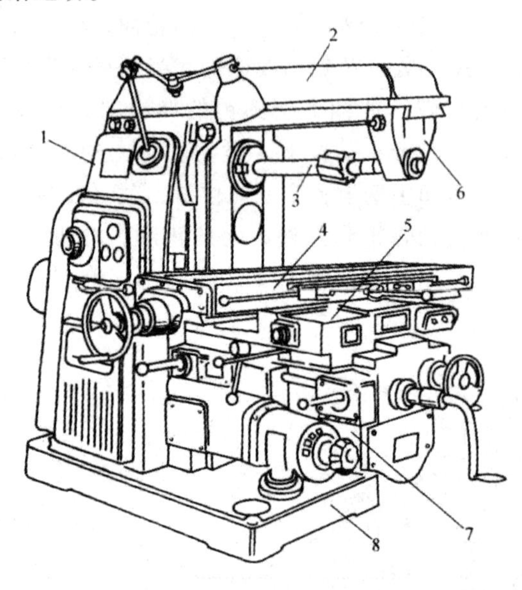

图2-9　卧式升降台铣床

1—床身；2—悬梁；3—主轴刀杆；4—工作台；5—滑座；6—刀杆支架；7—升降台；8—底座

万能卧式升降台铣床的结构与卧式升降台铣床基本相同，但在工作台4和滑座5之间增加了一层转盘。转盘相对于滑座在水平面内可绕垂直轴转位，转位范围为±45°，使工作台能沿着调整后的方向进给，以便铣削螺旋槽。万能卧式升降台铣床和卧式升降台铣床配以立铣头后，还可以作为立式铣床使用。

图2-10所示为立式升降台铣床，其主轴是竖直安装的，简称立铣。床身1安装在底座7上，可根据加工需要在垂直面内调整角度的立铣头2安装在床身上，立铣头内的主轴3可以上下移动。可做纵向运动和横向运动的工作台4安装在升降台6上，升降台可做垂直运动。床鞍5及升降台6的结构和功能与卧式铣床基本相同。立式升降台铣床上可加工平面、斜面、台阶面、沟槽、齿轮、凸轮以及封闭轮廓表面等。

（2）圆台铣床　圆台铣床的工作台不做升降运动，垂直方向的进给由主轴箱沿立柱导轨的运动来实现，工作台在水平面内做进给运动。图2-11所示为双轴圆台铣床，主要用于粗铣和半精铣顶平面。它的工作台3和支承在床身1上的滑座2可做横向移动，以调整工作台与主轴间的相对位置。主轴箱5可沿立柱4上的导轨升降，以适应不同的加工高度。主轴装在套筒内，手摇套筒升降可调整主轴的轴向位置，以保证背吃刀量。回转工作台上可装多套夹具，在机床正面装卸工件时不需停止工作台，故可使加工连续进行。加工时工作台缓慢旋转做圆周方向进给，工件从铣刀下通过进行加工。这种机床生产率较高，

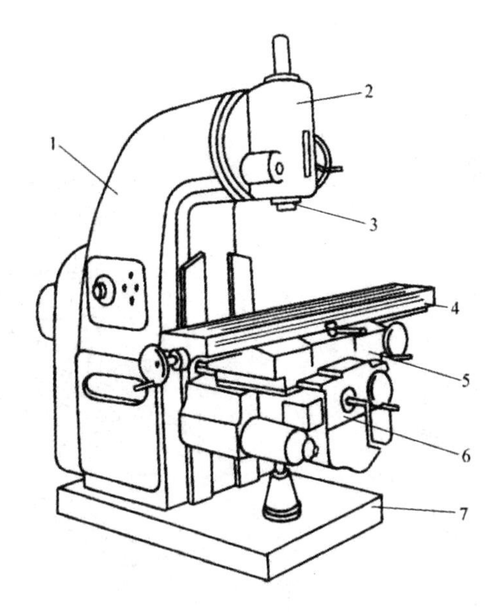

图 2－10　立式升降台铣床

1—床身；2—立铣头；3—主轴；4—工作台；5—床鞍；6—升降台；7—底座

适用于成批或大量生产中铣削中小型工件的顶平面。

（3）龙门铣床　龙门铣床是一种大型高效通用机床，常用于各类大型工件上的平面、沟槽等的粗铣、半精铣和精铣。图 2－12 所示为龙门铣床，床身 10、顶梁 6 与立柱 5 和 7 使机床呈框架式结构，横梁 3 可以在立柱上升降，以适应工件的高度。横梁上装有两个立式铣削主轴箱（立铣头）4 和 8。两个立柱上分别装有两个卧式铣削头 2 和 9。每个铣削头均为一个独立部件，内装主轴、主运动变速机构和操纵机构。法兰式主电动机固定在铣削头的端部。工件安装在工作台 1 上，工作台可在床身 10 上做水平的纵向运动。立铣头可在横梁上做水平的横向运动，卧铣头可在立柱上升降，这些运动既可以是进给运动，也可以是调整铣削头与工件之间相对位置的快速移动。主轴装在主轴套筒内，可以手摇使之伸缩，以调整切削深度。

3. 孔加工机床

孔可在车床或铣床上加工，但绝大多数还是在钻床和镗床上加工，尤其是对于外形复杂、没有对称回转中心线的零件，如杠杆、盖板、箱体、机架等零件上的单孔或孔系的加工，基本上都是在钻床或镗床上进行的。

（1）钻床　钻床一般用于加工直径不大、精度不高的孔，主要是用钻头在实体材料上钻出孔来。此外，还可在钻床上进行扩孔、铰孔、攻螺纹孔等加工。加工时，工件（通过夹具或压板）被夹持在钻床工作台上，刀具做旋转主运动，同时沿轴向做直线进给运动。在钻床上经常使用的加工方法如图 2－13 所示。

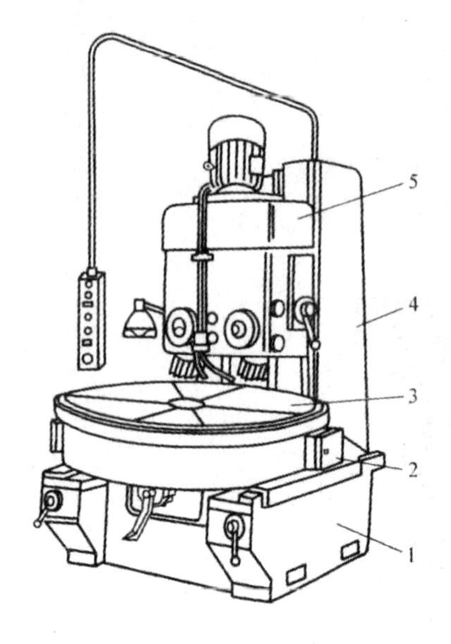

图 2－11 双轴圆台铣床

1—床身；2—滑座；

3—工作台；4—立柱；5—主轴箱

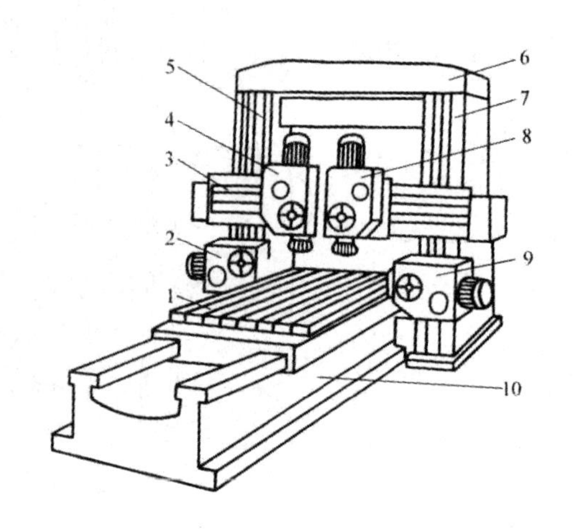

图 2－12 龙门铣床

1—工作台；2、9—卧式铣削头；3—横梁；

4、8—立铣头；5、7—立柱；6—顶梁；10—床身

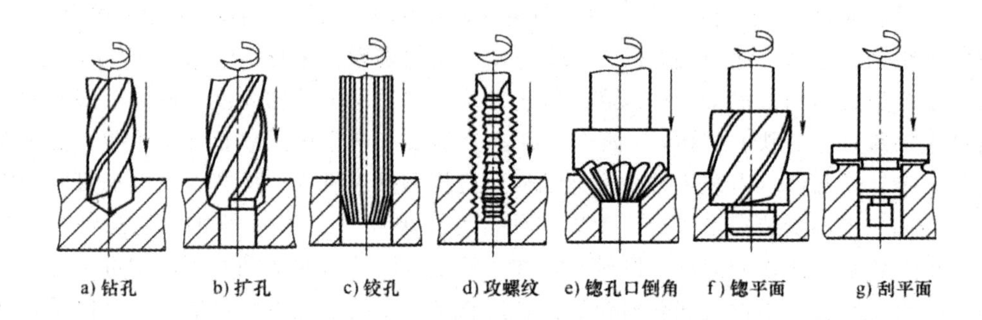

图 2－13 在钻床上经常使用的加工方法

钻床的主要类型有台式钻床、立式钻床、摇臂钻床及各种专门化钻床。

①立式钻床 如图 2－14 所示，立式钻床由底座 1、工作台 2、主轴箱 3、立柱 4 等部件组成。主轴箱内有主运动及进给运动的传动机构，刀具安装在主轴的锥孔内，由主轴（通过锥面摩擦传动）带动刀具做旋转运动，即主运动，而进给运动是靠手动或机动使主轴套筒做轴向进给。工作台可沿立柱上的导轨做上下位置的调整，以适应不同高度的工件加工。立式钻床只适于在单件小批生产中加工中小型工件上的孔。

②摇臂钻床 如图 2－15 所示，在摇臂钻床底座 1 上安装有立柱。立柱分为内、外两层，内立柱 2 固定在底座上，外立柱 3 由滚动轴承支承，连同摇臂 4 和主轴箱 5 可绕内立柱旋转摆动；摇臂可在外立柱 3 上做垂直方向的调整，以适应不同高度的工件；主轴箱 5 可在摇臂 4 的导轨上做径向移动。通过摇臂绕立柱的转动和主轴箱在摇臂上的移动，可使钻床的主轴找正工件待加工孔的中心。找正后，应将内立柱与外立柱、摇臂与外立柱、主轴箱与摇臂之间的位置分别固定，再进行加工。工件可以安装在工作台或底座上。摇臂钻

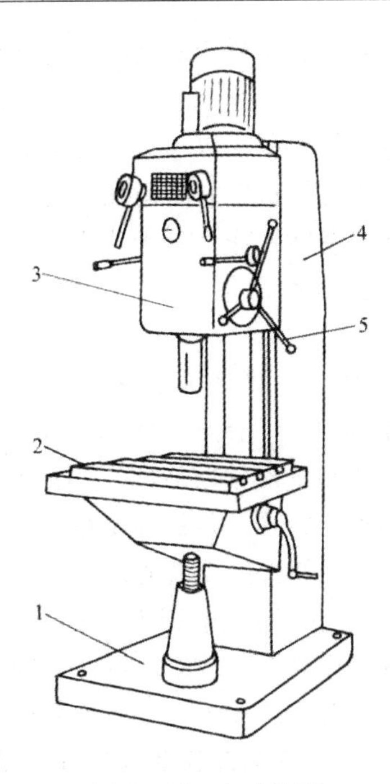

图 2-14　立式钻床

1—底座；2—工作台；3—主轴箱；4—立柱；5—手柄

床广泛地应用于大中型零件的加工。

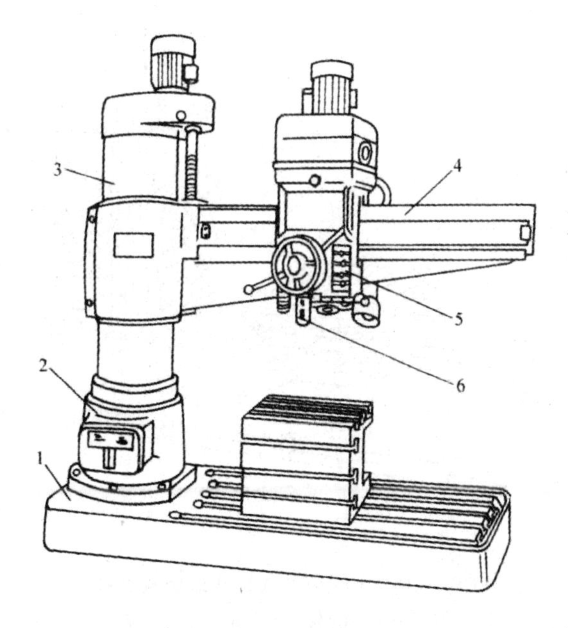

图 2-15　摇臂钻床

1—底座；2—内立柱；3—外立柱；4—摇臂；5—主轴箱；6—主轴

（2）镗床　镗床主要用于加工铸件上已有的孔或加工过的孔（或孔系），常用于加工尺寸较大及精度较高的工件，特别适于加工分布在不同表面上、孔距尺寸精度和位置精度要求十分严格的孔系，如各种箱体、汽车发动机缸体的孔系。因此，镗床主要适用于批量较小的加工。镗孔的几何精度主要取决于机床的精度，为保证孔系的位置精度，在批量生产条件下，一般均采用镗模。

镗床的主要类型有卧式镗床、坐标镗床以及金刚镗床等。

①卧式镗床　卧式镗床的加工范围很广，除镗孔之外，还可以车端面、车外圆、车螺纹、车沟槽、铣平面、铣成形表面及钻孔等。对于体积较大的复杂箱体类零件，卧式镗床可在一次安装中完成各种孔和箱体表面的加工，且较好地保证其尺寸精度和形状位置精度，这是其他机床难以完成的。

T68 型卧式镗床的组成结构如图 2－16 所示，床身 1 作为所有部件的支承体，其上固定着前立柱 10 及后立柱 5。主轴箱 11 可沿前立柱的导轨垂向移动，其内装有主轴部件，以及主运动、轴向进给运动（使主轴 7 沿轴向伸缩）、径向进给运动（使平旋盘上的刀具径向移动）的传动机构和相应的操纵机构。根据加工情况，刀具或镗刀杆可装在主轴 7 上或平旋盘 8 上。尾座 4 可用于支承悬伸长度较大的刀杆的悬伸端，以增大刚度。尾座 4 还可沿后立柱 5 上的导轨做垂向运动，且与主轴箱 11 同步，以保证长刀杆的整体升降。后立柱 5 可在床身 1 的导轨上沿纵向移动，以适应镗刀杆不同长度的悬伸。工作台 6 可沿上滑板 3 的圆导轨在水平面内旋转，而上滑板 3 又可沿下滑板 2 的导轨做横向移动（横向进给），下滑板 2 又可沿床身 1 上的导轨做纵向移动（纵向进给）。这样，安装在工作台 6 上的工件便可以在镗床上完成孔系加工。卧式镗床各主要部件的位置关系及运动情况如图 2－17所示。

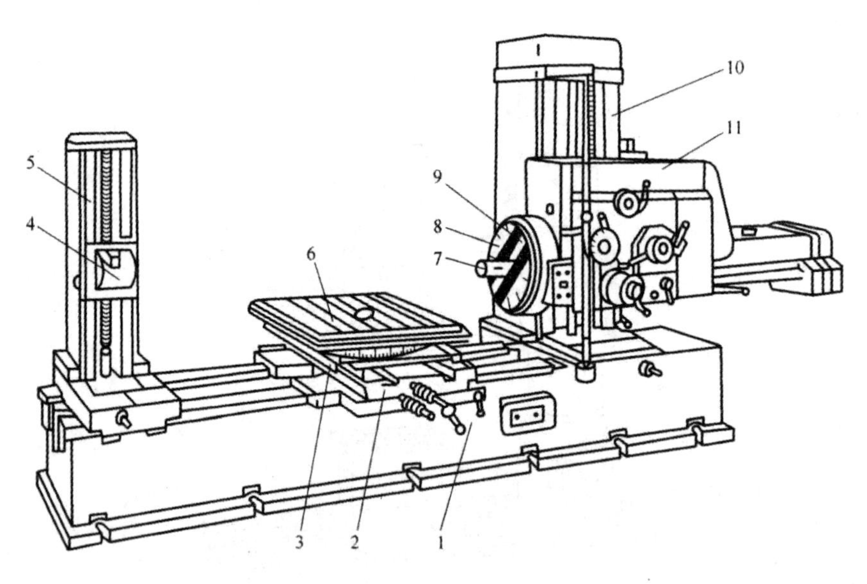

图 2－16　T68 型卧式镗床的组成结构

1—床身；2—下滑板；3—上滑板；4—尾座；5—后立柱；6—工作台；
7—主轴；8—平旋盘；9—滑块；10—前立柱；11—主轴箱

②坐标镗床　坐标镗床属高精度机床，主要用在尺寸精度和位置精度都要求很高的孔及孔系的加工中，如钻模、镗模和量具上精密孔的加工。其特点是：主要零部件的制造精度和装配精度都很高，而且还具有良好的刚性和抗振性；机床对使用环境温度和工作条件

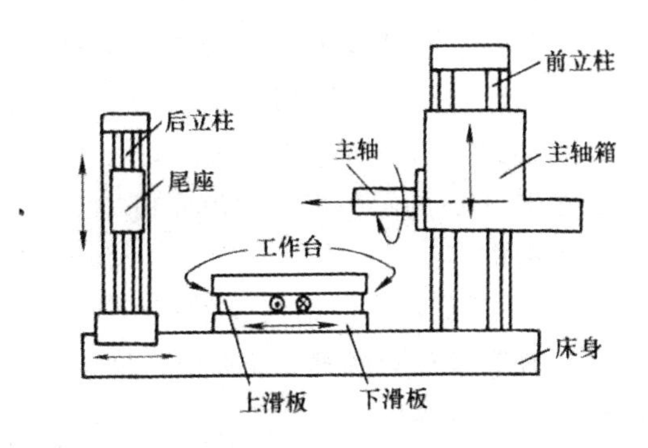

图 2-17 卧式镗床各主要部件的位置关系及运动情况

提出了严格要求；机床上配备有精密的坐标测量装置，可精确地确定主轴箱、工作台等移动部件的位置，一般定位精度可达 2 μm。

坐标镗床的坐标测量装置是保证其加工精度的关键。常用在坐标镗床上的精密测量装置有光栅坐标测量装置、精密刻线尺-光屏读数器坐标测量装置、精密丝杠测量装置、感应同步器及激光干涉仪等。

坐标镗床常用于工具车间进行工模具的单件小批生产，或用于设备修造车间加工有精密孔距要求的箱体零件。常见的坐标镗床有 TS4132 型、T4145 型、T4163 型、TA4280 型、T42100 型和 T42200 型等多种，以 T4145 型为例，其工作台面积（宽×长）为 450 mm×710 mm，镗削最大孔径为 ϕ150 mm，钻削最大孔径为 ϕ25 mm，坐标精度为 4 μm，圆度精度为 2 μm，坐标刻度盘分度值为 1 μm。

③金刚镗床　金刚镗床的主轴粗而短，由电动机经 V 带直接带动而做高速旋转，进行镗削，其所用的刀具多为金刚石或立方氮化硼等超硬材料所制成的镗刀，因此称为金刚镗床。

金刚镗床的特点是：切削速度高（加工钢件时 v_c 可达 100~600 m/min，加工铝合金时高达 200~1 000 m/min)，背吃刀量较小（一般 a_p<0.1 mm)，进给量也很小（f=0.01~0.14 mm/r)。在高速、小切削深度及小进给量的加工过程中可获得很高的加工精度和很小的表面粗糙度值。其镗孔的尺寸公差等级可达 IT6，表面粗糙度值 Ra 可控制到 0.8~0.2 μm。金刚镗床广泛地用于汽车、拖拉机制造中，常用于镗削发动机气缸、油泵壳体、连杆、活塞等零件上的精密孔。

4. 齿轮加工机床

(1) 概述　齿轮加工机床是用来加工各种齿轮轮齿的机床。由于齿轮传动具有传动比准确、传力大、效率高、结构紧凑、可靠耐用等优点，因此，齿轮传动的应用较为广泛。随着科学技术的不断发展，对齿轮的传动精度和圆周速度等要求也越来越高。为此，齿轮加工机床已成为机械制造业中的一种重要技术装备。

按照被加工齿轮种类的不同，齿轮加工机床可分为圆柱齿轮加工机床和锥齿轮加工机床两个大类。

①圆柱齿轮加工机床

a. 滚齿机。滚齿机主要用于加工直齿、斜齿圆柱齿轮和蜗轮。

b. 插齿机。插齿机主要用于加工单联及多联的内、外直齿圆柱齿轮。

c. 剃齿机。剃齿机主要用于淬火前的直齿和斜齿圆柱齿轮的齿面精加工。

d. 珩齿机。珩齿机主要用于对热处理后的直齿和斜齿圆柱齿轮的齿面精加工。珩齿对齿形精度改善不大，主要是减小齿面的表面粗糙度值。

e. 磨齿机。磨齿机主要用于淬火后的圆柱齿轮的齿面精加工。

此外，还有花键轴铣床、车齿机等。

②锥齿轮加工机床　这类机床可分为直齿锥齿轮加工机床和弧齿锥齿轮加工机床两类。用于加工直齿锥齿轮的机床有锥齿轮刨齿机、铣齿机、磨齿机等；用于加工弧齿锥齿轮的机床有弧齿锥齿轮铣齿机、磨齿机等。

（2）Y3150E 型滚齿机　Y3150E 型滚齿机是一种中型通用滚齿机，主要用于加工直齿和斜齿圆柱齿轮，也可以采用径向切入法加工蜗轮和花键轴。它可加工工件最大直径为 500 mm，最大模数为 8 mm，最小齿数为 $5k$（k 后为滚刀头数）。

图 2－18 所示为 Y3150E 型滚齿机。立柱 2 固定在床身 1 上，刀架滑板 3 可沿立柱导轨上下移动。刀架体 5 安装在刀架滑板 3 上，可绕自身的水平轴线转动，以调整滚刀的安装角。滚刀安装在刀杆 4 上，做旋转运动。工件安装在工作台 9 的心轴 7 上，随同工作台一起转动。后立柱 8 和工作台 9 一起装在床鞍 10 上，可沿机床水平导轨移动，用于调整工件的径向位置或做径向进给运动。

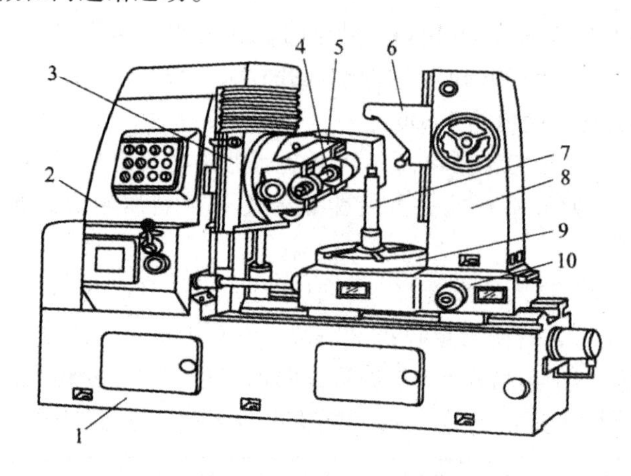

图 2－18　Y3150E 型滚齿机

1—床身；2—立柱；3—刀架滑板；4—刀杆；5—刀架体；
6—支架；7—心轴；8—后立柱；9—工作台；10—床鞍

5. 磨床

磨削加工所使用的机床称为磨床。由于磨削加工容易得到较高的加工精度和较好的表面质量，所以磨床主要应用于零件精加工。近年来由于科学技术的发展，现代机械零件对精度和表面质量的要求越来越高，各种高硬度材料应用日益增多，以及由于精密铸造和精密锻造工艺的发展，有可能将毛坯直接磨成成品；此外，随着高速磨削和强力磨削工艺的发展，进一步提高了磨削效率。因此，磨床的使用范围日益扩大，它在金属切削机床中所占的比例不断上升，目前在工业发达的国家中，磨床在机床总数中的比例已达 30%～40%。磨床的种类很多，主要类型有：

①外圆磨床　外圆磨床包括万能外圆磨床、普通外圆磨床、无心外圆磨床等。

②内圆磨床　内圆磨床包括普通内圆磨床、无心内圆磨床、行星式内圆磨床等。

③平面磨床　平面磨床包括卧轴矩台平面磨床、立轴矩台平面磨床、卧轴圆台平面磨床、立轴圆台平面磨床等。

④工具磨床　工具磨床包括曲线磨床、钻头沟背磨床、丝锥沟槽磨床等。

⑤刀具刃磨床　刀具刃磨床包括万能工具磨床、拉刀刃磨床、滚刀刃磨床等。

⑥各种专门化磨床　专门化磨床是指专门用于某一类零件的磨床，如曲轴磨床、凸轮轴磨床、花键轴磨床、活塞环磨床、齿轮磨床、螺纹磨床等。

⑦其他磨床　其他磨床如珩磨机、研磨机、抛光机、超精机、砂轮机等。

（1）M1432B 型万能外圆磨床

①M1432B 型万能外圆磨床的总布局　磨床 M1432B 是在磨床 M1432A 的基础上改进而来的。图 2－19 所示为 M1432B 型万能外圆磨床。床身 1 是磨床的基础支承件，在它的上面装有砂轮架 4、工作台 8、头架 2、尾座 5 及横向滑鞍 6 等部件，使这些部件在工作时保持准确的相对位置。床身内部有用作液压油的油池；头架 2 用于安装及夹持工件，并带动工件旋转，头架 2 在水平面内可逆时针方向转90°；内圆磨具 3 用于支承磨内孔的砂轮主轴，内圆磨具 3 主轴由单独的电动机驱动；砂轮架 4 用于支承并传动高速旋转的砂轮主轴，装在滑鞍 6 上，当需磨削短圆锥面时，砂轮架 4 还可以在水平面内调整至一定角度位置（±30°）；尾座 5 和头 2 的顶尖一起支承工件；滑鞍 6 及横向进给机构，转动横向进给手轮 7，可以使横向进给机构带动滑鞍 6 及其上的砂轮架 4 做横向进给运动；工作台 8 由上下两层组成，上工作台可绕下工作台在水平面内回转一个角度（±10°），用以磨削锥度不大的长圆锥面，上工作台上面装有头架 2 和尾座 5，它们可随工作台一起沿床身导轨做纵向往复运动；为方便操作，机床设置了脚踏操纵板 A。

②M1432B 型万能外圆磨床的功能　M1432B 型磨床是普通精度级万能外圆磨床，经济精度为 IT6～IT7，加工表面的表面粗糙度值 Ra 可控制在 1.25～0.08 μm 范围内，可用于内外圆柱表面、内外圆锥表面的精加工，虽然生产率较低，但由于其通用性较好，故广泛用于单件小批生产车间、工具车间和机修车间。图 2－20 所示为 M1432B 型万能外圆磨床的典型加工方法，图 2－20a）为磨削外圆柱面，图 2－20b）为磨削锥度不大的长圆锥面（偏转工作台），图 2－20c）为磨削锥度不大的圆锥面（扳转砂轮架），图 2－20d）所示为磨削锥度较大的圆锥面（扳转头架），图 2－20e）所示为磨削圆柱孔（用内圆磨具）。此外，还可磨削阶梯轴的轴肩、端平面、圆角等。

（2）平面磨床　平面磨床主要用于磨削各种平面。

①主要类型和运动　根据砂轮的工作面不同，平面磨床可以分为用砂轮圆周表面进行磨削的磨床和用砂轮端面进行磨削的磨床两类。用砂轮圆周表面磨削的平面磨床，砂轮主轴为水平布置（卧式）；而用砂轮端面磨削的平面磨床，砂轮主轴为竖直布置。根据机床工作台形状不同，平面磨床又分为矩形工作台平面磨床和圆形工作台平面磨床两类。综合上述分类方法，可将平面磨床分为四类：卧轴矩台平面磨床、立轴矩台平面磨床、卧轴圆台平面磨床、立轴圆台平面磨床四类。

圆台平面磨床与矩台平面磨床相比，前者的生产率稍高，这是由于圆台平面磨床是连

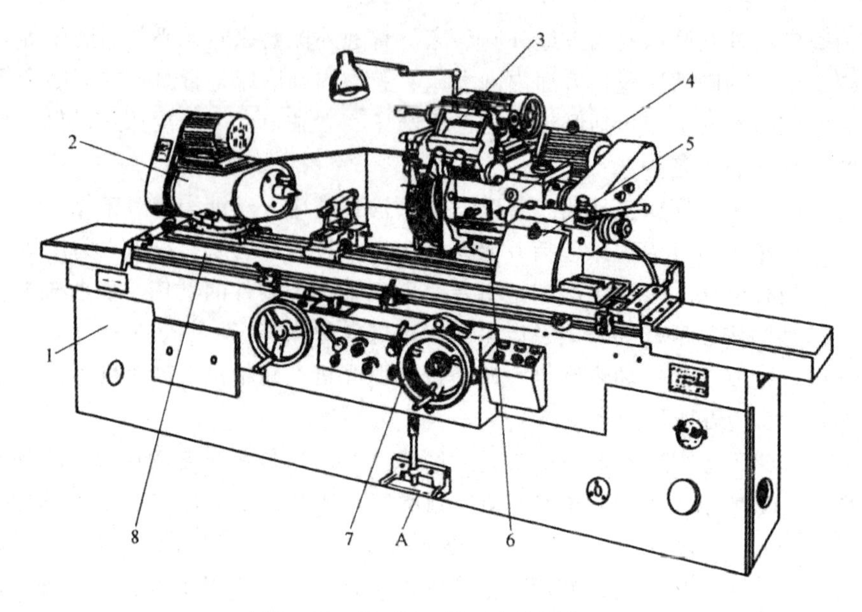

图 2－19　M1432B 型万能外圆磨床

1—床身；2—头架；3—内圆磨具；4—砂轮架；
5—尾座；6—滑鞍；7—横向进给手轮；8—工作台；A—脚踏操纵板

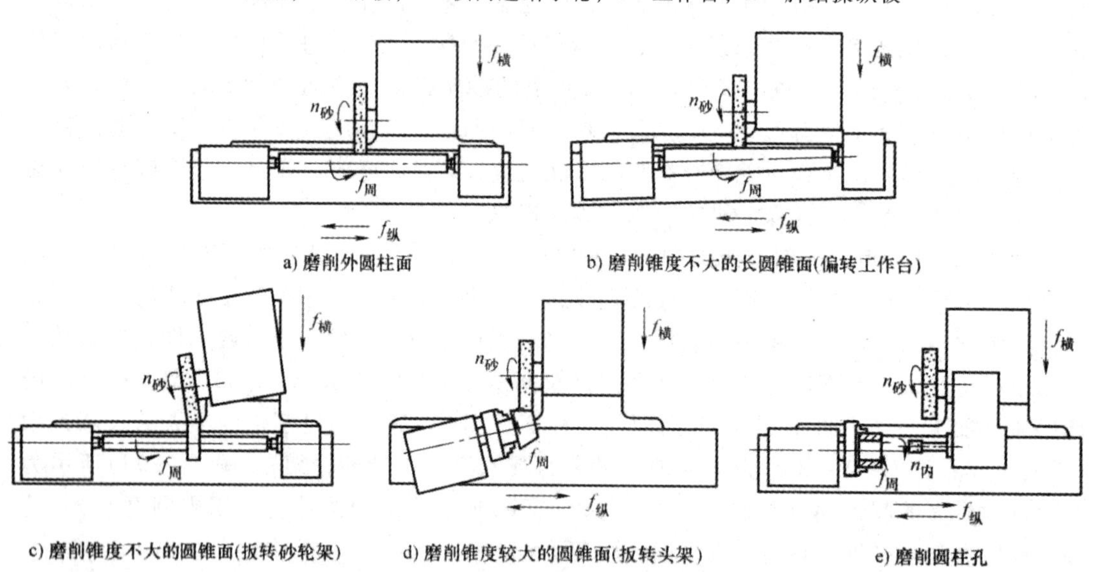

图 2－20　M1432B 型万能外圆磨床的典型加工方法

续进给的，而矩台平面磨床有换向时间损失。但是圆台平面磨床只适合磨削小零件和大直径的环形零件端面，不能磨削窄长零件。而矩台平面磨床可方便地磨削零件，包括直径小于矩形工作台宽度的环形零件。

②卧轴矩台平面磨床　如图 2－21 所示，这种机床的砂轮主轴通常是用内连式异步电动机直接带动的。电动机轴就是主轴，电动机的定子就装在砂轮架 3 的壳体内。砂轮架 3 可沿滑座 4 的燕尾导轨做间歇的横向进给运动（手动或液动）。滑座 4 和砂轮架 3 一起，

沿立柱 5 的导轨做间歇的竖直切入运动（手动），工作台 2 沿床身 1 的导轨做纵向往复运动（液压传动）。

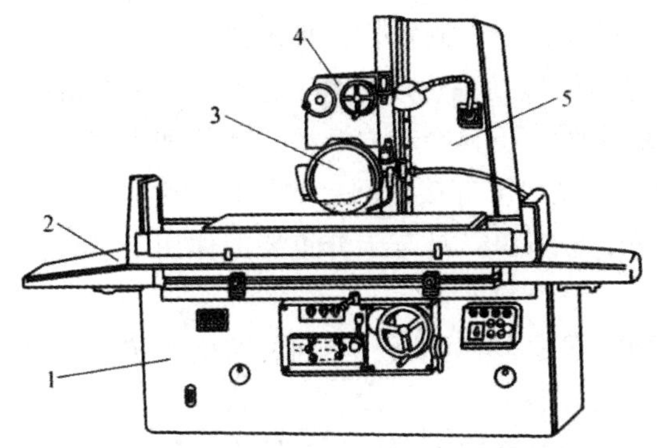

图 2－21　卧轴矩台平面磨床

1—床身；2—工作台；3—砂轮架；4—滑座；5—立柱

③立轴圆台平面磨床　如图 2－22 所示立轴圆台平面磨床，砂轮架 3 的主轴也是由内连式异步电动机直接驱动的。砂轮架 3 可沿立柱 4 的导轨做间歇的竖直切入运动。回转工作台旋转，做圆周进给运动。为了便于装卸工件，回转工作台 2 还能沿床身 1 导轨纵向移动。由于砂轮直径大，常采用镶片砂轮。这种砂轮使切削液容易冲入切削区，砂轮不易堵塞，生产率高，用于成批生产中。

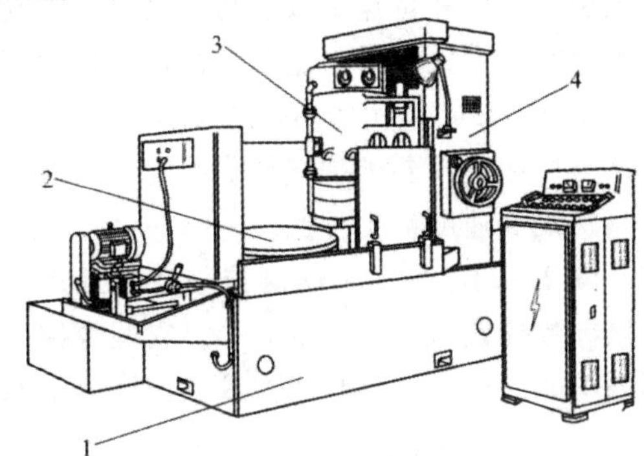

图 2－22　立轴圆台平面磨床

1—床身；2—工作台；3—砂轮架；4—立柱

三、数控机床

1. 概述

数控技术是指用数控装置的数字化信息来控制机械执行预定的动作，而用数字化信息对机床的运动及其加工过程进行控制的机床，称为数控机床。

数控机床的结构组成包括数控装置、伺服系统、机床本体、测量装置等，各部分的功能及作用分别为：

（1）数控装置　数控装置是数控机床的核心，它的功能是接收由输入装置送来的脉冲信号，经过数控装置的系统软件或逻辑电路进行编译、运算和逻辑处理后，输出各种信号和指令，对控制机床的各个部分进行规定的、有序的动作。

（2）伺服系统　伺服系统是数控系统的执行部分，它由伺服驱动电路和伺服驱动装置（电动机）组成，并与机床上的执行部件和机械传动部件组成数控机床的进给系统。它根据数控装置发来的速度和位移指令控制执行部件的进给速度、方向和位移。

（3）机床本体　机床本体包括主运动部件、进给运动执行部件、工作台、刀架及其传动部件和床身立柱等支承部件，还有冷却、润滑、转位和夹紧装置等。

（4）测量装置　测量装置用来直接或间接测量执行部件的实际位移或转动角度等运动情况。是保证机床精度的信息来源，具有十分重要的作用。

2. 数控机床分类

目前，数控机床品种非常之多，可以从不同的角度、按照多种原则进行分类。

（1）按工艺用途分类

①金属切削类数控机床　如数控车床、数控铣床、数控钻床、数控磨床、数控镗床和加工中心等。

②金属成形类数控机床　如数控折弯机、数控弯管机、数控回转头压力机等。

③数控特种加工机床及其他类型数控机床　如数控线切割机床、数控电火花机床、数控激光切割机床和数控火焰切割机床等。

（2）按控制运动的方式分类

①点位控制数控机床　图 2 – 23a）所示为点位控制运动方式。数控钻床、数控冲床、数控镗床等均属点位控制数控机床，其特点是数控装置只要求精确地控制从一个坐标点到另一个坐标点的定位，而不对其行走轨迹做限制，在行走过程中不能加工。

②直线控制数控机床　图 2 – 23b）所示为直线控制运动方式。数控车床、数控磨床等均属直线控制数控机床。这类机床不仅要求具有精确的定位功能，还要求保证从一点到另一点的移动轨迹为直线，其路线和速度都要可控。

③轮廓控制数控机床　图 2 – 23c）所示为轮廓控制运动方式。轮廓控制数控机床又称连续轨迹控制机床，如三坐标数控铣床、加工中心等，它的数控装置能同时控制两个和两个以上坐标轴，并具有插补功能。可对位移和速度进行严格的不间断控制，可以加工曲线或曲面零件。

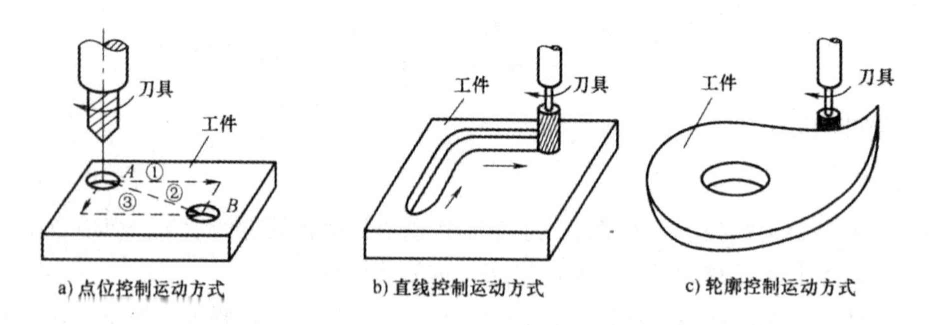

a）点位控制运动方式　b）直线控制运动方式　c）轮廓控制运动方式

图 2 – 23　数控机床控制运动方式

（3）按伺服系统的类型分类

①开环控制数控机床　开环控制数控机床没有检测装置，数控装置发出的指令信号流程是单向的，其精度主要取决于驱动器件和步进电动机的性能。图 2 – 24 所示为开环控制

数控机床框图。这类数控机床结构简单、成本低，调度方便，工作比较稳定，适用于精度、速度要求不高的场合。

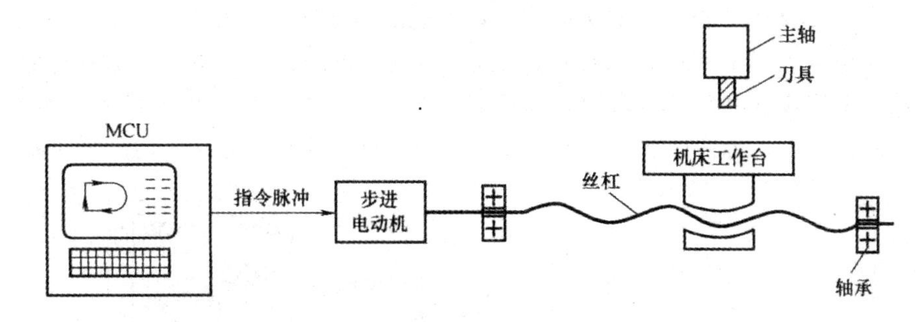

图 2－24　开环控制数控机床框图

②闭环控制数控机床　闭环控制数控机床的检测元件安装在工作台上，数控装置发出的指令信号与工作台末端测得的实际位置反馈信号进行比较，并根据差值信号进行误差纠正，直至差值在允许的误差范围为止。这类机床加工精度高，适合于精度、速度要求高的场合，如精密大型数控机床、超精车床等。图 2－25 所示为闭环控制数控机床框图。

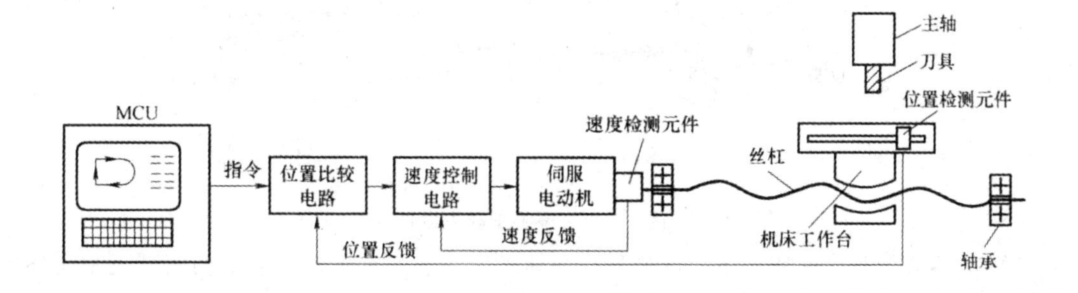

图 2－25　闭环控制数控机床框图

③半闭环控制数控机床　半闭环控制数控机床的检测元件安装在电动机或丝杠的轴端，如图 2－26 所示。

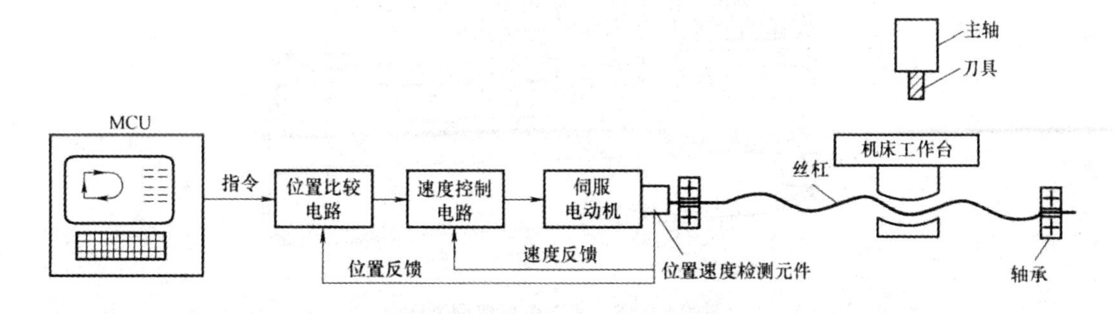

图 2－26　半闭环控制数控机床框图

由于这类数控机床的传动链短，不包含丝杠，因此具有稳定的控制特性；又由于机床采用了高分辨率的测量元件（如脉冲编码器），因此可以获得比较满意的精度和速度。半闭环系统的控制精度介于开环与闭环之间。

3. 数控车床

(1) 数控车床的分类　数控车床按数控系统的功能划分，可分为以下几类机床：

①经济型数控车床　图 2－27 所示为经济型数控车床，一般是在普通车床的基础上改进设计的，采用步进电动机驱动的开环伺服系统，其控制部分采用单板机或单片机实现。此类车床结构简单，价格低廉，但无刀尖圆弧半径自动补偿和恒线速切削等功能。

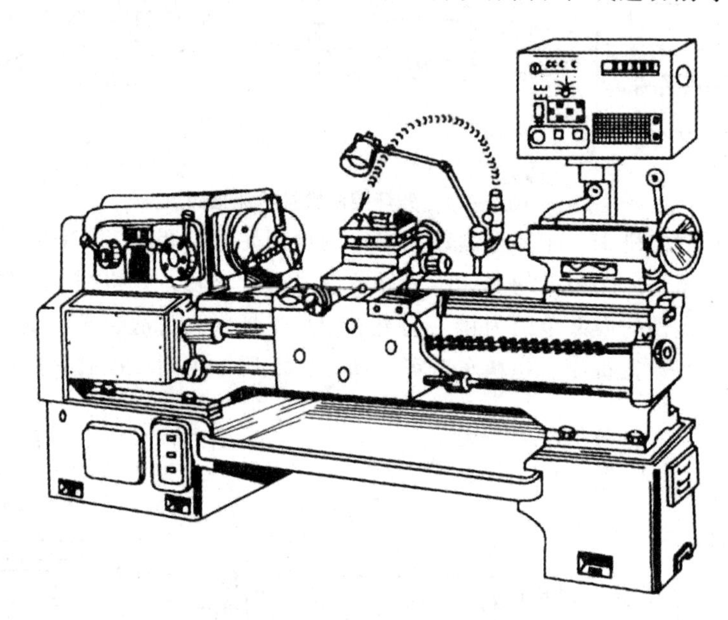

图 2－27　经济型数控车床

②全功能型数控车床　全功能型数控车床如图 2－28 所示，一般采用闭环或半闭环控制系统，具有高刚度、高精度和高效率等特点。

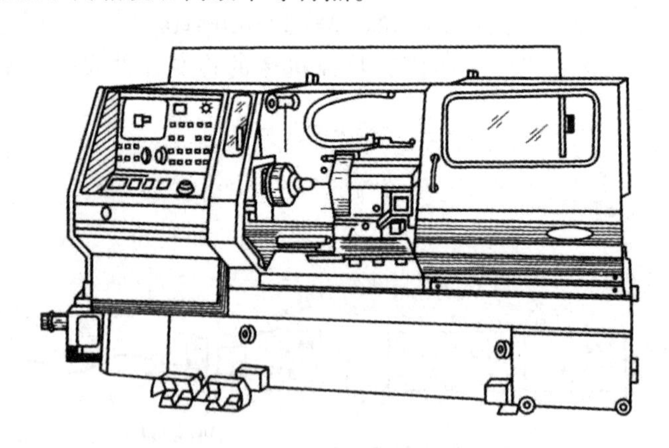

图 2－28　全功能型数控车床

③车削中心　车削中心是以全功能型数控车床为主体，并配置刀库、换刀装置、分度装置、铣削动力头和机械手等，实现多工序复合加工的机床。在工件一次装夹后，它可完成回转类零件的车、铣、钻、铰、攻螺纹等多种加工工序，其功能全面，但价格较高。

④FMC 数控车床　FMC 数控车床是一个由数控车床、机器人等构成的柔性加工单元，如图 2－29 所示。它能实现工件搬运、装卸的自动化和加工调整准备自动化。

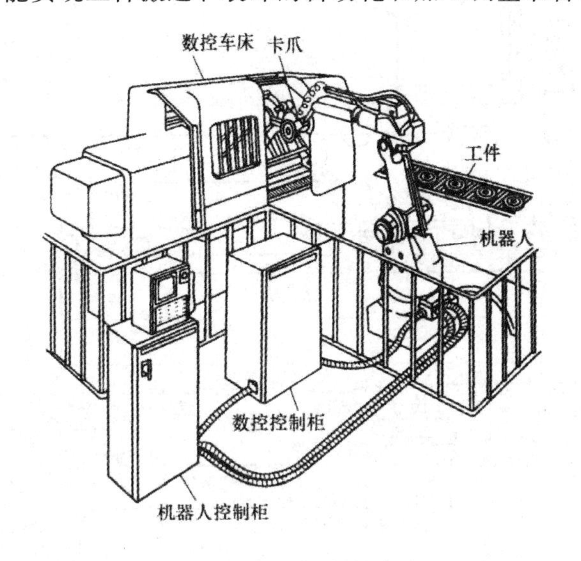

图 2－29　FMC 数控车床

（2）数控车床的结构特点　数控车床主传动系统及主轴箱结构如下：

a. 主传动系统。数控车床的主传动系统一般采用交流主轴电动机，通过带传动（同步带、多楔带）或主轴箱内 2～4 级齿轮变速传动到主轴。由于这种电动机调速范围宽而且又可无级调速，因此大大简化了主轴箱结构。也有的主轴由交流调速电动机通过两级塔轮直接带动，并由电气系统无级调速，由于主传动链中没有齿轮，故噪声很小。

b. 主轴箱结构。下面以 MJ－50 型数控车床为例，介绍数控车床主轴箱的典型结构，如图 2－30 所示。

交流电动机通过带轮 15 把运动传递到主轴 7，主轴有前后两个支承，前支承由一个双列圆柱滚子轴承 11 和一对角接触球轴承 10 组成，双列圆柱滚子轴承 11 用来承受径向载荷，两个角接触球轴承中一个大口向外（朝向主轴前端），另一个大口向里（朝向主轴后端），用来承受双向的轴向载荷和径向载荷。前支承轴承的间隙用螺母 8 来调整。螺钉 12 用来防止螺母 8 回松。主轴的后支承为双列圆柱滚子轴承 14，轴承间隙由螺母 1 和 6 来调整。螺钉 17 和 13 是防止螺母 1 和 6 回松的。主轴的支承形式为前端定位，主轴受热膨胀后伸长。主轴运动经过同步带轮 16 和 3 以及同步带 2 带动脉冲编码器 4，使其与主轴同步运转。脉冲编码器用螺钉 5 固定在主轴箱体 9 上。

（3）车削中心　车削中心是一种多工位加工机床。很多回转体零件上常常需要进行钻孔、铣削等工艺，如钻油孔、钻横向孔、铣键槽、铣扁及铣油槽等。在这种情况下，所有的加工工序最好能在一次装夹下完成，有利于保证零件表面间的位置精度，这时可采用车削中心完成。

①车削中心的工艺范围　图 2－31a）所示为铣端面槽加工时，机床主轴不转，装在刀架上的铣主轴带动铣刀旋转。端面槽有三种情况：

a. 端面槽位于端面中央，则刀架带动铣刀做 Z 向进给，通过工件中心。

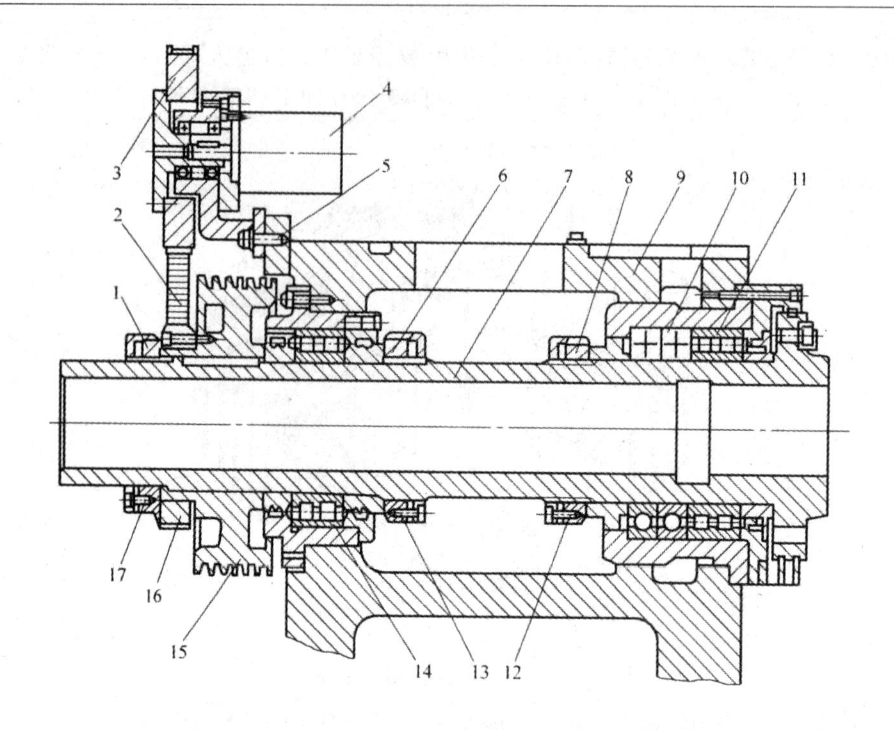

图 2－30　MJ－50 型数控车床主轴箱结构

1、6、8—螺母；2—同步带；3、16—同步带轮；4—脉冲编码器；5、12、13、17—螺钉；7—主轴；9—主轴箱体；10—角接触球轴承；11、14—双列圆柱滚子轴承；15—带轮

b. 端面槽不在端面中央，如图 2－31a）中的小图所示，则铣刀 X 向偏置。

c. 端面不止一条槽，则需主轴带动工件分度。

图 2－31b）所示为端面钻孔、攻螺纹，主轴或刀具旋转，刀架做 Z 向进给。图 2－31c）所示为铣扁方，机床主轴不转，刀架内的铣主轴带动刀具旋转，可以做 Z 向进给（见左图），也可做 X 向进给；如需加工多边形，则主轴分度。图 2－31d）所示为端面分度钻孔、攻螺纹，钻（或攻螺纹）刀具主轴装在刀架上偏置旋转并做 Z 向进给，每钻完一孔，主轴带工件分度。图 2－31e）、f）、g）所示为横向钻孔、攻螺纹，除此之外，还可铣螺旋槽等。

②车削中心的 C 轴　从上面对车削中心加工工艺的分析可见，车削中心在数控车床的基础上增加了两大功能：

a. 自驱动力刀具。在刀架上备有刀具主轴电动机，自动无级变速，通过传动机构驱动装在刀架上的刀具主轴。

b. 增加了主轴的 C 轴坐标功能。机床主轴旋转除作为车削的主运动外，还可作为分度运动（即定向停车）和圆周进给，并在数控装置的伺服控制下，实现 C 轴与 Z 轴联动，或 C 轴与 X 轴联动，以进行圆柱面上或端面上任意部位的钻削、铣削、攻螺纹及平面或曲面铣加工，图 2－32 所示为 C 轴功能示意图。

车削中心在加工过程中，驱动刀具主轴的伺服电动机与驱动车削运动的主电动机是互锁的。即当进行分度和 C 轴控制时，脱开主电动机，接合伺服电动机；当进行车削时，脱开伺服电动机，接合主电动机。

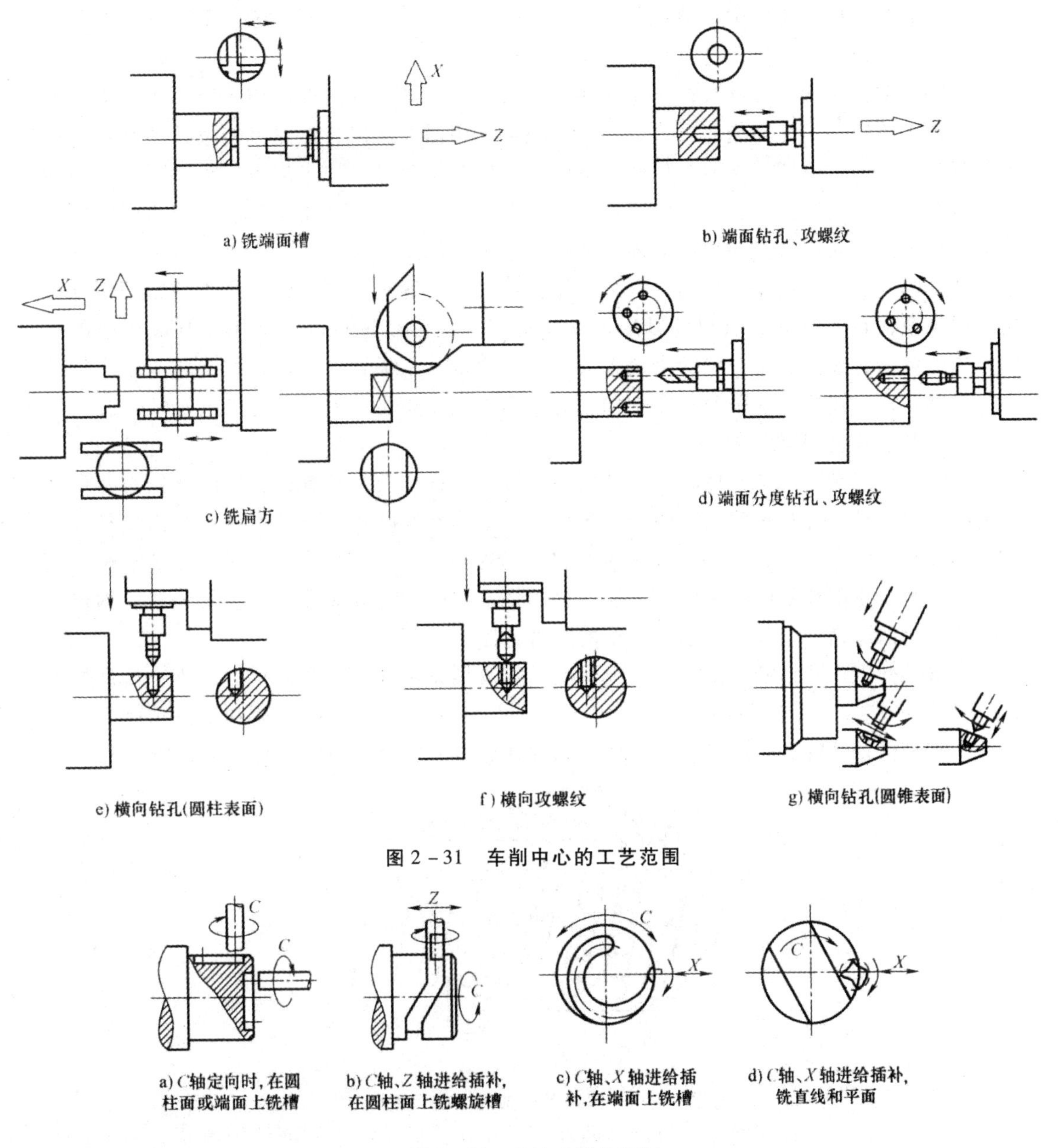

图 2－31　车削中心的工艺范围

图 2－32　*C* 轴功能示意图

4. 数控铣床

(1) 数控铣床的分类　常用的分类方法是按数控铣床主轴的布局形式来分类的，分为立式数控铣床、卧式数控铣床和立卧两用数控铣床。

①立式数控铣床　立式数控铣床一般可以进行三坐标联动加工，目前三坐标立式数控铣床占大多数。此外，还有机床主轴可以绕 *X*、*Y*、*Z* 坐标轴中其中一个或两个做数控回转运动的四坐标和五坐标立式数控铣床。一般来说，机床控制的坐标轴越多，尤其是要求联动的坐标轴越多，机床的功能、加工范围及可选择的加工对象也越多。但随之而来的就是机床结构更加复杂，对数控系统的要求更高，编程难度更大，设备的价格也更高。

立式数控铣床也可以附加数控转盘、采用自动交换台、增加靠模装置等来扩大其功能、加工范围及加工对象，进一步提高生产率。

②卧式数控铣床　卧式数控铣床与通用卧式铣床相同，其主轴轴线平行于水平面。为了扩大加工范围和扩充功能，卧式数控铣床通常采用增加数控转盘或万能数控转盘来实现四、五坐标加工。这样，不但工件侧面上的连续回转轮廓可以加工出来，而且可以实现在一次安装中，通过转盘改变工位，进行“四面加工”，尤其是通过万能数控转盘可以把工件上各种不同的角度或空间角度的加工面摆成水平来加工。

③立卧两用数控铣床　目前，立卧两用数控铣床正逐步增多。由于这类铣床的主轴方向可以更换，在一台机床上既可以进行立式加工，又可以进行卧式加工，其应用范围更广，功能更全，选择加工对象的余地更大，给用户带来了很大的方便，尤其是当生产批量小，品种多，又需要立、卧两种方式加工时，用户只需购买一台这样的机床就可以了。

（2）数控铣床的典型机构

①滚珠丝杠副　滚珠丝杠副是一种新型螺旋传动机构，其具有螺旋槽的丝杠与螺母之间装有中间传动元件——滚珠。图 2-33 所示为滚珠丝杠副的组成示意图，它由丝杠、螺母、滚珠和反向器（滚珠循环反向装置）四部分组成。当丝杠转动时，带动滚珠沿螺纹滚道滚动，为防止滚珠从滚道端掉出，在螺母的螺旋槽两端设有滚珠回程引导装置，构成滚珠的循环返回通道，从而形成滚珠流动的闭合通路。

滚珠丝杠副虽然结构复杂、制造成本高，但其最大优点是：摩擦阻力矩小，传动效率高（92% ~98%），所需传动力矩小，传动平稳，不易产生爬行，随动和定位精度高；寿命长，精度保持性好；运动具有可逆性，因此在数控机床进给系统中得到广泛应用。

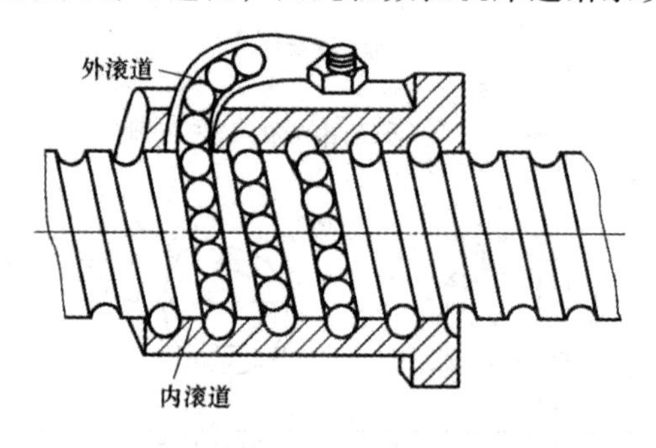

图 2-33　滚珠丝杠副的组成示意图

滚珠的循环方式有外循环和内循环两种。滚珠在返回过程中与丝杠脱离接触的循环方式为外循环，滚珠在循环过程中与丝杠始终接触的循环方式为内循环。在内、外循环中，滚珠在同一个螺母上只有一个回路管道的循环方式称为单循环，有两个回路管道的循环方式称为双列循环。循环中的滚珠称为工作滚珠，工作滚珠所走过的滚道圈数称为工作圈数。外循环滚珠丝杠副按滚珠循环时的返回方式主要分为插管式滚珠丝杠副和螺旋槽式滚珠丝杠副。图 2-34a）所示为插管式外循环滚珠丝杠副，它用弯管作为返回管道，这种结构工艺性好，但由于管道突出于螺母体外，径向尺寸较大。图 2-34b）所示为螺旋槽式外循环滚珠丝杠副，它是在螺母外圆上铣出螺旋槽，槽的两端钻出通孔并与螺纹滚道相切，形成返回通道，这种结构比插管式结构径向尺寸小，但制造上较为复杂。图 2-35 所示为内循环滚珠丝杠副，在螺母的侧孔中装有圆柱凸键式反向器，反向器上铣有 S 形回珠槽，将相邻两螺纹滚道连接起来。滚珠从螺纹滚道进入反向器，借助反向器迫使滚珠越过丝杠牙顶进入相邻滚道，实现循环。一般一个螺母上装有 2～4 个反向器，反向器沿螺母圆周等分分布。其优点是径向尺寸紧凑，刚性好，因其返回滚道较短，摩擦损失小。缺点是反向器加工困难。

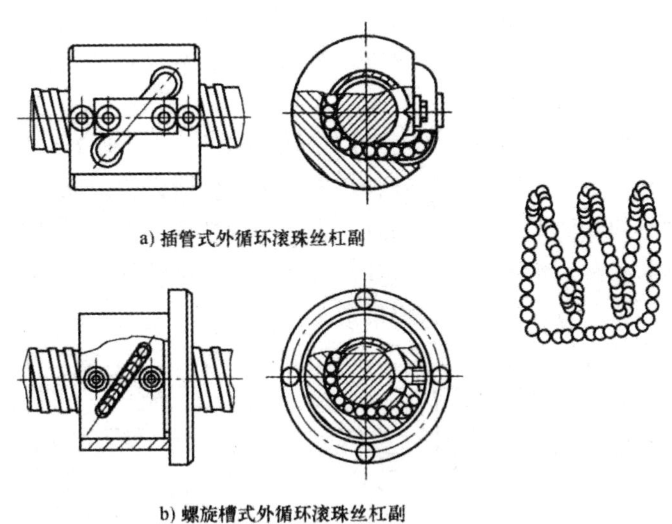

a) 插管式外循环滚珠丝杠副

b) 螺旋槽式外循环滚珠丝杠副

图 2－34　外循环滚珠丝杠副

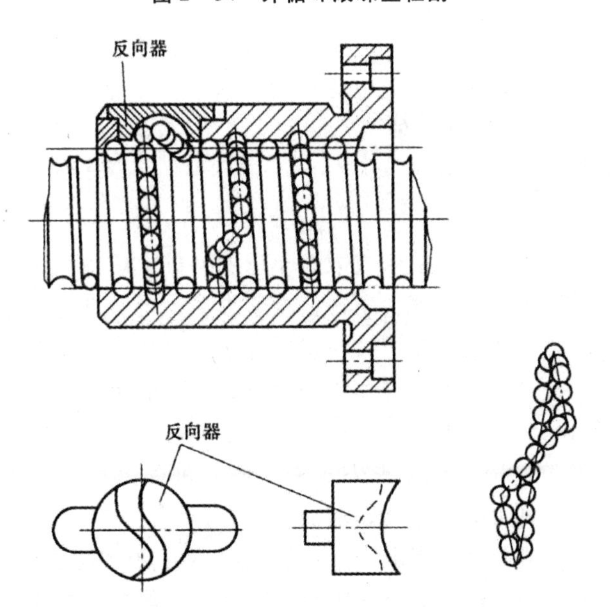

图 2－35　内循环滚珠丝杠副

②伺服电动机与进给丝杠的连接　图 2－36 所示为采用锥形夹紧环（简称锥环）的消隙联轴器，可使动力传递没有反向间隙。主动轴 1 和从动轴 3 分别插入轴套 6 的两端。轴套和主、从动轴之间装有成对（一对或数对）布置的锥环 5，锥环的内外锥面互相贴合，

螺钉2通过压盖4施加轴向力时，由于锥环之间的楔紧作用，内外环分别产生径向弹性变形，使内环内径变小而箍紧轴，外环外径变大而撑紧轴套，消除配合间隙，并产生接触压力，将主、从动轴与轴套连成一体，依靠摩擦力传递转矩。

锥环的主要用途是代替单键和花键的连接作用。使用它，通过高强度螺栓的作用使内环与轴之间、外环与轮毂之间产生巨大的抱紧力；当承受载荷时，靠锥环与机件的接合压力及相伴产生的摩擦力传递转矩、轴向力或二者的复合载荷。锥环联轴结构的设计必须进行计算。如果轴向压紧力太大，可能超过许用接触应力，造成零件的损坏；但如果压紧力太小，可能造成联轴的不可靠。

为了能补偿同轴度及垂直度误差引起的别劲现象，可采用图2-37所示的挠性联轴器。挠性联轴器具有一定的补偿被连两轴轴线相对偏移的能力，最大补偿量随型号不同而不同。凡被连两轴的同轴度不易保证的场合，可选用挠性联轴器。柔性片4分别用螺钉和球面垫圈与两边的联轴套2相连，通过柔性片传递转矩。柔性片每片厚0.25 mm，材料为不锈钢。两端的位置偏差由柔性片的变形抵消。

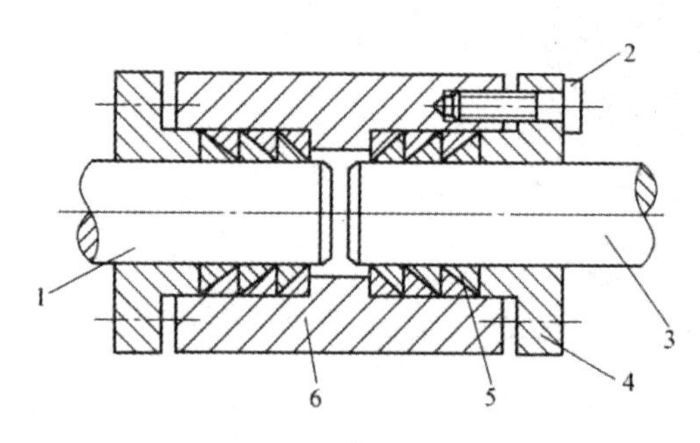

图2-36　消隙联轴器

1—主动轴；2—螺钉；3—从动轴；
4—压盖；5—锥环；6—轴套

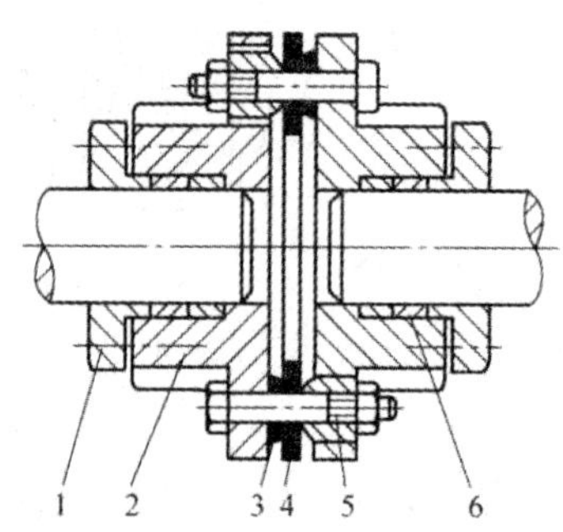

图2-37　挠性联轴器

1—压盖；2—联轴套；3、5—球面垫圈；
4—柔性片；6—锥环

5. 加工中心

加工中心是在数控镗床、数控铣床或数控车床的基础上增加自动换刀装置，一般带有回转工作台或主轴箱可旋转一定角度，工件一次装夹后，可自动完成多个平面或多个角度位置的钻孔、扩孔、铰孔、镗孔、攻螺纹、铣削等多工序加工。有些加工中心还带有交换工作台，工件在工作位置的工作台进行加工的同时，另外的工件在装卸位置的工作台上进行装卸，工作效率高。

（1）加工中心的分类　按照机床形态，加工中心可分为立式加工中心、卧式加工中心、龙门式加工中心、五面加工中心和虚轴加工中心。

①立式加工中心　如图2-38所示，立式加工中心主轴的轴线为垂直设置，结构多为固定立柱式，工作台为十字滑台，适合加工盘类零件，一般具有三个直线运动坐标轴，并可在工作台上安置一个水平轴的数控转台（第四轴）来加工螺旋线类零件。立式加工中心结构简单，占地面积小，价格低，应用广泛。

②卧式加工中心　如图 2－39 所示，卧式加工中心主轴轴线水平布置，一般具有 3～5 个运动坐标轴，常见的是三个直线运动坐标轴和一个回转运动坐标轴（回转工作台），可在工件一次装夹后完成除安装面和顶面以外的其余四个面的加工，最适合加工箱体类工件。它与立式加工中心相比，结构复杂、占地面积大，质量大，价格也高。

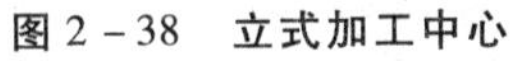

图 2－38　立式加工中心

图 2－39　卧式加工中心

③龙门式加工中心　如图 2－40 所示，龙门式加工中心的形状与龙门铣床相似，主轴多为垂直设置，带有自动换刀装置，带有可换的主轴头附件，数控装置的软件功能也较齐全，能够一机多用，尤其适用于大型或形状复杂的工件，如航天工业及大型汽轮机上的某些零件的加工。

④五面加工中心　五面加工中心具有立式和卧式加工中心的功能，在工件一次装夹后，可完成除安装面外的所有五个面的加工。这种加工方式可以使工件的形状误差降到最低；省去二次装夹工件，从而提高生产率，降低加工成本。但其结构复杂，造价高，占地面积大，因此应用范围较窄。

⑤虚轴加工中心　如图 2－41 所示，虚轴加工中心改变了以往传统机床的结构，通过连杆运动实现主轴多自由度的运动，完成对工件复杂曲面的加工。

图 2－40　龙门式加工中心

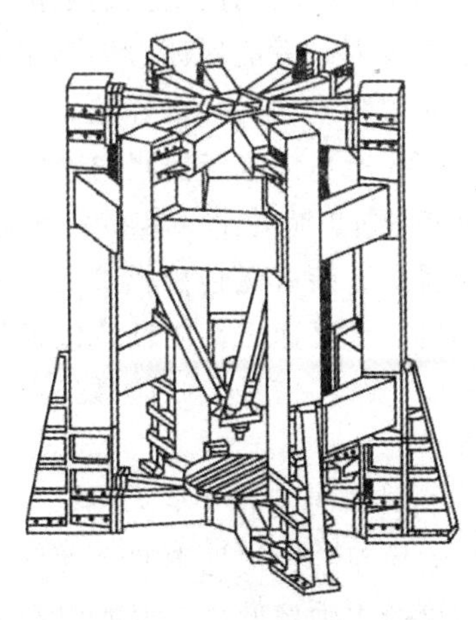

图 2－41　虚轴加工中心

（2）加工中心主轴部件　主轴部件是加工中心的关键部件，包括主轴、主轴轴承及安装在主轴上的传动件、密封件等。对于加工中心，为了实现刀具在主轴上的自动装卸与夹持，还必须具有刀具的自动夹紧装置、主轴定向装置和主轴锥孔清理装置等结构。

①主轴内刀具的自动夹紧和切屑清除装置　在带有刀库的自动换刀数控机床中，为实现刀具在主轴上的自动装卸，其主轴必须设计有刀具的自动夹紧机构。自动换刀立式加工中心主轴部件如图 2-42 所示。其刀具夹紧机构工作过程是：刀夹 1 以锥度为 7:24 的锥柄在主轴 3 前端的锥孔中定位，并通过拧紧在锥柄尾部的拉钉 2 在锥孔中拉紧。夹紧刀夹时，液压缸 7 上腔接通回油，弹簧 11 推活塞 6 上移，处于图示位置，拉杆 4 在碟形弹簧 5 作用下向上移动；由于此时装在拉杆前端径向孔中的钢球 12 进入主轴孔中直径较小的 d_2 处，被迫径向收拢而卡进拉钉 2 的环形凹槽内，因而刀杆被拉杆拉紧，依靠摩擦力紧固在主轴上。切削转矩则由端面键 13 传递。换刀前需将刀夹松开时，压力油进入液压缸 7 上腔，活塞 6 拉动拉杆 4 向下移动，碟形弹簧被压缩；当钢球 12 随拉杆一起下移至进入主轴直径较大的 d_1 处时，它就不能再约束拉钉的头部，紧接着拉杆前端内孔的台肩端面碰到拉钉，把刀夹顶松。此时行程开关 10 发出信号，换刀机械手随即将刀夹取下。与此同时，压缩空气由管接头 9 经活塞和拉杆的中心通孔吹入主轴装刀孔内，把切屑或脏物清除干净，以保证刀具的安装精度。机械手把新刀装上主轴后，液压缸 7 接通回油，碟形弹簧 5 又拉紧刀夹。刀夹拉紧后，行程开关 8 发出信号。

自动清除主轴锥孔中切屑和灰尘是换刀操作中一个不容忽视的问题。如果在主轴锥孔中掉进了切屑或其他污物，在拉紧刀杆时，主轴锥孔表面和刀杆的锥柄会被划伤，甚至使刀杆发生偏斜，破坏刀具的正确定位，影响加工精度。为了保持主轴锥孔清洁，常用压缩空气吹屑。活塞 6 中心钻有压缩空气通道，当活塞向左移动时，压缩空气经拉杆 4 吹出，将主轴锥孔清理干净，喷气头中的喷气小孔要有合理的喷射速度，并均匀分布，以提高其吹屑效果。

②主轴准停装置　在自动换刀立式加工中心上，切削转矩通常是通过刀杆的端面键来传递的，因此在每一次自动装卸刀杆时，都必须使刀柄上的键槽对准主轴上的端面键，这就要求主轴具有准确周向定位的功能。在加工精密坐标孔时，由于每次都能在主轴固定的圆周位置上装刀，就能保证刀尖与主轴相对位置的一致性，从而提高孔径的正确性，这是主轴准停装置带来的另一个好处。

图 2-43 所示为电气控制的主轴准停装置，在传动主轴旋转的多楔带轮 1 的端面上装有一个厚垫片 4，垫片上又装有一个体积很小的永久磁铁 3。在主轴箱箱体的对应于主轴准停的位置上，装有磁传感器 2。当机床需要停车换刀时，数控装置发出主轴停转指令，主轴电动机立即降速，在主轴 5 以最低转速慢转很少几转后，永久磁铁 3 对准磁传感器 2 时，后者发出准停信号。此信号经放大后，由定向电路控制主轴电动机准确地停在规定的周向位置上。

(3) 自动换刀装置

①自动换刀装置常见类型　常见的自动换刀装置有利用刀库进行换刀、自动更换主轴箱和自动更换主轴等形式。下面以带刀库的自动换刀系统为例进行说明。

由刀库和机械手组成的自动换刀装置（Automatic Tool Changer，ATC）是加工中心的重要组成部分。这类换刀装置由刀库、选刀机构、刀具交换机构及刀具在主轴上的自动装卸机构等四部分组成，刀库可装在机床的立柱上（见图2-44）或工作台上（见图

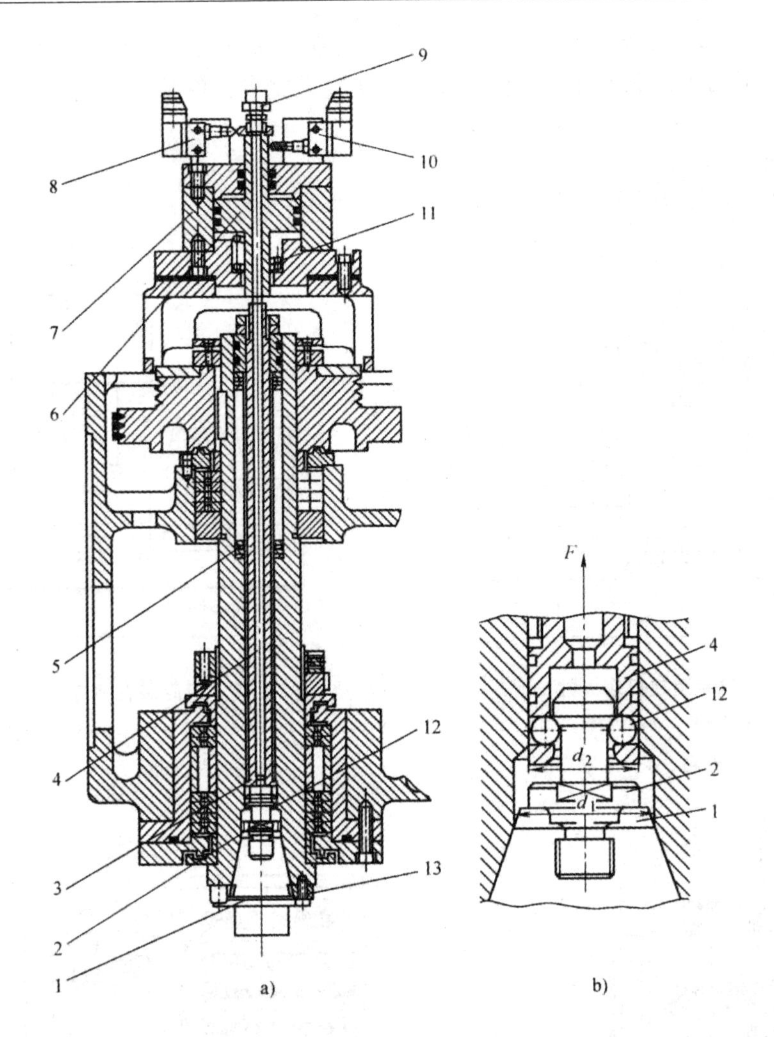

图 2－42　自动换刀立式加工中心主轴部件

1—刀夹；2—拉钉；3—主轴；4—拉杆；5—蝶形弹簧；6—活塞；7—液压缸；8、10—行程开关；9—压缩空气管接头；11—弹簧；12—钢球；13—端面键

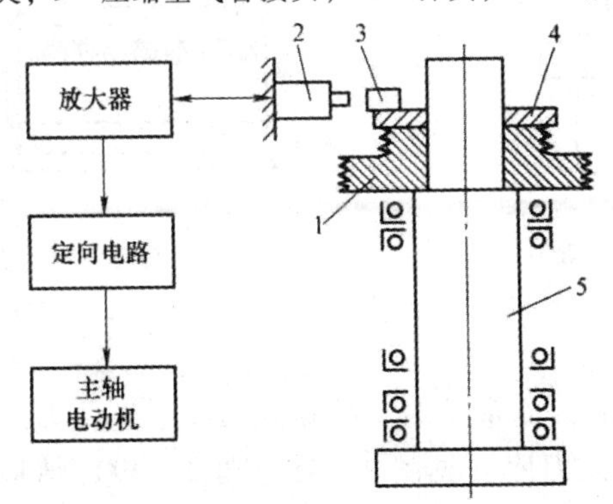

图 2－43　电气控制的主轴准停装置

1—多楔带轮；2—磁传感器；3—永久磁铁；4—垫片；5—主轴

2－45）。当刀库容量较大及刀具较重时，也可装在机床之外，作为一个独立部件，如图2－46所示。如刀库远离主轴，常需附加运输装置来完成刀库与主轴之间刀具的运输，如图2－47所示。

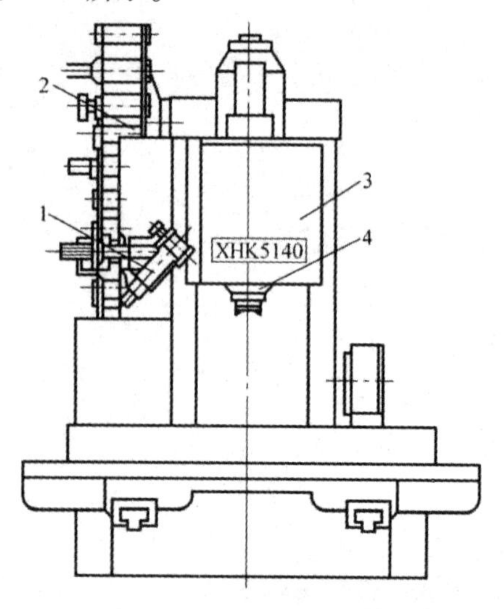

图2－44　刀库装在机床立柱一侧

1—机械手；2—刀库；

3—主轴箱；4—主轴

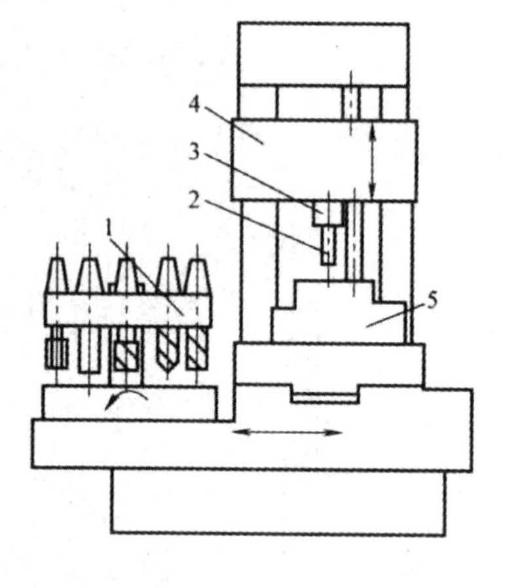

图2－45　刀库装在机床工作台上

1—刀库；2—刀具；3—主轴；

4—主轴箱；5—工件

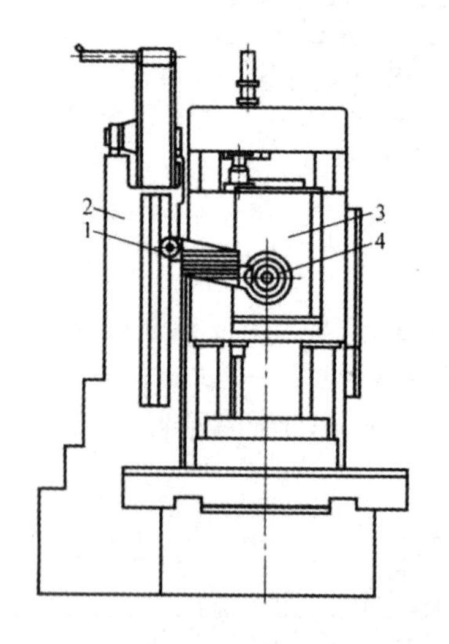

图2－46　刀库装在机床之外

1—机械手；2—刀库；

3—主轴箱；4—主轴

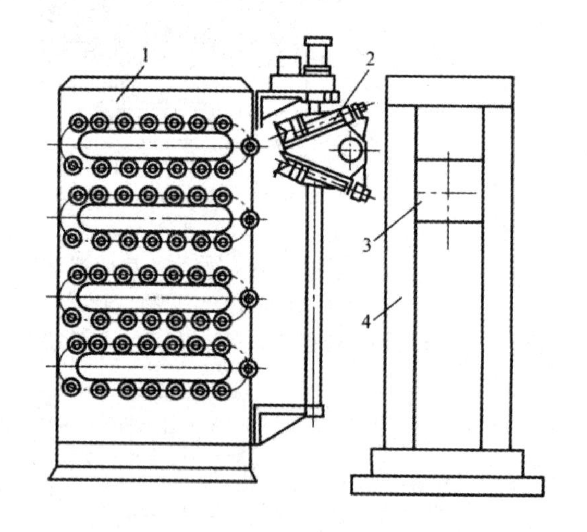

图2－47　刀库远离机床主轴

1—刀库；2—机械手；

3—主轴箱；4—立柱

②刀库形式　加工中心刀库常见的有鼓盘式刀库、链式刀库和格子盒式刀库。

a. 鼓盘式刀库。鼓盘式刀库（见图2－48、图2－49）结构紧凑、简单，在中小型加工中心上应用较多。刀具为单列排列，空间利用率低，且大容量的刀库外径比较大，转动惯量大，换刀时间长，因此一般存放刀具不超过24把。鼓盘式刀库主要有刀具轴线与鼓盘轴线平行布置（见图2－48）或者成一定角度的结构（见图2－49b））。

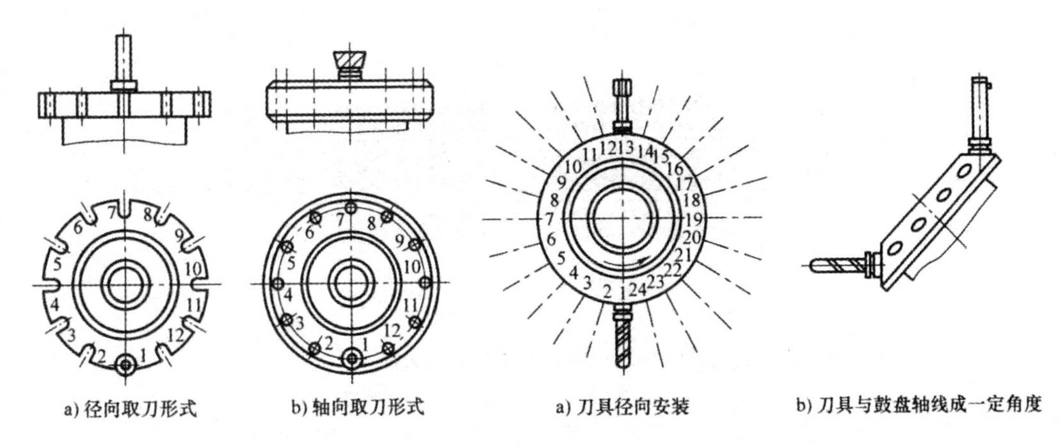

a) 径向取刀形式　b) 轴向取刀形式　a) 刀具径向安装　b) 刀具与鼓盘轴线成一定角度

图 2－48 鼓盘式刀库（一）　图 2－49 鼓盘式刀库（二）

b. 链式刀库。链式刀库（见图 2－50）是在环形链条上有许多刀座，刀座孔中装夹各种刀具。链式刀库有单环链式、多环链式和链条折叠式结构。它的优点是结构紧凑、布局灵活、刀库容量大，可以实现刀库的预选，换刀时间短。但刀库一般需要独立安装于机床侧面或顶部，占地面积大。通常情况下，刀具轴线和主轴轴线垂直，换刀需通过机械手进行操作。

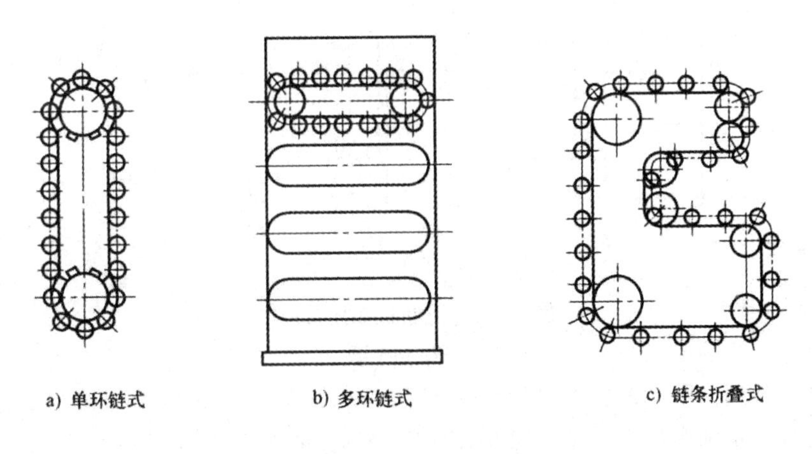

a) 单环链式　b) 多环链式　c) 链条折叠式

图 2－50 链式刀库

c. 格子盒式刀库。图 2－51 所示为固定型格子盒式刀库，刀具分几排直线排列，由纵向、横向移动的取刀机械手完成选刀动作，将选取的刀具送到固定的换刀位置刀座 5 上，由换刀机械手交换刀具。由于格子盒式刀库中刀具排列严密，因此空间率高，刀库容量大。

③几种典型的换刀过程

a. 无机械手换刀。无机械手的换刀系统一般采用把刀库放在主轴箱可以运动到的位置，或整个刀库或某一刀位能移动到主轴箱可以到达的位置。同时，刀库中刀具的存放方向一般与主轴上的装刀方向一致。换刀时，由主轴运动到刀库上的换刀位置，利用主轴直接取走或放回刀具。图 2－52 所示为一种卧式加工中心无机械手换刀系统的换刀过程。

当本步工作结束后，主轴准停，主轴箱上升，这时刀库上刀位的空挡位置正好处于交

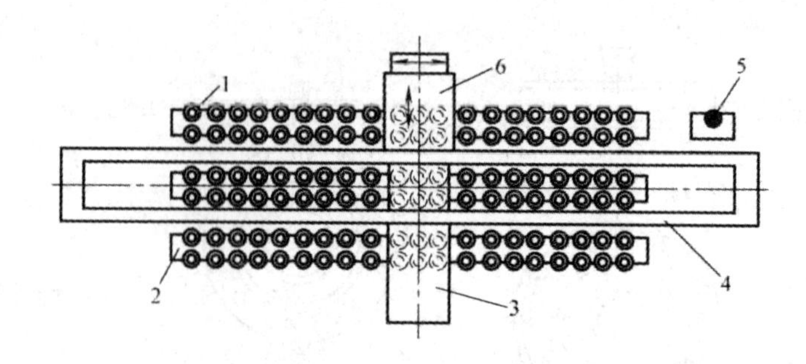

图 2-51 固定型格子盒式刀库

1—刀座；2—刀具固定板架；3—取刀机械手横向导轨；
4—取刀机械手纵向导轨；5—换刀位置刀座；6—换刀机械手

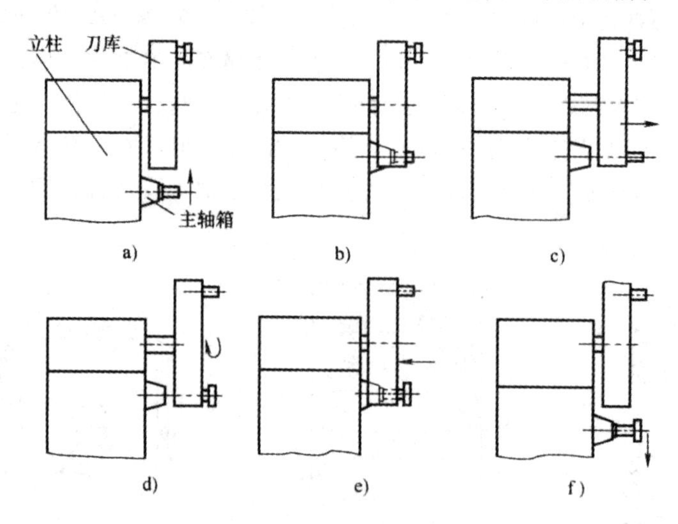

图 2-52 无机械手换刀过程

换位置，装夹刀具的卡爪打开，如图 2-52a) 所示。

主轴箱上升到极限位置，被更换的刀具刀杆进入刀库空刀位，即被刀具定位卡爪钳住，与此同时，主轴内刀杆自动夹紧装置放松刀具，如图 2-52b) 所示。

刀库伸出，从主轴锥孔中将刀拔出，如图 2-52c) 所示。

刀库转位，按照程序指令要求将选好的刀具转到最下面的位置，同时，压缩空气将主轴锥孔吹净，如图 2-52d) 所示。

刀库退回，同时将新刀插入主轴锥孔，主轴内刀具夹紧装置将刀杆拉紧，如图 2-52e) 所示。

主轴下降到加工位置后启动，开始下一工步的加工，如图 2-52f) 所示。

b. 机械手换刀。

机械手换刀部分的结构。由于刀库及刀具交换方式的不同，换刀机械手也有多种形式。从手臂的类型来分，有单臂机械手和双臂机械手。常用的双臂机械手有图 2-53 所示的几种结构形式。这几种机械手能够完成抓刀—拔刀—回转—插刀—返回等一系列动作。为了防止刀具掉落，各机械手的活动爪都带有自锁机构。由于双臂回转机械手的动作比较简单，而且能够同时抓取和装卸机床主轴和刀库中的刀具，因此换刀时间进一步缩短。

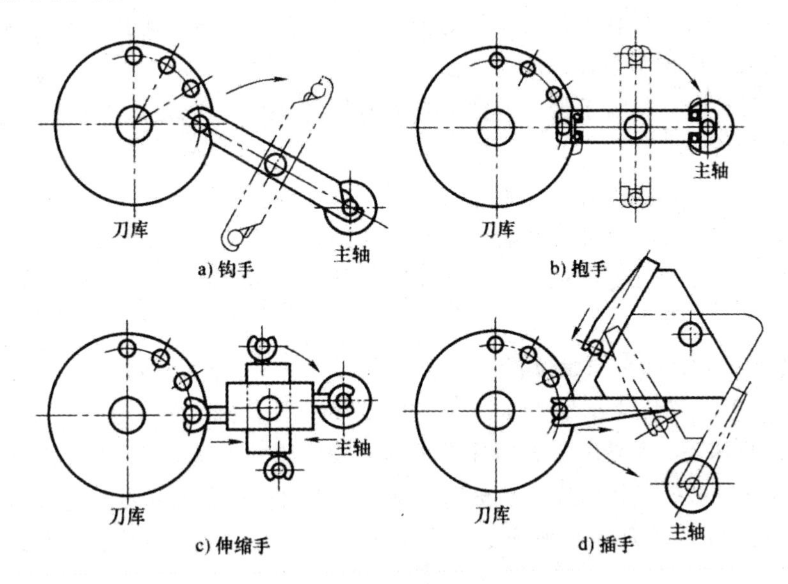

图 2－53　常用的双臂机械手结构

自动换刀过程。如图 2－54 所示，当上一工序加工完毕后，主轴在准停位置由自动换刀装置换刀，其过程如下：

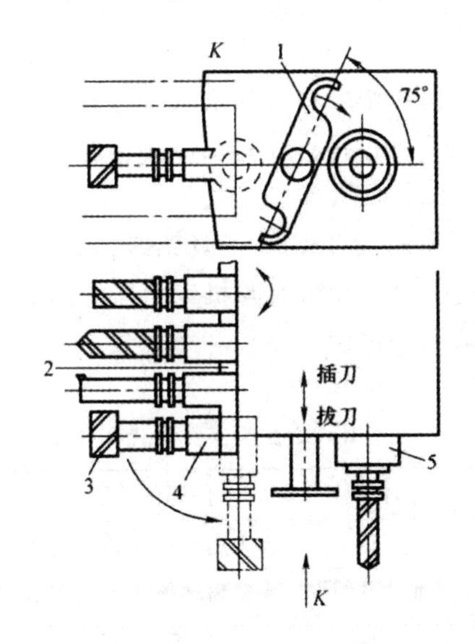

图 2－54　自动换刀过程示意图

1—机械手；2—刀库；3—刀具；4—刀套；5—主轴

刀套下转 90°。机床的刀库位于立柱左侧，刀具在刀库中的安装方向与主轴垂直。换刀之前，刀库 2 转动，将待换刀具 3 送到换刀位置，之后把带有刀具 3 的刀套 4 向下翻转 90°，使得刀具轴线与主轴轴线平行。

机械手转 75°。如 *K* 向视图所示，在机床切削加工时，机械手 1 的手臂与主轴中到换刀位置的刀具中心线的连线成 75°，该位置为机械手的原始位置。机械手换刀的第一个动作是顺时针转 75°，两手分别抓住刀库上和主轴 5 上的刀柄。

刀具松开。机械手抓住主轴刀具的刀柄后，刀具的自动夹紧机构松开刀具。

机械手拔刀。机械手下降，同时拔出两把刀具。

交换两刀具位置。机械手带着两把刀具逆时针转 180°（从 K 向观察），使主轴刀具与刀库刀具交换位置。

机械手插刀。机械手上升，分别把刀具插入主轴锥孔和刀套中。

刀具夹紧。刀具插入主轴锥孔后，刀具的自动夹紧机构夹紧刀具。

机械手转 180°，液压缸复位。驱动机械手逆时针转 180°，液压缸复位，机械手无动作。

机械手反转 75°，回到原始位置。

刀套上转 90°。刀套带着刀具向上翻转 90°，为下一次选刀做准备。

（4）数控机床工具系统　数控机床要求具有较完善的工具系统并实现刀具结构的模块化。数控机床工具系统是指用来连接机床主轴和刀具之间的辅助系统（包括硬件与软件），除刀具外，还包括实现刀具快换所必需的定位、夹持、拉紧、动力传递和刀具保护等部分。

数控机床工具系统按使用范围分为镗铣类工具系统和车削类工具系统，按系统的结构特点分为整体式工具系统和模块式工具系统。它们主要由两部分组成：一是刀具部分，二是工具柄部（刀柄）、接杆（接柄）和夹头等装夹工具部分。下面重点对镗铣类工具系统进行说明。

镗铣类工具系统一般由与机床主轴连接的锥柄、延伸部分的连杆和工作部分的刀具组成。它们经组合后可以完成钻孔、扩孔、铰孔、镗孔、攻螺纹等加工工艺。镗铣类工具系统又分为整体式结构和模块式结构两大类。

①整体式结构　图 2－55 所示为 TSG82 工具系统，它的特点是将锥柄和接杆连成一体，不同品种和规格的工作部分都必须带有与机床相连的柄部。其优点是结构简单、使用方便、可靠、更换迅速等，缺点是锥柄的品种和数量较多。表 2－7 是 TSG82 工具系统的代码和意义。

表 2－7　TSG82 工具系统的代码和意义

代码	代码的意义	代码	代码的意义	代码	代码的意义
J	装接长刀杆用锥柄	MW	装无扁尾莫氏锥柄刀具	KJ	用于装扩孔钻、铰刀
Q	弹簧夹头	M	装无扁尾莫氏锥柄刀具	BS	倍速夹头
KH	7:24 锥柄快换夹头	G	攻螺纹夹头	H	倒锪端面刀
Z（J）	装钻夹头（莫氏锥度为 J）	C	切内槽刀具	T	镗孔刀具
TZ	直角镗刀	TF	浮动镗刀	XM	装面镗刀
TQW	倾斜式微调镗刀	TK	可调镗刀	XDZ	装直角铣刀
TQC	倾斜式粗镗刀	X	用于装铣削刀具	XD	装面铣刀
TZC	直角形粗镗刀	XS	装三面刃铣刀		

②模块式结构　模块式结构把工具的柄部和工作部分分开，制成系统化的主柄模块、

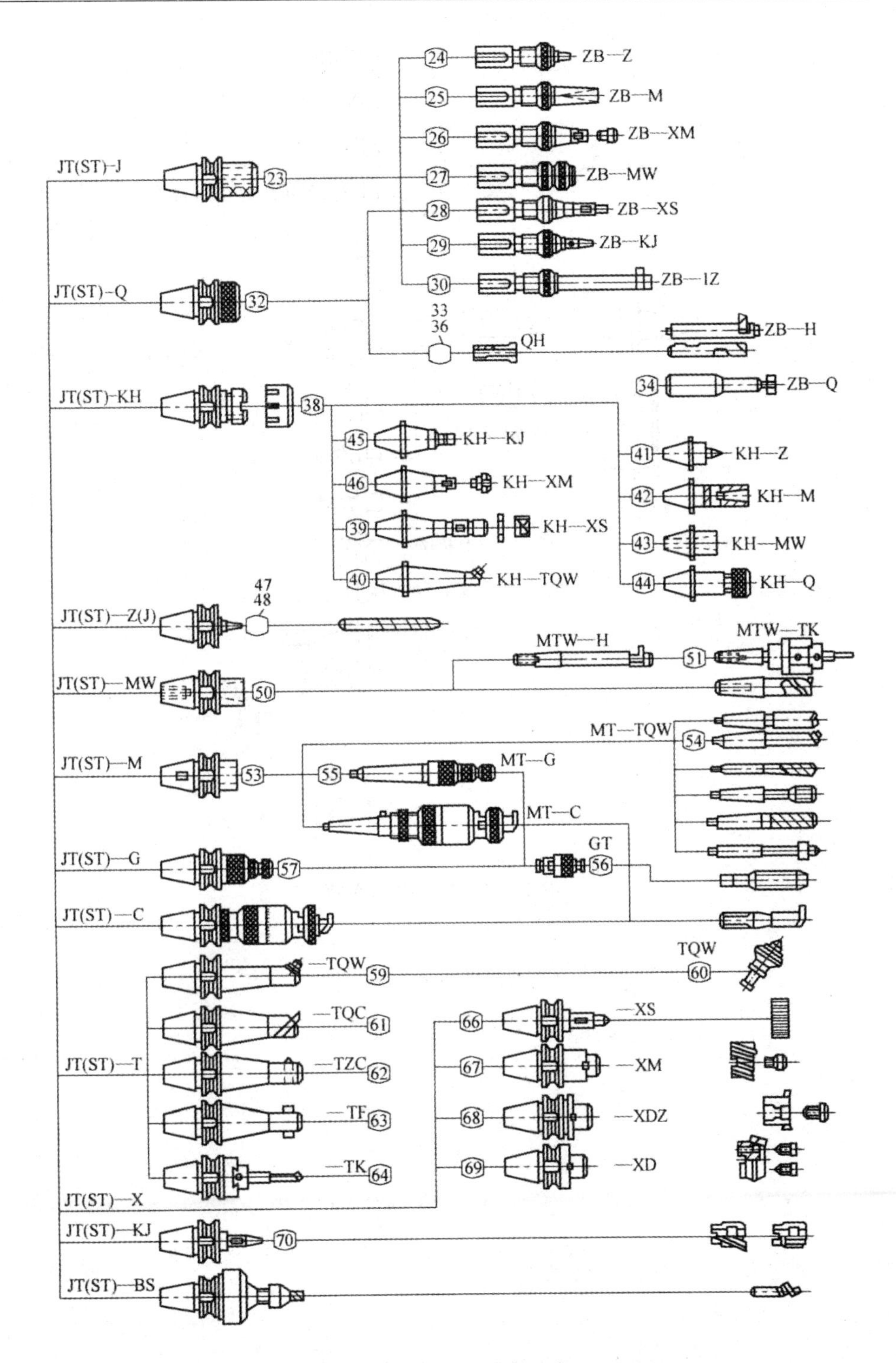

图 2－55　TSG82 工具系统

中间模块和工作模块，每类模块中又分为若干小类和规格，然后用不同规格的中间模块组装成不同用途、不同规格的模块式刀具，方便了制造、使用和保管，减少了工具的规格、品种和数量的储备。图 2－56 所示为 TMG 工具系统。

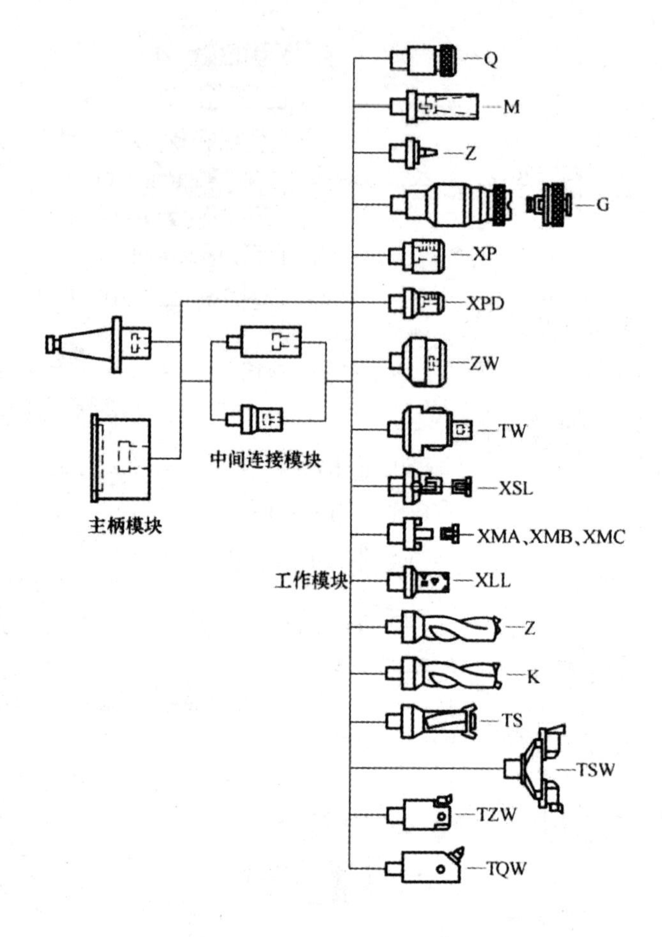

图 2－56　TMG 工具系统

③刀柄及其用途

a. 刀柄的分类。刀柄是机床主轴和刀具之间的连接工具，是数控机床工具系统的重要组成部分之一，是加工中心必备的辅具。它除了能够准确地安装各种刀具外，还应满足在机床主轴上的自动松开和拉紧定位、刀库中的存储和识别以及机械手的夹持和搬运等需要。刀柄分为整体式和模块式两类，如图 2－57 所示。整体式刀柄针对不同的刀具配备，其品种、规格繁多，给生产、管理带来不便；模块式刀柄克服了上述缺点，但对连接精度、刚性、强度都有很高的要求。刀柄的选用要和机床的主轴孔相对应，并且已经标准化和系列化。

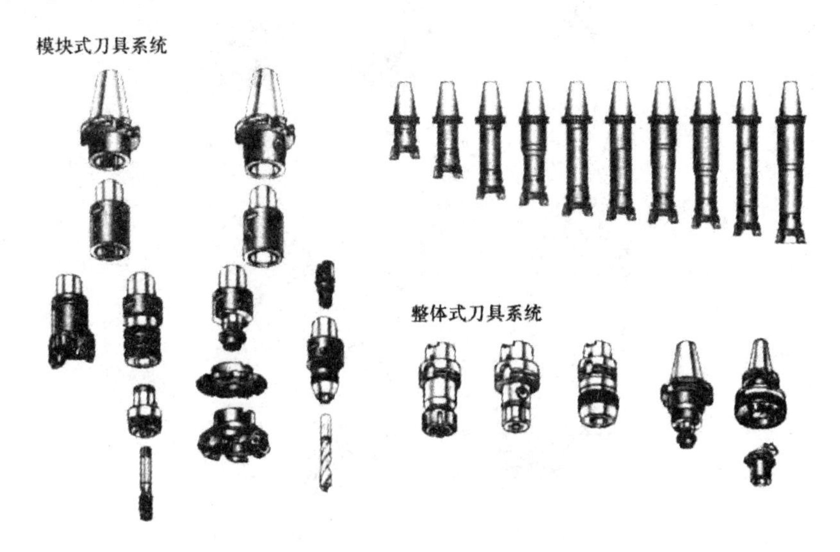

图 2－57　刀柄的组成

加工中心上一般采用 7:24 圆锥刀柄，如图 2－58 所示。这类刀柄不能自锁，换刀比较方便，与直柄相比具有较高的定心精度和刚度。其锥柄部分和机械手抓拿部分均有相应的国际和国家标准。GB/T 10944.1—2013、GB/T 10944.4—2013 和 GB/T 10944.3—2013、GB/T 10944.5—2013 中对此做了规定。这两个国家标准与国际标准 ISO 7388/1 和 ISO 7388/2 等效。

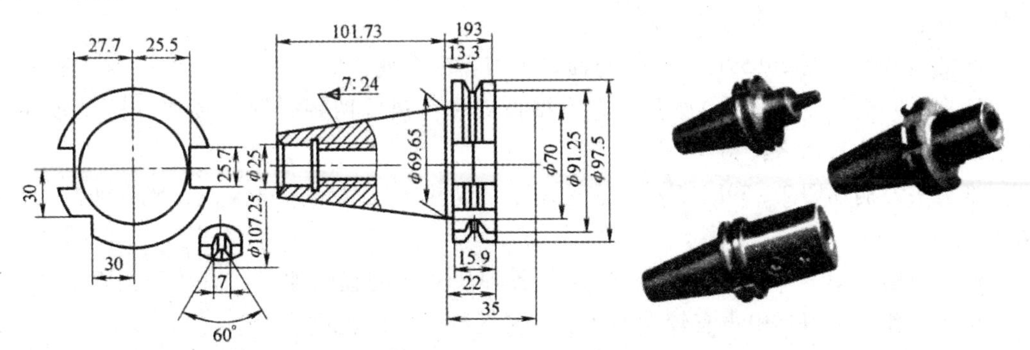

图 2－58　加工中心用 7:24 圆锥刀柄（JT）

b. 刀柄的用途。下面是一些常见刀柄及其用途。

ER 弹簧夹头刀柄如图 2－59a）所示。它采用 ER 型卡簧，夹紧力不大，适用于夹持直径在 16mm 以下的铣刀。ER 型卡簧如图 2－59b)所示。

图 2－59　各类刀柄

强力夹头刀柄的外形与 ER 弹簧夹头刀柄相似，但采用 KM 型卡簧，可以提供较大夹紧力，适用于夹持 ϕ16mm 以上直径的铣刀进行强力铣削。KM 型卡簧如图 2－59c)所示。

莫氏锥度刀柄如图 2－59d)所示。它适用于莫氏锥度刀杆的钻头、铣刀等。

侧固式刀柄如图 2－59e)所示。它采用侧向夹紧，适用于切削力大的加工，但一种尺寸的刀具需对应配备一种刀柄，规格较多。

面铣刀刀柄如图 2－59f)所示。与面铣刀刀盘配套使用。

钻夹头刀柄如图 2－59g)所示。它有整体式和分离式两种，用于装夹直径在 ϕ13 mm 以下的中心钻、直柄麻花钻等。

锥夹头刀柄如图 2－59h)所示。它适用于自动攻螺纹时装夹丝锥，一般有切削力限制功能。

镗刀刀柄如图 2－59i)所示。它适用于各种尺寸孔的镗削加工，有单刃、双刃及重切削类型，在孔加工刀具中占有较大的比重，是孔精加工的主要手段。

增速刀柄如如图 2－59j)所示。当加工所需的转速超过机床主轴的最高转速时，可以采用这种刀柄将刀具转速增大 4～5 倍，扩大机床的工艺范围。

中心冷却刀柄如图 2－59k)所示。为了改善切削液的冷却效果，特别是在孔加工时，采用这种刀柄可以使切削液从刀具中心喷入切削区域，极大地提高冷却效果，并利于排屑。

任务二　正确选择金属切削刀具

一、切削运动和切削用量

1. 切削运动

为了切除工件上多余的金属，以获得形状、尺寸精度和表面质量都符合要求的工件，除必须使用切削刀具外，还要求刀具与工件之间做相对运动——切削运动。根据切削运动对切削加工过程所起的作用不同，分为主运动和进给运动。

（1）主运动　主运动是进行切削最主要的运动。通常它的速度最高，消耗机床动力最多。切削加工中只有一个主运动，它可由工件完成，也可以由刀具完成，车削时工件的旋转运动（图 2－60）、钻削和铣削时钻头和铣刀的回转运动，以及刨削时刨刀的往复直线运动等都是主运动。

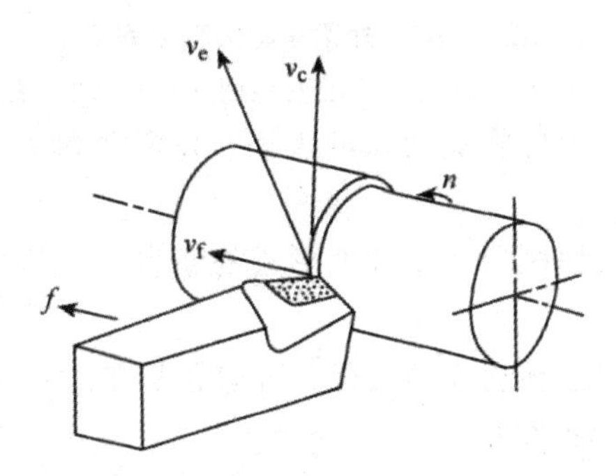

图 2－60　外圆车削的切削运动

由于切削刃上各点主运动的大小和方向都不一定相同，为了便于分析问题，通常选取合适的点来分析其运动，此点称为选定点。切削刃上选定点相对于工件主运动的瞬时速度称为切削速度，其大小和方向可用 v_e表示。

（2）进给运动　进给运动与主运动配合后，将能保持切削工作连续或反复进行，从而切除切削层形成已加工表面。机床的进给运动可由一个、两个或多个组成，通常消耗动力较小。进给运动可以是连续运动，也可以是间歇运动，可以是旋转运动，也可以是直线运动。

切削刃上选定点相对于工件进给运动的瞬时速度，称为进给速度，其大小和方向用 v_f表示。

2. 合成切削运动

当主运动和进给运动同时进行时，刀具切削刃上选定点与工件间的相对切削运动是主运动和进给运动的合成运动，称为合成切削运动。合成切削运动瞬时速度的大小和方向用 v_e表示。

3. 工件上的加工表面

在切削加工过程中，工件上的金属层不断被刀具切除而变成切屑，同时在工件上形成新表面。在新表面的形成过程中，工件上有三个不断变化的表面（图 2－61）：

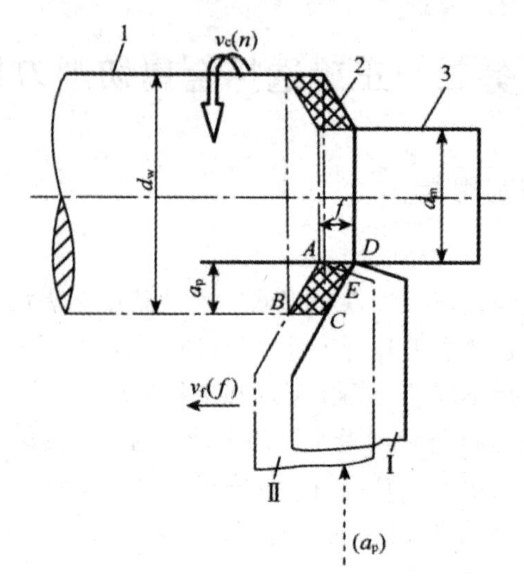

图 2－61　外圆车削的形成表面

1—待加工表面；2—过渡表面；3—已加工表面

（1）待加工表面　工件上即将被切除的表面，随着切削过程的进行，它将逐渐减小，直至被全部切去。

（2）已加工表面　刀具切削后在工件上形成的新表面，并随着切削的继续进行而逐渐扩大。

（3）过渡表面　切削刃正在切削的表面，并且是切削过程中不断改变的表面，它总是处在待加工表面与已加工表面之间。

4. 切削用量

通常把切削速度 v_c、进给量 f、切削深度 a_p 称为切削用量三要素。

（1）切削速度 v_c　主运动的线速度，单位为 m/min。车削时的切削速度为：

$$v_c = \frac{\pi dn}{1000} \tag{2-9}$$

式中　n—— 工件或刀具的转速，单位为 r/min；

d—— 工件或刀具选定点的旋转直径，单位为 mm。

（2）进给量 f　它是刀具在进给运动方向上相对于工件的位移量。可用刀具或工件每转或每行程的位移量来表示。当主运动是旋转运动时，进给量的单位为 mm/r；当主运动是往复直线运动时，则进给量的单位为 mm/ 行程。

对于多齿刀具，如钻头、铣刀等，还规定每齿进给量 f_z。它是相邻两刀齿在工件进给运动方向的位移量，单位 为 mm/z（z 为刀具的齿数）。v_f、f、f_z 三者之间有如下关系：

$$v_f = n \cdot f = f_z \cdot z \cdot n \tag{2-10}$$

（3）切削深度 a_p　工件上已加工表面和待加工表面间的垂直距离，单位为 mm，如图 2－61 所示，车外圆时：

$$a_p = \frac{d_w - d_w}{2} \tag{2-11}$$

式中　d_w ——待加工表面直径，mm；

　　　d_m ——已加工表面直径，mm。

二、切削层参数

切削时工件旋转一周，刀具从位置Ⅰ移到位置Ⅱ，在Ⅰ、Ⅱ之间的一层材料被切下，则刀具正在切削的这层材料称切削层。图 2 - 61 中，四边形 *ABCD* 称切削层公称横截面积。切削层实际横截面积是四边形 *ABCE*，△ *AED* 为残留在已加工表面上的横截面积。

切削层形状、尺寸直接影响着刀具承受的负荷。为简化计算，切削层形状、尺寸规定在刀具基面中度量，即过刀刃上选定点与主运动方向垂直的平面。如图 2 - 62 所示，切削层尺寸是指在刀具基面中度量的切削层长度与宽度，它与切削用量 a_p、f 大小有关。

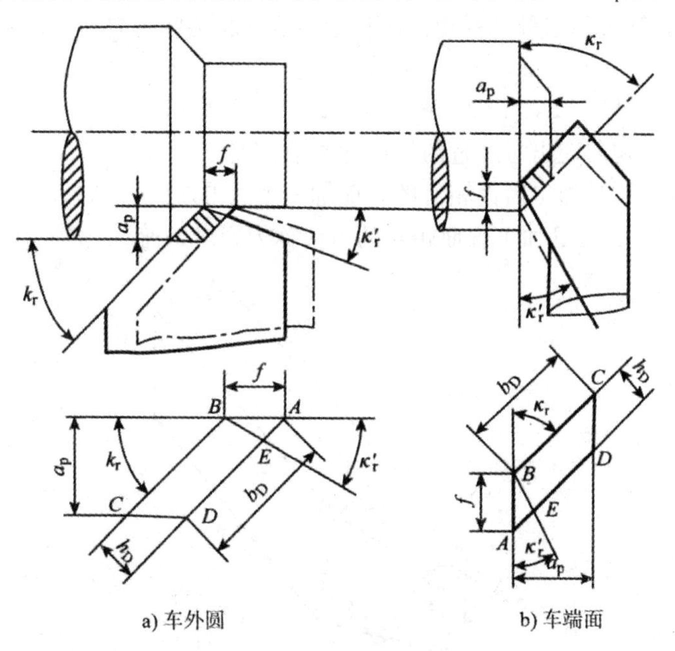

图 2 - 62　切削层参数

1. 切削层公称厚度 h_D

在主切削刃选定点的基面内，垂直于切削表面度量的切削层尺寸称为切削层公称厚度 h_D。(切削厚度)。车外圆时，若车刀主切削刃为直线时，切削层截面的切削厚度为：

$$h_D = f\sin k_r \tag{2-12}$$

由此可见，进给量 f 或主偏角，k_r 增大，切削厚度 h_D 变厚。

2. 切削层公称宽度 b_D

在主切削刃选定点的基面内，沿切削表面度量的切削层尺寸，称为切削层公称宽度 b_D（切削宽度）。当车刀主切削刃为直线时，切削层截面的切削宽度为：

$$b_D = \frac{a_p}{\sin k_r} \tag{2-13}$$

由上式可知，当 a_p 减小或 k_r 增大时，b_D 变短。

3. 切削层公称横截面积 A_D

在主切削刃选定点的基面内度量的切削层横截面积，称为切削层公称横截面积 A_D。车削时：

$$A_D = h_D \cdot b_D = f \cdot a_p \tag{2-14}$$

三、刀具切削部分结构及刀具角度

1. 刀具的组成部分

如图 2－63 所示的车刀由刀头、刀柄（刀杆）两大部分组成。刀头用于切削，又称切削部分；刀柄用于装夹，又称刀体。

刀具切削部分由刀面、切削刃（也称刀刃）构成。不同的刀面用字母 A 和下角标组成复合符号标记；切削刃用字母 S 标记。副切削刃及其相关联的刀面，在标记符号右上角加一撇以示区别。

（1）刀面

①前刀面 A_γ：切屑流出时经过的刀面称为前刀面。

②主后刀面 A_α：与加工表面相对的刀面称为主后刀面。

③副后刀面 A'_α：与已加工表面相对的刀面称为副后刀面。

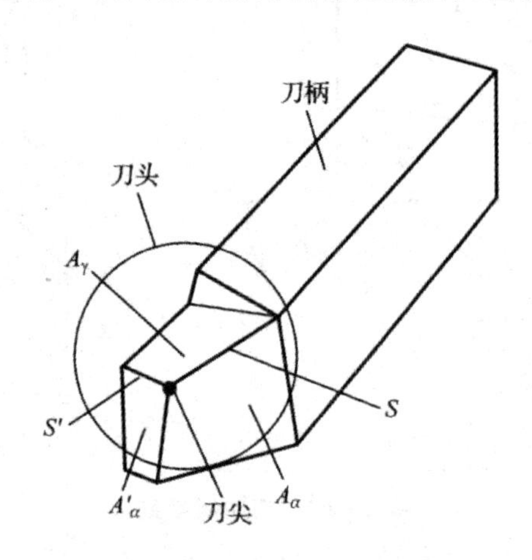

图 2－63　典型外圆车刀切削部分结构

前刀面与后刀面之间所包含的刀具实体部分称刀楔。

（2）切削刃

①主切削刃 S：担任主要切削工作的切削刃，它是前刀面与主后刀面汇交的边缘。

②副切削刃 S'：担任少量切削工作的切削刃，它是前刀面与副后刀面汇交的边缘。

（3）刀尖　主、副切削刃汇交的一小段切削刃称刀尖。

由于切削刃不可能刃磨得很锋利，总有一些刃口是圆弧形，如刀楔的放大部分图 2－64a）所示。刃口的锋利程度用切削刃钝圆半径 r_n 表示，一般工具钢刀具 r_n 为 0.01～0.02 mm，硬质合金刀具 r_n 为 0.02～0.04 mm。

为了提高刃口强度以满足不同加工要求，在前、后面上均可磨出倒棱面 $A_{\gamma 1}$、$A_{\alpha 1}$。$b_{\gamma 1}$ 是第一前面 $A_{\gamma 1}$ 的倒棱宽度；$b_{\gamma 1}$ 是第一后面 $A_{\alpha 1}$ 的倒棱宽度。

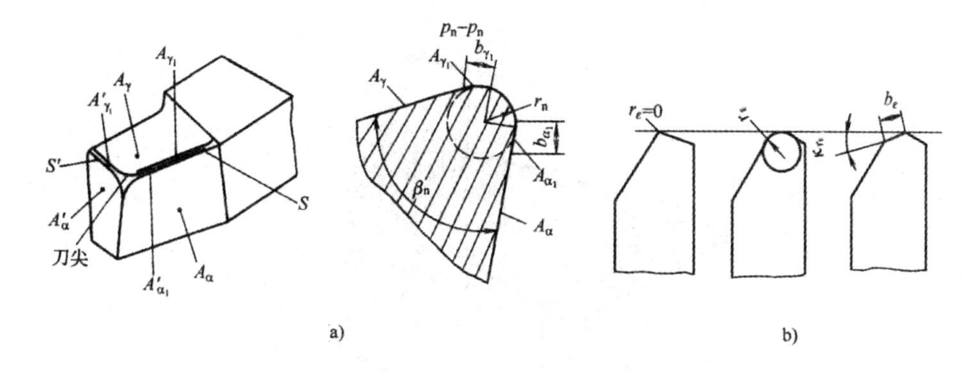

图 2－64　刀楔、刀尖形状参数

a）刀楔及刀楔剖面形状 b）刀尖形状

为了改善刀尖的切削性能，常将刀尖做成修圆刀尖或倒角刀尖，如图 2－64b）所示。其参数有：

①刀尖圆弧半径 r_z　在基面上测量的刀尖倒圆的公称半径。

②倒角刀尖长度 b_ε　在基面上测量的倒角刀尖的长度。

③刀尖倒角偏角 $k_{r\varepsilon}$　在基面上测量的倒角刀尖与进给运动方向的夹角。

不同类型的刀具，其刀面、切削刃数量不同。但组成刀具的最基本单元是两个刀面汇交形成的一个切削刃，简称两面一刃。任何复杂刀具都可将其分为多个基本单元进行分析。

2. 刀具角度参考系

刀具角度是确定刀具切削部分几何形状的重要参数。用来定义刀具角度的各基准坐标平面称为参考系。

参考系有两类：刀具静止参考系又称标注参考系，刀具设计图上所标注的刀具角度，就是以它为基准的，所以刀具在制造、测量和刃磨时，也均以它为基准。

刀具工作参考系又称动态参考系，它是确定刀具在切削运动中有效工作角度的基准，它同静止参考系的区别在于，在确定参考平面时考虑了进给运动以及刀具实际安装条件的影响。本书主要论述刀具静止参考系及其刀具标注角度。

刀具设计时标注、刃磨、测量角度最常用的是正交平面参考系。但在标注可转位刀具或大刃倾角刀具时，常用法平面参考系。在刀具制造过程中，如铣削刀槽、刃磨刀面时，需要用假定工作平面、背平面参考系中的角度。下面介绍三种标注角度参考系。

（1）正交平面参考系　正交平面参考系由基面 p_r、切削平面 p_s 和正交平面 p_o 组成。

①基面 p_r：过切削刃某选定点，平行或垂直刀具上的安装面（轴线）的平面，车刀的基面可理解为平行刀具底面的平面。对于钻头、铣刀等旋转刀具则为通过切削刃某选定点，包括刀具轴线的平面。基面是刀具制造、刃磨、测量时的定位基准面。

②切削平面 p_s：通过切削刃某选定点，与切削刃相切且垂直于基面的平面。

③正交平面 p_o：通过切削刃某选定点，同时垂直于基面与切削平面的平面。

在图 2－65 中，过主切削刃某一点 x 或副切削刃某一点 x' 可以建立正交参考系平面。副刃与主刃的基面是同一个面。

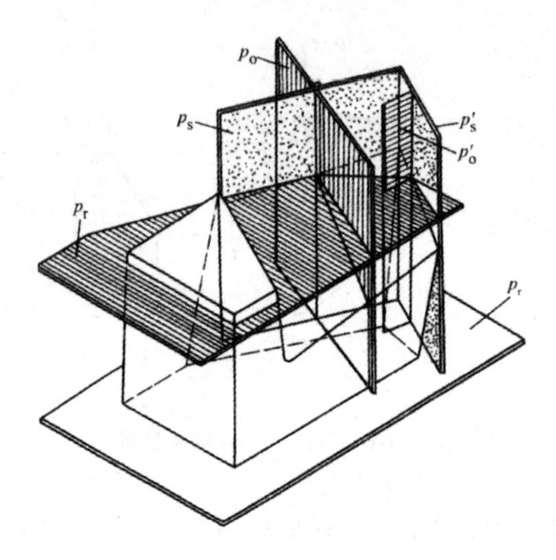

图 2-65　正交平面参考系

（2）法平面参考系　法平面参考系由基面 p_r、切削平面 p_s 和法平面 p_n 组成，如图 2-66所示。其中，法平面 p_n 是过切削刃某选定点与切削刃垂直的平面。

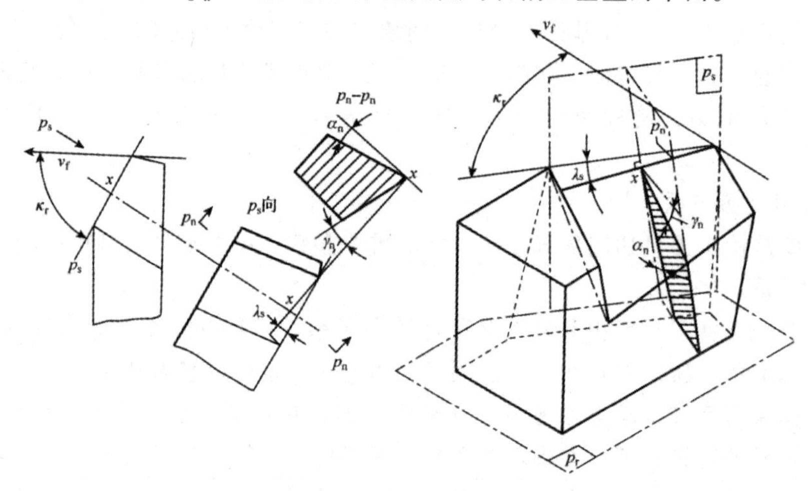

图2-66　法平面参考系及刀具角度

（3）假定工作平面参考系　假定工作平面参考系由基面、假定进给平面和假定切深平面组成，如图 2-67 所示。其中：

①假定进给平面 p_f：通过切削刃选定点平行于假定进给运动方向并垂直于基面的平面。

②假定切深平面（背平面）p_p：通过切削刃选定点既垂直于基面又垂直于假定工作平面的平面。

3. 刀具角度

刀具在设计、制造、刃磨和测量时，用刀具静止参考系中的角度来表明切削刃和刀面在空间的位置，故这些角度为标注角度。在各类参考系中最基本的角度只有 4 个，即前角、后角、偏角和刃倾角。其定义如下。

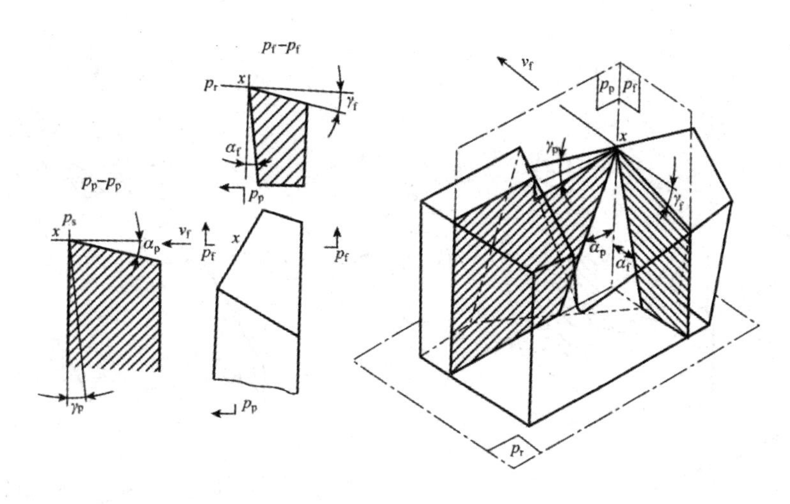

图 2－67　假定工作平面参考系及刀具角度

（1）正交平面参考系内的刀具角度

①前角 γ_o　正交平面中测量的前刀面与基面间的夹角，它有正负之分。当前面与切削平面之间的夹角小于 90°时，前角为正；大于 90°时，前角为负。前角是一个非常重要的角度，对刀具切削性能有很大的影响。

②后角 α_o　正交平面中测量的后刀面与切削平面间的夹角。它的主要作用是减小后面和过渡表面之间的摩擦。后角的正负规定是：后面与基面夹角小于 90°时，后角为正，大于 90°时，后角为负。

③主偏角 κ_r　基面中测量的主切削刃与进给运动方向的夹角，一般情况下它总是正值。

④刃倾角 λ_s　切削平面中测量的切削刃与基面间的夹角。当主切削刃与基面平行时，λ_s 为零，当刀尖是主切削刃的最高点时，λ_s 为正值；当刀尖是主切削刃的最低点时，λ_s 为负值。

以上 4 个角度是刀具最基本的角度，如图 2－68 所示，其正负如图 2－69 所示。

像对主切削刃那样，采用类似的方法，对副切削刃也可以定义出副偏角，κ'_r、副刃倾角 λ'_s、副前角 λ'_o 和副后角 α'_o 4 个角度。

此外，为了比较切削刃、刀尖强度，刀具上还定义了 2 个角度，其属于派生角度。

楔角 β_o：正交平面中测量的前、后刀面间夹角。

$$\beta_o = 90° - (\gamma_o + \alpha_o) \tag{2-15}$$

刀尖角 ε_r：基面中测量的刀具切削部分的主、副切削刃间夹角。

$$\varepsilon_r = 180° - (\kappa_r + \kappa'_r) \tag{2-16}$$

（2）法平面参考系内的刀具角度　法平面参考系与正交平面参考系的区别仅在于以法平面代替正交平面作为测量前角和后角的平面。在法平面 p_n 内测量的角度有法前角 γ_n、法后角 α_n、法楔角 β_n，其定义同正交平面内的前、后角等类似。其他如主偏角 κ_r、副偏角 κ'_r、刀尖角 ε_r 和刃倾角 λ_s 的定义，则与正交平面参考系完全相同，如图 2－66 所示。

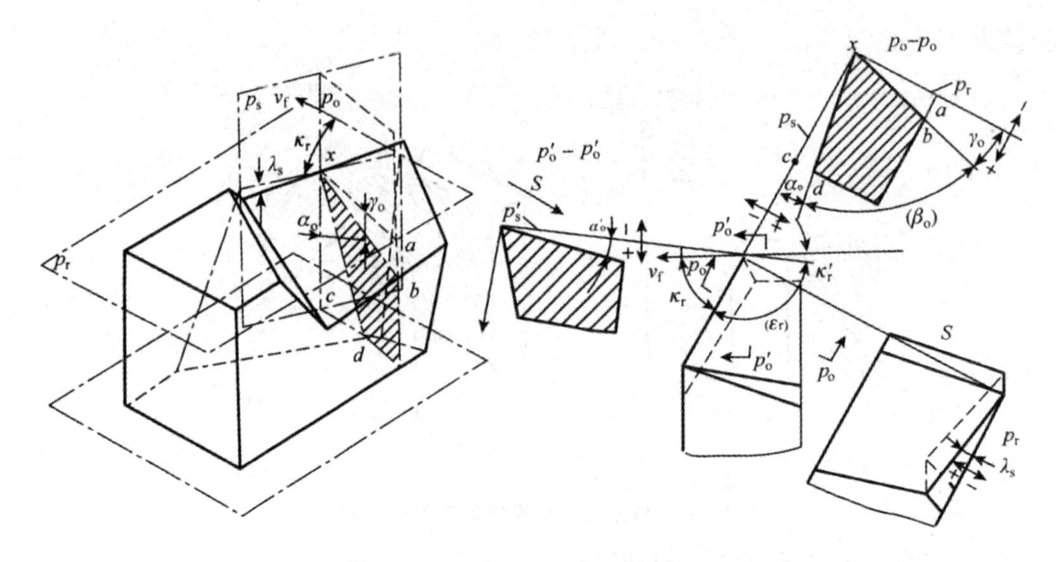

图 2－68　正交平面参考系内刀具角度

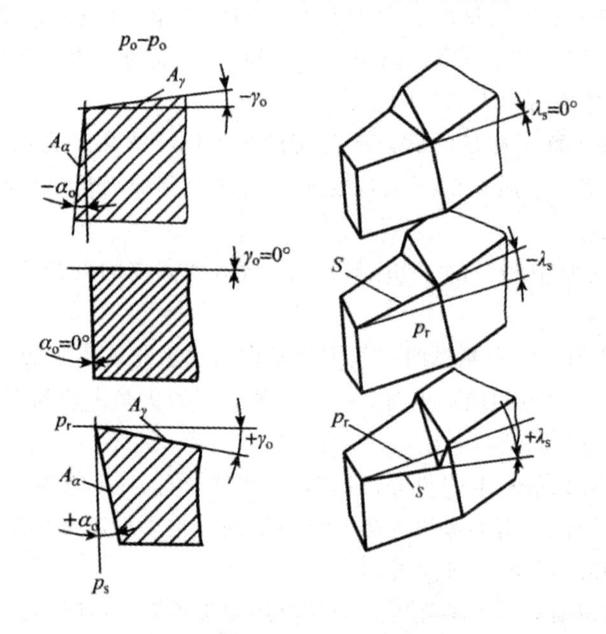

图 2－69　刀具角度正负的规定

（3）假定工作平面参考系内的刀具角度　在假定工作平面参考系中，主切削刃的某一选定点上由于有 p_p 和 p_f 两个测量平面，故有背前角 γ_p、背后角 α_p、背楔角 β_p 及侧前角 γ_f、侧后角 α_f、侧楔角 β_f 两套角度。而在基面和切削平面内测量的角度与正交平面参考系相同，如图 2－67 所示。

四、刀具材料必须具备的性能

切削过程中，刀具的切削刃要承受很高的温度和很大的切削力，同时还要承受冲击与振动，要使刀具能在这样的条件下工作并保持良好的切削能力，刀具材料应满足以下基本要求。

1. 高硬度及高耐磨性

高硬度是刀具材料应具备的最基本性能，一般认为，刀具材料应比工件材料的硬度高1.3~1.5倍，常温硬度高于HRC60。

耐磨性是材料抵抗磨损的能力，通常刀具要经受剧烈摩擦，所以作为刀具材料必须具备高的耐磨性。耐磨性不仅与硬度有关，还与强度、韧度和金相组织结构等因素有关，因而耐磨性是个综合性的指标。一般认为，刀具材料的硬度越高、马氏体中合金元素越多、金属碳化物数量越多、颗粒越细、分布越均匀，耐磨性就越高。

2. 足够的强度和韧性

刀具材料必须具备足够的强度和韧性，以承受切削力、冲击和振动。一般指抗弯强度和冲击韧性。通常刀具材料的硬度越高，其抗弯强度和冲击韧性值越低。这是个矛盾的现象。在选用刀具材料时，必须注意，以便在刀具结构、几何参数选择时采取弥补措施。

3. 高耐热性

耐热性是衡量刀具材料切削性能优劣的主要指标，它是指刀具材料在切削过程中的高温下保持硬度、耐磨性、强度和韧性的能力，又称热硬性及红硬性。一般用保持其常温下切削性能的温度来表示耐热性。一般室温下，各种刀具材料的硬度相差不大，但由于耐热性不同，其切削性能会有很大差异。此外，刀具材料还应具有在高温下抗氧化、抗黏结和抗扩散能力。

4. 良好的工艺性

为了便于刀具制造，要求刀具材料具有良好的工艺性，如良好的切削加工性、磨削性、焊接性能、热处理性能、高温塑性变形等。

5. 经济性

应为整体上的经济性，好的经济性是刀具材料价格及刀具制造成本不高，使得分摊到每个工件的成本不高。值得注意的是，有些刀具材料虽然单价很高，但因其使用寿命长，分摊到每个零件的成本不一定很高，仍有好的经济性。

刀具材料种类很多，但目前还没找到一种能同时满足以上性能要求的刀具材料。如耐磨性好的刀具材料往往刃磨性能较差，所以应根据不同的切削条件对刀具材料进行合理选择，充分发挥各种刀具材料的优势。

五、常用刀具材料种类与特点

目前，生产中常用的刀具材料有碳素工具钢、合金工具钢、高速钢、硬质合金、陶瓷、立方氮化硼、金刚石等。碳素工具钢及合金工具钢因耐热性较差，仅用于一些手工刀具及切削速度较低的刀具制造，如手用丝锥、铰刀等。陶瓷、立方氮比硼、金刚石虽有很高的显微硬度及优良的抗磨损性能，刀具耐用度高，加工精度好，但仅应用于有限的场合。生产中用得最多的刀具材料还是高速钢及硬质合金，这里着重介绍。

1. 高速钢

高速钢全称高速合金工具钢，也称白钢、锋钢，是19世纪末研制成功的，是含有较多W、Mo、Cr、V的高合金工具钢，与碳素工具钢和合金工具钢相比，高速钢具有较高的耐热性，在 500 ~ 650 ℃，故高速钢刀具允许使用的切削速度较高。

高速钢具有良好的综合性能。其强度和韧性是现有刀具材料中最高的（其抗弯强度是硬质合金的 2 ~ 3 倍，韧性是硬质合金的 9 ~ 10 倍），具有一定的硬度和耐磨性，切削性能能满足一般加工要求，高速钢刀具制造工艺简单，刃磨易获得锋利切削刃，能锻造，热处理变形小，特别适合制造复杂及大型成形刀具（钻头、丝锥、成形刀具、拉刀、齿轮刀具等）。高速钢刀具可以加工从有色金属到高温合金的范围广泛的工件材料。

按用途高速钢可分为普通高速钢和高性能高速钢。按化学成分可分为钨系、钨钼系、钼系高速钢。按制造工艺可分为熔炼高速钢和粉末冶金高速钢。

常用高速钢的性能及用途见表 2 - 8。

表 2 - 8　常用高速钢的种类、牌号、主要性能和用途

种类		牌号	常温硬度 HRC	高温硬度 HRC（600 ℃）	抗弯强度 /GPa	冲击韧度 /MJ · m^{-2}	其他特性	主要用途
通用型高速钢	钨系高速钢	W18Cr4V	63 ~ 66	48.5	2.94 ~ 3.33（300 ~ 340）	0.170 ~ 0.310（1.8 ~ 3.2）	刃磨性好	复杂刀具，精加工刀具
	钨钼高速钢	W6M05CrV2	63 ~ 66	47 ~ 48	3.43 ~ 3.92（350 ~ 400）	0.398 ~ 0.446（4.1 ~ 4.6）	高温塑性特好，热处理较难，刃磨性稍差	代替钨系用，热轧刀具
钨钼系高速钢	钴高速钢	W2M09Cr4VC08（M42）	67 ~ 70	55	2.64 ~ 3.72（270 ~ 380）	0.223 ~ 0.291（2.3 ~ 3.0）	综合性能好，可磨性好，价格较高	切削难加工材料的刀具
	铝高速钢	W6M05Cr4V2Al（501）	67 ~ 69	54 ~ 55	2.84 ~ 3.82（290 ~ 390）	0.223 ~ 0.291（2.3 ~ 3.0）	性能与 M42 相当，价格低得多，刃磨性略差	切削难加工材料的刀具

（1）普通高速钢　普通高速钢具有较好的综合性能，广泛用于制造各种复杂刀具，切削硬度在 HB250 ~ 280 以下结构钢和铸铁材料，常用牌号有 W18Cr4V，W6M05CrV2 和 W9M03Cr4V。

按其化学成分　普通高速钢可分为钨系高速钢和钨钼系（或称钼系）高速钢。

钨系高速钢　钨系高速钢的典型牌号是：W18Cr4V（含 C 0.7% ~ 0.8%、W17.5% ~ 19%、Cr 3.8% ~ 4.4%、V 1.0% ~ 1.4%）。钨系高速钢是我国应用最多的高速钢，它具有较好的综合性能，即有较高硬度（HRC62 ~ 66）、强度、韧度和耐热性，硬性可达 620℃。切削刃可刃磨得比较锋利，通用性较强，常用于钻头、铣刀、拉刀、齿轮刀具、丝锥等复杂刀具制造。但其强度随横截面尺寸变大而下降较多。由于钨价格高，使用量正逐渐减少。

钨钼系（或称钼系）高速钢　钨钼系高速钢的典型牌号是 W6M05Cr4V2，在这种牌号中是用 Mo 代替了一部分 W（Mo∶W＝1∶1.45）。Mo 在合金中的作用与 W 相似，但其原子量比 W 小 50%，故钼系高速钢的密度小于钨系高速钢。具体含量：C（0.8%～0.9%）、W（5.6%～6.95%）、Mo（1.5%～5.5%）、Cr（3.8%～4.1%）、V（1.75%～2.21%）。

钨钼系高速钢的综合性能与钨系相近，但碳化物晶粒更小、分布更均匀，故强度和韧度好于钨系高速钢，可用于制造大截面尺寸的刀具，特别是热状态下塑性好，适于制造热轧刀具（如热轧钻头）。主要缺点是热处理时脱碳倾向大，易氧化，淬火温度范围较窄。

（2）高性能高速钢　包括高碳高速钢（含 C＞0.9%）、高钒高速钢（含 V＞3%）、钴高速钢（含 Co5%～10%，典型牌号是：W2Mo9Cr4VC08）、铝高速钢（典型牌号是：W6M05Cr4V2Al）及粉末冶金高速钢。

这些特殊性能的高速钢必须在适用的特殊切削条件下，才能发挥其优异的切削性能，选用时不要超出使用范围。上述各种高速钢牌号、性能与用途见表 2－9。

表 2－9　高速钢的牌号、性能与用途

钢号	常温硬度 HRC	抗弯强度 $\sigma_{bb}h$（GPa）	冲击韧度 a_k/MJ · m^{-2}	高温硬度 HRC	
				500 ℃	600 ℃
W18Cr4V	63～66	3～3.4	0.18～0.32	56	48.5
W6M05Cr4V2	63～66	3.5～4	0.3～0.4	55～56	47～48
9W18Cr4V	66～68	3～3.4	0.17～0.22	57	51
W6M05Cr4V3	65～67	3.2	0.25	—	51.7
W6M05Cr4V2C08	66～68	3.0	0.3	—	54
W2M09Cr4VC08	67～69	2.7～3.8	0.23～0.3	≥60	≥55
W6M05Cr4V2Al	67～69	2.9～3.9	0.23～0.3	60	55
W10M04Cr4V3AI	67～69	3.1～3.5	0.2～0.28	59.5	54

2. 硬质合金

硬质合金以高硬度难熔金属的碳化物（WC、TiC）粉末为主要成分，以钴（Co）或镍（Ni）、钼（Mo）为黏结剂，在真空炉或氢气还原炉中烧结而成的粉末冶金制品。它耐热性比高速钢高得多，在 800～1 000 ℃，允许的切削速度 v_c 约是高速钢的 4～10 倍。硬度很高，可达 HRA89～91，有的高达 HRA93；但它抗弯强度 σ_{bb} 为 1.1～1.5GPa，为高速钢一半；冲击韧度 a_k＝0.04MJ/m^2 左右，不足高速钢的 1/25～1/10。由于它耐热性、耐磨性好，因而多用于刃形不复杂的刀具上，如车刀、端铣刀、铰刀、镗刀，丝锥及中小模数齿轮滚刀等。

（1）影响硬质合金性能的因素分析　硬质合金的性能主要取决于金属碳化物的种类、性能、数量、粒度和黏结剂的数量。

碳化物的种类和性能的影响　金属碳化物种类不同，其物理性能不同（表 2－10），所制成的硬质合金性能也不同。可见含 TiC 硬质合金硬度高于 WC 硬质合金硬度，但其脆性更大、导热性能更差、密度更小。

表 2－10　金属碳化物的某些物理化学性能

碳化物	熔点 (℃)	硬度 HV	弹性模量 E（GPa）	导热系数 k [$W/(m \cdot ℃)$]	密度 ρ (g/m^3)	对钢的黏结温度
WC	2 900	1 780	720	29.3	15.6	较低
TiC	3 200～3 250	3 000～3 200	321	24.3	4.93	较高
TaC	3 730～4 030	1 599	291	22.2	14.3	—
TiN	2 930～2 950	1 800～2 100	616	16.8～29.3	5.44	—

碳化物的数量、粒度及黏结剂数量的影响碳化物在硬质合金中所占比例越大，硬质合金硬度越高。反之硬度降低，抗弯强度提高。

当黏结剂数量一定时，碳化物粒度越细，硬质合金中碳化物所占总面积越大，黏结层厚度越小（即黏结剂相对减少），使硬质合金硬度提高、σ_{bb}下降；反之，硬度降低、σ_{bb}提高。故细晶粒、超细晶粒硬质合金硬度高于粗晶粒硬质合金硬度，但 σ_{bb}则低于粗晶粒硬质合金。

碳化物颗粒分布的影响　碳化物颗粒分布越均匀、黏结层越均匀，越可以防止由于热应力和机械冲击而产生的裂纹。硬质合金中加入 TaC 有利于颗粒细化和分布的均匀化。

（2）硬质合金的种类和牌号　实践证明，含 WC 用 Co 作黏结剂的硬质合金强度最高，故目前绝大多数含 WC 的硬质合金用 Co 作黏结剂，即 WC 为基体的硬质合金占主导地位。此类硬质合金可分为四类：

钨钴类（WC－Co）硬质合金钨钴类硬质合金硬质相是 WC，黏结相是 Co、国标代号为 YG。主要牌号有 YG3、YG6、YG8，其中 Y 表示硬质合金、G 表示钴，其后数字表示钴质量百分含量，数字后还可能有“X”（细晶粒）、“C”（粗晶粒）、相当于 ISO 中“K”类。

钨钛钴类（WC－TiC Co）硬质合金　钨钛钴类中的硬质相为 WC、TiC，黏结相为 Co。国标代号 YT，常用牌号有 YT5、YT11、YT15、YT30，其中的 Y 表示硬质合金，T 表示碳化钛，其后数字为 TiC 的质量百分含量。相当于 ISO 中的“P”类。

钨钴钽（铌）类（WC TaC（N_bC）Co）硬质合金钨钴钽（铌）类硬质合金是往 WC－Co类中加入 TaC（N_bC）制成的，加入 TaC（N_bC）的目的是提高硬度。国标代号为 YGA，常用牌号为 YG6A。

钨钛钴钽（铌）类（WC TiC－TaC（N_bC）－Co）硬质合金钨钛钴钽（铌）类硬质合金是往 WC－TiC－Co 类中加入 TaC（N_bC）制成的。TaC（N_bC）可改善切削性能。国标代号 YW，常用牌号 YW1、YW2，W 是万能（通用）之意。相当于 ISO 中“M”类。

以上代号、牌号中的字母均按汉语拼音来读。以上硬质合金成分和性能见表 2－11。

（3）硬质合金的性能特点　硬度硬质合金的硬度一般在 HRA89～93。前两类硬质合金中，Co 含量越多，硬度越低；当 Co 含量相同时，YT 类的硬度高于 YG 类，细晶粒的硬度比粗晶粒的硬度高，含 TaC（N_bC）者比不含者高（表 2－11）。

强度与韧度　从表 2－11 可以看出，硬质合金的抗弯强度 σ_{bb} 和冲击韧度 a_k 均随 Co 含量的增加而提高；含 Co 量相同时，YG 类的 σ_{bb} 和 a_k 比 YT 类的 σ_{bb} 和 a_k 高，细晶粒的 σ_{bb} 比一般晶粒的 σ_{bb} 稍有下降。加 TaC（N_bC）的 σ_{bb} 比不加的 σ_{bb} 有所提高（YGA 类除外）。

导热系数　硬质合金的导热系数 k 因硬质合金种类的不同，约在 20～88 W/（m·℃）间变化，其 k 随着含 Co 量增加或 TiC 量增加而减小（表 2－10）。

线膨胀系数　硬质合金的线膨胀系数 α 比高速钢的低。YT 类的 α 明显高于 YG 类的 α，且随 TiC 含量的增加而增大。可看出，YT 类硬质合金焊接时产生裂纹的倾向要比 YG 类大，原因在于 YT 类硬质合金的 α 大，k 和 σ_{bb} 小。

抗黏结性　抗黏结性就是抵抗与工件材料发生“冷焊”的性能。硬质合金与钢发生黏结的温度比高速钢高，且 YT 类硬质合金与钢发生黏结的温度要高于 YG 类，即 YT 类的抗黏结性能比 YG 类好。

（4）选用原则　不同种类的硬质合金性能差别很大，因此正确选用硬质合金牌号，对于充分发挥硬质合金的切削性能具有重要意义。选用硬质合金的原则是：

YG 类适于加工铸铁、有色金属及其合金、非金属等脆性材料。而 YT 类适于高速钢加工。因切削脆性材料时，切屑呈崩碎状，切削力集中在切削刃口附近很小的面积上，局部压力很大，且具一定的冲击性，故要求刀具材料具备较高抗弯强度 σ_{bb} 和冲击韧度 a_k，而 YG 类硬质合金 σ_{bb} 和 a_k 都较好，导热系数 k 又比 YT 类 k 大，导热快，可降低刃口处温度。

含 Co 量少的硬质合金宜于精加工，含 Co 量多者宜粗加工。YG 类硬质合金中的 YG3 用于精加工脆性材料，YG8 用于粗加工脆性材料。原因在于 Co 量少，硬度高，耐磨性好，反之 σ_{bb} 和 a_k 好。YT 类中 YT5 宜粗加工钢料，YT30 宜精加工钢料，因为此时 TiC 含量高，刀具耐磨性好。

含 Ti 的不锈钢和钛合金等难加工材料不宜采用 YT 类加工，而应采用 YG 类硬质合金加工。因为此时的工件材料导热系数小，仅为 45 号钢的 1/3～1/7，生成的切削热不易散出，故切削温度高。为降低切削温度，应选用导热性能好的 YG 类硬质合金作刀具。加之工件材料中含有较多的 Ti，从抗黏结亲和的角度看，也应选用不含 Ti 的 YG 类硬质合金。

YGA 类宜加工冷硬铸铁、高锰钢、淬硬钢以及含 Ti 不锈钢、钛合金、高温合金。因为 YGA 类的高温硬度、强度及耐磨性均比 YG 类高。

YW 类硬质合金可用于高温合金、高锰钢、不含 Ti 的不锈钢等难加工材料的半精加工和精加工。因为 YW 类的强度、韧度、抗热冲击性均比 YT 类高，通用性较好。

（5）其他硬质合金　TiC 基硬质合金，它是以 TiC 为基体、用 Ni 和 Mo 作黏结剂的硬质合金。具有较好的耐磨性，但韧度较差，性能介于 WC 基硬质合金与陶瓷之间。国标代号为 YN，主要牌号有 YN05、YN10。主要用于钢件的精加工。

①细晶粒超细晶粒硬质合金　细晶粒硬质合金性能见表 2－11。超细晶粒（YM 类）硬质合金主要用于冷硬铸铁钢、不锈钢及高温合金等加工。

表 2-11 常用硬质合金成分和性能

YS/T 400-1994		物理力学性能				对应 GB/T 2075—1998		使用性能
类型	牌号	硬度（HRA）	抗弯强度（GPa）	密度 /g·cm^{-3}）	热导率/［W/（m^{-1}·K^{-1}）］	代号	牌号	加工材料类别
钨钴类	YG3	91	1.2	14.9~15.3	87	K类	K01	短切屑的黑色金属；非铁金属；非金属材料
	YG6X	91	1.4	14.6~15	75.55		K10	
	YG6	89.5	1.42	14.6~15.0	75.55		K20	
	YG8	89	1.5	14.5~14.9	75.36		K30	
	YG8C	88	1.75	14.5~14.9	75.36			
钨钛钴类	YT30	92.5	0.9	9.3~9.7	20.93	P类	P01	长切屑的黑色金属
	YT15	91	1.15	11~11.7	33.49		P10	
	YT14	90.5	1.2	11.2~12	33.49		P20	
	YT5	89	1.4	12.5~13.2	62.8		P30	
添加钼（铌）类	YG6A	91.5	1.4	14.6~15.0	—	K类	K10	长、短切屑的黑色金属
	YG8A	89.5	1.5	14.5~14.9	—		K20	
	YW1	91.5	1.2	12.8~13.3	—	M类	M10	
	YW2	90.5	1.35	12.6~13.O	—		M20	
碳化钛基类	YN05	93.3	0.9	5.56	—	P类	P01	长切屑的黑色金属
	YN10	92	1.1	6.3	—		P01	

②钢结硬质合金　它是以 TiC 或 WC 作硬质相（占 30%~40%）、高速钢作黏结相（70%~60%），通过粉末冶金工艺制成，性能介于硬质合金与高速钢之间的高速钢基硬质合金，它具有良好的耐热性、耐磨性和一定的韧度，可进行锻造、热处理和切削加工，可制作结构复杂的刀具。

③涂层硬质合金　它是在硬质合金表面上用化学气相沉积法（CVD 法）涂覆一层（5~12 μm）硬度和耐磨性很高的物质（TiC、TiN、Al_2O_3等），使得硬质合金既有强韧的基体，又有高硬度、高耐磨性的表面。此类合金可用较高切削速度，但不能焊接，不能重磨。

任务三　金属切削过程

金属在切削过程中由于受到刀具的推挤，通常会产生变形。这种变形直接影响切削力、切削热、刀具磨损、已加工表面质量和生产效率等，因此有必要对其变形过程加以研究，以找到基本规律，提高加工质量和生产效率。

一、金属切削过程的力学实质

切屑是被切金属层变形产生的废物。切屑是怎样形成的呢？过去曾错误地认为刀具是个“楔子”，像斧子劈柴那样，金属是被劈开的。19 世纪末，根据实验结果发现，切屑是被切材料受到刀具前刀面的推挤，沿着某一斜面剪切滑移形成的，如图 2－70 所示。

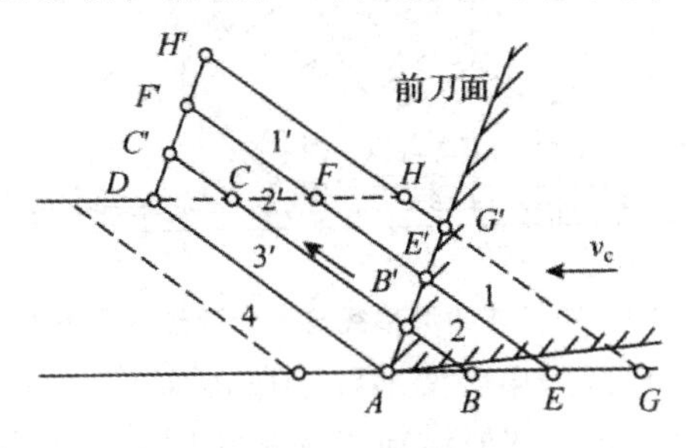

图 2－70　切削过程示意图

图中未变形的切削层 *AGHD* 可看成是由许多个平行四边形组成的，如 *ABCD*、*BEFC*、*EGHF*……当这些平行四边形扁块受到前刀面推挤时，便沿着 BC 方向斜上方滑移，形成另一些扁块，即 *ABCD*－*AB'C'D*、*BEFC*－*B'E'F'C'*、*EGHF*－*E'G'H'F'*……由此看出，切削层实际是靠前刀面推挤、滑移而成。

可以认为，金属切削过程是切削层金属受到刀具前刀面推挤后而产生的以剪切滑移为主的塑性变形过程。即类似于材料力学实验中压缩破坏的情况。图 2－71 给出了压缩变形破坏与切削变形二者的比较。

图 2－71a）给出了试件受压缩变形破坏情况，此时试件产生剪切变形，其方向约与作用力方向成 45°。当作用力 *F* 增加时，在 *DA*、*CB* 线两侧会产生一系列滑移线，但都分别变于 *D*、*C* 处。

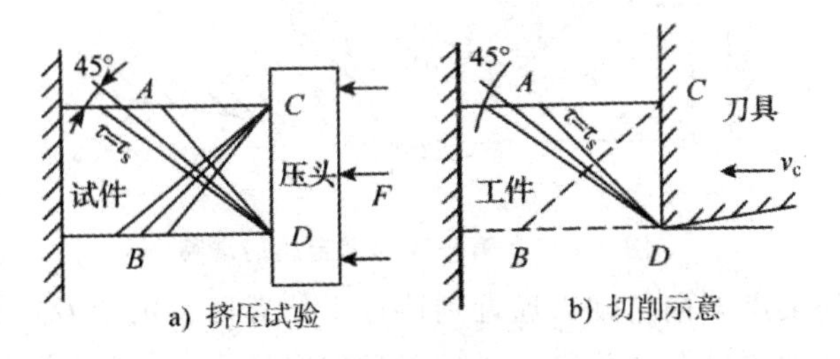

图 2－71　挤压与切削的比较

图 2－71b）所示情况与图 2－71a）的区别仅在于：切削时，试件 *DB* 线以下还有基体材料的阻碍，故 *DB* 线以下的材料将不发生剪切滑移变形，即剪切滑移变形只在 *DB* 线以上沿 *DA* 方向进行，*DA* 就是切削过程的剪切滑移线，当然刀具前角与试件间有摩擦作用，故剪切滑移变形更复杂些。

二、切削层的变形

切削过程的实际情况要比前述的情况复杂得多。这是因为切削层金属受到刀具前刀面的推挤产生剪切滑移变形后，还要继续沿着前刀面流出变成切屑。在这个过程中，切削层金属要产生一系列变形，通常将其划分成 3 个变形区（图 2－72）。

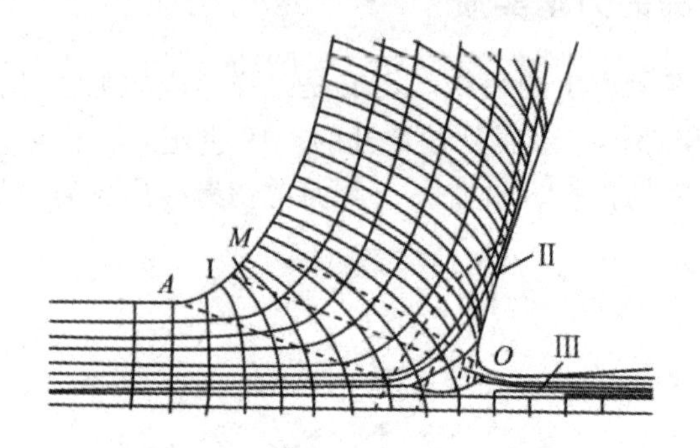

图 2－72　剪切滑移线与三个变形区示意图

图 2－72 中的Ⅰ（*AOM*）区为第一变形区。在 *AOM* 内将产生剪切滑移变形。

Ⅱ区内，在刀—屑接触位置，切屑沿前刀面流出时进一步受到前刀面的挤压和摩擦，靠近前刀面处的金属纤维化方向基本与前刀面平行，此区为第二变形区。

Ⅲ区是位于刀—工件接触位置，已加工表面受到切削刃钝圆部分和后刀面的挤压摩擦与回弹，造成纤维化与加工硬化区，此区称第三变形区。

1. 剪切滑移区的变形

正如图 2－73 所示，图中 *OA*、*OB*、*OM* 均为剪切等应力线，*OA* 线上的应力 $\tau=\tau_s$，*OM* 线的应力达最大 τ_{max}。

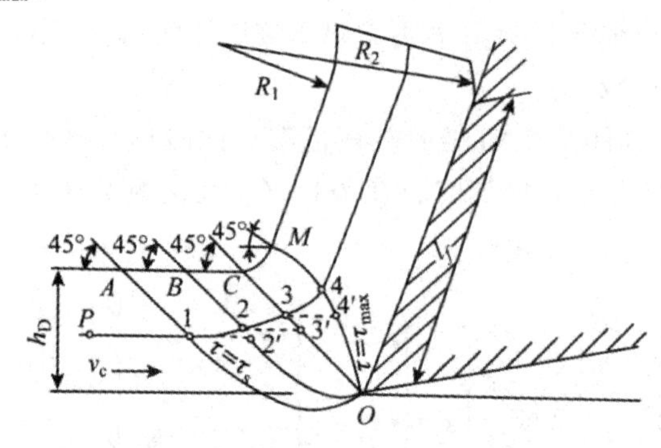

图 2－73　第一变形区金属的滑移

当切削层金属的某点 *P* 向切削刃逼近到达点 1 位置时，由于 *OA* 线上的剪应力 τ 已达到材料屈服强度 τ_s，故点 1 在向前移动到 2′点的同时还要沿 *OA* 线滑移到 2 点，即合成运动的结果将使 1 点流动到 2 点，2′2 则为滑移量。由于塑性变形过程中材料的强化，等应力线上的应力将依次逐渐增大，即 *OB* 线上的应力大于 *OA* 线上的应力，*OC* 线上的应力大于 *OB* 线上的应力，*OM* 线上的应力已达最大值 τ_{max}，故点 2 流动至点 3 处，点 3 再流动至点 4 处，此后流动方向就与前刀面基本平行而不再沿 *OM* 线滑移了，即终止了滑移，故称 *OM* 线为终滑移线。开始滑移的 *OA* 线称始滑移线，*OA* 与 *OM* 线所组成的区域即为第一变形区，该区产生的是沿滑移线（面）的剪切滑移变形。

在一般切削速度范围内，第一变形区的宽度仅为 0.02～0.2 mm，切削速度越高其宽度越小，故可近似看成一个平面，称剪切面。这种单一的剪切面切削模型虽不能完全反映塑性变形的本质，但简单实用，因而在切削理论研究和实践中应用较广。

剪切面与切削速度间的夹角称剪切角，以 ϕ 表示。

当切削层金属沿剪切面滑移时，剪切滑移时间很短，滑移速度 v_s。很高，切削速度 v_c 与滑移速度 v 的合成速度即为切屑流动速度 v_{ch}。若观察切屑根部，可看到切屑明显呈纤维状，但切削层在进入始滑移线前，晶粒是无方向性的圆形，而纤维状是它在剪切滑移区受剪切应力作用变形的结果（图 2－74）。

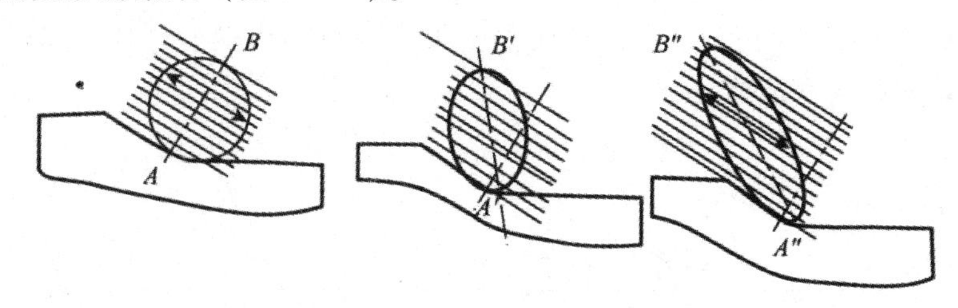

图 2－74 晶粒滑移示意图

图 2－75 给出了晶粒变形纤维化示意图，可以看出，晶粒一旦沿 OM 线开始滑移，圆形晶粒受到剪切应力作用变成了椭圆，其长轴与剪切面间呈 ϕ 角。剪切变形越大，晶粒椭圆长轴方向（纤维方向）与剪切面间的夹角 ϕ 就越小，即越接近于剪切面。

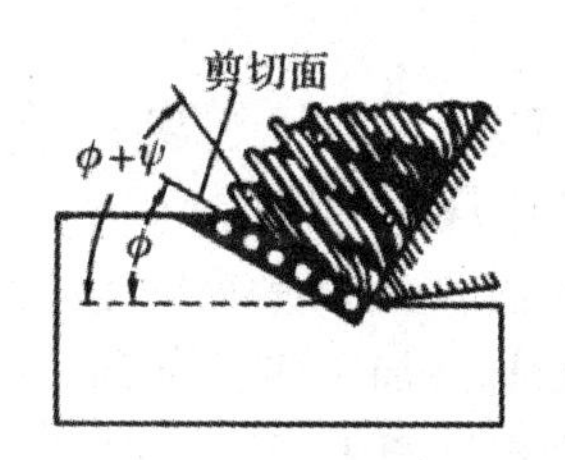

图 2－75 晶粒变形纤维化示意图

2. 刀—屑接触区的变形与积屑瘤现象

（1）刀—屑接触区的变形 切削层金属经过剪切滑移后，应该说变形基本结束了，但切屑底层（与前刀面接触层）在沿前刀面流动过程中却受到前刀面的进一步挤压与摩擦，即产生了第二次变形。第二次变形是集中在切屑底层极薄一层金属中，且该层金属的纤维化方向与前刀面是平行的，这是由于切屑底层金属一方面要沿前刀面流动；另一方面还要受到前刀面的挤压摩擦而膨胀，使底层比上层长造成的。图 2－76 给出了切屑的挤压与卷曲情况。

由图 2－76 可看出，原来的平行四边形扁块单元的底面就被前刀面的挤压给拉长了，使得平行四边形变成了梯形 $AB'CD$。许多这样的梯形叠加起来后，切屑就背向底层卷曲了，由于强烈的挤压摩擦，使得切屑底层非常光滑，上层呈锯齿状的毛茸。

据前述可知，第一变形区和第二变形区也是相互关联的，前刀面的挤压会使切削层金属产生剪切滑移变形，挤压越强烈，变形越大，在流经前刀面时挤压摩擦越大。

（2）积屑瘤现象 切削过程中，切屑底层是刚生成的新表面，前刀面在切屑的高温高压下也已是无保护膜的新表面，二者的接触区极有可能黏结在一起，以致接触面上切屑底层很薄的一层金属由于被黏结而流动缓慢，而上层金属仍在高速向前流动，这样就在切屑底层里的各层金属之间产生了剪切应力，层间剪切应力之和称内摩擦力，这种现象称为内摩擦（图 2－77）。

在一般切削条件下，内摩擦力约占全部摩擦力的 85%，即前刀面上的刀—屑接触区是以内摩擦为主，且 σ_y 是变化的，根本不遵循外摩擦的基本规律。

当前刀面上的摩擦系数较大时，即当切削钢、球墨铸铁、铝合金等塑性材料时，在切削速度 v_c 不高又能形成带状屑的情况下，常常会有一些从切屑和工件上下来的金属黏结（冷焊）聚积在刀具刃口及前刀面上，形成硬度很高的鼻形或楔形硬块，以代替刀具进行切削，这个硬块则称为积屑瘤。

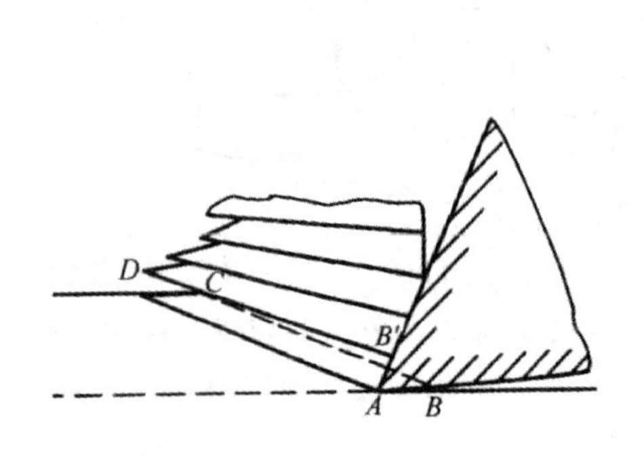

图 2－76　切屑的挤压与卷曲示意图

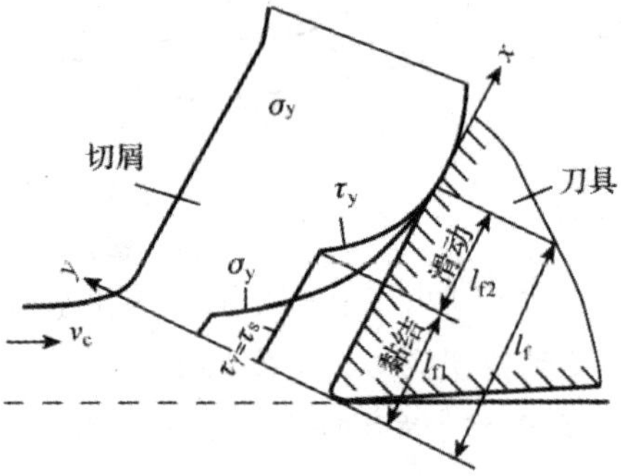

图 2－77　刀—屑接触区摩擦情况示意图

3. 刀—工件接触区的变形与加工表面质量

切削层金属经过第一、第二变形区变形后流出变成了切屑，经过第三变形区则形成了已加工表面，此变形区位于后刀面与已加工表面之间，它直接影响着已加工表面的质量，但实际上，刀具再尖锐，刃口也会有钝圆半径 r_n 存在，如图 2－78 所示。其 r_n 值由刀具材料晶粒结构和刀具刃磨质量决定。高速钢 r_n 为 10～18 μm，最小可达 5 μm；硬质合金 r_n 为 18～32 μm。由于有 r_n 的存在，刀具则不能把切削层厚度 h_D 全部切下来，而留下了一薄层 Δh_D，即当切削层经 O 点时，O 点之上的部分沿前刀面流动变成了切屑，之下部分则在刃口钝圆作用下被挤压摩擦产生塑性变形，基体深部则产生弹性变形，直到与后刀面完全脱离接触又弹性恢复成 Δh_D，留在已加工表面上，形成具有一定粗糙度的表面。

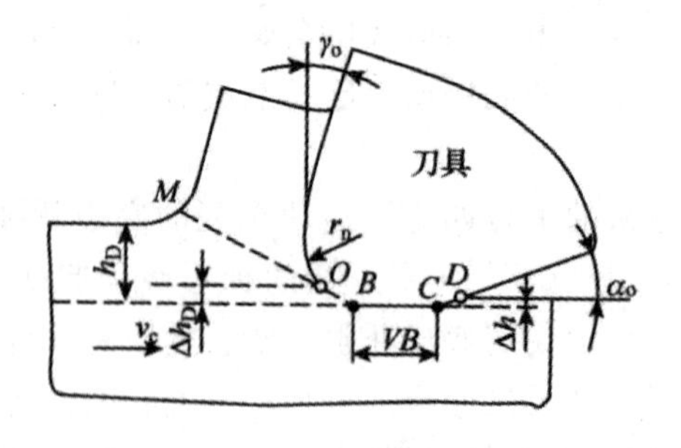

图 2－78　已加工表面的形成过程

课后思考

1. 解释下列机床型号：X4325、Z3040、T4163、CK6132、MGK1320A。

2. 举例说明通用机床、专门化机床和专用机床的主要区别是什么，它们各自的使用范围是什么。

3. 举例说明何为外联系传动链，何为内联系传动链，其本质区别是什么，对这两种传动链有何不同要求。

4. 万能外圆磨床磨削锥度有哪几种方法？各适用于什么场合？

5. 试分析卧轴矩台平面磨床与立轴圆台平面磨床在磨削方法、加工质量及生产率等方面有何不同，它们的适用范围有何区别。

6. 开环控制数控机床、闭环控制数控机床、半闭环控制数控机床各有何特点？它们各适用于什么场合？

7. 加工中心与数控车床、数控铣床、数控镗床等的主要区别是什么？

8. 数控车床的主运动传动，尤其是进给运动传动比普通车床简单得多，但它的转速范围反而更大了，为什么？

9. 滚珠丝杠副有哪些特点？

10. 数控机床采用斜床身布局有什么优点？

11. 数控机床主轴的传动种类有哪些？各有何特点？

12. 如图 2－79a）所示传动系统图，试计算：

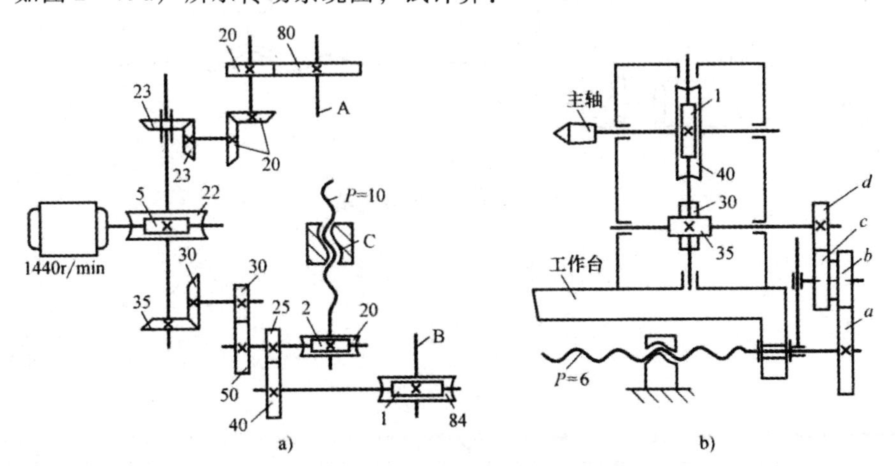

图 2－79　传动系统图

（1）轴 A 的转速。

（2）轴 A 转一转时，轴 B 转过的转数。

（3）轴 B 转一转时，螺母 C 移动的距离。

（4）如 2－79b）图所示，如要求工作台移动 L_1（单位：mm），主轴转一转，试导出换置机构［（a/b）×（c/d）］的换置公式。

13. 卧式车床通常能加工四种螺纹，其螺纹传动链两端件是什么？

14. 根据 CA6140 型卧式车床的传动系统图进行如下分析：

（1）当加工 $P=12$ mm，$k=1$ 的右旋普通螺纹时，试写出运动平衡方程式。

（2）如改为加工 $P=48$ mm 的普通螺纹时，传动路线有何变化？

（3）欲在 CA6140 型卧式车床上车削 $P=12$ mm 的普通螺纹，试写出三条能够加工这一螺纹的传动路线的运动平衡方程式，并说明相应的主轴转速范围。

（4）列出 CA6140 型卧式车床主运动传动链最高和最低转速（正转）的运动平衡式并计算其转速。

（5）为什么 CA6140 型卧式车床能加工大螺距螺纹？此时主轴为何只能以较低转速旋转？

（6）CA6140 型卧式车床有几种进给路线？列出最大纵向进给量及最小横向进给量的传动路线。

15. 如图 2－80 所示传动系统图，试计算：

（1）车刀的运动速度。

（2）主轴转一转时，车刀移动的距离。

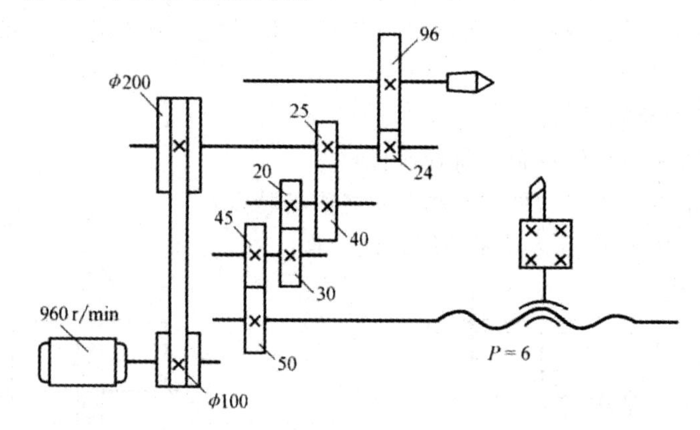

图 2－80　传动系统图

项目三　平面加工工艺与装备

项目概述

平面加工方法有刨、铣、拉、磨等，刨削和铣削常用作平面的粗加工和半精加工，而磨削则用作平面的精加工。此外还有刮研、淹没、超精加工、抛光等光整加工方法。采用哪种加工方法较合理，需根据零件的形状、尺寸、材料、技术要求、生产类型及工厂现有设备来决定。

学习目标

1. 学习平面铣削工艺与设备。
2. 掌握平面刨削工艺与装备。
3. 学习平面光整加工工艺与装备。
4. 掌握平面加工方案的确定。

任务一　平面加工的技术要求及方案选择

一、平面加工的技术要求

平面是机器零件上最常见的重要表面，通常是盘形零件、板形零件以及箱体零件的主要表面。零件上常见的直槽、T形槽、V形槽、燕尾槽等沟槽也可看作是平面（有时也有曲面）的不同组合。根据平面所起的作用不同，可分为非结合表面、结合表面、导向平面。

通常平面本身没有尺寸精度的要求，而只有形状精度和位置精度要求，并且这二者之间有着直接的关系。此外，平面还应具有一定的表面质量。平面加工的技术要求主要是：

（1）形状精度要求　例如平面本身的直线度、平面度。

（2）方向、位置精度要求　平面与其他表面之间常有位置精度的要求，如垂直度、平行度等。

（3）表面质量要求　表面质量要求指表面粗糙度及冷作硬化层深度等要求。

二、平面加工方案的选择

平面的加工方法主要有车削、铣削、刨削、拉削和磨削等。其中，铣削与刨削是常用的粗加工方法，而磨削是常用的精加工方法。对表面质量要求很高的平面，可用刮研、研磨等方法进行光整加工。

选择平面加工方案的主要依据是平面的精度和表面粗糙度等要求，此外还应考虑零件的结构形状、尺寸、材料的性能、热处理要求和生产批量等。常用平面加工方案的经济精度和表面粗糙度值见表 3－1。

表 3－1　常用平面加工方案的经济精度和表面粗糙度值

序号	加工方案	经济精度	表面粗糙度值 Ra/μm	适用范围
1	粗车	IT11～IT10	12.5～6.3	未淬硬钢、铸铁、有色金属端面加工
2	粗车→半精车	IT9～IT8	6.3～3.2	
3	粗车→半精车→精车	IT7～IT6	1.6～0.8	
4	粗车→半精车→磨削	IT9～IT7	0.8～0.2	钢、铸铁端面加工
5	粗刨（粗铣）	T14～IT12	12.5～6.3	—
6	粗刨（粗铣）→半精刨（半精铣）	IT12～IT11	6.3～1.6	—
7	粗刨（粗铣）→精刨（精铣）	IT9～IT7	6.3～1.6	未淬硬的平面加工
8	粗刨（粗铣）→半精刨（半精铣）→精刨（精铣）	IT8～IT7	3.2～1.6	—
9	粗铣→拉	IT9～IT6	0.8～0.2	大量生产中未淬硬的小平面加工（精度视拉刀精度而定）
10	粗刨（粗铣）→精刨（精铣）→宽刃刀精刨	IT7～IT6	0.8～0.2	未淬硬的钢、铸铁及有色金属工件，批量较大时宜采用宽刃精刨方案
11	粗刨（粗铣）→半精刨（半精铣）→精刨（精铣）一宽刃刀低速精刨	IT5	0.8～0.2	
12	粗刨（粗铣）→精刨（精铣）→刮研			
13	粗刨（粗铣）→半精刨（半精铣）→精刨（精铣）→刮研	IT6～IT5	0.8～0.1	
14	粗刨（粗铣）→精刨（精铣）→磨削	IT7～IT6	0.8～0.2	
15	粗刨（粗铣）→半精刨（半精铣）→精刨（精铣）→磨削	IT6～IT5	0.4～0.2	淬硬或未淬硬的钢铁材料工件
16	粗铣→精铣→磨削→研磨	IT5 以上	<0.1	

任务二　铣削加工

铣削是平面加工的主要方法之一。如图 3－1 所示，铣削除用于加工平面以外，还适于加工台阶面、沟槽、各种形状复杂的成形表面（如齿轮、螺纹、曲面等），以及用于切断等。

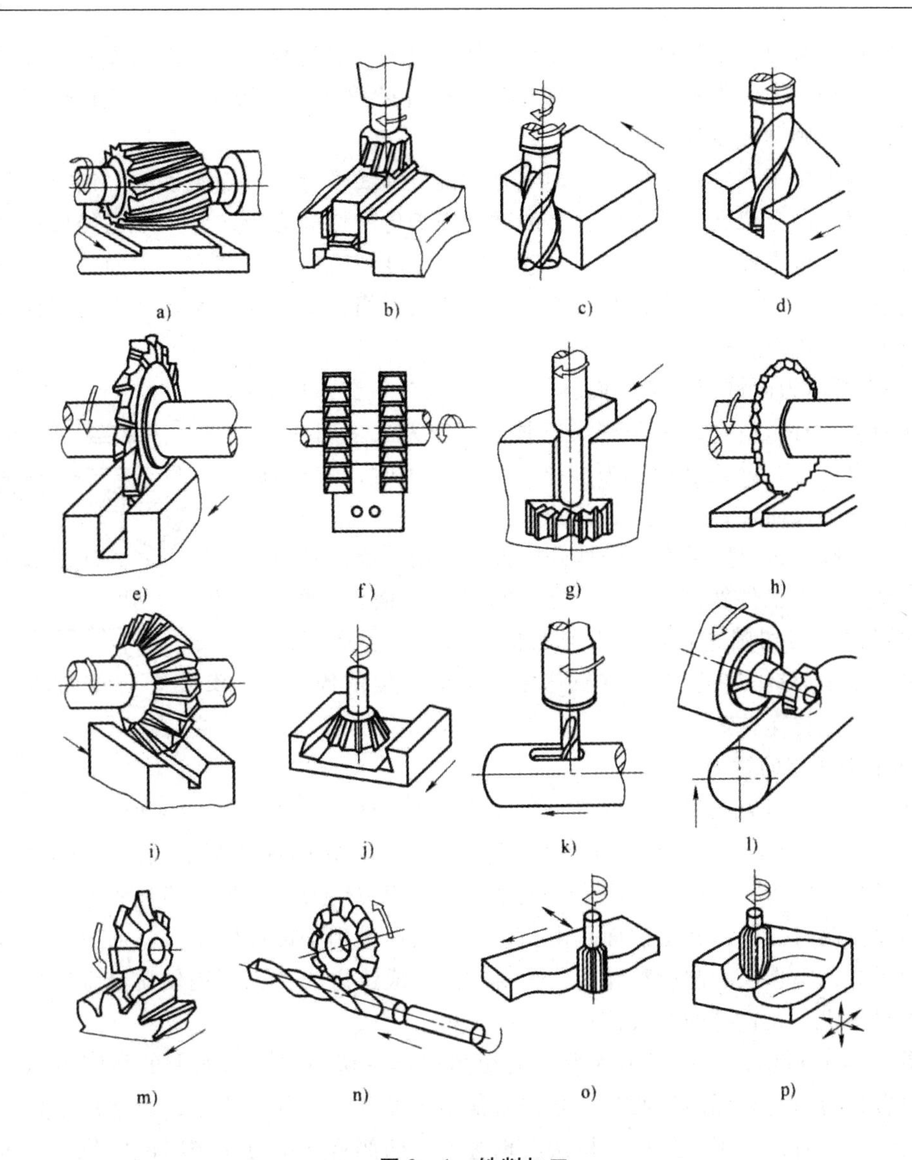

图 3-1　铣削加工

铣削时，铣刀安装在铣床主轴上，铣削加工的主运动是铣刀绕自身轴线的高速旋转运动。加工平面或沟槽时，进给运动是直线运动，大多由铣床工作台（工件）完成；加工回转体表面时，进给运动是旋转运动，一般由旋转工作台完成。

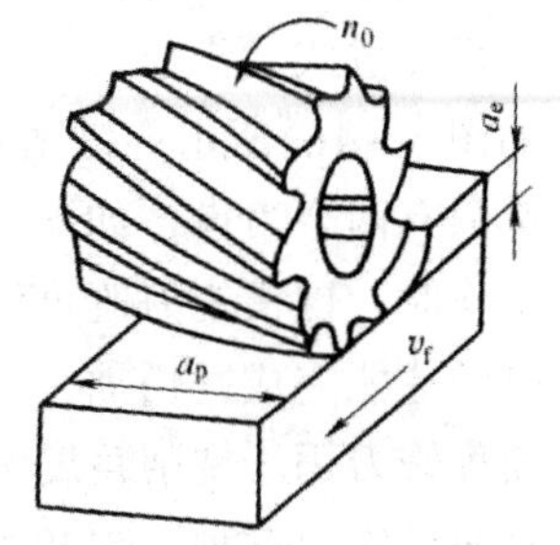

图 3-2　圆柱铣刀加工平面

一、常用铣刀的类型及用途

铣刀是刀齿分布在旋转表面上或端面上的多齿刀具。

1. 加工平面用的铣刀

加工平面用的铣刀主要有圆柱铣刀和面铣刀两种。图 3-2 所示为圆柱铣刀加工平面。圆柱铣刀的刀齿分布在圆柱面上，有粗齿铣刀和细齿铣刀两种类型。其中粗齿铣刀齿数少，刀齿强度高，容屑空间大，适用于粗加工；细齿铣刀适用于精加工。小直径圆柱铣刀用高速工具钢制成整体式，大直径圆柱铣刀则制成镶齿结构。

圆柱铣刀大多用在卧式铣床上。加工时，铣刀轴线平行于被加工表面。铣刀上的内孔是制造和使用时的定位孔。铣刀内孔上的键槽用于传递切削力矩，其尺寸已经标准化。选择铣刀直径时，应在保证铣刀刀杆有足够强度、刚度和刀齿有足够容屑空间的条件下，尽可能选用小直径铣刀，以减小铣削力矩，减少切削时间，提高生产率。通常按刀杆直径和铣削用量来选择铣刀直径。

图 3－3 所示为面铣刀加工平面。面铣刀刀齿分布在圆柱面和一个端面上，有粗齿、细齿和密齿三种。面铣刀大多用在立式铣床上，也可用在卧式铣床和万能铣床上，加工时，铣刀轴线垂直于被加工表面，铣刀杆是悬臂的。

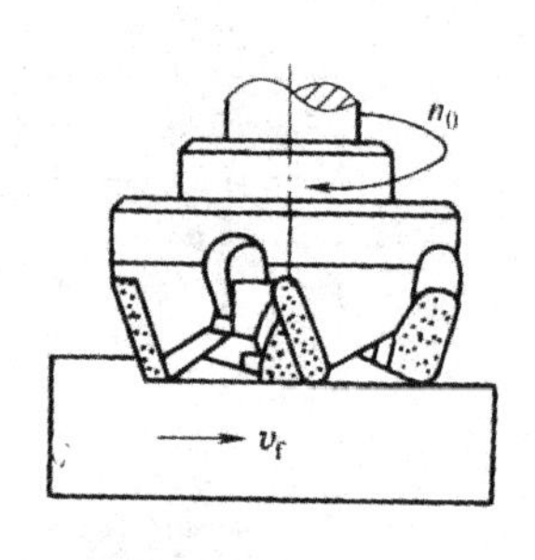

图 3－3　面铣刀加工平面

面铣刀比圆柱铣刀质量大、刚性好，大多数制成镶齿结构。面铣刀直径可大于工件宽度，也可小于工件宽度。面铣刀的切削速度比圆柱铣刀切削速度高，表面粗糙度值小，生产率高，故加工平面多用面铣刀。面铣刀在铣床主轴上的定位依赖于定位孔，用端面键传递转矩。

2. 加工沟槽用的铣刀

最常用的有三面刃铣刀、立铣刀、角度铣刀及键槽铣刀，如图 3－4 所示。

如图 3－4a)所示，三面刃铣刀的外形是一个圆盘，在圆周及两个端面上均有切削刃，从而改善了侧面的切削条件，提高了加工质量。三面刃铣刀有直齿、错齿和镶齿三种结构形式。同圆柱铣刀一样，其定位面是内孔，孔中的键槽用于传递转矩。三面刃铣刀可用高速工具钢制造，小直径的制成整体式，大直径的制成镶齿式；也可用硬质合金制造，小直径的制成焊接式，大直径的制成镶齿式。

如图 3－4b)所示，立铣刀圆柱面上的切削刃是主切削刃，端面上的切削刃是副切削刃，其刀齿分为直齿和螺旋齿两类。立铣刀常用于加工沟槽及台阶面，也常用于加工二维凸轮曲面，加工时，采用数控或靠模法实现进给。柄部是立铣刀使用时的定位面，也是传递转矩的表面，柄部常做成柱柄和莫氏锥柄两类。立铣刀分粗齿、细齿两种结构，大多用高速工具钢制造，也有用硬质合金制造的。小直径的立铣刀制成整体式，大直径的制成镶齿式或可转位式。

如图 3－4c)所示，键槽铣刀主要用于加工圆头封闭键槽。键槽铣刀的圆柱面上和端面上都只有两个刀齿，如图 3－5 所示。因刀齿数少，螺旋角小，键槽铣刀的端面齿强度高。工作时，键槽铣刀既可沿工件轴向进给，又可沿刀具轴向进给，并且要多次沿这两个方向进给才能完成键槽加工。

角度铣刀用于铣削角度沟槽和刀具上的容屑槽，分为单角度铣刀、不对称双角度铣刀和对称角度铣刀三种。单角度铣刀刀齿分布在锥面和端面上，锥面刀齿完成主要切削工作，端面刀齿只起修整作用，如图 3－4d)所示。双角度铣刀刀齿分布在两个锥面上，用以完成两个斜面的成形加工，也常用于加工螺旋槽。

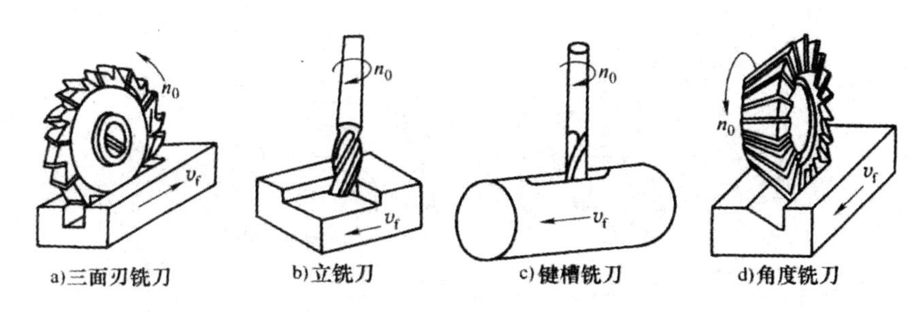

图 3-4　加工沟槽用的铣刀

3. 其他类型铣刀

除上述铣刀类型外，常用铣刀还有成形铣刀和锯片铣刀，如图 3-6 所示。成形铣刀的切削刃形状要按工件横截面形状来设计，属于专用刀具。若工件的横截面形状和尺寸变化，则刀具刃形也要相应改变。图 3-6a)所示为加工半圆弧槽的成形铣刀，如果工件为直槽，且铣刀的 $\lambda_s=0°$、$\kappa_r=90°$、$\gamma_o=0°$，则铣刀的轴向截面刃形与工件槽的横截面形状完全一样；如果加工的是螺旋槽，则铣刀的轴向截面刃形与槽的横截面形状并不一致。

图 3-6b 所示为锯片铣刀，主要用于切断和加工窄缝或窄槽。

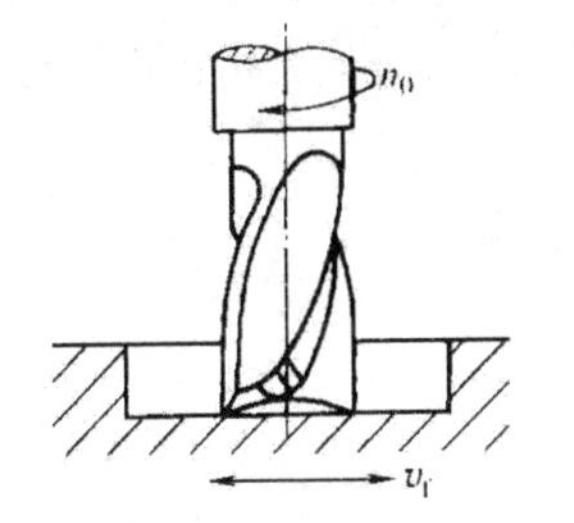

图 3-5　键槽铣刀加工

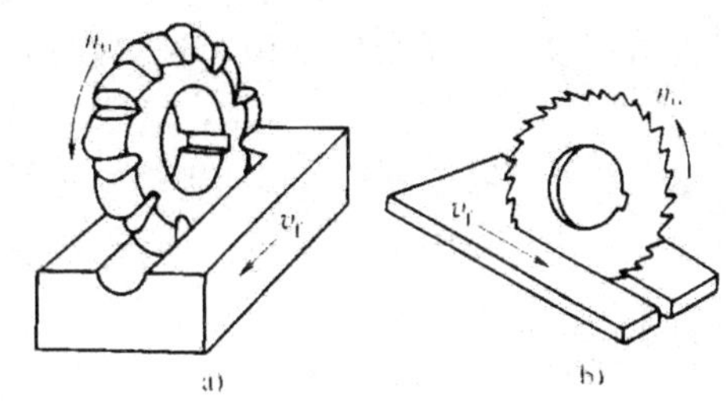

图 3-6　成形铣刀和锯片铣刀

二、铣削用量要素

1. 背吃刀量 a_p

对于铣刀的每个工作切削刃，背吃刀量是在通过其基点并垂直于工作平面的方向上测量的刀具与工件接触的切削层尺寸（单位为 mm）。图 3-7 示出了周铣和端铣的背吃刀量 a_p。对于前者，背吃刀量反映了铣削的宽度，对于后者，背吃刀量反映了铣削的深度。

2. 侧吃刀量 a_e

侧吃刀量是在平行于工作平面并垂直于切削刃基点的进给运动方向上测量的刀具与工件接触的切削层尺寸（单位为 mm）。图 3-7 也显示出了侧吃刀量 a_e。对于周铣，a_e反映了铣削的深度；对于端铣，a_e反映了铣削的宽度。

3. 铣削速度 v_c

铣削速度计算公式为

$$v_c=\frac{\pi d_0 n_0}{1\ 000}$$

式中　d_0——铣刀直径，单位为 mm；

n_0——铣刀转速，单位为 r/min。

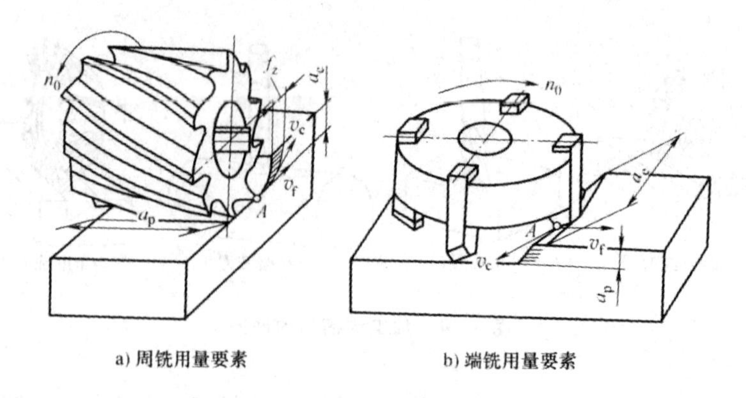

a) 周铣用量要素　　b) 端铣用量要素

图 3-7　铣削用量要素

4. 进给运动速度与进给量

(1) 每齿进给量 f_z　铣刀每转过一个刀齿，在切削刃基点的进给运动方向上的位移量（单位为 mm/z）。

(2) 每转进给量 f　铣刀每转一转，在切削刃基点的进给运动方向上的位移量（单位为 mm/r）。

(3) 进给速度 v_f　单位时间内，铣刀在切削刃基点的进给运动方向上的位移量（单位为 mm/min）。

每齿进给量 f_z、每转进给量 f 和进给速度 v_f 三者的关系为

$$v_f = n_0 f = n_0 z f_z$$

三、铣削方式

铣削加工的主要对象是平面，用圆柱铣刀加工平面的方法称为周铣，用面铣刀加工平面的方法称为端铣。加工时，这两种铣削方法又形成了不同的铣削方式。在选择铣削方法时，要充分注意它们各自的特点，选取合理的铣削方式，以保证加工质量和生产率。

1. 周铣的铣削方式

周铣有逆铣和顺铣两种铣削方式。铣刀主运动方向与工件进给运动方向相反时称为逆铣，如图 3-8a) 所示；铣刀主运动方向与工件进给运动方向相同时称为顺铣，如图 3-8b) 所示。

如图 3-8a) 所示，逆铣时，刀齿的切削厚度从零增加到最大值，切削力也由零逐渐增加到最大值，避免了刀齿因冲击而破损的可能。但刀齿开始切削时，由于切削厚度很小，刀齿要在加工表面上滑行一小段距离，直到切削厚度足够大时，刀齿才能切入工件，此时，刀齿后面已在工件表面的冷硬层上挤压、滑行了一段距离，产生了严重磨损，因而刀具使用寿命大大降低，且使工件表面质量变差；此外，铣削过程中还存在对工件上抬的垂向铣削分力 F_{cn}，它影响工件夹持的稳定性，使工件产生周期性振动，影响加工表面粗糙度。

如图 3-8b) 所示，顺铣时，刀齿切削厚度从最大开始，因而避免了挤压、滑行现象；同时，垂向铣削分力 F_{cn} 始终压向工件，不会使工件向上抬起，因而顺铣能提高铣刀的使用寿命和加工表面质量。但由于顺铣时渐变的水平分力 F_{ct} 与工件进给运动的方向相同，

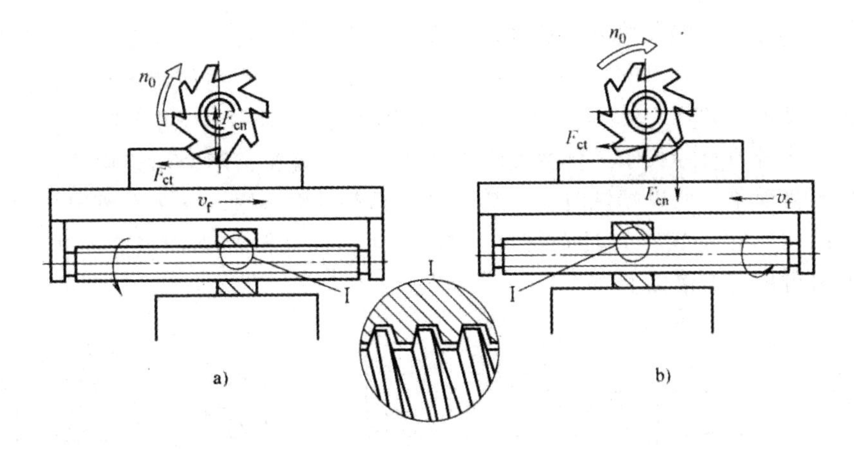

图 3-8　逆铣与顺铣

而铣床的进给丝杠与螺母间有间隙，如图 3-9 所示。如果铣床纵向进给机构没有消除间隙的装置，则当水平分力 F_{ct} 较小时，工作台进给由丝杠驱动；当水平分力 F_{ct} 变得足够大时，则会使工作台突然向前窜动，因而使工件进给量不均匀，甚至可能打刀。如果铣床纵向工作台的丝杠螺母有消除间隙装置（如双螺母或滚珠丝杠），则窜动不会发生，因而采用顺铣是适宜的。如果铣床上没有消隙机构，最好还是采用逆铣，因为逆铣时 F_{ct} 与工件进给运动的方向相反，不会产生上述问题。

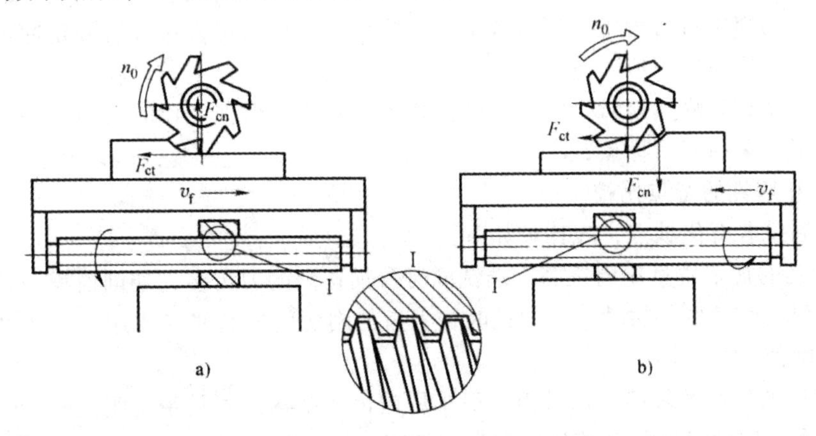

图 3-9　铣床工作台的传动间隙

2. 端铣的铣削方式

用面铣刀加工平面时，根据铣刀和工件相对位置不同，可分为三种不同的铣削方式：对称铣削、不对称逆铣和不对称顺铣，如图 3-10 所示。

（1）对称铣削（见图 3-10a)）　面铣刀中心位于工件宽度方向的对称中心线上，即铣刀轴线位于铣削弧长的对称中心位置，切入的切削层与切出的切削层对称，其切入边为逆铣，切出边为顺铣。切入处铣削厚度由小逐渐变大，切出处铣削厚度由大逐渐变小，铣刀刀齿所受冲击小，适于铣削具有冷硬层的淬硬钢。因此，对称铣削常用于铣削淬硬钢或精铣机床导轨，工件表面粗糙度均匀，刀具寿命较高。

（2）不对称逆铣（见图 3-10b)）　铣削时，面铣刀轴线偏置于铣削弧长对称中心的一侧，且逆铣部分大于顺铣部分。这种铣削方式在切入时公称切削厚度最小，切出时公称切削厚度较大。由于切入时的公称切削厚度小，可减小冲击力而使切削平稳，并可获得最小的表面粗糙度值，如精铣45钢，表面粗糙度 Ra 值比不对称顺铣小一半，也有利于提高铣刀的寿命。当铣刀直径大于工件宽度时不会产生滑移现象，不会出现用圆柱铣刀逆铣时产生的各种不良现象，所以端铣时，大都建议采用不对称逆铣。此法主要用于加工碳素结构钢、合金结构钢和铸铁，刀具寿命可提高1～3倍；铣削高强度低合金钢（如16Mn）时，刀具寿命可提高1倍以上。

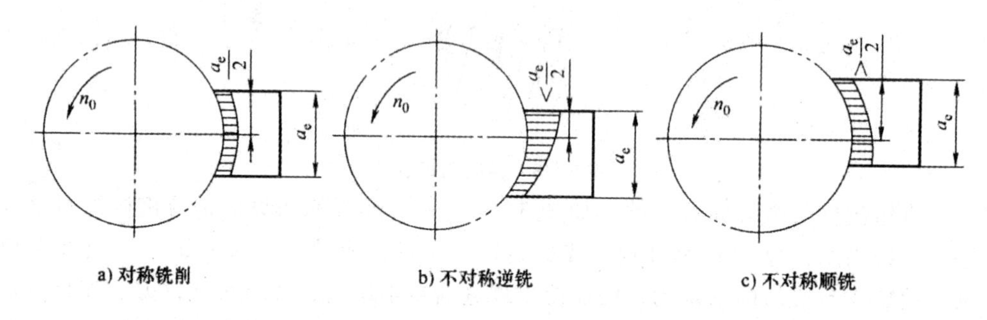

图3－10　端铣的铣削方式

（3）不对称顺铣（见图3－10c））　铣削时面铣刀轴线偏置于铣削弧长对称中心的一侧，且顺铣部分大于逆铣部分。面铣刀从较大的公称切削厚度处切入，从较小的公称切削厚度处切出，切削层对刀齿压力逐渐减小，金属粘刀量小。切入过程有一定冲击，但可以避免切削刃切入冷硬层，适于铣削冷硬材料与不锈钢、耐热合金等。在铣削塑性大、冷硬现象严重的不锈钢和耐热钢时，刀具寿命提高较为显著。由于工作时会使工作台窜动，因此一般情况下不采用不对称顺铣。

3. 端铣和周铣的特点比较

端铣和周铣各有优缺点，现比较如下：

（1）端铣的加工质量比周铣高　端铣同时参加切削的刀齿多，切削面积和切削力变化小，切削过程比较平稳，振动小；端铣时，刀齿的副切削刃起修光作用，因此可得到较低的表面粗糙度值。

（2）端铣的生产率较高　面铣刀一般采用镶齿式结构，刀具系统刚性好，同时参与铣削的刀齿较多，因此可进行高速切削和强力切削，故生产率高。

（3）周铣的工艺范围比端铣广　端铣通常只用于加工平面，而周铣除加工平面外，还可加工台阶面、沟槽和成形面等。

（4）端铣由于加工质量和生产率较高　常用于成批加工大平面；而周铣的工艺范围更广，能加工多种表面，故常用于单件小批生产。

四、铣削工艺特点

铣削为断续切削，冲击、振动很大。铣刀刀齿切入和切出工件时产生冲击，面铣刀尤为明显。当冲击频率与机床固有频率相同或成倍数时，冲击振动加剧。此外，高速铣削时刀齿还经受时冷时热的温度骤变，硬质合金刀片在这样的力和热的剧烈冲击下，易出现裂纹和崩刃，刀具寿命下降。

（1）铣削为多刀多刃切削，刀齿易出现径向跳动和轴向跳动。径向跳动是磨刀误差、刀杆弯曲、机床主轴轴线与刀具轴线不重合等原因造成的。这会引起刀齿负荷不均匀，因而各刀齿磨损量不一致，从而使刀具使用寿命降低、工件表面粗糙度值加大。而且，面铣刀刀齿的轴向跳动将在工件表面划出深浅不一的刀痕，对工件表面粗糙度影响更大。因此，必须严格控制刀齿的径向跳动和轴向跳动误差，同时还要提高刀杆刚性，减小刀具与刀杆的配合间隙。

（2）铣削为半封闭容屑形式。因铣刀是多齿刀具，刀齿与刀齿之间的空间有限，每个刀齿切下的切屑必须要有足够的容屑空间并能顺利排出，否则会损坏刀齿。

（3）圆柱铣刀逆铣时，由于刀齿的切削刃钝圆半径 r_n 的存在，使刀齿都要在工件已加工表面上滑行一段距离之后才能切入工件基体。在刀齿滑行基体前的滑行过程中，刀齿的刃口圆弧面推挤金属，实际前角为负值，加剧了刃口与工件之间的摩擦，使切削温度升高，表面冷硬程度增加，刀齿磨损加剧。

（4）铣削时切削层的公称厚度 h_D 及铣削力都是周期性变化的，这种周期性的断续切削过程容易引发铣削工艺系统的振动，使得铣削加工精度和加工表面质量都较低，并影响铣削生产率。因此，对铣床、铣刀和铣削夹具的刚性要求都较高。

任务三 刨削加工

在刨床上利用刨刀切削工件的加工方法称为刨削。刨削主要用来加工各种位置的平面（水平面、垂直面、斜面）、槽（直槽、燕尾槽、T 形槽、V 形槽）及一些母线为直线的曲面，如图 3－11 所示。在刨削过程中，刀具的直线往复运动为主运动，工件的间歇移动为进给运动。刨削过程中存在空行程、冲击和惯性力等，限制了刨削生产率和精度的提高。

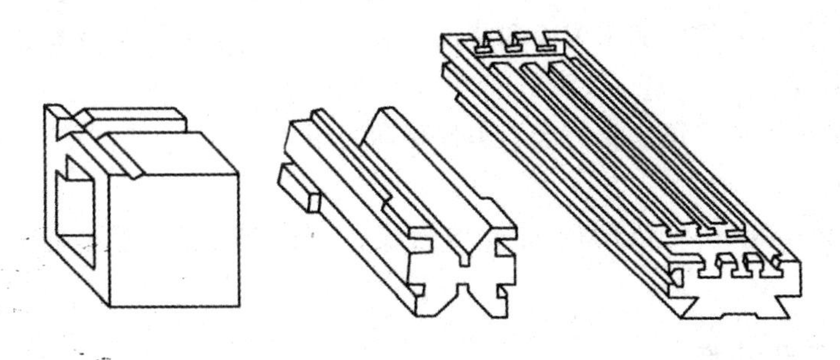

图 3－11 刨削加工的典型零件

一、刨刀的几何参数

刨刀（见图 3－12）的几何形状简单，其几何参数与车刀相似。由于刨削加工的不连续性，刨刀切入工件时受到较大的冲击力，容易发生崩刃或扎刀现象，所以刨刀的刀杆横截面面积较车刀大 1.25～1.5 倍，以增加刀杆刚度和防止折断。此外，刨刀的刀杆往往做成弯头。当弯头刨刀切削刃碰到工件表面的硬点时，能绕 O 点转动产生微小弯曲变形，不扎刀，以防损坏切削刃和工件表面。

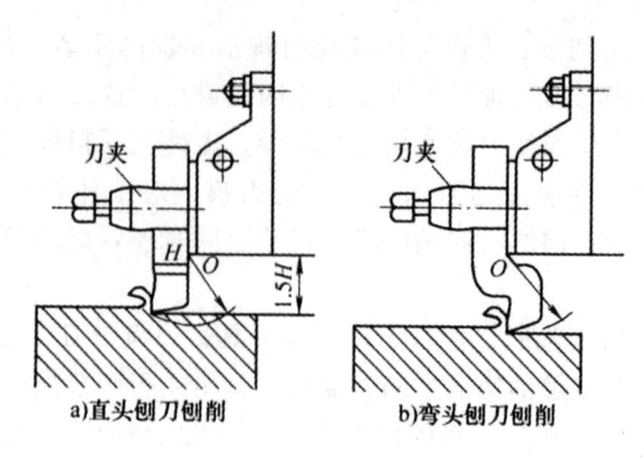

图 3－12　刨刀刨削

二、刨削用量要素

图 3－13 所示为在牛头刨床上刨水平面时的切削用量。

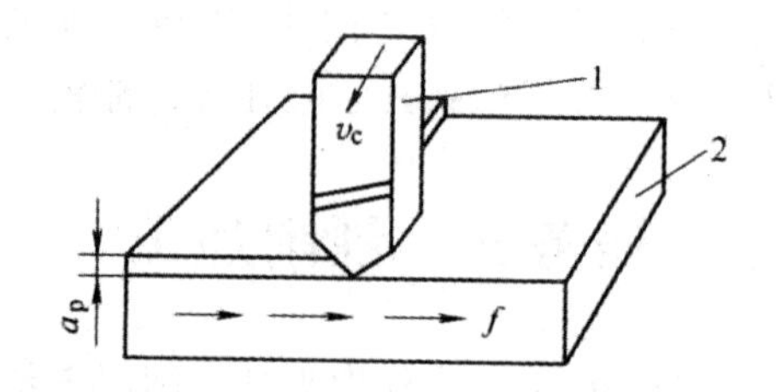

图 3－13　在牛头刨床上刨水平面时的切削用量

1—刨刀；2—工件

1. 刨削背吃刀量 a_p

刨削背吃刀量是工件已加工表面和待加工表面的垂直距离，单位为 mm。

2. 刨削进给量 f

刨削进给量是指刨刀每往复一次，工件移动的距离。

3. 刨削速度 v_c

刨削速度是指刨刀在切削时的平均速度，一般情况下刨削速度 v_c 可取 16.8 ~ 49.8 m/min。

三、刨削工艺特点

（1）机床和刀具的结构较简单，通用性较好。刨削主要用于加工平面，机座、箱体、床身等零件上的平面常采用刨削。如将机床稍加调整或增加某些附件，刨削也可用来加工齿轮、齿条、花键、母线为直线的成形面等。正是由于刨削使用的机床、刀具简单，加工调整方便、灵活，故其广泛应用于单件生产、修配及狭长平面的加工。

（2）生产率较低。由于刨削的切削速度低，并且刨削时常用单刃刨刀切削，刨削回程又不工作，所以刨削除加工狭长平面（如床身导轨面）外，生产率均较低，一般仅用于单件小批生产。但在龙门刨床上加工狭长平面时，可进行多件或多刀加工，生产率有所提高。

(3) 刨削的加工尺寸公差等级一般可达 IT8 ~ IT7，表面粗糙度值 Ra 可控制在 6.3 ~ 1.6 μm，但刨削加工可保证一定的相互位置精度，故常用龙门刨床来加工箱体和导轨的平面。当在龙门刨床上采用较大的进给量进行平面的宽刀精刨时，平面度误差可达 0.02 mm/1 000 mm，表面粗糙度值 Ra 可控制在 1.6 ~ 0.8 μm。

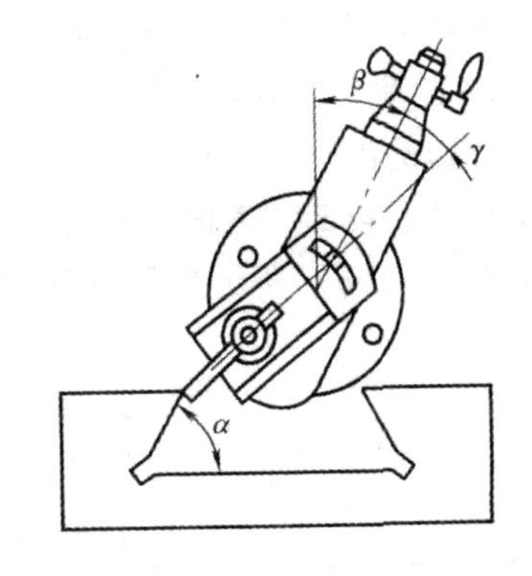

图 3 - 14　燕尾槽刨削

总之，因刨削的切削速度、加工表面质量、几何精度和生产率在一般条件下都不太高，所以在批量生产中常被铣削、拉削和磨削所取代。但在加工一些中小型零件上的槽（如 V 形槽、T 形槽、燕尾槽）时，刨削也有突出的优点。例如图 3 - 14 所示的燕尾槽刨削，加工时只要将牛头刨床的刀架调整到所要求的角度，采用普通刨刀和通用量具即可进行加工，而且加工前的准备工作较少，适应性强。如果采用铣削加工，还需预先制造专用铣刀，加工前的准备周期长。因此，对于单件小批生产工件上的燕尾槽，一般多用刨削加工。

任务四　平面磨削

表面质量要求较高的各种平面的半精加工和精加工常采用平面磨削的方法，如齿轮端面、滚珠轴承内外环端面、活塞环以及大型工件表面、气缸体端面、缸盖面、箱体及机床导轨面等的精加工均采用平面磨削的方法。

图 3 - 15 所示为平面磨削的加工示意图。平面磨削的机床称平面磨床，磨削中小型工件时，常用电磁吸盘吸住工件进行磨削。平面磨削所用的刀具是砂轮，砂轮的工作表面可以是圆周表面，也可以是端面。

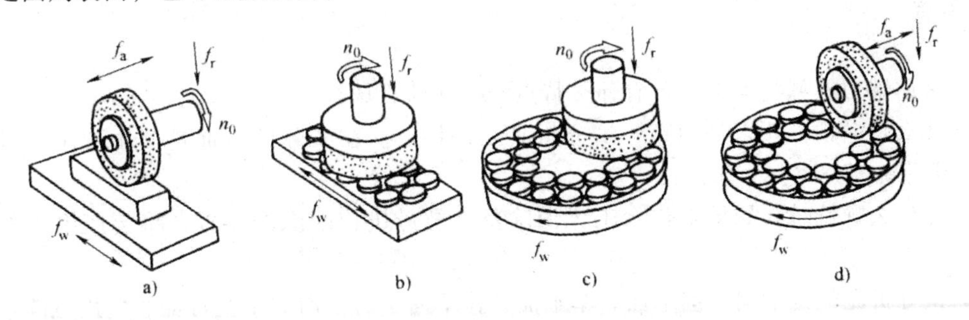

图 3 - 15　平面磨削的加工示意图

一、周边磨削

图 3 - 15a)、d) 所示为周边磨削，即用砂轮的圆周表面进行磨削，其磨削过程有以下几个运动：

(1) 主运动是砂轮的高速旋转运动 n_0。

(2) 纵向进给运动是矩形工作台的直线往复运动或回转工作台的回转运动 f_w。

(3) 横向进给运动。用砂轮的周边磨削时，通常砂轮的宽度小于工件的宽度，所以卧式平面磨床还需要横向进给运动f_a，且f_a是周期性动作的。

（4）垂直进给运动是砂轮相对工件做定期垂直移动f_r。

周边磨削时，砂轮与工件接触面积小，发热量小，冷却和排屑条件好，可获得较高的加工精度和较低的表面粗糙度值，但生产率较低。此法主要用于成批生产中加工薄片小件。图3－16a）所示为利用周边磨削磨导轨平面。

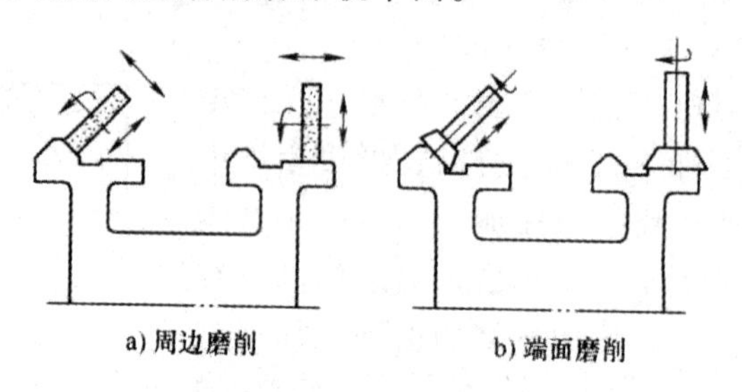

图3－16　磨导轨平面的方法

二、端面磨削

图3－15b)、c)所示为端面磨削，即用砂轮的端面进行磨削。由于磨削面积大，端面磨削过程与周边磨削过程相比，没有横向进给运动。

端面磨削时，磨头轴伸出长度短，刚性好，磨头主要受轴向力，弯曲变形小，可以采用较大的磨削用量，又因磨削面积大，生产率高。但因砂轮与工件的接触面积大，磨削力大，发热量增加，而冷却、排屑很困难，且砂轮端面各点的圆周速度不同，使砂轮磨损不均匀，故加工精度及表面质量都低于周边磨削方式。图3－16b）所示为利用端面磨削磨导轨平面。

课后思考

1. 常用铣刀有哪些类型？各有什么特点？用在什么场合？

2. 什么是逆铣？什么是顺铣？试分析其工艺特点。在实际的平面铣削生产中，目前多采用哪种铣削方式？为什么？

3. 为什么顺铣时，如果工作台上无消除丝杠螺母机构间隙的装置，将会产生工作台窜动？

4. 试分析比较铣平面、刨平面、车平面、拉平面、磨平面的工艺特征和应用范围。

5. 为什么刨削、铣削只能得到中等精度和表面粗糙度？

6. 插削适合于加工什么表面？

项目四　外圆面加工工艺与装备

项目概述

外圆面是轴类、套类和盘类等回装体零件的主要表面。外圆面的主要技术要求有尺寸精度、形状精度、位置精度、表面质量。尺寸精度主要是直径和长度；形状精度和位置如：圆柱、圆柱度、同轴度、垂直度、跳动量等；表面质量即表面粗糙度，表层的加工硬化和加工应力，金相组织变化等。

学习目标

1. 了解外圆表面加工的技术要求及方案选择。
2. 掌握外圆车削的方法。
3. 掌握普通外圆、无心外圆的磨削方法。

任务一　外圆表面加工的技术要求及方案选择

一、外圆表面加工的技术要求

外圆表面是轴类零件、圆盘类零件和套筒类零件的主要表面，其加工技术要求主要有：

（1）尺寸精度要求　例如零件外圆表面的直径与长度等尺寸精度。

（2）形状精度要求　例如零件外圆表面的圆度、圆柱度、直线度等，圆锥面的锥度。

（3）位置精度和方向精度要求　例如零件外圆表面轴线与其他表面间的同轴度、垂直度、对称度、跳动量等。

（4）表面粗糙度和表面质量要求　例如零件外圆表面的表面粗糙度值和表面的物理力学性能（如热处理、硬度、表面处理）等方面的要求。

二、外圆表面加工方案的选择

外圆表面通常采用车削和磨削来加工，要求特别高时，才采用研磨和超精加工等加工方法。特殊情况下，也可以采用砂带磨、滚压、抛光等加工方法。外圆表面加工方案一般是根据机械零件的加工要求，结合生产纲领和工厂实际情况来拟订的。拟订工艺方案时可参考表 4－1 所示的外圆表面加工方案的经济精度和表面粗糙度值。

表 4－1　外圆表面加工方案的经济精度和表面粗糙度值

序号	加工方案	经济精度	表面粗糙度值 $Ra/\mu m$	适用范围
1	粗车	IT12～IT11	50～12.5	适用于加工淬火钢以外的各种金属
2	粗车→半精车	IT10～IT8	6.3～3.2	
3	粗车→半精车→精车	IT7～IT6	1.6～0.8	
4	粗车→半精车→精车→滚压（抛光）	IT6～IT5	0.2～0.025	
5	粗车→半精车→磨削	IT7～IT6	0.8～0.4	主要用于加工淬火钢，也用于加工未淬火钢，但不宜用于加工有色金属
6	粗车→半精车→粗磨→精磨	IT6～IT5	0.4～0.1	
7	粗车→半精车→粗磨→精磨→超精加工（超精磨）	IT6～IT5	0.1～0.012	
8	粗车→半精车→粗磨→精磨→研磨	IT5 以上	<0.1	
9	粗车→半精车→粗磨→精磨→超精磨（镜面磨削）	IT5 以上	<0.025	
10	粗车→半精车→精车→金刚石车削	IT6～IT5	0.4～0.025	用于加工要求较高的有色金属

任务二　外圆车削

在车床上用车刀对工件进行切削加工的方法，称为“车削加工”。车削加工所使用的设备称为“车床”。普通卧式车床主要用于加工各种回转表面，如内外圆柱表面、圆锥表面、成形回转表面、螺纹表面以及回转体的端面等，如图 4－1 所示。由于许多机械零件都具有回转表面，因此，车削应用极为广泛，车床在金属切削机床中所占比例达 20%～35%。

车刀是金属切削加工中使用最广的刀具。由于结构不同，车刀有整体式车刀、焊接式车刀和可转位车刀等几种类型，如图 4－2 所示，其中，焊接式车刀是在普通碳钢刀杆上开槽（个别也有不开槽的），然后钎焊或镶焊硬质合金刀片，再经过刃磨而成的，属于重磨式刀具。现在生产中用得较多的是可转位车刀（见图 4－2c)），其特点是刀片可以转位使用，当几个切削刃都用钝后，还可更换新的刀片。可转位车刀最大的优点是车刀几何参数完全由刀片和刀槽保证，不受工人技术水平的影响，因此刀具切削性能稳定。此外，由于可转位车刀不需要磨刀，减少了许多停机换刀的时间。可转位车刀刀片下面的刀垫采用淬硬钢制成，其作用是保护刀槽。可转位车刀在加工精度、使用寿命、使用方便性、断屑效果、经济可靠性等各方面都有优势，是刀具发展的一个重要方向。可转位车刀适于在大批大量生产中使用，多在半精加工、精加工和数控加工中使用。在车床上所用的刀具，除车刀外，还有钻头、扩孔钻、铰刀等各种孔加工刀具和丝锥、板牙等螺纹加工刀具。

车削加工具有以下工艺特点：

（1）易于保证被加工零件各表面位置精度。回转体零件在一次装夹后可加工外圆、内孔及端面，依靠机床的精度可保证回转面间的同轴度及轴线与端面间的垂直度。

另外，对于以中心孔定位的轴类零件，虽经多次装夹与调头，但由于定位基准不变，

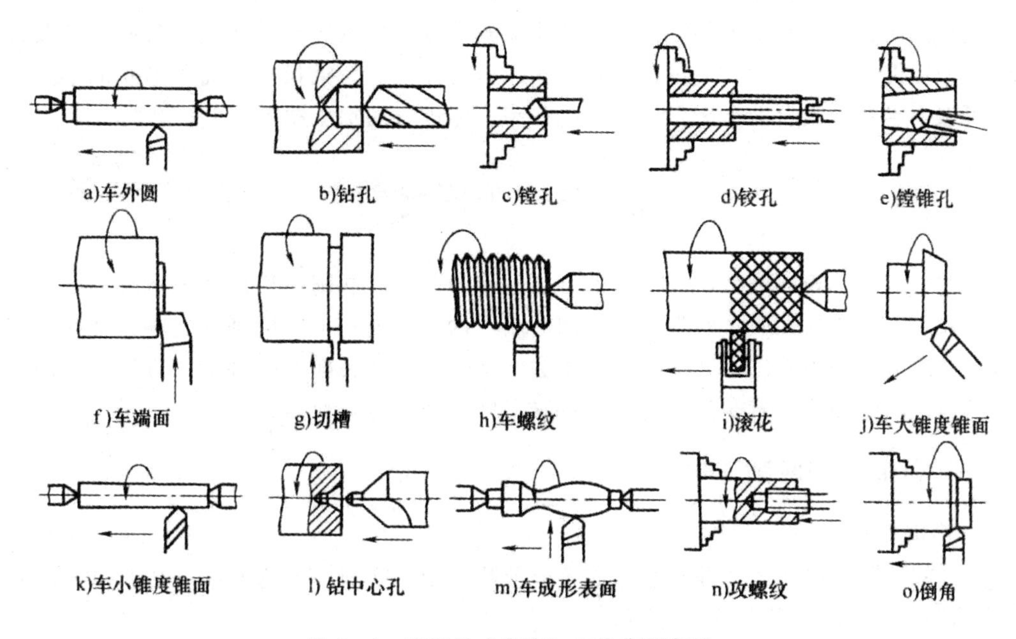

图4－1　普通卧式车床加工的典型表面

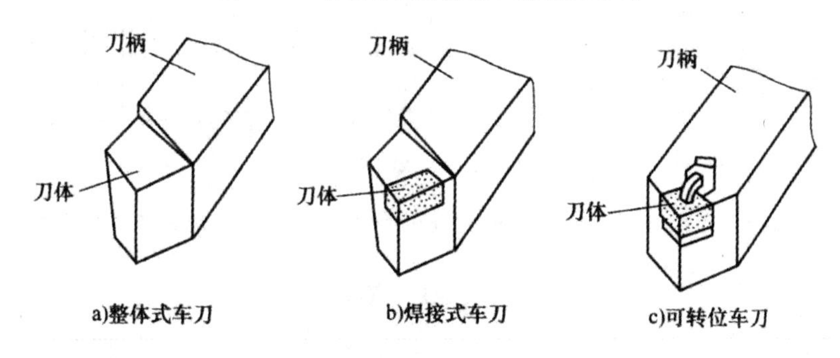

图4－2　常用车刀按结构分类

因而能保证相应表面间的位置精度。

（2）切削过程平稳。车削过程一般情况下是连续进行的，并且切削层面积不变（不考虑毛坯余量不均），所以切削力变化小，切削过程平稳。又因为车削运动为回转运动，避免了惯性力与冲击力的影响，所以车削允许采用大的切削用量，进行高速切削或强力切削，有利于生产率的提高。

（3）刀具简单，使用灵活。车刀是各类刀具中最简单的一种，制造、刃磨和装夹均较方便。

（4）应用范围广。车削适用于加工各种零件的回转表面，如轴类、盘类、套类零件等，它对工件的材料、结构、精度及表面粗糙度等都有较强的适应性。车削除了可以用于各种钢材、铸铁、有色金属加工外，还可用于玻璃钢、尼龙、夹布胶木等非金属加工。

此外，车床上还可安装一些附件来支承和装夹工件，以扩大车削工艺范围。例如车削细长轴时，为减少工件受径向切削力的作用而产生变形，可采用跟刀架或中心架作为辅助支承。对于单件小批量生产的各种轴类、盘类、套类零件，常选用卧式车床或数控车床；

对于直径大而长度短及重型的零件，多选用立式车床。成批生产外形复杂且有内孔及螺纹的中小型轴类、套类零件时，可选用转塔车床进行加工。大批量生产简单形状的小型零件时，可选用半自动或自动车床，以提高生产率，但该方法加工精度较低。

任务三　外圆磨削

用磨具对工件表面进行切削加工的方法，称为磨削，磨削所使用的机床称为磨床。根据工件被加工表面的性质，磨削分为外圆磨削、内圆磨削、平面磨削等几种，并有相应的磨床。外圆磨削是用砂轮、砂带等磨具来磨削工件外回转表面的一种加工方法，可用于加工圆柱面、圆锥面、凸肩端面、球面和特殊形状的外回转表面。

一、普通外圆磨削方法

1. 磨削外圆

工件的外圆一般在普通外圆磨床或万能外圆磨床上磨削。外圆磨削一般有纵磨法和横磨法两种，如图 4－3 和图 4－4 所示。

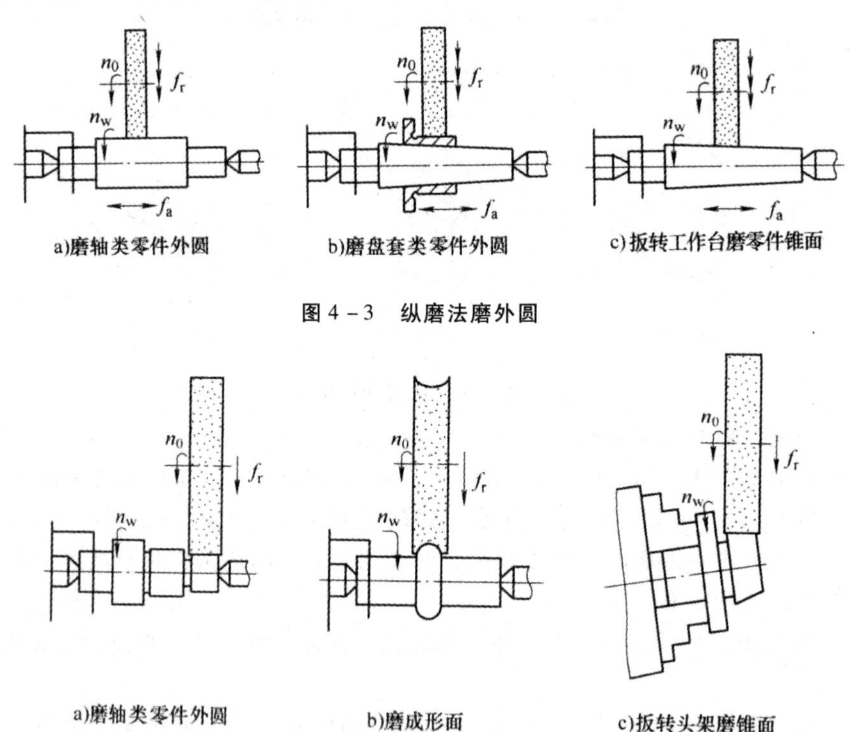

a)磨轴类零件外圆　b)磨盘套类零件外圆　c)扳转工作台磨零件锥面

图 4－3　纵磨法磨外圆

a)磨轴类零件外圆　b)磨成形面　c)扳转头架磨锥面

图 4－4　横磨法磨外圆

（1）纵磨法　纵磨法磨削外圆时，砂轮的高速旋转运动为主运动 n_0，工件做圆周进给运动 n_w的同时，还随工作台做纵向往复运动，实现沿工件轴向进给 f_a。每单次行程或每往复行程终了时，砂轮做周期性的横向移动，实现沿工件径向的进给 f_r，从而逐渐磨去工件径向的全部留磨余量。磨削到尺寸后，进行无横向进给的光磨过程，直至火花消失为止。纵磨法每次的径向进给量f_r小，磨削力小，散热条件好，并且能以光磨来提高工件的磨削精度和表面质量，其加工质量高，但磨削效率低。纵磨法磨削外圆适合磨削较大的工件，适于单件小批生产的场合。

（2）横磨法　横磨法磨削外圆时，砂轮宽度比工件的磨削宽度大，工件因此不需做纵向（工件轴向）进给运动，砂轮以缓慢的速度连续对工件进行径向进给f_r，直至磨削达到尺寸要求。其特点是：充分发挥了砂轮的切削能力，磨削效率高，同时也适用于成形磨削。然而，横磨法磨削过程中砂轮与工件接触面积大，故磨削力大，工件易发生变形和烧伤，砂轮形状误差直接影响工件的几何形状精度，磨削精度较低，表面粗糙度值较大。因此，必须使用功率大、刚性好的磨床，磨削时必须加注充分的切削液来降温。使用横磨法，要求工艺系统刚性要好，工件宜短不宜长。图 4 – 5 所示为横磨法的应用。

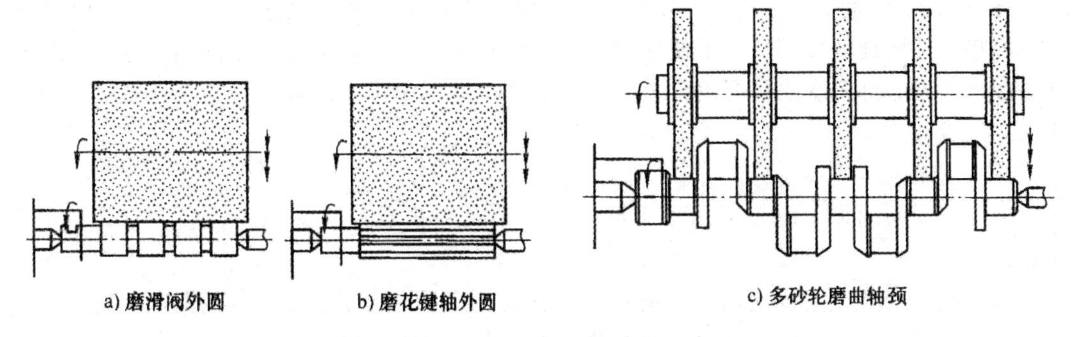

a) 磨滑阀外圆　　b) 磨花键轴外圆　　c) 多砂轮磨曲轴颈

图 4 – 5　横磨法的应用

2. 磨削端面

在万能外圆磨床上，可利用砂轮的端面来磨削工件的台阶面和端平面。磨削开始前，应该使砂轮端面缓慢地靠近工件的待磨端面，磨削过程中，要求工件的轴向进给量f_a也应很小。这是因为砂轮端面的刚性很差，基本上不能承受较大的进给力。

二、无心外圆磨削

1. 工作原理

如图 4 – 6 所示，进行无心外圆磨削时，工件放在磨削砂轮和导轮之间，以工件被磨削的外圆表面自身定位，由托板支承进行磨削。导轮是用树脂或橡胶为结合剂制成的刚玉砂轮，它与工件之间的摩擦因数较大，所以磨削时工件是由导轮的摩擦力带动做圆周进给的。导轮的线速度通常为 10 ~ 50 m/min，工件的线速度基本上与导轮的线速度相等，改变导轮的转速便可以调节工件的圆周进给速度。磨削砂轮就是一般的砂轮，线速度很高。因此，在磨削砂轮与工件之间有很高的相对速度，即切削速度。

为了加快工件外圆的成形过程以及提高工件的圆度，工件的中心必须高于磨削砂轮和导轮的中心线，这样能使工件与磨削砂轮和导轮间的接触点不可能对称，于是工件上的某些凸起表面在多次转动中能逐渐被磨平；但高出的距离不能太大，否则，导轮对工件向上的垂直分力有可能引起工件跳动，反而影响工件的加工质量。一般工件的中心高出磨削砂轮和导轮中心线的距离 $h=(0.15\sim0.25)d$，d 为工件直径（单位为 mm）。

如图 4 – 6 所示，无心外圆磨削时，导轮的中心线在竖直平面内向前倾斜了一个 α 角，

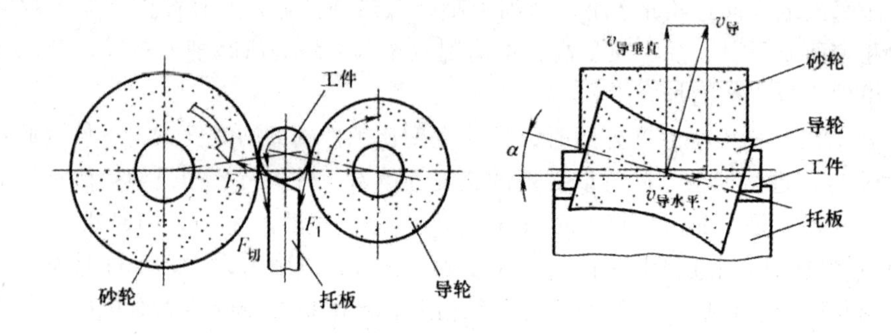

图 4－6　无心外圆磨削

$v_导$可分解成$v_{导垂直}$和$v_{导水平}$。$v_{导垂直}$带动工件旋转，$v_{导水平}$带动工件轴向移动，从而使工件可以一件接一件地连续加工。为了使导轮与工件保持直线接触，需将导轮的形状修正成回转双曲面形。无心外圆磨削主要用于大批大量生产中磨削细长光滑轴及销钉、小套等零件的外圆。

2. 工艺特点

无心外圆磨削加工时，不用顶尖或卡盘定位，和普通外圆磨削相比较，它具有下列优点：

（1）生产率较高。这是由于没有钻中心孔的工序，省去了装夹工件的时间。此外，由于有导轮和托板沿全长支承工件，刚性差的工件也可用较大的切削用量进行磨削。

（2）磨削所获得的外圆表面的尺寸精度和形状精度都比较高，表面质量也比较好，可获得较小的表面粗糙度值。这是因为直接用工件自身的外圆表面定位，从而消除了工件中心孔误差、外圆磨床工作台运动方向与前后顶尖连线的平行度误差、顶尖的径向圆跳动误差等多项误差因素的影响。

（3）如果配备适当的自动装卸工件的机构，无心外圆磨削法比普通外圆磨削法更容易实现加工过程自动化。

因此，无心外圆磨削法在成批生产和大量生产中应用较普遍。目前，随着无心磨床结构的改进，加工精度和自动化程度的进一步提高，无心外圆磨削法的应用范围有逐步扩大的趋势。

但是，无心磨床调整较费时，批量较小时，往往不适宜采用。此外，当工件外圆表面在周向上不连续（如有长的键槽）或与其他表面的位置精度（如同轴度）要求较高时，也不宜采用。

课后思考

1. 外圆磨削与外圆车削相比有何特点，试从机床、刀具、加工过程等方面进行分析，并以此说明外圆磨削比外圆车削质量高的原因。

2. 无心外圆磨削与普通外圆磨削相比较有什么优点？

3. 试述无心外圆磨削的工作原理。

项目五　孔加工工艺与装备

项目概述

在制造业中，孔的应用非常广泛，回转体工件中心的孔通常在车床上加工，非回转体工件上的孔以及回转体上非中心的孔通常在镗床和钻床上加工。

学习目标

1. 认识孔的分类。
2. 了解孔加工的技术要求。
3. 掌握孔加工方案的选择。
4. 掌握钻孔、扩孔、锪孔、铰孔、镗孔的方法。
5. 掌握拉削加工、高精度孔的磨削与珩磨的特点。

任务一　孔加工的技术要求及方案选择

一、孔的分类

内孔表面是组成机械零件的一种重要表面，在机械零件中有多种多样的孔，切削加工中，孔的加工量占整个金属切削加工总量的40%左右。按孔的形状划分，有圆柱形孔、圆锥形孔、螺纹孔和成形孔等；常见的圆柱形孔又有一般孔和深孔之别，长径比（即长度和直径之比）大于5的孔为深孔，深孔很难加工；常见的成形孔有方孔、六边形孔、花键孔等。从加工的角度出发，常将带键槽的孔分别按一般圆柱孔和键槽进行加工。

二、孔加工的技术要求

1. 尺寸精度要求

孔的尺寸精度要求主要指孔径的尺寸精度，有的孔还有长度尺寸精度的要求。此外，孔系中孔与孔、孔与相关表面的尺寸精度可根据功能要求确定。

2. 形状精度要求

孔的形状精度要求主要有圆度公差和圆柱度公差要求，个别的还可能有轴线和母线的直线度公差等要求。

3. 方向、位置精度要求

孔的方向公差主要有平行度公差、垂直度公差和倾斜度公差；孔的位置公差主要有同轴度公差和位置度公差；孔的跳动公差有圆跳动公差和全跳动公差。

4. 表面质量要求

孔的表面质量要求包括孔的表面粗糙度及表层物理力学性能的要求，如冷作硬化层深度（特殊要求）等。

三、孔加工方案的选择

内孔表面的加工方法很多。其中，切削加工方法有钻孔、扩孔、铰孔、锪孔、镗孔、拉孔、研磨、珩磨、滚压等，特种加工孔的方法有电火花穿孔、超声波穿孔和激光打孔等。一般情况下，钻孔、锪孔用于孔的粗加工；车孔、扩孔、镗孔用于孔的半精加工或精加工；铰孔、磨孔、拉孔用于孔的精加工；珩磨、研磨、滚压主要用于孔的高精加工。特种加工方法主要用于加工各种特殊的难加工材料上的孔。

通常根据各种孔加工方法的工艺特点以及各种零件孔表面的尺寸、长径比、精度和表面粗糙度等要求，再结合工厂具体条件，并参阅表 5 - 1 来合理地拟订孔表面的加工方案。

表 5 - 1　孔加工方案的经济精度和表面粗糙度值

序号	加工方案	经济精度	表面粗糙度值 $Ra/\mu m$	适用范围
1	钻	IT12 ~ IT11	12.5	加工未淬火钢及铸铁的实心毛坯，也用于加工有色金属材料上孔径小于 15 ~ 20 mm 的孔
2	钻→铰	IT10 ~ IT8	3.2 ~ 1.6	
3	钻→粗铰→精铰	IT8 ~ IT7	1.6 ~ 0.8	
4	钻→扩	IT11 ~ IT10	12.5 ~ 6.3	同上，但孔径大于 15 ~ 20 mm
5	钻→扩→铰	IT9 ~ IT8	3.2 ~ 1.6	
6	钻→扩→粗铰→精铰	IT8 ~ IT7	1.6 ~ 0.8	
7	钻→扩→机铰→手铰	IT7 ~ IT6	0.4 ~ 0.1	
8	钻→（扩）→拉	IT9 ~ IT7	1.6 ~ 0.1	大批大量生产中小零件的通孔（精度由拉刀的精度而定）
9	粗镗（扩孔）	IT12 ~ IT11	12.5 ~ 6.3	除淬火钢外的各种材料，毛坯有铸出孔或锻出孔
10	粗镗（粗扩）→半精镗（精扩）	IT10 ~ IT9	3.2 ~ 1.6	
11	粗镗（粗扩）→半精镗（精扩）→精镗（铰）	IT8 ~ IT7	1.6 ~ 0.8	
12	粗镗（扩）→半精镗（精扩）→精镗→浮动镗刀块精镗	IT7 ~ IT6	0.8 ~ 0.4	
13	粗镗（扩）→半精镗→磨孔	IT8 ~ IT7	0.8 ~ 0.2	主要用于加工淬火钢，也可用于加工未淬火钢，但不宜用于加工有色金属
14	粗镗（扩）→半精镗→粗磨→精磨	IT7 ~ IT6	0.2 ~ 0.1	

续表

序号	加工方案	经济精度	表面粗糙度值 *Ra*/μm	适用范围
15	粗镗→半精镗→精镗→金刚镗	IT7～IT6	0.4～0.05	主要用于加工有色金属材料上精度要求高的孔
16	钻→（扩）→粗铰→精铰→珩磨	IT7～IT6	0.2～0.25	加工钢铁材料上精度要求很高的孔
17	钻→（扩）→拉→珩磨 粗镗一半精镗一精镗一珩磨			
18	粗镗→半精镗→精镗→珩磨			
19	用研磨代替上述方案中的珩磨	IT6～IT5	<0.1	

任务二　钻孔

钻孔是在工件实体材料上直接加工出孔的方法，通常采用高速钢麻花钻。直径为0.05～125 mm的孔，都可采用麻花钻进行钻削加工，其中较为常见的是直径为3～50 mm孔。由于麻花钻的结构和钻孔的切削条件存在“三差一大”（即刚度差、导向性差、切削条件差和轴向力大）的问题，再加上钻头的两条主切削刃手工刃磨难以保证对称，所以易引起钻头引偏、孔径扩大和孔壁质量差等工艺问题。因此，采用标准麻花钻加工时，孔的尺寸公差等级一般在IT10以上，表面粗糙度值 *Ra* 一般只能控制到12.5 μm。对于精度要求不高的孔，如螺栓（螺钉）的贯穿孔、油孔以及螺纹底孔等，可直接采用钻孔加工。如果孔的精度要求较高，则在半精加工、精加工之前，也常需要钻孔。因此，钻孔在机械加工中的应用十分广泛。

一、高速工具钢麻花钻的结构

1. 高速工具钢麻花钻的结构

标准麻花钻由四部分组成，如图5－1所示。

（1）柄部　柄部用以夹持并传递转矩，主要有锥柄和直柄两种，以及使用不多的方斜柄。直径较大的钻头柄部制成锥柄，直径较小的钻头柄部制成直柄。锥柄后端的扁尾除传递转矩外，还有便于从钻床主轴上用楔铁将钻头顶出的作用。

（2）颈部　颈部是柄部和工作部分的连接部分，也是磨削钻头时砂轮的退刀槽。此外，钻头的标记（直径、生产厂家等）也打在此处。直柄钻头无此部分，标记只好打在柄部。

（3）导向部分　导向部分即钻头的整个螺旋槽部分，有两条排屑槽通道，切屑由这两条排屑槽排出。两条螺旋形的刃瓣中间由钻芯连接，钻芯直径一般取为钻头直径的1/8～1/7，不能太小。这是因为钻头要承受很大的轴向力和扭矩，如果钻芯直径过小，易引起钻头损坏。同时，导向部分又是切削部分的备用和重磨部分。

为了减少导向部分与已加工出的孔内壁的摩擦，将导向部分制成前端直径大，后端直径小，俗称为倒锥，标准麻花钻倒锥量为（0.03～0.12）mm/100 mm。钻头直径大，倒锥取大值。

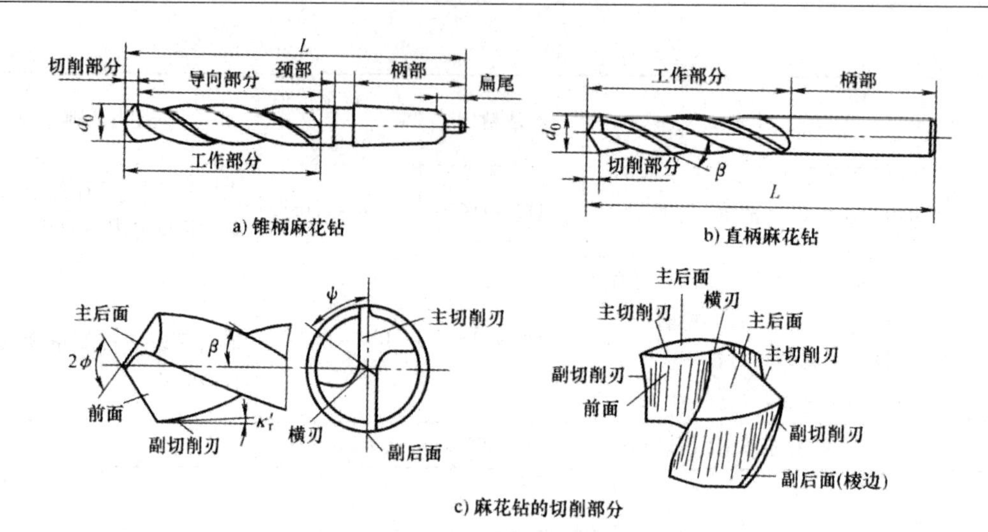

图 5-1　麻花钻的结构

（4）切削部分　钻头的切削部分由容屑槽的两个螺旋形前面、两个经刃磨获得的主后面和两个圆弧段副后面（刃带）所组成。刀面与刀面的交线形成切削刃，故麻花钻有两条主切削刃、两条副切削刃（棱边）；由于有钻芯，还有一条由两个主后面相交形成的横刃。因此，钻头切削部分包括了六个刀面和五条切削刃，如图 5-1c 所示。

2. 麻花钻切削部分结构存在的问题

（1）沿主切削刃（见图 5-1c)）上各点的前角是变化的，即钻头外缘处前角大，越往内前角越小，到中心变成负值，使钻芯部分切削条件恶化。

（2）钻头有横刃存在，钻削时它近似于一条直线平行于被钻表面，使切削过程产生很大的轴向力（占整个轴向力的一半以上），且定心效果很差。

（3）大直径钻头主切削刃很长，切削宽度大，所形成的宽切屑在螺旋槽内占据了很大的空间，产生挤塞，排屑不畅，且阻碍切削液进入。

（4）钻头主、副切削刃交界处切削速度最高，此处后角很小（棱边后角为 0°），摩擦剧烈，磨损特别快，是钻头最薄弱的部分。

（5）钻削为半封闭切削方式，切屑由螺旋槽导向，只能向一个方向运动和排出，它必然会擦伤已加工表面，因而使钻孔表面粗糙。

（6）钻头顶角 2ϕ（它主要影响主切削刃前角 γ_o）、后角和横刃是在刃磨时同时形成的，不能或很难分别控制，因而产生很多问题。

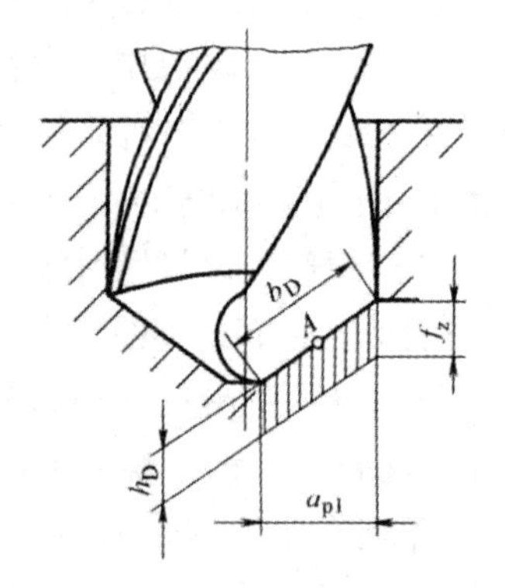

图 5-2　钻削要素

二、钻削用量

1. 背吃刀量 a_p

在实体材料上钻孔时，选定点 A 所代表的是一条切削刃的背吃刀量 a_{p1}，如图 5-2 所示。对于钻头所有切削刃的总的背吃刀量 $\sum a_p$，等于钻孔直径 d_0，单位为 mm，即

$$\sum a_p = d_0$$

2. 钻削速度 v_c

钻削速度是指将选定点选在钻头主切削刃外缘处所计算的切削速度，即

$$v_c = \frac{\pi d_0 n}{1\ 000}$$

式中　d_0——钻头外径，单位为 mm；

n——钻头或工件转速，单位为 r/min。

3. 钻削进给量与进给速度

（1）每齿进给量 f_z　钻头或工件每转过一个刀齿，钻头与工件的轴向相对位移称为每齿进给量，单位为 mm/z。

（2）每转进给量 f　钻头或工件每转一转，两者沿钻头轴线相对移动的距离称为每转进给量，单位为 mm/r。

（3）进给速度 v_f　在单位时间内，钻头相对于工件的轴向位移量称为进给速度，单位为 mm/min。

两种钻削进给量与进给速度之间的关系为

$$v_f = nf = nzf_z$$

三、钻削力

钻削与车削一样，切削力也是由加工材料的变形以及工件材料与刀具之间的剧烈摩擦而产生的。麻花钻是钻孔时用得最多的刀具，标准麻花钻有五条切削刃：两条主切削刃、两条副切削刃、一条横刃。钻孔时，所有切削刃都要受到进给力（轴向力）F_f、背向力（径向力）F_p和切削力（切向力）F_c的作用，如图 5－3 所示。刃磨钻头时，应使左右两个主、副切削刃对称，则背向力（径向力）F_p可以抵消。钻削时的总切削扭矩 M_c和总进给力 F_f为

$$M_c = M_{c0} + M_{c1} + M_{c\psi}$$

$$F_f = F_{f0} + F_{f1} + F_{f\psi}$$

式中　M_{c0}、M_{c1}、$M_{c\psi}$——主切削刃、副切削刃、横刃上的扭矩，单位为 N·m；

F_{f0}、F_{f1}、$F_{f\psi}$——主切削刃、副切削刃、横刃上的进给力，单位为 N。

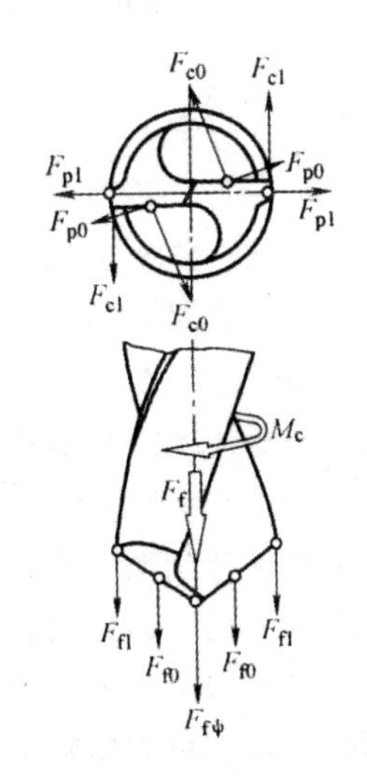

图 5－3　钻削力

注：图中未绘出横刃上的切削分力 $F_{c\psi}$和 $F_{p\psi}$。

经实验测定，标准麻花钻的进给力主要由横刃产生，占整个进给力的57%左右；而扭矩主要是由主切削刃产生，占整个扭矩的80%。

四、钻孔方式

1. 钻头旋转而工件不旋转方式

钻孔方式最常见的是钻头旋转而工件不转，在钻床、镗床上钻孔属此种方式。由于钻

头存在横刃，如果没有导向套，则钻头易引偏，被加工孔的轴线将发生歪斜。避免钻头引偏的办法是：成批和大量生产时用钻套为钻头导向，如图 5－4 所示；单件小批量生产时，可先用小顶角钻头预钻锥形坑，如图 5－5 所示，然后再用所需钻头钻孔。

2. 工件旋转而钻头不旋转的方式

在车床上钻孔就属于此种方式，如图 5－6 所示。采用这种方式加工的特点是：钻头的引偏将引起工件孔径的变化，并产生锥度，而孔的轴线仍是直线，且与工件回转轴线一致，防止钻头引偏的措施仍然是采用导向套（钻套）。

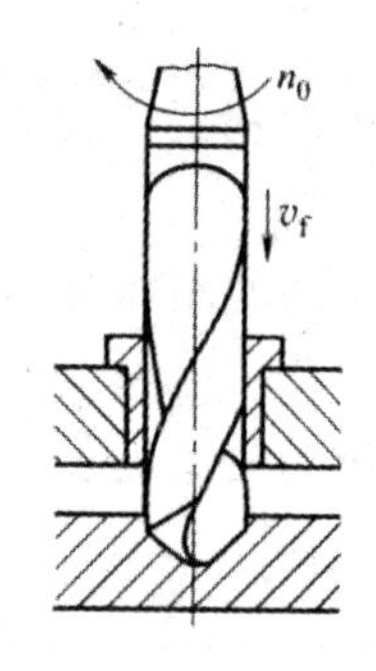

图 5－4　利用钻套钻孔

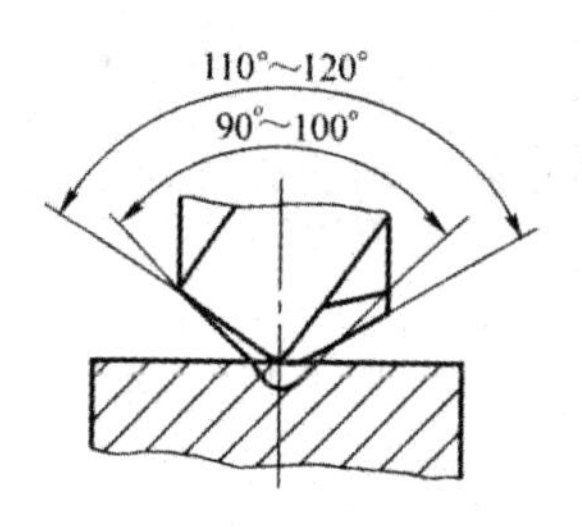

图 5－5　预钻锥形坑

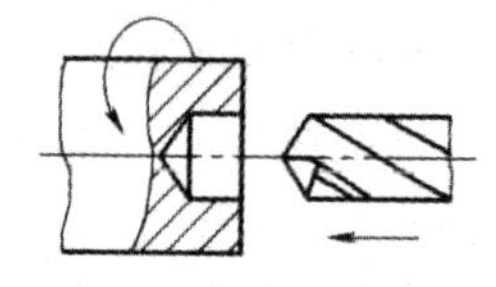

图 5－6　车床上钻孔

五、扩孔

扩孔是在工件上已有孔的基础上，为进一步扩大孔径、提高孔的加工质量而进行的一种加工方法。扩孔可作为铰孔、磨孔前的预加工，也可作为精度要求不高的孔的最终加工，常用于直径在 10～100 mm 范围内孔的加工。扩孔余量通常为 0.5～4 mm。

1. 扩孔钻

扩孔所用的刀具是扩孔钻，其结构如图 5－7 所示。与麻花钻相比，扩孔钻的齿数较多（一般为 3～4 齿），工作时导向性好，故对于孔的形状误差有一定校正能力；同时，切削刃未从外圆延至中心，如图 5－8 所示，不存在横刃以及由横刃引起的一系列问题，其轴向进给力很小，切削轻快省力，钻头也不易引偏，与钻孔相比，加工质量大大提高；扩孔时，背吃刀量 a_p 小，切屑窄，排屑容易；与麻花钻相比，扩孔钻的容屑槽较浅，刀具整体刚性较好，可采用较大的进给量、切削速度，其生产率较高，切削过程也很平稳。

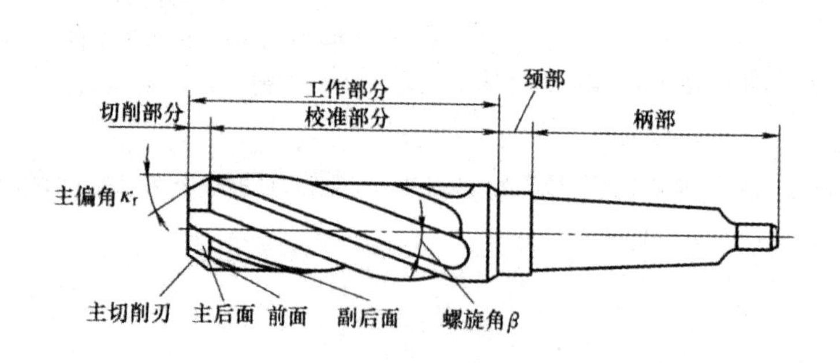

图 5－7　扩孔钻的结构

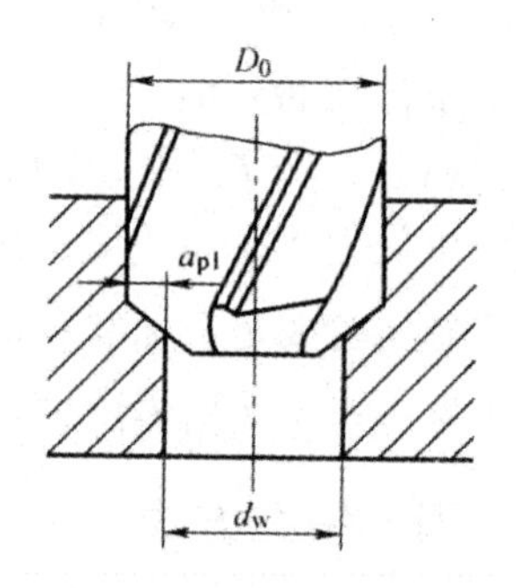

图 5－8　扩孔的背吃刀量

2. 扩孔的工艺特点

扩孔加工的尺寸公差等级一般为IT11～IT10，表面粗糙度值 Ra 可控制在12.5～6.3 μm，常作为孔的半精加工方法。

当钻削直径 d_w >30 mm的孔时，为了减小钻削力及扭矩，提高孔的质量，一般先用（0.5～0.7）d_w 大小的钻头钻出底孔，再用扩孔钻进行扩孔，则可较好地保证孔的精度和表面粗糙度，且生产率比直接用大直径钻头一次钻出时还要高。

六、锪孔

锪孔是指在已加工出的孔上加工圆柱形沉头孔、圆锥形沉头孔和凸台端面等，如图5－9所示。锪孔时所用的刀具称为锪钻，一般用高速工具钢制造。锪钻导柱的作用是导向，以保证被锪沉头孔与原有孔同轴，如图5－9a)所示。

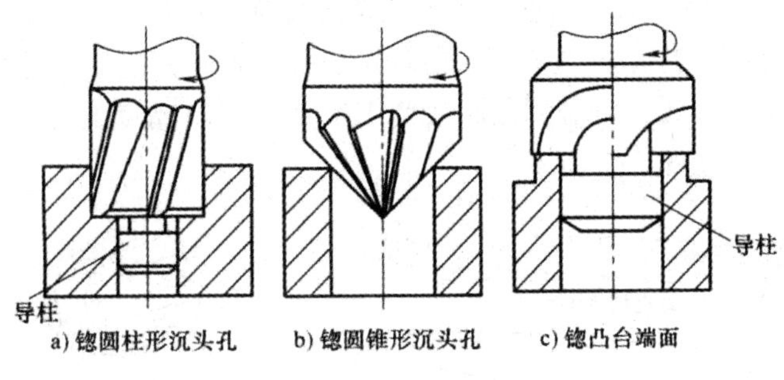

图5－9　锪孔

七、铰孔

铰孔是用铰刀从工件孔壁上切除微量金属层，进行孔的半精加工和精加工的方法。铰削时加工余量很小，公称切削厚度很小，一般 h_D = 0.01～0.03 mm。由于铰刀切削刃存在钝圆半径（对于高速钢铰刀，r_n ≈ 8～18 μm），这就使其对工件孔壁存在刮削和挤压效应，如图5－10所示。因此，铰削过程不完全是一个切削过程，而是包括切削、刮削、挤压、熨平和摩擦等效应的一个综合作用过程。

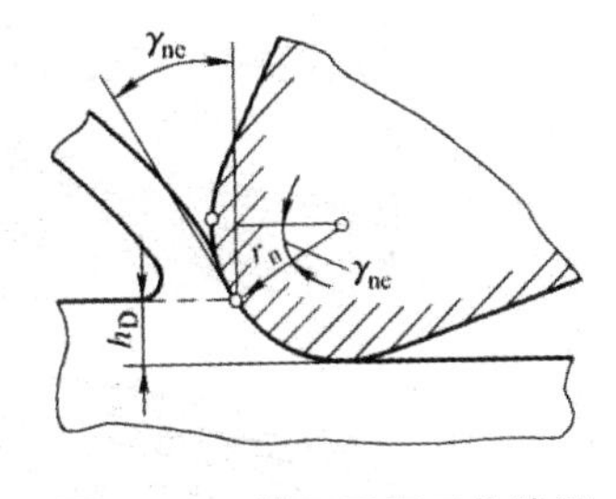

图5－10　铰刀刃口工作情况

1. 铰刀的结构

铰刀是定尺寸刀具，其直径大小取决于被加工孔所要求的孔径（工件经铰孔后一般不再进行加工）。铰刀由柄部、颈部和工作部分组成，如图5－11所示。柄部用以传递转矩，机用铰刀的柄部还有提供基准和作为夹持部位的作用。颈部连接柄部和工作部分，并作为磨削铰刀的退刀槽以及打标记用。

工作部分由引导锥、切削部分和校准部分组成，校准部分包括圆柱部分和倒锥。铰刀校准部分除了刮削、挤压并保证孔径尺寸外，还起导向作用，铰削时要想精确地控制铰削尺寸精度，最重要的一点是控制铰刀校准部分的尺寸公差。校准部分长度增加，导向作用增强，但也会使摩擦增加，排屑困难。手用铰刀的校准部分做得长些，以增强导向作用；对于机用铰刀，其导向作用已由机床保证，校准部分可做得短些。为了便于切入工件，提

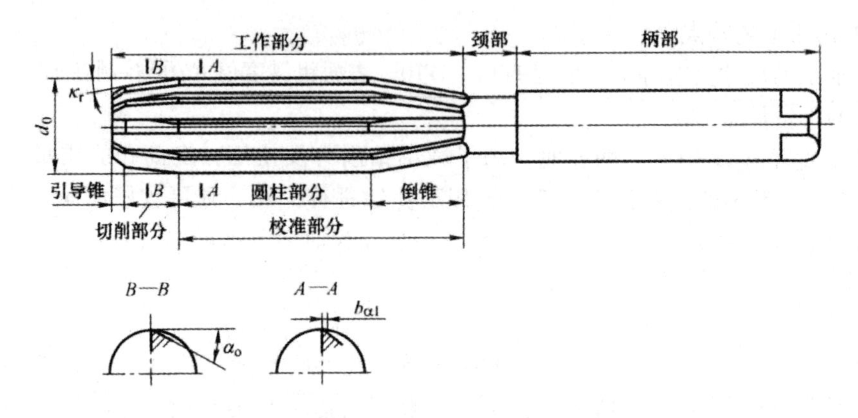

图 5－11　铰刀结构

高铰刀定心（对中）作用，当切削部分的主偏角 $\kappa_r \leq 30°$时，铰刀前端要带有引导锥。

铰刀有 6～12 刀齿，其容屑槽较浅，钻芯直径大，因此其刚性和导向性比扩孔钻还要好。铰刀分为三个精度等级，可分别用于铰削 H7、H8、H9 精度的孔。

常用铰刀的类型如图 5－12 所示。

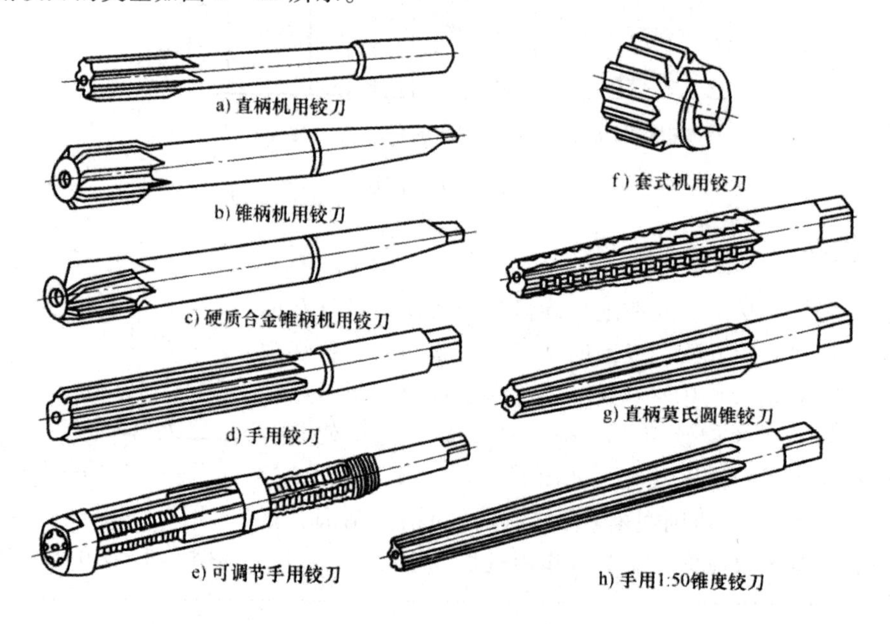

图 5－12　常用的铰刀类型

2. 铰削用量

由于铰削是精加工，其余量不宜留得过大，否则会使工件的表面粗糙度值变大及铰刀寿命下降；但余量过小则常会在孔底留下上道工序的加工印痕。一般粗铰余量为 0.10～0.35 mm，精铰余量为0.04～0.06 mm。

切削速度和进给量增大，会使得铰孔的精度下降，表面粗糙度值增大。通常，铰削钢件时，铰削速度为 1.5～5 m/min，进给量为 0.3～2 mm/r；铰削铸铁件时，进给量为 0.5～3mm/r。铰削速度应取低值，以避免或减少积屑瘤对铰削质量的影响。

以上所述的钻、扩、铰等孔加工方法多在钻床上进行，也可在车床、镗床或铣床上进行。

八、镗孔

镗孔是用镗刀对工件已有孔进行加工的一种工艺方法。这种加工方法的加工范围很广，可以对不同直径的孔进行粗加工、半精加工和精加工。

1. 镗削的工艺范围及特点

镗削的工艺范围较广，如图5－13所示，它可以镗削单孔或孔系，锪、铣平面，镗不通孔及镗端面等。机座、机体、支架等外形复杂的大型零件上直径较大的孔，特别是有位置精度要求的孔系，常在镗床上利用坐标装置和镗模加工。当配备各种附件、专用镗杆后，在镗床上还可切槽、车螺纹、镗锥孔和加工球面等。

镗孔尺寸公差等级可达IT7～IT6，加工表面粗糙度值 Ra 可控制到1.6～0.8 μm，甚至可控制到0.2 μm。由于镗孔时多采用镗模夹具，故它有一个很大的优点是能修正前工序所造成的孔轴线的弯曲、偏斜等形状误差和位置误差。因此，镗孔应用非常广泛。镗孔主要在镗床上进行，但也可在车床、铣床、加工中心、数控铣床及自动机床上进行。

在镗床上镗孔时，通常镗刀随镗刀杆一起由镗床主轴驱动做旋转主运动，工作台带动工件做纵向进给运动（见图5－13b））。此外，工作台还有横向进给运动（见图5－13e）），主轴箱还有垂向运动（见图5－13c）），由此可调整工件孔系各个孔的位置。

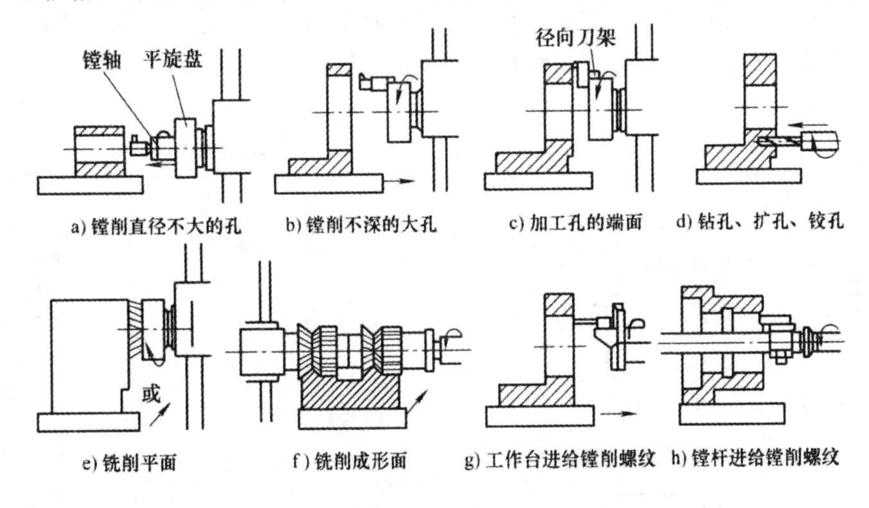

图5－13　镗削的工艺范围

2. 镗刀

镗刀种类很多，按工作切削刃数量，可分为单刃镗刀和多刃镗刀（包括双刃镗刀）两大类。

（1）单刃镗刀　单刃镗刀的结构类似于车刀，孔的尺寸靠调整镗刀切削刃位置来保证，生产率很低，多采用机夹式结构。图5－14所示为镗床用单刃镗刀，镗刀7固定在圆形镗刀杆1上，再通过螺钉2固定在刀座4上，刀座4又通过T形螺栓3夹持在滑块5上，调节滑块5在镗刀盘6上的位置，就可调整镗孔的直径大小。

（2）双刃镗刀　双刃镗刀的特点是两条切削刃对称分布在直径的两端，加工时也是对

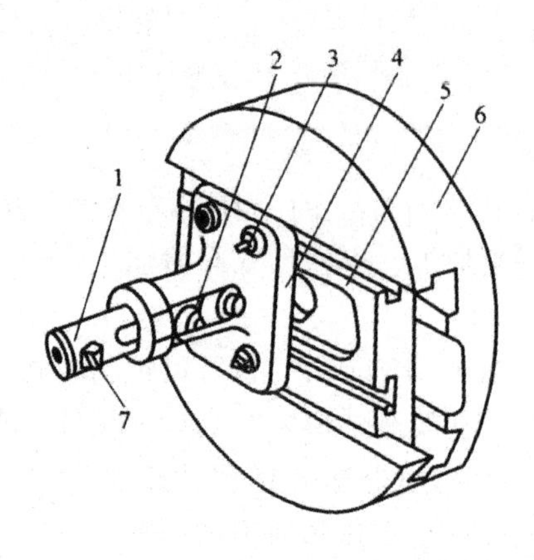

图 5-14 镗床用单刃镗刀

1—镗刀杆；2—螺钉；3—T 形螺栓；4—刀座；5—滑块；6—镗刀盘；7—镗刀

称切削的，因而可以消除镗孔时背向力（径向力）对镗杆的弯曲作用，从而减小加工误差。常用的双刃镗刀有定直径式（直径尺寸不能调节）和浮动式（直径尺寸可以调节）两种结构。

图 5-15 所示为定直径式镗刀块。图 5-16 所示为装配式浮动镗刀，它由刀体 2、尺寸调节螺钉 3、夹紧螺钉 5 等组成，刀片 1 也可换成镶硬质合金的。浮动镗刀与镗刀杆矩形槽之间采用较紧的间隙配合，无须夹紧，靠切削时受到的对称的背向力（径向力）来实现镗刀片的浮动定心，以保持刀具轴线与工件预制孔轴线的一致性。

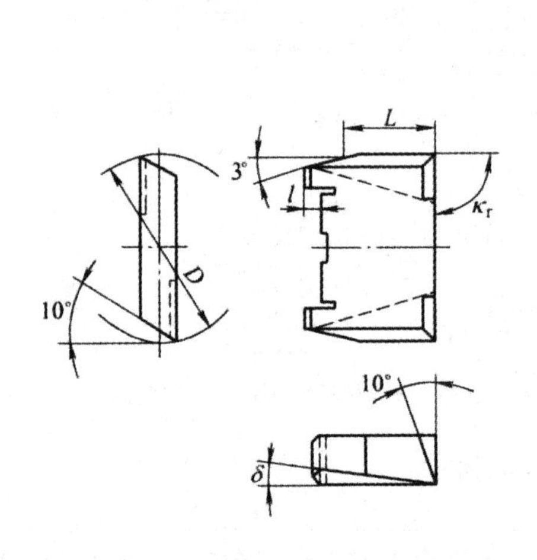

图 5-15 定直径式镗刀块

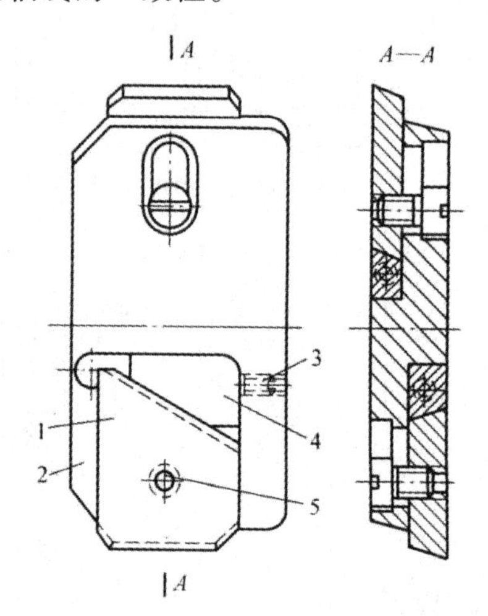

图 5-16 装配式浮动镗刀

1—刀片；2—刀体；3—尺寸调节螺钉；
4—斜面垫板；5—夹紧螺钉

采用浮动式镗刀镗孔不能校正预制孔轴线的歪斜，也不能校正孔的位置误差。采用浮动式镗刀镗孔最主要的优点是：浮动式镗刀是尺寸可调整的定尺寸刀具，能有效地保证较高的尺寸精度和形状精度；而且，其切削刃结构类似于铰刀，具有较长的修光刃，镗孔时对孔壁有挤刮作用，能有效地改善已加工表面的质量。

3. 镗孔存在的问题

内孔镗削与外圆车削相比，工作条件较恶劣，主要有以下几个方面的问题：

（1）镗刀杆的长径比大，悬伸距离长，切削稳定性差，易产生振动，故切削用量很小，所以生产率低。

（2）镗削时排屑比较困难。特别是在加工塑性大、韧性好的金属材料时，切屑易缭绕在镗杆上引起刮擦，损伤已加工表面，甚至破坏切削刃。所以，应控制好切屑流向，这就需要选择合理的镗刀几何参数。

（3）镗刀在孔内里面工作，难于观察，只能凭切屑的颜色、出现的振动等情况来判断切削过程是否正常。

九、拉削加工

1. 拉削过程及特点

如图 5－17 所示，拉削工件圆孔时，拉刀装在机床主轴上，由机床主轴带动拉刀做直线主运动，当拉刀通过工件加工表面，就将工件加工完毕。

拉削时，没有进给运动，它是怎样切掉工件表面的余量呢？这跟拉刀的结构有关。拉刀是一种多齿刀具，其特点是后一刀齿比前一刀齿在半径方向上的尺寸有所增加，这个增加量称为拉刀的齿升量 a_f（见图 5－18）。拉刀就是借助刀齿的齿升量一层一层地切去工件表面余量的。

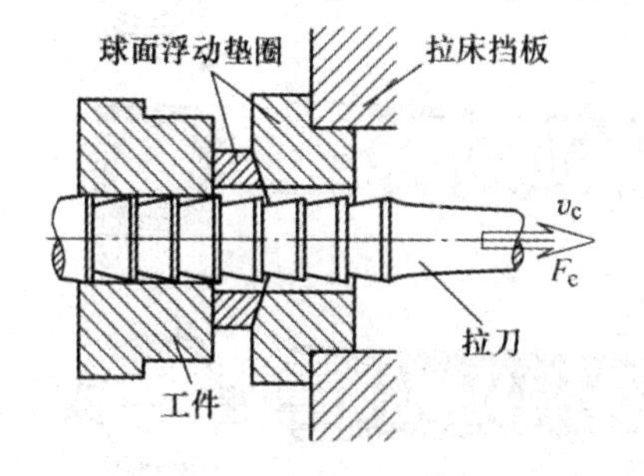

图 5－17 拉削圆孔示意图

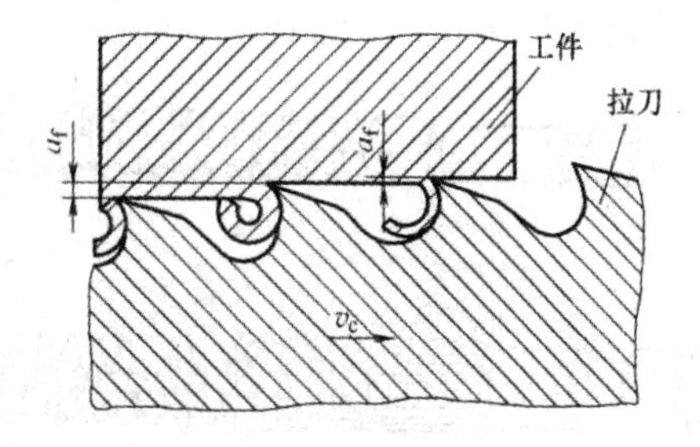

图 5－18 拉刀的齿升量

拉刀的齿升量被设计成从大到小的阶梯式递减，即对应于粗加工，齿升量较大，而对应于半精加工和精加工，齿升量较小，工件加工表面的形状和尺寸由拉刀最后几个校准刀齿来保证。在拉刀一次行程中可以完成粗加工、半精加工和精加工，以及由校准齿部进行的整形和熨压加工，所以拉削效率和加工精度都比较高，应用很广泛。

拉削的孔径一般为 8～125 mm，孔的长径比 $L/D \leqslant 5$。拉削时，工件无须夹紧，用其已加工过的端面作为支承面，如图 5－17 中球面浮动垫圈可自动调节，以保证工件受力方向与其端面垂直，防止拉刀崩刃或折断。

拉削可加工各种截面形状的通孔及各种特殊形状的外表面，如图 5－18 所示。

2. 拉刀种类及结构

（1）拉刀的分类　拉刀种类繁多，按其加工表面可分为内拉刀（见图 5－19）和外拉刀（见图 5－20）。内拉刀加工内表面，如圆拉刀、方拉刀、多边形拉刀、花键拉刀和渐

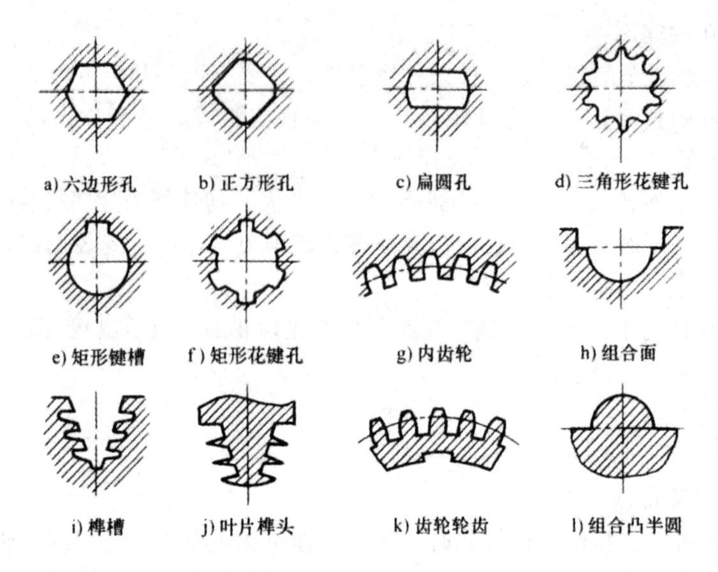

图 5－18　常见的拉削截形 a) ~ g) 为内拉削，h) ~ l) 为外拉削)

开线内齿轮拉刀等。外拉刀用于加工各种形状的外表面，常用的有平面拉刀、成形表面拉刀等。

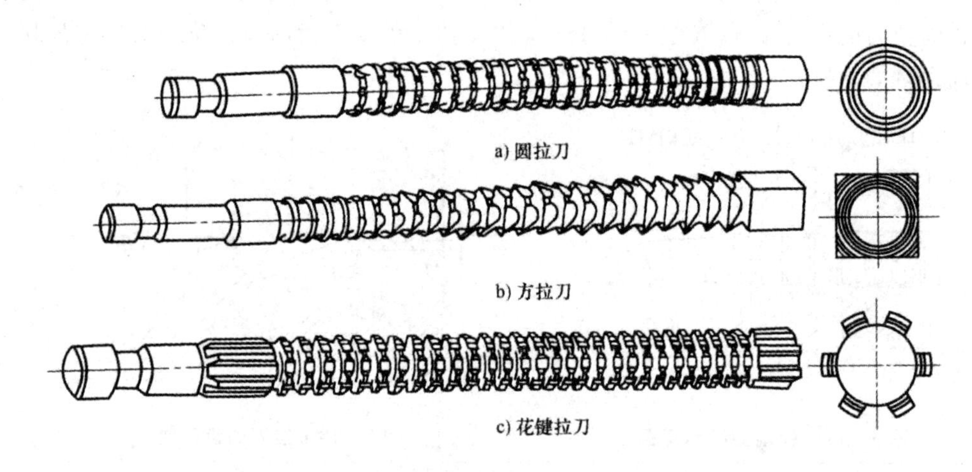

图 5－19　内拉刀

拉刀按其受力方向分为拉刀和推刀两类，加工时靠拉力进行加工的是拉刀，靠推力进行加工的是推刀，两者结构相似。推刀由于受压杆稳定条件的限制，长径比不能太大，主要用于校正孔形和强化表面的加工。

另外，拉刀按其结构方式有整体式和组合装配式两种。

(2) 整体式内拉刀结构　圆拉刀是整体式内拉刀的典型结构，如图 5－21 所示，一般由以下几个部分组成：

前柄——用于将拉刀夹持在拉床的夹头中，传递动力。

颈部——头部与工作部分的连接部分，其直径常与柄部直径相一致。此部分的长度应根据工件及拉床床壁厚度灵活确定，是一个长度调节环节。

过渡锥部——使拉刀容易进入工件的预制孔内，起导入作用。

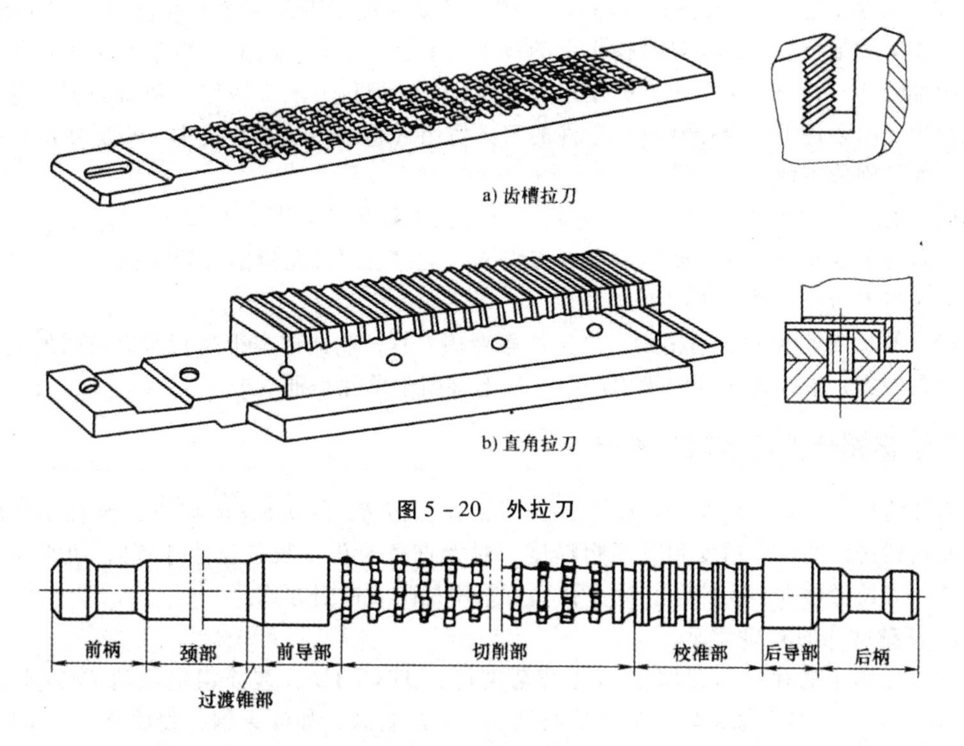

a) 齿槽拉刀

b) 直角拉刀

图 5 - 20　外拉刀

图 5 - 21　圆拉刀结构

前导部——横截面形状与预制孔横截面形状相同，尺寸略小，作用是保证拉刀进入切削前，与工件保持正确的位置并检查预制孔径的大小，以免第一个刀齿负载过大，使拉刀刀齿损坏。

切削部——切削部的刀齿担负切去全部余量的工作。

校准部——拉刀校准齿的齿数很少，一般只有几个齿，除刮光、校准以保证孔的精度和表面粗糙度外，还有替补与后备的作用，就是说，当前面的切削齿磨损后，校准齿就依次替补，变成了切削齿。

后导部——当拉刀刀齿离开工件后，可保持工件与拉刀的相对位置，防止工件下落而损坏工件已加工表面或损坏拉刀刀齿。

后柄（尾部）——图 5 - 21 中拉刀的后柄有两个作用：其一，支承作用；其二，当用拉床的后液压缸将太重的拉刀向后拉，使其复位时，起被夹持和传递拉力的作用。一般较轻小的拉刀没有后柄，在不需要自动复位的拉削加工中，较重的或较长的拉刀应设一段圆柱形的尾部，采用随行支架支承拉刀后端。

3. 拉削特点

（1）拉削生产率高　在拉削长度内，拉刀的同时工作齿数多，并且一把（或一组）拉刀可连续完成粗加工、半精加工、精加工及挤压修光和校准加工，故生产率极高。

（2）拉削精度高，质量稳定　拉削尺寸公差等级一般可达 IT9 ~ IT7，表面粗糙度值 Ra 一般可控制到 1.6 ~ 0.1 μm，拉削表面的形状、位置、尺寸精度和表面质量主要依靠拉刀设计、制造及正确使用来保证。

（3）拉削成本低，经济效益较高。拉削只需要速度很低的一个直线运动，即主运动。所以，拉床的结构简单，而且对操作者的技术水平要求不高。因此，拉削的机床费用与人工费用都较低。此外，由于拉刀的使用寿命较长，一把拉刀加工的零件数量较多，这样在大批量生产的条件下，分摊到每个零件的刀具费用（包括刀具制造成本及刃磨费用）并不高，因而拉削成本低。

（4）拉削是封闭式切削方式，对此，要对拉刀设置容屑槽，使其具有足够的容屑空间，并且还要求在拉削前，要清除拉刀刀齿上的全部切屑，在拉削过程中向每个即将进入切削的拉刀刀齿充分淋注切削液。

（5）拉刀是定尺寸、高精度、高生产率专用刀具，制造成本很高，所以拉削加工只适用于批量生产，最好是大批大量生产，一般不宜用于单件小批生产。

十、高精度孔的磨削与珩磨

当孔的尺寸公差等级在 IT6 以上，表面粗糙度值 *Ra* 在 0.8 μm 以下，则称为高精度孔。要达到这样的尺寸精度和表面粗糙度，对大直径的孔（长径比小于 5），可采用磨削和珩磨，对长径比大于 5 的深孔或小孔，可采用拉削或铰削方式。

1. 高精度孔的磨削

对长径比小的孔，内孔磨削的经济精度可达 IT8 ~ IT6，表面粗糙度值 *Ra* 可控制到 0.8 ~0.1 μm，并且可加工较硬的金属材料和非金属材料，如淬火钢、硬质合金和陶瓷等。

采用卡盘夹持工件的内圆磨床应用较广泛，这种磨床可以磨削圆柱孔和圆锥孔。加工时，工件夹持在卡盘上，工件和砂轮按反方向旋转，同时砂轮还沿被加工孔的轴线做轴向往复运动 f_a 和径向进给运动 f_r（见图 5－22）。这种磨床用来加工容易固定在机床卡盘上的工件，如齿轮、轴承环、套式刀具上的内孔。

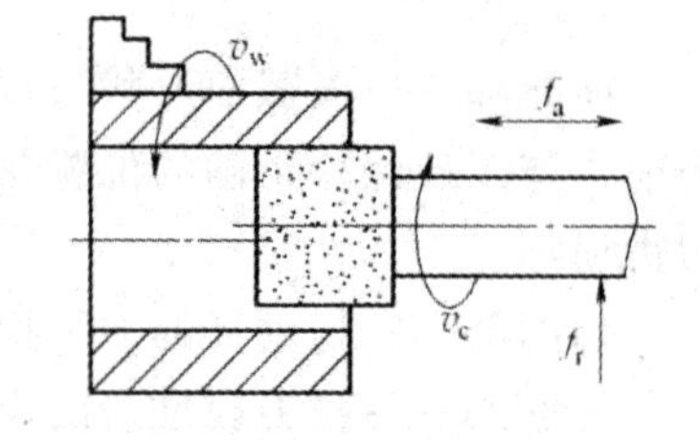

图 5－22 内圆磨削运动

内圆磨削与外圆磨削相比，存在如下一些主要问题：

（1）受工件内孔尺寸所限，砂轮直径比外圆磨削时小得多，而砂轮转速不可能太高（一般低于 20 000 r/min），因而磨削速度较外圆磨削低，导致内圆磨削的表面较外圆磨削的表面粗糙。

（2）砂轮轴的直径小、悬伸长、刚性差，不宜采用大的磨削深度与进给量，故生产率较低。

（3）磨削接触区面积较大，砂轮易堵塞，散热和切削液冲刷困难，所以砂轮磨损较快，需要经常修整和更换，增加了辅助时间。

由于存在以上的限制因素，内孔磨削一般仅适用于淬硬工件的精加工，在单件小批生产中和在大批大量生产中都有应用。

内圆磨削用量可参考以下数据：一般，砂轮线速度可取 $v_c = 10 \sim 20$ m/s，工件的线速度常取 $v_w = 0.0125 \sim 0.025v_c$，$v_w$ 较高可减少磨削烧伤，但因磨粒负荷增大，砂轮的有效工作磨粒容易变钝；轴向进给量常取 $f_a =$（0.2 ~0.8）*B*（*B* 为砂轮宽度，单位为 mm），粗磨时 f_a 取大值，以提高生产率，精磨时应 f_a 取小值，以减小磨削力，增强砂轮的修光作用，细化磨削表面；径向进给量，粗磨时可取 $f_r = 0.005 \sim 0.015$ mm，精磨时可取 $f_r = 0.002 \sim 0.001$ mm。

因内圆磨削既不易散热，又不便充分冷却，一般采用乳化液作为切削液；也可采用在水中加入 $NaNO_2$、Na_2CO_3等形成的“苏打水”，此类水溶液冷却能力强，有很好的冲刷洗涤作用。

2. 高精度孔的珩磨

珩磨是一种低速大面积使用的磨削加工方法，对工件表面可进行光整加工和精整加工，主要用于高精度孔的精加工和超精加工。

(1) 珩磨的原理及工艺特点　珩磨所用的磨具是由几块细粒度磨石所组成的珩磨头，如图 5-23a)所示。珩磨时，珩磨头有两种运动，即旋转运动和往复运动（见图 5-23b)、c)）。此外，珩磨头还具有对磨石施加压力的张力装置。张力装置一般有弹簧式和液压式两种形式，张力装置可使磨石产生微量的径向进给，压力越大，进给量就越大。珩磨头的旋转运动和往复运动的合成，使其上的磨石工作磨粒在孔的已加工表面上留下的切削纹路是交叉而不重复的网纹（见图 5-23d)）。

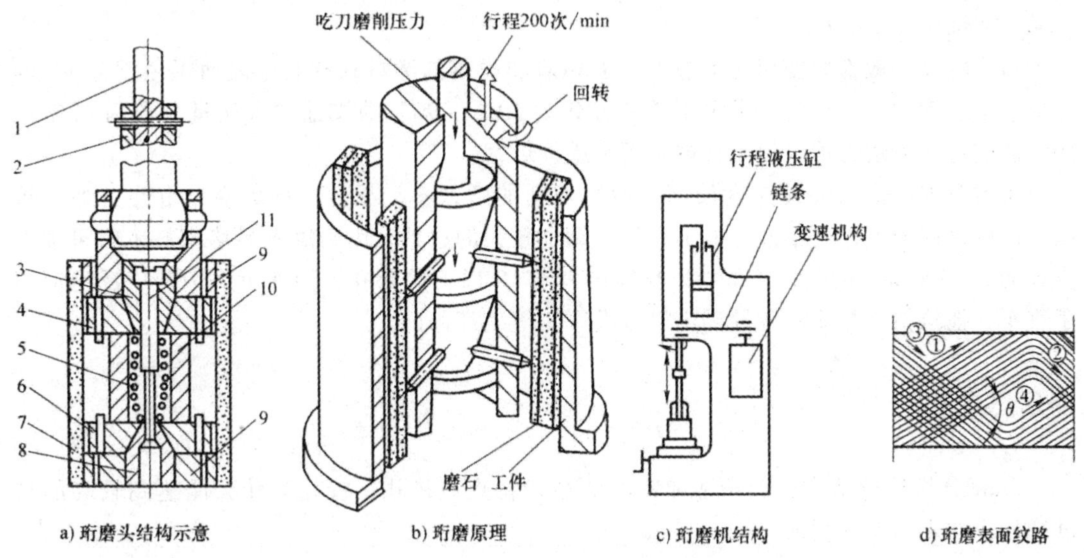

图 5-23　珩磨原理与珩磨头的结构

1—引导杆；2—接头；3、8—锥体；4、6—平板条

5—弹簧；7—磨石；9—支架；10—珩磨头体；11—固定螺杆

珩磨时磨石与孔壁接触面积大，参加切削的磨粒多，故每个磨粒上的磨削力很小（磨粒垂直载荷仅为磨削的 1/100～1/50），而珩磨的切削速度较低（在 100 m/min 以下，一般仅为磨削的 1/100～1/30），因而珩磨过程中发热量少，孔表面不易产生烧伤，且变质层很薄，故孔的表面质量很高。

珩磨头每一次行程可切去金属层的厚度为 0.3～0.5 μm，一般经过珩磨加工后工件的形状与尺寸精度可提高一级。所以，珩磨前的孔应进行精加工，这样珩磨尺寸公差等级可达 IT6，圆度、圆柱度误差可达 0.003～0.005 mm，表面粗糙度值 Ra 一般为 0.2～0.025 μm，有时甚至达到 0.02～0.01 μm 的镜面。

珩磨后所形成的交叉网纹表面有利于存储油膜，有利于润滑。由于珩磨所能切除的余量很少，不能用珩磨加工来纠正孔的位置误差，所以珩磨头相对工件应该有一定浮动，以便相互找正对准。因此，孔的位置精度及其轴线的直线度精度，应在珩磨前的工序中给予保证。

按照珩磨轴的布置方式，珩磨可分为立式和卧式两种。一般珩磨大多为立式，通常加工孔的直径为 25 ~ 500 mm，卧式珩磨大多用于深孔加工。珩磨主要用于加工内孔，也可用于加工外圆表面，但很少用。

（2）珩磨头结构　如图 5 – 23a）所示，珩磨头上的磨石 7（由陶瓷结合剂与粒度大于 F240 的微粉混合烧结而成）紧固在珩磨头体 10 的支架 9 上。拧紧固定螺杆 11，使锥体 3 与锥体 8 靠拢，使平板条 4 与平板条 6 向外张开，使磨石 7 也相应张开并紧贴在被加工工件的表面上；反之，如拧松固定螺杆 11，弹簧 5 便将锥体 3、8 推开，磨石缩回，珩磨头体 10 以接头 2 与插在机床主轴内的引导杆 1 相连接。工作时机床带动珩磨头旋转，同时沿轴线做往复运动，故在工件表面由磨粒划出网络状的痕迹（见图 5 – 23d））。

（3）珩磨的切削条件　珩磨余量一般为前工序形状误差及表面变质层综合误差的 2 ~ 3 倍，通常不超过 0.1 mm。

珩磨时，一般都要使用切削液以冲去切屑和脱落的磨粒，有利于表面粗糙度值 Ra 的降低。珩磨钢件或铸铁时，常采用质量分数为 60% ~ 90% 的煤油加入质量分数为 40% ~ 10% 的硫化油或动物油。加工青铜时用水或干珩磨。

珩磨时因珩磨头往复速度较高，参加切削的磨粒多，故生产率较高。珩磨可加工铸铁、淬硬钢件或不淬硬钢件，但不宜加工韧性较大的材料，因为磨石易堵塞。珩磨可加工直径为 5 ~ 500 mm 的孔，还可加工长径比大于 10 以上的深孔，因而珩磨工艺广泛地应用于汽车、拖拉机、机床、各种矿山机械及军工等生产部门。

课后思考

1. 试分析比较钻头、扩孔钻和铰刀的结构特点。扩孔、铰孔为什么能达到较高的精度和较小的表面粗糙度值？

2. 在车床上钻孔和在钻床上钻孔产生的“引偏”，对所加工的孔有何不同影响？在随后的精加工中，哪一种比较容易纠正？为什么？

3. 镗床上镗孔和车床上镗孔有何不同，分别用于什么场合？

4. 镗孔有哪几种方式？各有何特点？

5. 拉削速度并不高，但拉削却是一种高生产率的加工方法，原因何在？拉孔为什么无须精确的预加工？拉削能否保持孔与外圆的同轴度要求？

6. 珩磨加工为什么可以获得较高的精度和较小的表面粗糙度值？珩磨头与机床主轴为何要浮动连接？珩磨能否提高孔与其他表面之间的位置精度？

项目六　螺纹加工工艺与装备

项目概述

常用的连接螺纹和传动螺纹都是由左、右阿基米德螺旋面、顶部圆柱面与底部圆柱面构成的，除顶面以外的左、右螺旋面和底面是螺纹加工的对象。按用途的不同，常将连接螺纹分为普通螺纹（三角形，牙形半角30°)、英制螺纹（三角形，牙型半角27.5°）和管螺纹等，将传动螺纹分为矩形螺纹、梯形螺纹等，如图6－1所示，并制订了严格的标准。

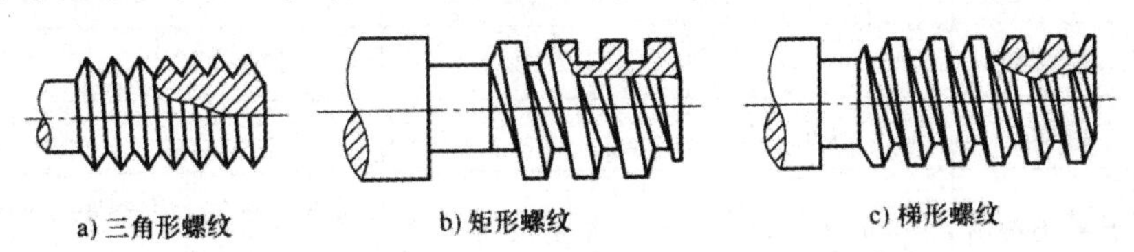

图6－1　螺纹类型

学习目标

1. 掌握螺纹加工的技术要求。
2. 了解螺纹加工方法的合理选择。
3. 掌握螺纹加工的方法。

任务一　螺纹加工的技术要求及方案选择

一、螺纹加工的技术要求

GB/T 197—2003中，对普通内螺纹的中径和小径、外螺纹的大径和中径，分别规定了公差等级，见表6－1。其中，6级为基本级。

表6－1　普通螺纹公差等级（CB/T 197—2003）

螺纹直径		公差等级
内螺纹	小径 D_1	4、5、6、7、8
	中径 D_2	4、5、6、7、8
外螺纹	大径 d	4、6、8
	中径 d_2	3、4、5、6、7、8、9

对于连接螺纹和无传动精度要求的传动螺纹，一般只要求中径和顶径的精度，顶径是

指外螺纹的大径或者内螺纹的小径。此类螺纹的检测一般采用具有过端和止端的螺纹量规，其中内螺纹用螺纹塞规检测，外螺纹用螺纹环规检测。

对于有传动精度要求的螺纹或量仪上的精密螺纹，除要求中径和顶径的精度外，还要求螺距和牙型角精度。例如，数控机床传动丝杠对螺距就有很高的精度要求。此外，对零件的材质、热处理、硬度以及螺纹表面的表面粗糙度等都有较高要求时，螺纹检测需要专门的仪器和技术。

二、螺纹加工方法的合理选择

螺纹常用加工方法所能达到的表面粗糙度值见表 6－2，以供选择螺纹加工方法时参考。

表 6－2　螺纹常用加工方法所能达到的表面粗糙度值

加工方法		公差带	表面粗糙度值 *Ra*/μm	应用范围
车削螺纹	外螺纹	6h～4h	3.2～0.8	单件小批生产
	内螺纹	7h、6h、5h		
铣削螺纹	盘铣刀铣削	8h、7h、6h	6.3～1.6	成批大量生产大螺距、长螺纹的粗加工和半精加工
	旋风铣削			大批大量生产螺杆与丝杠的粗加工和半精加工
磨削螺纹		4h 以上	0.8～0.1	各种批量螺纹精加工或直接加工淬火后小直径的螺纹
攻螺纹		7h～5h、4h	6.3～1.6	各类零件上的小直径螺纹孔
套（外）螺纹		8h、7h、6h	6.3～1.6	单件小批生产使用板牙，大批大量生产可用螺纹切头
滚轧螺纹		7h、6h、5h、4h	0.63～0.16	纤维组织不被切断，强度高、硬度高、表面光滑、生产率高，应用于大批大量生产中加工塑性材料的螺纹

任务二　螺纹加工的方法

加工螺纹时，螺纹母线的形成方式依加工方法而有所不同，车削螺纹是用成形法形成的，铣削和磨削螺纹是用相切法形成的。铣削螺纹时，铣刀在绕自身轴线旋转（主运动）的同时，还进行着螺旋（进给）运动，工件的螺纹表面是由铣刀切削刃若干次切削而包络形成的。在螺纹加工中，螺旋导线大多是按轨迹法形成的。车削、铣削和磨削螺纹时，形成导线的螺旋运动是由机床的直线运动与旋转运动合成的，而采用丝锥攻螺纹、板牙套螺纹、搓丝板搓螺纹以及滚丝轮滚螺纹时，螺旋导线的轨迹是由刀具或模具保证的，近似于靠模或导轨。

一、螺纹的车削加工

用螺纹车刀车削内、外螺纹是将工件装夹在车床上，通过几次走刀，逐渐切制完成的。螺纹车刀（见图 6-2）适于加工 M8 以上各种公称直径、各种牙型的外螺纹以及大、中直径的内螺纹，但要求工件硬度要适中（HRC30～50）。螺纹车削加工生产率低，劳动强度大，对工人的技术要求高，加工精度可达 6 级，表面粗糙度值 Ra 可达 1.6～0.8 μm，通常用于单件小批生产。采用螺纹梳刀（见图 6-3）车削螺纹，由于刀齿较多，可减短轴向进给长度，生产率有所提高，但由于背吃刀量 a_p 成倍增加，要求工艺系统的刚性要好、机床的功率足够。螺纹梳刀主要用在批量生产中。

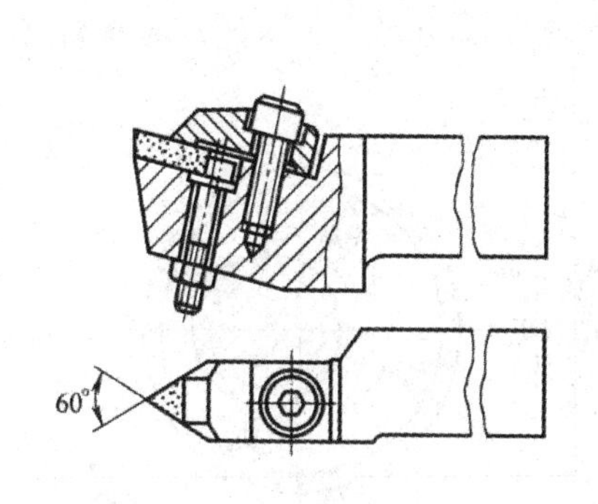

图 6-2　螺纹车刀

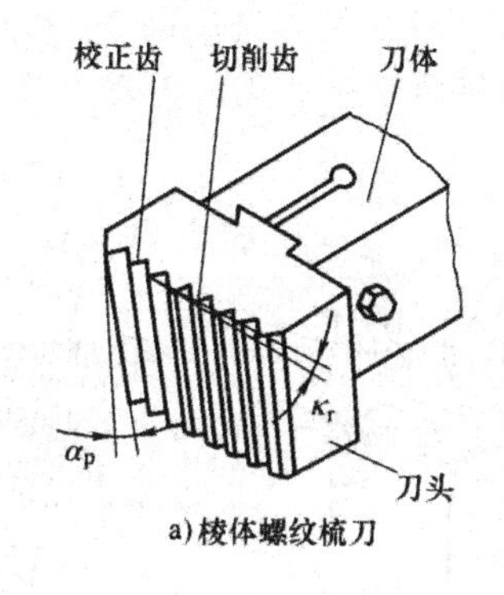

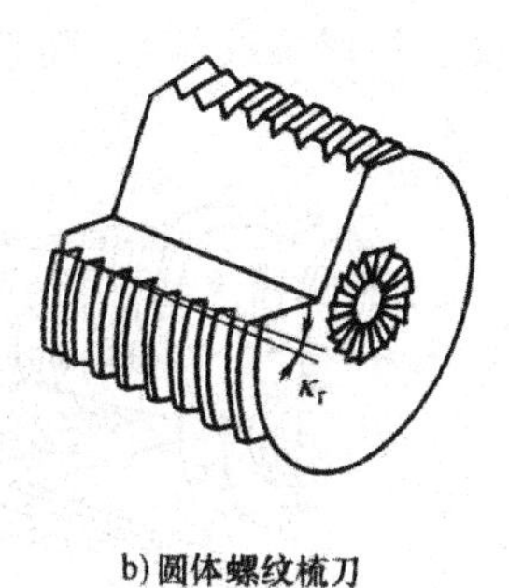

图 6-3　螺纹梳刀

二、盘铣刀铣螺纹

如图 6-4 所示，盘铣刀铣削螺纹是将工件装夹在铣床分度头上，盘铣刀切削刃安装于螺纹工件的齿槽法向，即要转过一个安装角 ψ，这是为了减小铣刀切削刃对螺纹侧面的干涉，太大的干涉会产生切顶效应，把螺纹侧面的顶部削去一部分，使截形和牙型角发生变化。铣削时，通过齿轮副把分度头主轴的转动 n_w 与工作台的移动 f 联系起来，从而实现螺旋运动。螺纹铣削的加工精度可达 7 级，螺纹的表面粗糙度值 Ra 可达 1.6 μm。

盘铣刀适于加工大直径、大螺距的外螺纹，工件的硬度不宜大于 HRC30。由于盘铣刀铣螺纹的生产率较高，劳动强度不太大，所以常用于成批生产中（如丝杠螺纹预加工）。这种加工方法对直径较小的螺纹和内螺纹不适宜。

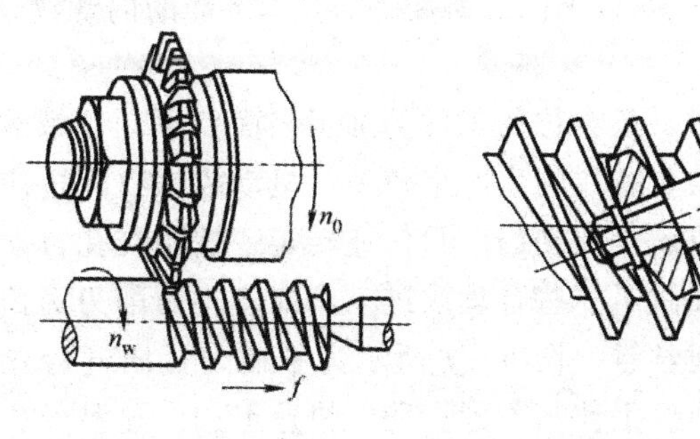

图 6-4　盘铣刀铣削螺纹

三、旋风铣削螺纹

如图6-5所示，旋风铣削外螺纹时，旋风头安装在车床床鞍上，由单独的电动机带动，工件安装在卡盘上或前后顶尖之间。刀盘内安装了1~4把切刀，刀盘轴线与工件轴线应倾斜一个ψ角（即螺纹槽中径的螺旋升角），二者旋转中心的偏心距e应比螺纹的牙型高度大2~4 mm。加工时，刀盘做高速旋转（n_0=1 000~1 600 r/min），这就是主运动；螺旋进给运动是车床主轴带动工件旋转（n_w=4~25 r/min）以及床鞍带动旋风头一起沿纵向的移动v_f两个运动的合成。旋风头转一周，每把切刀切除一小块金属，经多次切削即可包络形成螺纹槽。旋风铣削螺纹具有很多优点，如切削速度高、走刀次数少（一般只需一次走刀）、加工生产率高（较盘铣刀铣削高3~8倍）、适用范围广（三角形螺纹、矩形螺纹、梯形螺纹等），而且旋风铣削所用的刀具为普通硬质合金切刀，成本低，易换易磨。

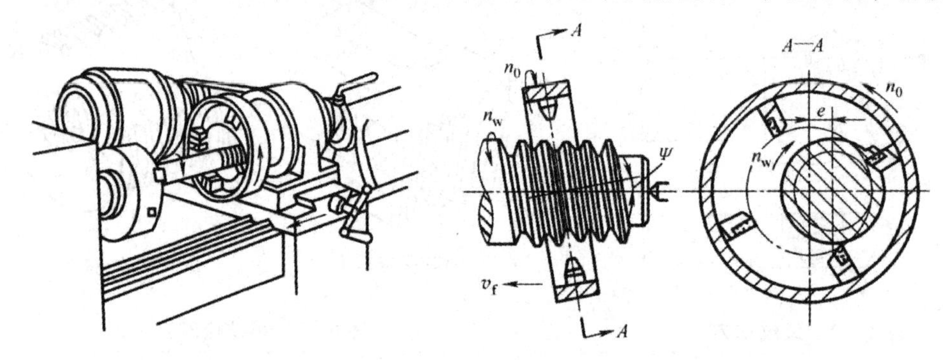

图6-5 旋风铣削外螺纹

旋风铣削螺纹的加工精度可达7~6级，螺纹表面粗糙度值Ra可达1.6 μm。旋风铣削适于加工大、中直径且螺距较大的外螺纹以及大直径的内螺纹，工件硬度不大于30HRC。旋风铣削螺纹的生产率较高，劳动强度较低，加工精度较稳定，所以通常用于大批量生产中。旋风铣削适宜加工长螺纹，不宜加工短螺纹。

四、攻螺纹

采用手用丝锥（见图6-6a)）或机用丝锥（见图6-6b)）攻内螺纹是最常用的内螺纹加工方法，加工精度可达6级或更高，可稳定地保证7级，表面粗糙度值Ra可达1.6 μm。攻螺纹适用于直径M16以下的、螺距不大于2 mm的内螺纹，工件的硬度不宜大于HRC30，适用性广。

攻螺纹时易卡屑、易崩刃，还会拉伤工件的加工表面。手动攻螺纹劳动强度大，丝锥能按预制孔的边缘找正。机动攻螺纹的生产率较高，机动攻螺纹时也应使丝锥能按预制孔的边缘找正，所以丝锥夹具应该是浮动的，只传递转矩，按预制孔自动找正定心。

在实际生产中，还对丝锥做了一些合理改进。例如，将切削刃磨出负刃倾角以向前导屑；改变作用力方向形成拉削丝锥。图6-7所示为平梳刀径向开合丝锥，攻螺纹时，平梳刀张开，攻完螺纹后再扳动扳手使其收紧，便于快速退回。这种丝锥结构较复杂，但生产率较高，在大批大量生产中使用较合适。

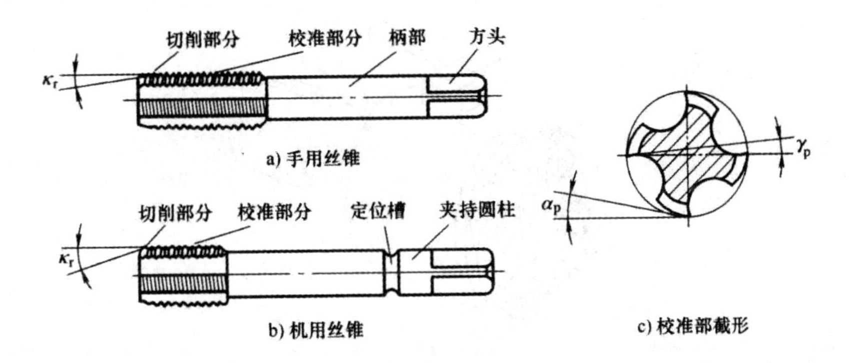

图 6－6　攻螺纹使用的手用丝锥和机用丝锥

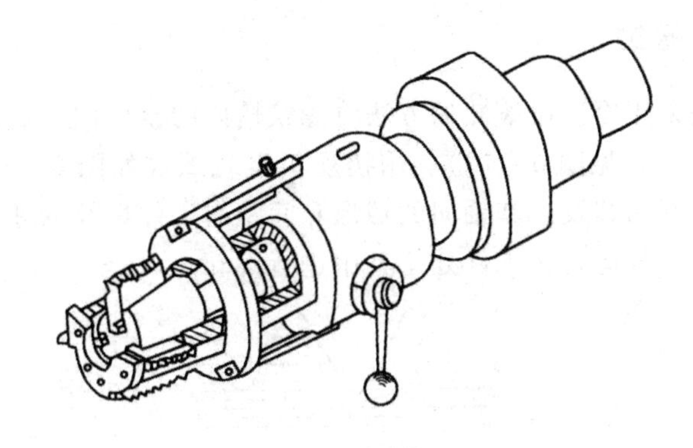

图 6－7　平梳刀径向开合丝锥

五、套螺纹

采用板牙（见图 6－8）适用于加工直径 M16 及螺距 2 mm 以下的外螺纹，且工件的硬度不宜大于 HRC30，螺纹加工精度达 7～6 级，表面粗糙度值 Ra 可达 1.6 μm。套螺纹时易卡屑，易崩刃，还会拉伤工件加工表面。板牙套螺纹可用于各种批量，其中，手动套螺纹劳动强度大而生产率低，机动套螺纹的劳动强度较低而生产率较高。为使刀具回退复位省时，应使板牙能开能合，复位时打开，套螺纹时合拢，这种结构较复杂的手动开合板牙头称为圆梳刀外螺纹切头（见图 6－9），这种螺纹切头在大批量生产中使用较多。对于图 6－8 所示的圆板牙，磨损后，可将缺口处 A 切开，从对面 B 处用螺钉压紧，使螺纹中径减小，以此来调整板牙的套螺纹螺纹中径，保证螺纹的加工精度。

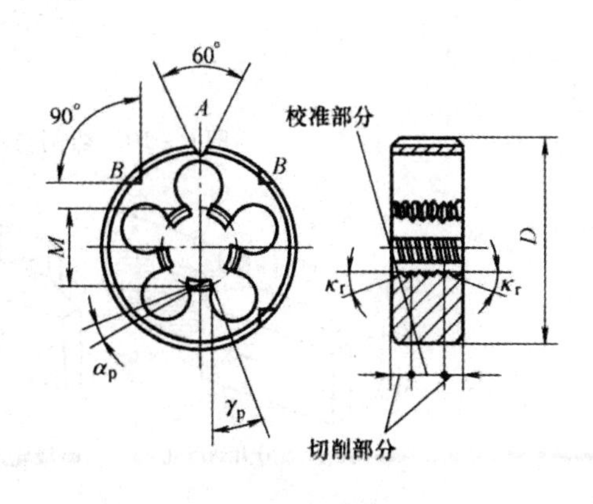

图 6－8　用于套切外螺纹的板牙

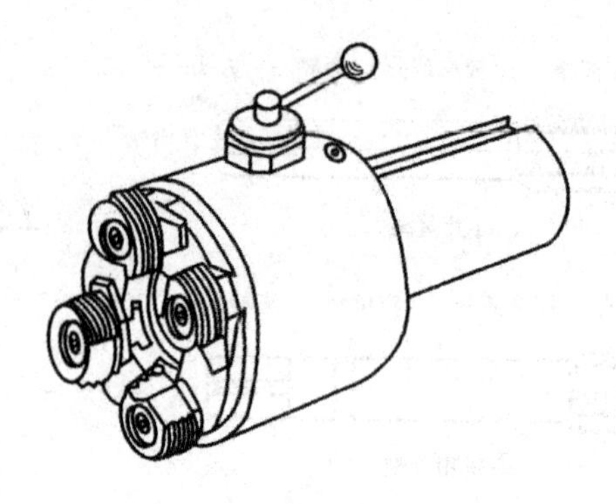

图 6-9　圆梳刀外螺纹切头

六、搓螺纹和滚螺纹

搓螺纹和滚螺纹是采用冷挤压滚轧的方法将螺纹槽内的金属向上压挤形成顶部，螺纹的金属纤维并没有被切断（见图 6-10）。用搓丝板滚轧螺纹如图 6-11 所示，搓丝板上加工出斜槽，相当于展开的螺纹，其轴向的截形和间距与工件螺纹的牙型和螺距相符。一块搓丝板固定，另一块往复运动，工件处于其中进行滚轧。

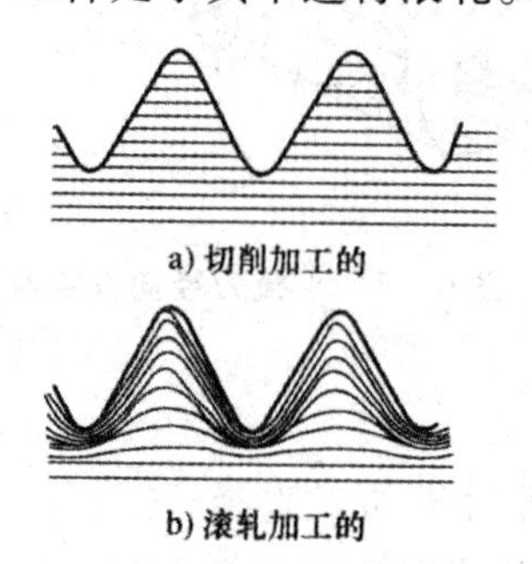

图 6-10　切削与滚轧的螺纹纤维分布状态

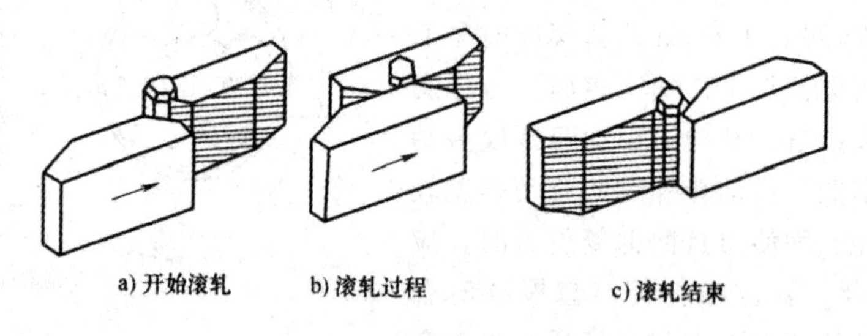

图 6-11　用搓丝板滚轧螺纹

如图 6-12 所示的滚丝轮进行滚轧加工，称为滚螺纹。滚丝轮上有螺纹，其轴向截形和螺距与工件螺纹相符。两轮同向旋转，一个滚丝轮的支架固定，另一个滚丝轮的支架可沿径向运动，进行加压。滚螺纹和搓螺纹适用于加工中小直径的、牙型高、不太大的外螺纹，工件的硬度宜低，塑性宜好，径向刚性也要好。螺纹冷挤压加工的特点是螺纹的机械强度高、材料利用率高、加工过程自动化程度高，螺纹表面质量好，在螺栓、螺钉、螺母等标准件的大量生产中得到广泛使用。用这种加工方法加工的螺纹精度可达 7 ~ 4 级，表

面粗糙度值 Ra 可达 0.63 ~ 0.16 μm。

传动丝杠也可以用滚轧法制造，有横轧法和斜轧法。其中，轧辊轴线与工件轴线平行的滚轧法称为横轧法，轧辊轴线与工件轴线不平行的滚轧法称为斜轧法。图 6 - 13a) 所示为螺旋轧辊做横向进给的横轧法，两轧辊的轴线与工件轴线平行，轧辊的螺旋升角与工件的螺旋升角相等，但两者的旋向相反。滚轧时工件无轴向移动，其中的一个轧辊应做横向进给。这样轧制获得的丝杠精度高，但长度不可能太长，因为受到轧辊长度的限制。图 6 - 13b) 所示为螺旋轧辊作轴向进给的横轧法，两轧辊的轴线仍然是平行的，但轧辊的螺旋升角与工件的螺旋升角不等，由于存在角度差，使工件能轴向移动。此法能轧制长丝杠，但精度较差。

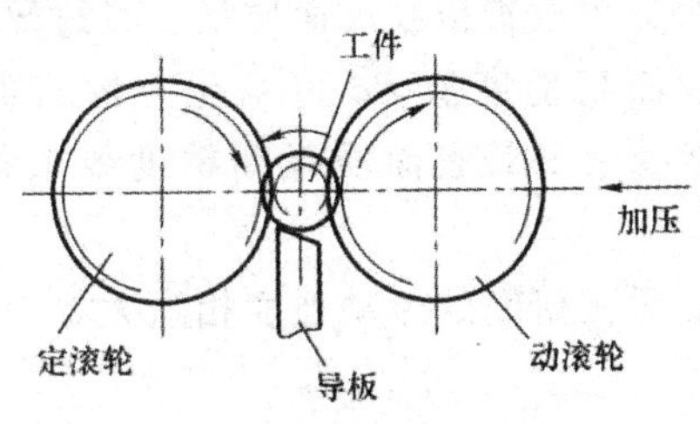

图 6 - 12　滚丝轮滚轧螺纹原理

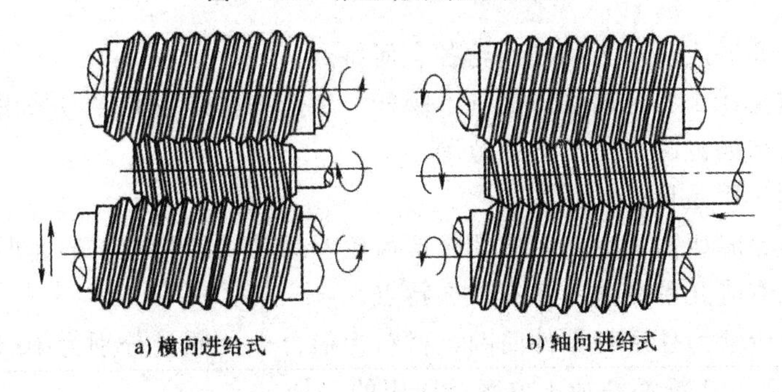

图 6 - 13　采用滚丝轮滚轧丝杠螺纹

七、螺纹磨削

一般螺纹磨削采用单线砂轮（见图 6 - 14），但也有采用多线砂轮的。螺纹磨削是在高精度的螺纹磨床上进行的，是螺纹精加工的重要手段。磨削后的螺纹精度可达 4 ~ 3 级，表面粗糙度值 Ra 可控制在 0.8 ~ 0.1 μm。只要工件的塑性不是很大，就可磨制，工件硬度的影响不太大。用单线砂轮可加工较大螺距的螺纹及较长旋合长度的螺纹，而用多线砂轮磨削螺纹一般用于较小螺距的短旋合长度螺纹精加工。由于螺纹磨削的生产率较低，成本较高，所以主要用于精度要求高的传动螺纹（例如丝杠和蜗杆）和测量螺纹的精加工。

八、研磨螺纹

研磨螺纹是采用软材料的螺母研磨外螺纹，或者用软材料的螺杆研磨内螺纹。研磨剂内细粒度的磨料（金刚砂、碳化硼、碳硅硼）硬颗粒嵌镶在软材料表面上，构成对工件表

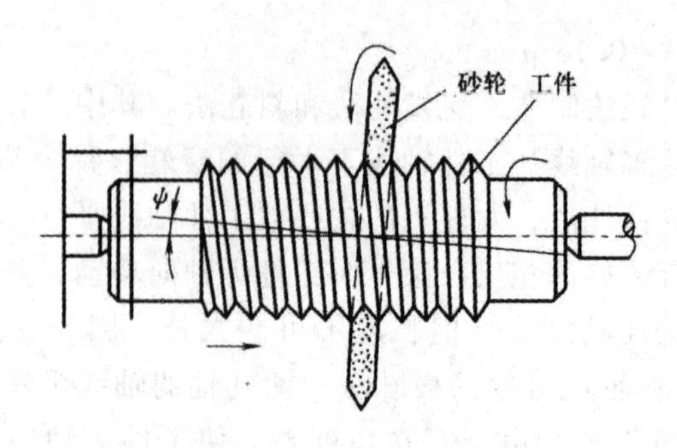

图 6-14 螺纹磨削

面的滑擦，经反复多次的旋合，可改善螺纹表面质量。经过研磨后，螺纹精度可比原有精度提高 1 级，达 5~4 级，表面粗糙度值 *Ra* 可细化至原有值的一半或四分之一，达到 0.2~0.1 μm。螺纹研磨主要适用于对表面质量和精度要求都很高的内、外螺纹的最终加工。

螺纹研磨的生产率很低，手工研磨的劳动强度相当大。

课后思考

1. 用成形法和展成法加工圆柱齿轮各有何特点？
2. 刀的实质是什么？何谓滚刀的基本蜗杆？生产中标准齿轮滚刀采用哪种基本蜗杆？
3. 比较滚齿和插齿的特点及适用范围。
4. 刀铲背的作用是什么？
5. 析插直齿轮时所需的运动，何谓铲形齿轮？为什么插齿加工的齿形精度较高？
6. 螺纹加工有哪几种方法？各有什么特点？
7. 图 6-15 所示为柱塞套零件简图，材料为铝合金，数量分别为 10 件和 100 000 件。试选择孔 ϕ9J6 与 1:12 锥面的加工方案及所用的刀具。

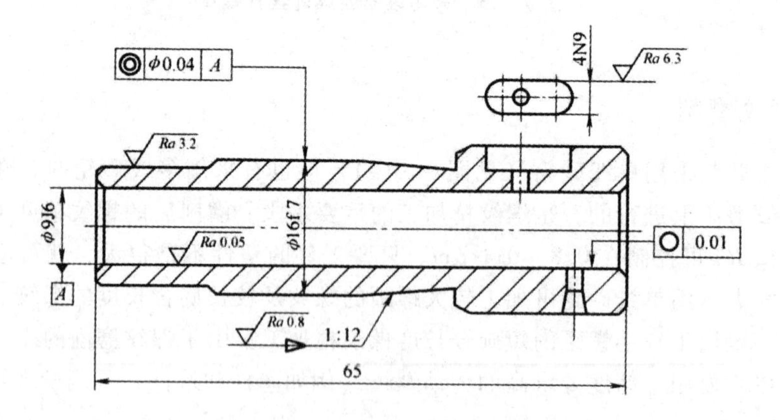

图 6-15 柱塞套零件简图

8. 图 6-16 所示为 V 形铁零件简图。材料为 HT200，数量为 2 件，二次时效处理。试选择平面 *A*、*B*、*C*、*D*、*E*、*F* 和 *V* 形槽的加工方案及所用刀具。

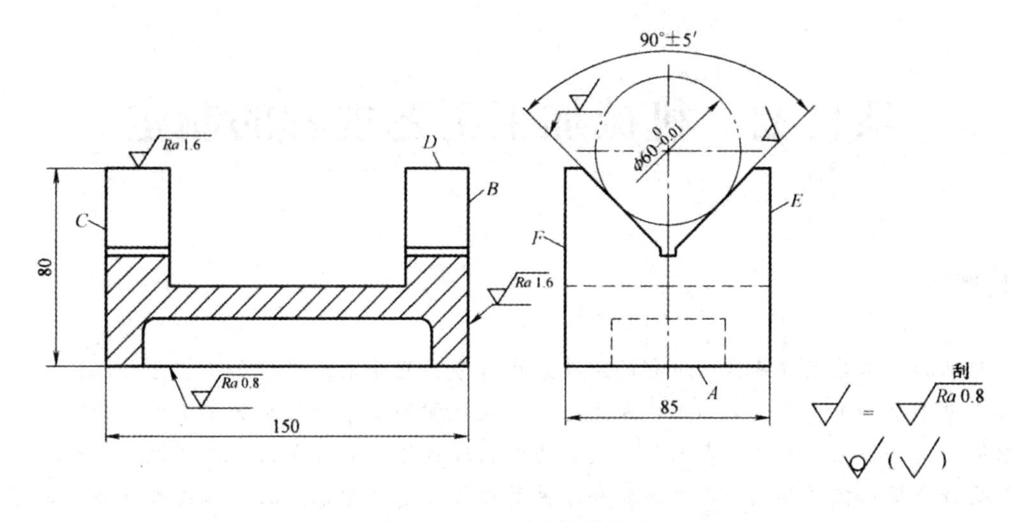

图 6－16　V 形铁零件简图

9. 图 6－17 所示为支架零件简图，材料为 HT200，数量为 100 件。试选择平面 B、孔 ϕ140H7、端平面 C、沉孔 $3\times\phi30$ mm、孔 $3\times\phi22$ mm 和锥孔 $2\times\phi12$ mm 的加工方案及所用刀具。

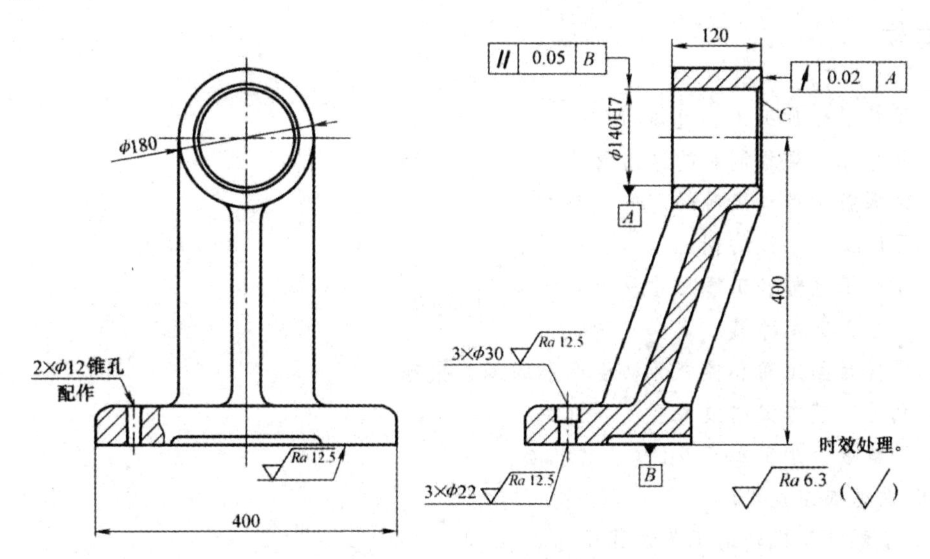

图 6－17　支架零件简图

项目七　机械加工工艺规程的制定

项目概述

机械加工工艺过程是生产过程的重要组成部分，它是采用机械加工、电加工、超声波加工、电子束加工、离子束加工、激光束加工及化学加工等方法来加工工件，使之达到所要求的形状、位置、尺寸、表面粗糙度和力学物理性能，成为合格零件的过程。制定加工工艺规程是根据技术要求、生产纲领和零件的结构及综合考虑产品制作成本和市场需求情况下，规定工艺过程和操作方法等，并写成工艺文件，是进行生产准备，安排生产计划、调度、工人操作、质量检查等的依据；也是新建或扩建车间的原始依据。本文重点介绍机械加工工艺制定的基础知识。

学习目标

1. 了解机械加工工艺过程。
2. 熟悉工艺规程制定的作用及设计步骤。
3. 掌握解工件加工时的定位与基准。
4. 了解工艺路线的拟订。
5. 了解工余量、工序尺寸及公差的确定。
6. 了解工艺尺寸链。
7. 掌握时间定额和提高劳动生产率的工艺措施。
8. 熟悉工艺方案的技术经济分析。
9. 了解数控加工工艺设计。
10. 熟悉成组技术。
11. 了解计算机辅助工艺过程设计。

任务一　机械加工工艺过程概述

一、生产过程与工艺过程

1. 生产过程

生产过程是指从原材料开始到成品出厂的劳动过程的总和，它包括直接生产过程和辅助生产过程。其中毛坯制造、零件机械加工、热处理及特种加工，产品的装配、检验、测试、油漆和涂装等主要劳动过程为直接生产过程，而原材料的采购与管理、生产的准备工作，专用工具、夹具、量具和辅具的制造，机器的包装，工件和成品的储存、运输，加工设备的维修，以及动力供应等属于辅助劳动过程。

由于产品的主要劳动过程都使被加工对象的尺寸、形状、位置表面粗糙度和力学物理性能产生了一定的变化，即与生产过程有直接的关系，故称为直接生产过程，亦称为工艺过程。而辅助生产过程虽然未使加工对象产生直接变化，但也是必不可少的。

根据机械产品的复杂程度不同，生产过程可以由一个车间或一个工厂完成，也可以由多个车间或多个工厂联合完成。不同产品的生产过程不同，即使同一产品在不同厂家生产其生产过程也各有特点，不完全相同。尽管各个厂家的生产过程各不一样，但有共同性的规律，即以最少的经济投入、最短的生产周期，生产出优质的零件和产品，以满足市场需求，服务于市场的发展。

需要注意的是，原材料和成品是一个相对概念。一个工厂（或车间）的成品可以是另一个工厂（或车间）的原材料或半成品。例如，铸造、锻造车间的成品——铸件、锻件，是机加工车间的"毛坯"，而机加工车间的成品，又是装配车间的"原材料或毛坯"。

2. 工艺过程

（1）工艺过程的概念　产品生产过程中凡是直接改变加工对象的尺寸、形状、表面粗糙度、力学物理性能和相互位置关系的过程，称为工艺过程。传统上是指采用金属切削刀具或磨具来加工工件，使之达到所要求的尺寸、形状、位置、表面粗糙度和力学物理性能，成为合格零件的生产过程。由于制造技术的不断发展，现在所说的各种加工方法除切削和磨削外，还包括电加工、超声加工、电子束加工、离子束加工、激光束加工以及化学加工等加工方法。

当然，将工艺过程从生产过程中划分出来，只能有条件地划分到一定程度，如在机床上加工一个工件后进行尺寸测量的工作，虽然不直接改变零件的尺寸、形状、表面粗糙度、力学物理性能和相互位置关系，但与加工过程密切相关，因此也将其列在工艺过程的范围之内。

工艺过程又可具体分为铸造、锻造、冲压、焊接、机械加工、热处理、特种加工、表面处理等和装配工艺过程。

（2）机械加工工艺过程的组成　机械加工工艺过程由一个或若干个依次排列的工序组成。工序是组成机械加工工艺过程的基本单元，又可细分为安装、工位、工步和走刀。

①工序：工序是指由一个（或一组）工人在同一台机床（或同一个工作地）上，对一个（或同时对几个）工件所连续完成的那一部分工艺过程。工序是工艺过程的基本单元，是制定和计算设备负荷、工具消耗、劳动定额、生产计划和经济核算等工作的依据。

根据这一定义，工序包括四要素：一个（或一组）工人、一个工作地（指机床）、一个（或同时几个）工件、连续地加工，四要素中任何一个发生变化都将视为不同工序。现以图 7－1 所示阶梯轴的加工为例来说明。根据阶梯轴的技术要求，加工这根轴的工艺过程包含以下内容：加工两端面、钻两中心孔、粗车各外圆、精车各外圆、切退刀槽、倒角、划键槽线、铣键槽、磨外圆、检验。

因为车间加工条件和生产规模的不同，同一个零件可以有不同的工序安排，构成不同的加工方案来完成这个零件的加工。表 7－1 和表 7－2 分别表示在单件小批生产和大批大量生产中工序的划分和所用的机床、设备。

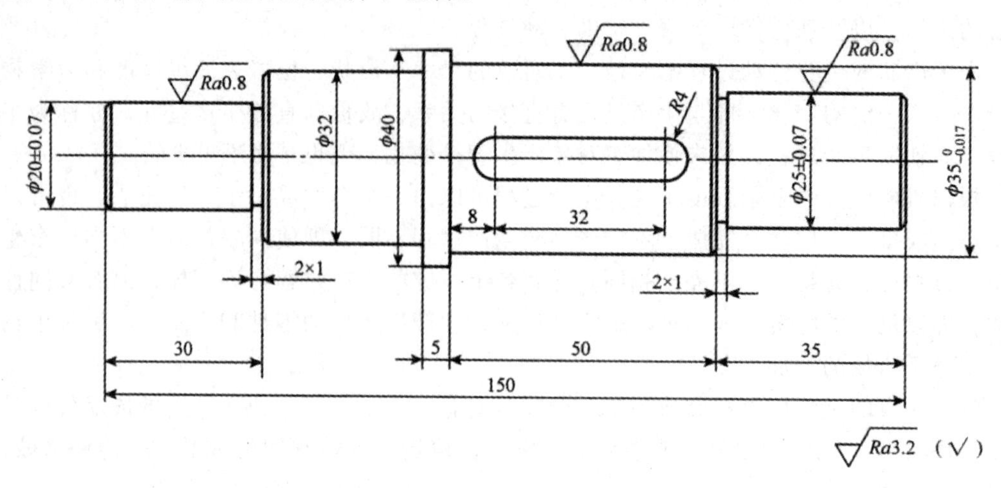

图 7－1　阶梯轴

表 7－1　阶梯轴单件小批生产的工艺过程

工序号	工序内容	设备
5	车端面、钻中心孔、粗车各外圆、精车各外圆、切退刀槽、倒角	车床
10	钳工划键槽线	钳工台
15	铣键槽	铣床
20	磨外圆	磨床
25	检验	检验台

表 7－2　阶梯轴大批大量生产的工艺过程

工序号	工序内容	设备
5	铣端面、钻两中心孔	铣钻联合机床
10	粗车各外圆	车床
15	精车各外圆、切退刀槽、倒角	车床
20	铣键槽	铣床
25	磨外圆	磨床
30	检验	检验台

从表中可以看到，随生产类型的不同，工序的划分及每一工序所包含的加工内容是不同的。

②安装：如果在一个工序中需要对工件进行多次装夹，则每次装夹后所完成的那部分工序内容称为一个安装。例如，在单件小批生产中（表 7－1）工序 5，工件需要装夹 4 次才能完成全部工序内容，因此该工序有 4 个安装，而在工序 20 有 2 个安装，详见表 7－3，其他各工序只有 1 个安装。在大批大量生产中（表 7－1）工序 5 由于采用了两端面同时加工的方法仅有 1 个安装，在工序 10、15 中有 2 个安装，其余各工序仅有 1 个安装。

表 7－3　工序、安装和工步

工序号	安装号	工步	工序内容	设备
5	1	5	车一端面、钻中心孔、粗车一端各外圆	车床
	2	5	车另一端面、钻中心孔、粗车另一端各外圆	车床
	3	5	精车一端外圆、切退刀槽、倒角	车床
	4	5	精车另一端外圆、切退刀槽、倒角	车床
20	1	2	精磨一端外圆	磨床
	2	1	精磨另一端外圆	磨床

③工位：在工件的一次装夹后，工件在机床上占据每一个位置所完成的那部分工序。在一次安装中，可能只有一个工位，也可能有多个工位。如采用转位或移位夹具、回转工作台及在多轴机床上加工时，工件在机床上装夹一次就有若干个工位。

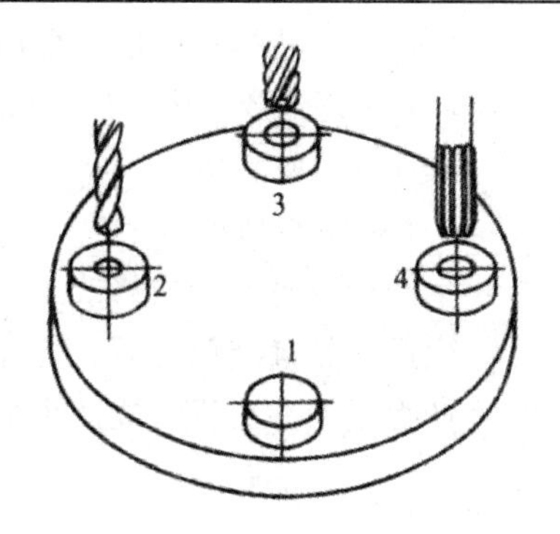

图 7－2　立轴式多工位回转工作台

1—装卸工件；2—钻孔工位；3—扩孔工位；4—铰孔工位

图 7－2 为立轴式回转工作台，工件装夹一次有 4 个工位，实现装夹一次，可同时进行钻孔、扩孔和铰孔加工。

工件在加工中应尽量减少装夹次数，因为多一次装夹，就会增加装夹时间，还会增加装夹误差。采用多工位夹具是减少装夹次数的有效办法。

④工步：指在加工表面、切削刀具、切削速度和进给量不变的情况下所完成的那部分工序内容。

划分工步的标志是：加工表面、切削刀具、切削速度和进给量这四个因素均不变时，所完成的那部分工序内容为一个工步。

如上述阶梯轴的加工，表 7－1 中工序 5 中，包括 4 个安装，20 个工步。

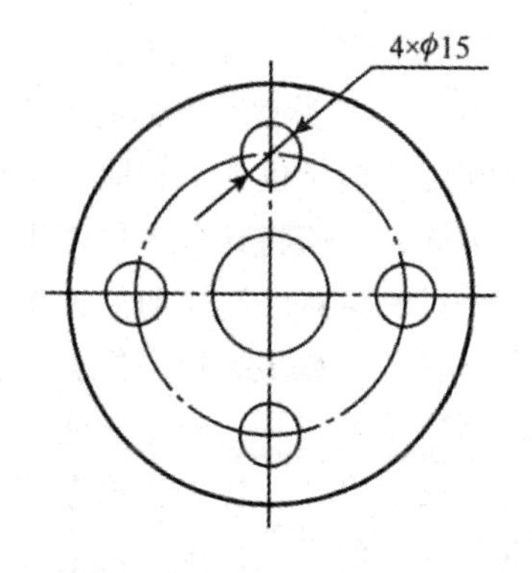

图 7－3　相同加工表面的工步

为简化工艺文件，对于那些连续进行的若干个相同的工步，通常都看作一个工步。如图 7－3 加工的零件中，在同一工序中，连续钻 4 个 ϕ15 mm 的孔可看作一个工步。

为了提高生产率，用几把刀具同时参与切削一个表面，可看作一个工步，称为复合工步。在转塔车床、加工中心上用多把刀具或用复合刀具加工多个表面时也为一个复合工步。例如表 7－2 中工序 5：铣端面、钻中心孔。每个工位都是用两把刀具同时铣两端面或钻两端中心孔，它们都是复合工步。应用复合工步主要是为了提高工作效率。

⑤走刀：切削刀具在加工表面上切削一次所完成的工步内容，称为一次走刀。一个工

步可以包括一次或数次走刀。当需切除的金属层较厚而不能一次切完，需分几次走刀。走刀次数又称为行程次数。

二、生产类型及其工艺特点

1. 生产纲领

生产纲领是指企业在计划期内应当生产的产品产量和进度计划。企业应根据市场需要和自身的生产能力决定生产计划，零件的生产纲领还包括一定的备品率和废品率。计划期为一年的生产纲领称为年生产纲领，可按下式计算：

$$N = Q \cdot n(1 + \alpha\% + \beta\%) \tag{7-1}$$

式中 N——零件的年生产纲领，件/年；

Q——产品的年产量，台/年；

n——每台产品中，所需该零件的数量，件/台；

$\alpha\%$——备品率；

$\beta\%$——废品率。

年生产纲领是设计或修改工艺规程的重要依据，是车间（或工段）设计的基本文件。

年生产纲领确定后之后，还应该根据车间（或工段）的具体情况确定生产批量。

生产批量为一次投入或产出的同一产品或零件的数量。零件生产批量计算公式为

$$n' = \frac{NA}{F} \tag{7-2}$$

式中 n'——每批中零件的数量；

N——零件的年生产纲领规定的零件数量；

A——零件应该储备的天数；

F——年中工作日天数。

2. 生产类型及工艺特点

（1）生产类型　产品有大有小，小到螺钉，大至船舶。其特征有的复杂，有的简单，批量和生产纲领也各不相同。根据企业（或车间、工段、班组、工作地点）生产专业化程度的不同，一般将其分为单件生产、成批生产、大量生产三种类型。

①单件生产　产品的品种多，同一种产品的数量很少，工作地点经常变换或一个工作地进行多工序和多品种的作业，且加工对象很少重复。例如，重型机械、大型船舶，专用设备制造及新产品试制均属此类型。

②成批生产　各工作地点分批制造相同的产品，数量较多，生产过程有一定的稳定性和重复性。例如，机床、机电及汽轮机的生产就是比较典型的成批生产。根据批量的大小，批量生产又可分为大批生产、中批生产和小批生产。小批生产的工艺特点与单件生产相似，一般常称为单件小批生产；大批生产的工艺特点与大量生产相似，称为大批大量生产；中批生产的工艺特点介于单件小批生产和大批大量生产之间，习惯上成批生产就是指中批生产。

③大量生产　产品数量很大，大多数工作地点经常重复进行某一零件的某一道工序的加工，设备专业化程度很高。例如，轴承、汽车、拖拉机、洗衣机等的生产通常是以大量

生产的方式进行。

生产纲领和生产类型的关系随产品的大小和复杂程度而不同。表 7－4 给出了一个大致的范围，表中所列的重型零件、中型零件、轻型零件，可参考表 7－5 中零件质量类别确定，也可参照现有相类似的零件确定。

表 7－4　各种生产类型划分依据

生产类型	零件的年生产纲领（件/年）		
	重型零件	中型零件	轻型零件
单件生产	≤5	≤20	≤100
小批生产	>5～100	>20～200	>100～500
中批生产	>100～300	>200～500	>500～5 000
大批生产	>300～1 000	>500～5 000	>5 000～50 000
大量生产	>1 000	>5 000	>50 000

表 7－5　不同机械产品的零件质量类别表

机械产品类别	加工零件的质量/kg		
	重型零件	中型零件	轻型零件
电子工业机械	>30	4～30	<4
中、小型机械	>50	15～50	<15
重型机械	>2000	100～2000	>100

（2）工艺特点　生产类型对工厂的生产过程和生产组织起决定的作用。生产类型不同，各工作地点的专业化程度、所采用的工艺方法、工艺设备和工艺装备也不同。各种类型的工艺特点见表 7－6。因此，只有深入了解各种生产类型的工艺特点，才能制定出合理的工艺规程，取得最大的经济效益。

表 7－6　各种生产类型的工艺特点

项　　目	生产类型		
	单件小批生产	中批生产	大批大量生产
加工对象	经常变换	周期性变换	相对固定不变
毛坯制造方法及加工余量	木模手工造型，自由锻造，毛坯精度低，加工余量大	部分用金属型铸造和模锻，毛坯精度中等，加工余量中等	金属型铸造、模锻，毛坯精度高，加工余量小
机床及布置形式	通用机床，按机群式排列布置	部分通用、部分专用机床机群式或生产线排列布置	专用高效机床，流水线或自动线排列布置

续表

项　　目	生产类型		
	单件小批生产	中批生产	大批大量生产
夹具	通用夹具，组合夹具	专用夹具，可调整夹具	专用、高效夹具
刀具和量具	通用刀具和量具	刀具和量具部分通用、部分专用	专用、高效刀具和量具
工件装夹方法	划线找正装夹，通用夹具	部分划线找正，通用或专用夹具	专用、高效夹具
装配方法	广泛采用修配法	少量采用修配，多数互换装配等	采用互换装配法、分组装配法、调整法等
工人技术水平	需要技术熟练的工人	需要一定熟练程度的工人	对操作工人的技术要求较低，对调整工人的技术要求较高
生产率	低	中	高
成本	高	中	低
工艺文件	简单工艺过程卡	详细工艺过程卡，关键工序工序卡	详细工艺过程卡和工序卡、调整卡、检验卡等

需要说明的是，随着科学技术的进步和市场需求的变化，生产类型的划分正在发生深刻的变化，传统的大批大量生产往往不能适应产品及时更新换代的需要，而单件小批量生产的生产能力又跟不上市场的需要。因此，各种生产类型都朝着生产过程柔性化、智能化的方向发展，多品种变批量的生产方式已成为当今社会的主流。

任务二　工艺规程制定的作用及设计步骤

规定产品或零件制造工艺过程和操作方法的工艺文件，称为工艺规程，其中规定零件机械加工工艺过程和操作方法的工艺文件称为机械加工工艺规程。是一切有关生产人员都应严格执行、认真贯彻的纪律性文件，是工艺装备、材料定额、工时定额设计、计算的主要依据，它对产品成本、劳动生产率、原材料消耗有直接关系。因此机械加工工艺规程设计是一项重要而又严肃的工作，要求设计者必须具备丰富的生产实践经验和坚实的机械制造工艺基础理论知识。

经审批确定下来的机械加工工艺规程，不得随意变更。但随科学技术的发展，新技术、新工艺、新材料的不断出现，就必须对现行工艺规程及时进行修正和定期整顿，如要修改与补充，必须经过认真的讨论和重新审批。

一、机械加工工艺规程的作用

1. 工艺规程是生产准备工作的主要依据

车间生产新零件，需要根据工艺规程进行生产准备。如关键工序的分析研究；准备所需刀、夹、量具；原材料及毛坯采购或制造；新设备购置或旧设备改装；机床负荷的调整；作业计划的编排；劳动力的组织；工时定额的制订及成本核算等，均需根据工艺规程来进行。

2. 工艺规程是指导生产的主要技术文件

机械加工车间生产的计划，调度，工人的操作，零件的加工质量检验，都是以工艺规程为依据的。处理生产中的问题，也常以工艺规程作为共同依据。

3. 工艺规程是新建机械制造厂（车间）的基本技术文件

新建（扩建）批量或大批量机械加工车间（工段）时，应根据工艺规程确定所需机床的种类和数量以及在车间的布置，再由此确定车间的面积大小、动力和吊装设备配置以及所需工人的工种、技术等级、数量等。

此外，先进的工艺规程还起着交流和推广先进制造技术的作用。典型工艺规程可以缩短工厂摸索和试制的过程。因此，工艺规程的制定对于工厂的生产和发展起到非常重要的作用，是工厂的基本技术文件。

二、常用的工艺文件

机械加工工艺规程一般被填写成表格（卡片）的形式。企业所用工艺规程的具体格式虽不统一，但内容大同小异。一般来说，工艺规程的形式按其内容详细程度，可分为以下几种：

1. 工艺过程卡

这是一种最简单和最基本的工艺规程形式，它对零件制造全过程作出粗略的描述。该卡按零件编写，标明零件加工路线、各工序采用的设备和主要工装及工时定额。一般采用普通加工方法的单件小批生产填写该卡，个别关键零件可编制工艺卡。其格式如表 7－7 所列。

表 7－7　机械加工工艺过程卡

<table>
<tr><td rowspan="2">（厂名）</td><td colspan="2" rowspan="2">机械加工工艺过程卡片</td><td colspan="2">产品型号</td><td colspan="2"></td><td colspan="2">零（部）件图号</td><td colspan="3"></td></tr>
<tr><td colspan="2">产品名称</td><td colspan="2"></td><td colspan="2">零（部）件名称</td><td></td><td>共　页</td><td>第　页</td></tr>
<tr><td>材料牌号</td><td></td><td>毛坯种类</td><td></td><td>毛坯外形尺寸</td><td></td><td>每种毛坯可制件数</td><td></td><td>每台件数</td><td></td><td>备注</td><td></td></tr>
<tr><td rowspan="2">工序号</td><td colspan="2" rowspan="2">工序内容</td><td rowspan="2">车间</td><td rowspan="2">工段</td><td rowspan="2">设备</td><td colspan="3" rowspan="2">工艺装备</td><td colspan="3">工时</td></tr>
<tr><td>准终</td><td colspan="2">单件</td></tr>
<tr><td></td><td colspan="2"></td><td></td><td></td><td></td><td colspan="3"></td><td></td><td colspan="2"></td></tr>
<tr><td></td><td colspan="2"></td><td></td><td></td><td></td><td colspan="3"></td><td></td><td colspan="2"></td></tr>
<tr><td rowspan="3">更改内容</td><td colspan="11"></td></tr>
<tr><td colspan="11"></td></tr>
<tr><td colspan="11"></td></tr>
<tr><td>编制</td><td></td><td>抄写</td><td></td><td>校对</td><td></td><td>审核</td><td></td><td>批准</td><td colspan="3"></td></tr>
</table>

2. 工艺卡

一般是按零件的加工阶段分车间、分零件编写，包括工艺过程卡的全部内容，只是更详细地说明了零件的加工步骤。该卡上对毛坯性质、加工顺序、各工序所需设备、工艺装备的要求、切削用量、检验工具及方法、工时定额都做出具体规定，有时还需附有零件草图。成批生产的一般零件多采用工艺卡，对关键零件则需编制工序卡，其格式见表 7－8。

表 7－8　机械加工工艺卡片

<table>
<tr><td colspan="3" rowspan="2">（厂名）</td><td colspan="3" rowspan="2">机械加工工艺卡片</td><td colspan="2">产品型号</td><td></td><td colspan="4">零（部）件图号</td><td colspan="3"></td></tr>
<tr><td colspan="2">产品名称</td><td></td><td colspan="4">零（部）件名称</td><td colspan="2">共　页</td><td>第　页</td></tr>
<tr><td colspan="3">材料牌号</td><td></td><td>毛坯种类</td><td></td><td>毛坯外形尺寸</td><td></td><td>每种毛坯可制件数</td><td></td><td>每台件数</td><td colspan="2"></td><td colspan="2">备注</td><td></td></tr>
<tr><td rowspan="2">工序</td><td rowspan="2">安装</td><td rowspan="2">工步</td><td rowspan="2">工序内容</td><td rowspan="2">同时加工零件数</td><td colspan="4">切削用量</td><td rowspan="2">设备名称及编号</td><td colspan="3">工艺装备</td><td rowspan="2">技术等级</td><td colspan="2">工时</td></tr>
<tr><td>切削深度 /mm</td><td>切削速度 /（m·min⁻¹）</td><td>每分钟转数或往复次数</td><td>进给量 /（mm·r⁻¹）或（mm·str⁻¹）</td><td>夹具</td><td>刀具</td><td>量具</td><td>准终</td><td>单件</td></tr>
<tr><td></td><td></td><td></td><td></td><td></td><td></td><td></td><td></td><td></td><td></td><td></td><td></td><td></td><td></td><td></td><td></td></tr>
<tr><td></td><td></td><td></td><td></td><td></td><td></td><td></td><td></td><td></td><td></td><td></td><td></td><td></td><td></td><td></td><td></td></tr>
<tr><td></td><td></td><td></td><td></td><td></td><td></td><td></td><td></td><td></td><td></td><td></td><td></td><td></td><td></td><td></td><td></td></tr>
<tr><td></td><td></td><td></td><td></td><td></td><td></td><td></td><td></td><td></td><td></td><td></td><td></td><td></td><td></td><td></td><td></td></tr>
<tr><td></td><td></td><td></td><td></td><td></td><td></td><td></td><td></td><td></td><td></td><td></td><td></td><td></td><td></td><td></td><td></td></tr>
<tr><td colspan="2">更改内容</td><td colspan="14"></td></tr>
<tr><td colspan="2">编制</td><td colspan="2"></td><td colspan="2">抄写</td><td></td><td>校对</td><td colspan="2"></td><td colspan="3">审核</td><td></td><td colspan="2">批准</td></tr>
</table>

3. 工序卡

这是一种最详细的工艺规程形式，它是以指导工人操作为目的进行编制的，一般按零件的工序编号。该卡包括本工序的工序图、定位、夹紧方式、切削用量、检验工具、工艺装备以及工时定额的详细说明。在大批大量生产中的绝大多数零件，则要求有完整详细的工艺规程文件，往往需要为每道工序编制工序卡片，其格式见表 7－9。

表 7－9　机械加工工序卡片

<table>
<tr><td rowspan="2">（厂名）</td><td>机械加工</td><td>产品型号</td><td colspan="2"></td><td>零件图号</td><td></td><td colspan="3">第（　）页</td></tr>
<tr><td>工序卡片</td><td>产品名称</td><td colspan="2"></td><td>零件名称</td><td></td><td colspan="3">共（　）页</td></tr>
<tr><td colspan="3" rowspan="12"></td><td colspan="2">车间</td><td>工序号</td><td>工序名称</td><td colspan="3">材料牌号</td></tr>
<tr><td colspan="2"></td><td></td><td></td><td colspan="3"></td></tr>
<tr><td colspan="2">毛坯种类</td><td>毛坯外形尺寸</td><td>每坯件数</td><td colspan="3">每台件数</td></tr>
<tr><td colspan="2"></td><td></td><td></td><td colspan="3"></td></tr>
<tr><td colspan="2">设备名称</td><td>设备型号</td><td>设备编号</td><td colspan="3">同时加工件数</td></tr>
<tr><td colspan="2"></td><td></td><td></td><td colspan="3"></td></tr>
<tr><td colspan="3">夹具编号</td><td>夹具名称</td><td colspan="3">切削液</td></tr>
<tr><td colspan="3"></td><td></td><td colspan="3"></td></tr>
<tr><td colspan="3">工位器具编号</td><td>工位器具名称</td><td colspan="3">工序工时</td></tr>
<tr><td colspan="3" rowspan="3"></td><td rowspan="3"></td><td>准终</td><td colspan="2">单件</td></tr>
<tr><td></td><td colspan="2"></td></tr>
<tr><td></td><td colspan="2"></td></tr>
<tr><td rowspan="2">工步号</td><td rowspan="2">工步内容</td><td rowspan="2">工艺装备</td><td rowspan="2">主轴转速/（r·min^{-1}）</td><td rowspan="2">切削速度/（m·min^{-1}）</td><td rowspan="2">进给量/（mm·r^{-1}）</td><td rowspan="2">切削深度/mm</td><td rowspan="2">进给次数</td><td colspan="2">工步工时</td></tr>
<tr><td>机动</td><td>辅助</td></tr>
<tr><td></td><td></td><td></td><td></td><td></td><td></td><td></td><td></td><td></td><td></td></tr>
<tr><td></td><td></td><td></td><td></td><td></td><td></td><td></td><td></td><td></td><td></td></tr>
<tr><td></td><td></td><td></td><td></td><td></td><td></td><td></td><td></td><td></td><td></td></tr>
<tr><td>编制</td><td></td><td>抄写</td><td></td><td>校对</td><td></td><td>审核</td><td></td><td>批准</td><td></td></tr>
</table>

实际生产中应用什么样的工艺规程要视产品的生产类型和所加工的零部件具体情况而定。若机械加工工艺过程中有数控加工工序或全部由数控工序组成，则不论生产类型如何，都必须对数控工序做出详细规定，填写数控加工工序卡、调整卡、检验卡等必要的与编程有关的工艺文件，以利于编程。

三、制定机械加工工艺规程的原始资料

1. 产品的全套装配图及零件图。
2. 产品的验收质量标准。
3. 产品的生产纲领及生产类型。
4. 零件毛坯图及毛坯生产情况。
5. 本厂（车间）的生产条件。
6. 各种有关手册、标准等技术资料。
7. 国内外先进工艺及生产技术的发展与应用情况。

四、制定机械加工工艺规程的原则及步骤

1. 制定机械加工工艺规程的原则

①确保零件加工质量，达到产品设计图纸所规定的各项技术要求。

在设计机械加工工艺规程时，如果发现图样上某一技术要求规定的不恰当，只能向有关部门提出建议，不得擅自修改图样，或不按图样上的要求去做。

②必须能满足生产纲领要求。

③在满足技术要求和生产纲领要求的前提下，一般要求有较高的生产效率和较低的成本。

④尽量减轻工人劳动强度，保证安全生产，创造良好、文明劳动条件。

⑤积极采用先进技术和工艺，减少材料和能源消耗，并应符合环保要求。

2. 制定机械加工工艺规程的步骤和内容

(1) 分析研究产品的装配图和零件图　了解产品的用途、性能和工作条件，熟悉零件在产品中的地位和作用，明确零件的各项技术要求，找出其主要技术要求和关键技术问题等。

(2) 对装配图和零件图进行工艺审查　审查图纸上的尺寸、视图和技术要求是否完整、正确、统一，分析主要技术要求、表面粗糙度是否合理、恰当，审查零件结构工艺性。

所谓零件结构工艺性是指在满足使用要求的条件下，制造该零件的可行性和经济性。功能相同的零件，其结构工艺性可以有很大的差别。所谓结构工艺性好，是指在一定的工艺条件下，既能方便制造，又有较低的工艺成本。见表 7－10 所列，在常规工艺条件下零件结构工艺性分析。

表 7－10　零件结构工艺性分析举例

序号	图例		说明
	改进前	改进后	
1	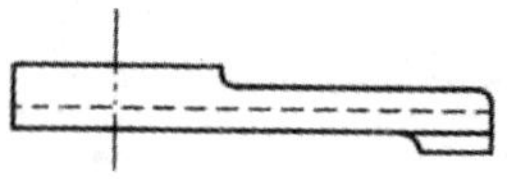	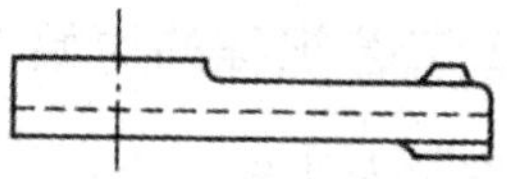	车床小刀架上增加工艺凸台，以便加工下部燕尾导轨面时定位稳定，便于装夹
2	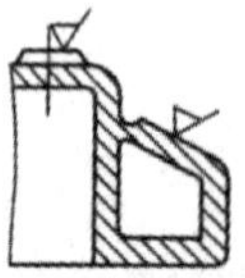		避免设置倾斜的加工面，以便减少装夹次数

续表

序号	图例		说明
	改进前	改进后	
3	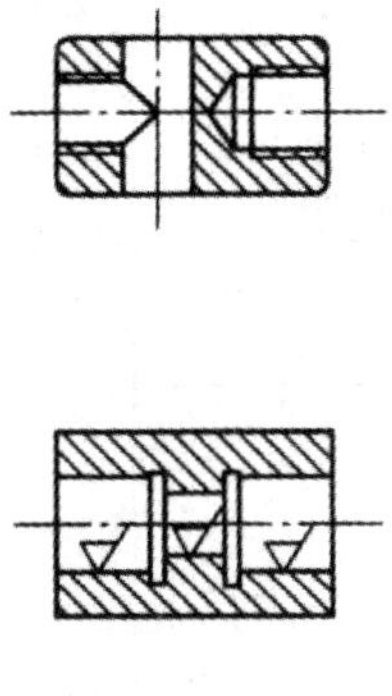	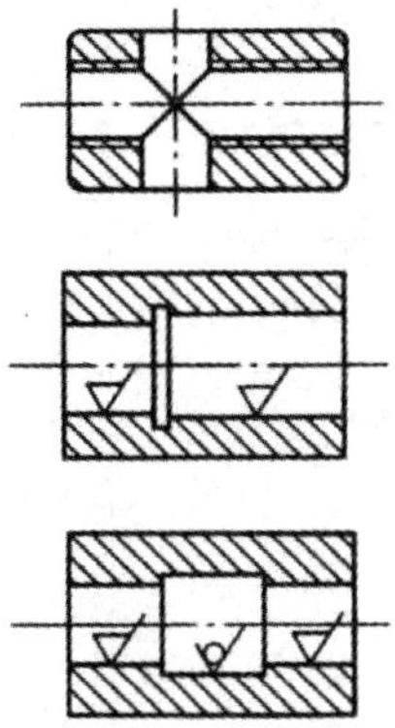	改为通孔或扩大中间孔可减少装夹次数，保证孔的同轴度
4	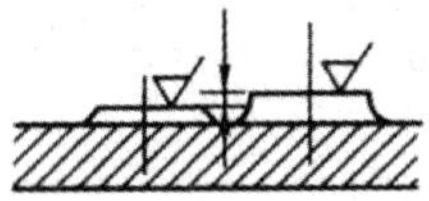	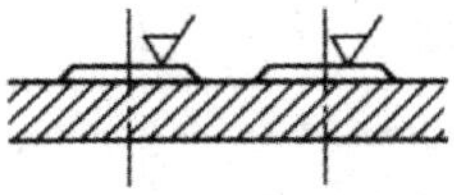	被加工表面尽量位于同一平面上，可在一次走刀中完成加工，减少调整时间
5	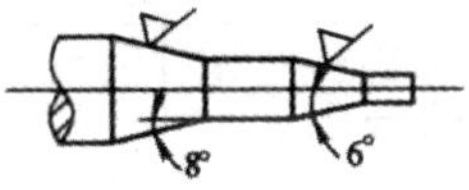 8° 6°	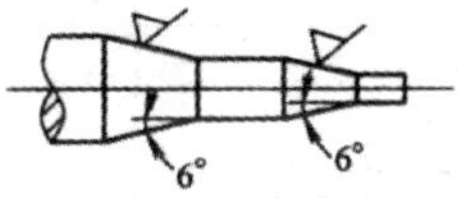 6° 6°	锥度相同只需要作一次调整
6	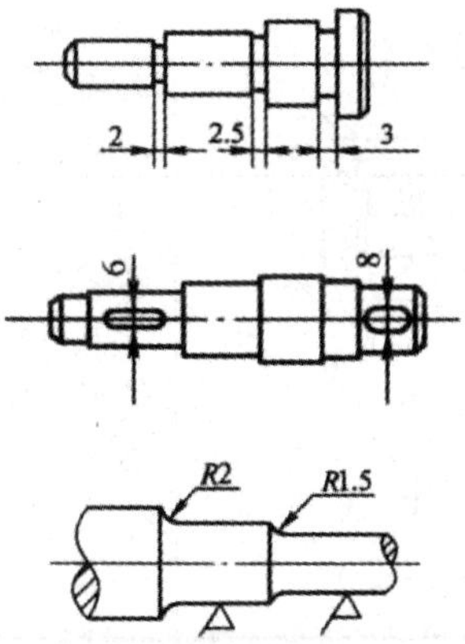 2 2.5 3 6 8 R2 R1.5	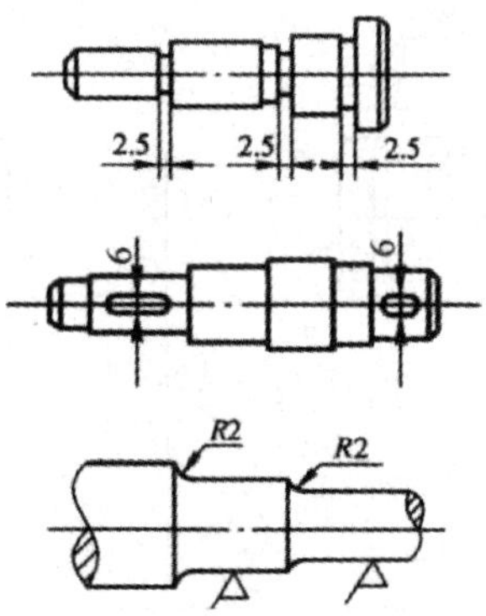 2.5 2.5 2.5 6 6 R2 R2	轴上的退刀槽、键槽或过渡圆角应尽量一致，减少刀具种类
7	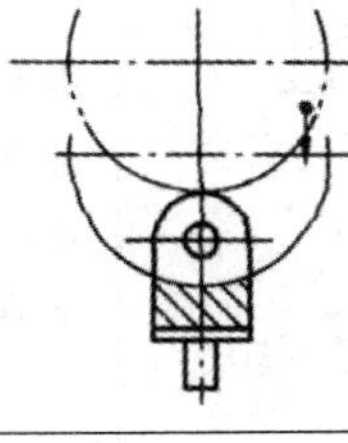	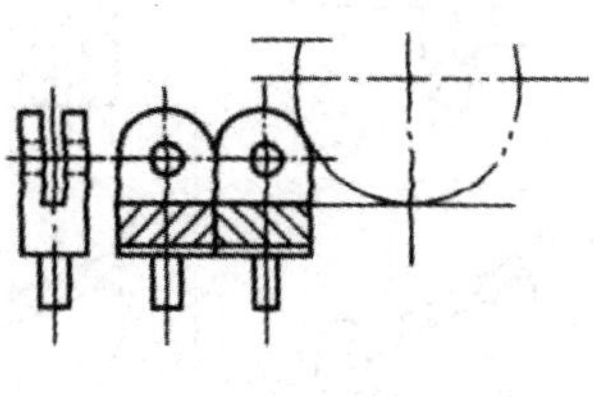	底部设计成圆弧形，只能单件垂直进给加工，如该底部为平面可多件连续加工

续表

序号	图例		说明
	改进前	改进后	
8		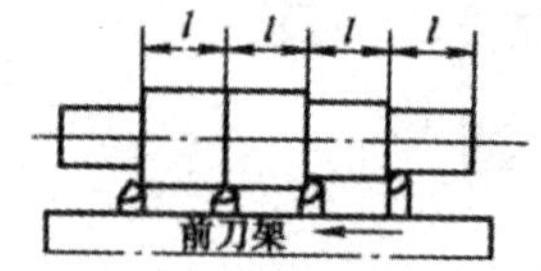	需要多刀加工的工件，各段长度应为l的整数倍，车刀按间距l设计，刀架移动l距离即可
9	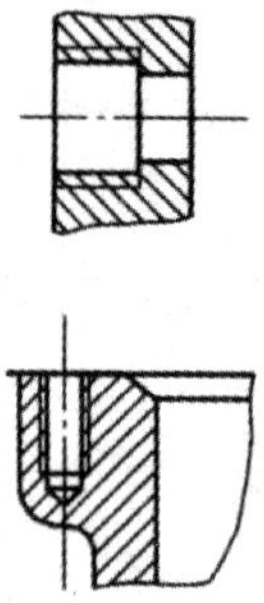	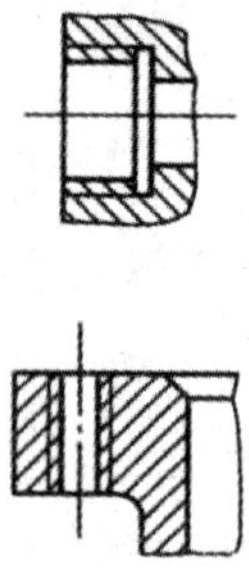	加工螺纹时，应留有退刀槽或开通，以便退刀
10	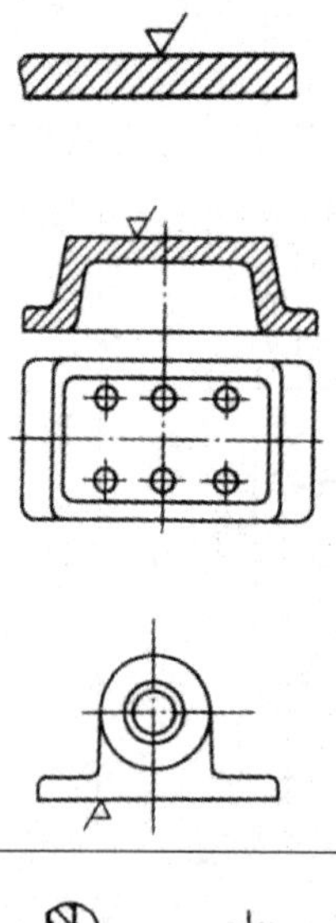	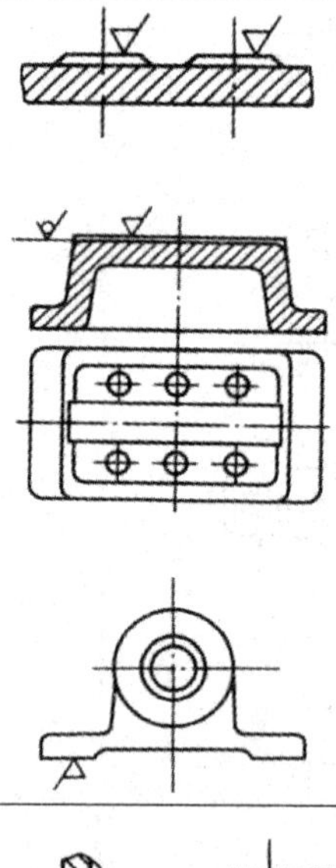	支承面不要设计成大平面，要改为台阶面、铸件加工面应铸出凸台，保证必要加工长度，以减少加工面积，减少刀具损耗，提高效率，保证平面度要求
11	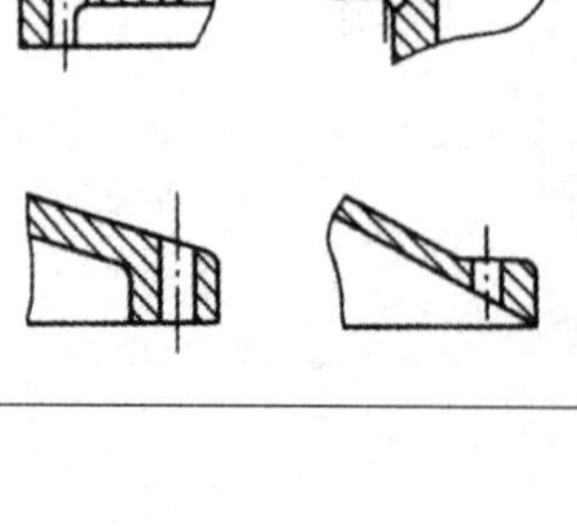	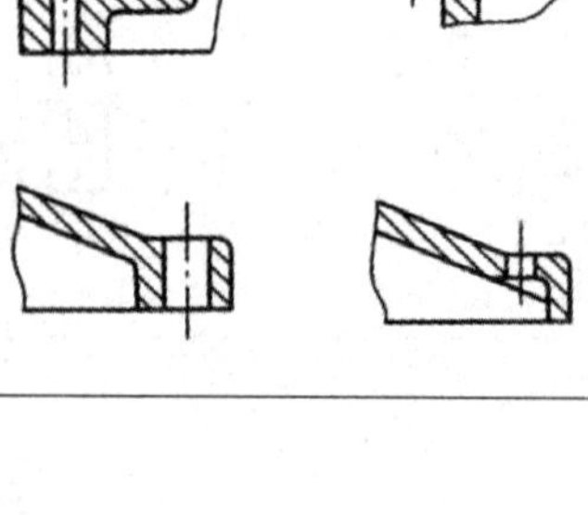	避免在斜面上钻孔，避免钻头单刃切削，防止刀具损坏和防止轴线偏斜

续表

序号	图例		说明
	改进前	改进后	
12	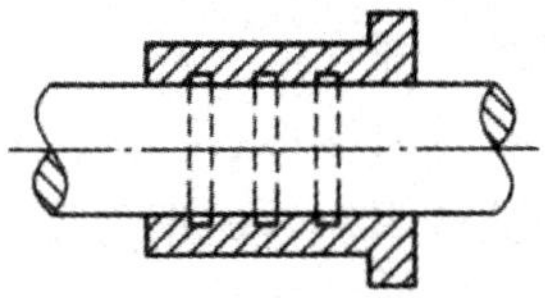	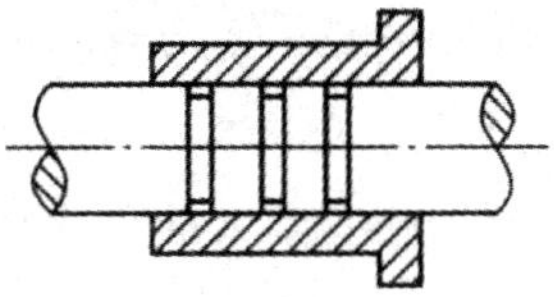	避免内表面内有凹面的加工，尽量设在外表面上，利于提高生产效率，保证加工精度
13	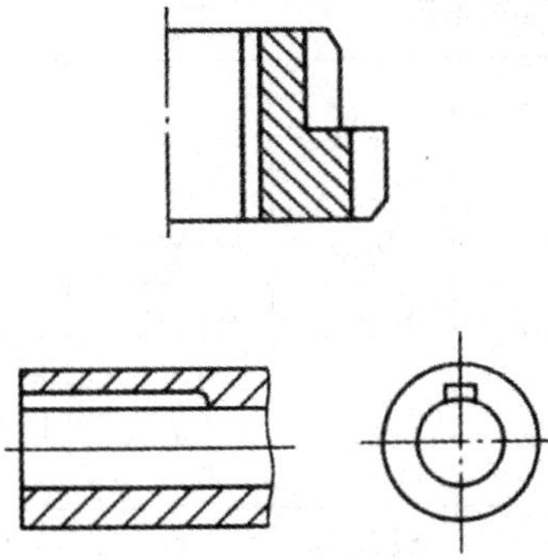	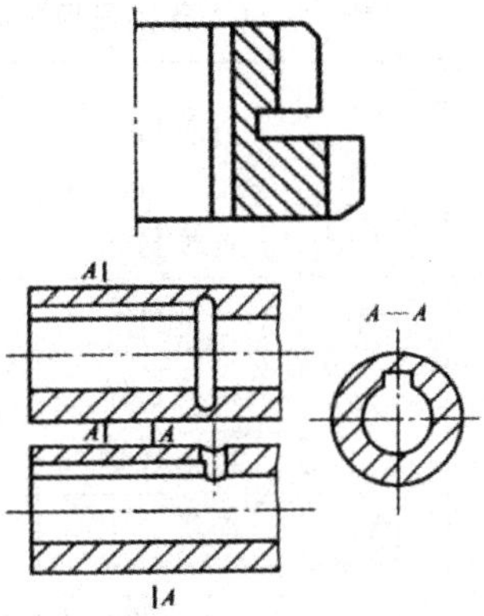 A—A	加工多联齿轮或插键槽时应留空刀槽
14	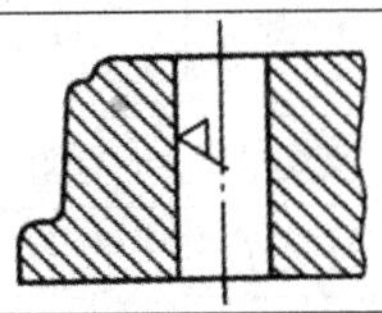	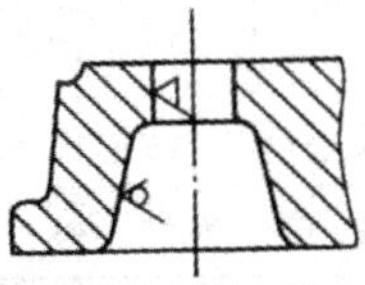	避免深孔加工，改善排屑和冷却条件
15	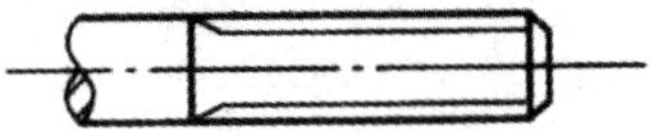	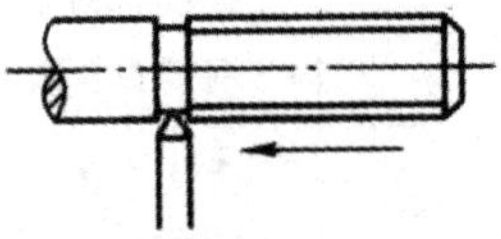	加工螺纹时应留有退刀槽或开通孔，或具有螺纹尾扣，以方便退刀
16	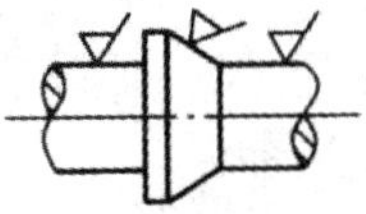	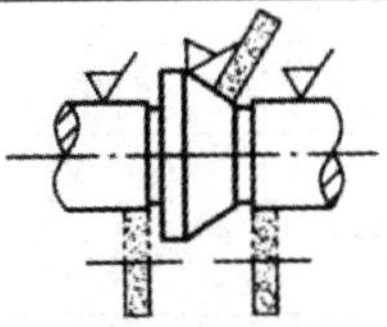	磨削时各表面间的过渡部分应留有砂轮越程槽
17	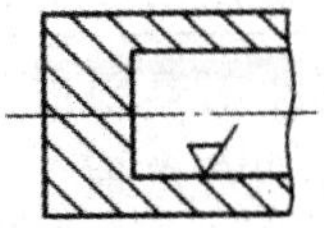	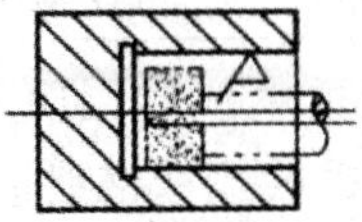	
18	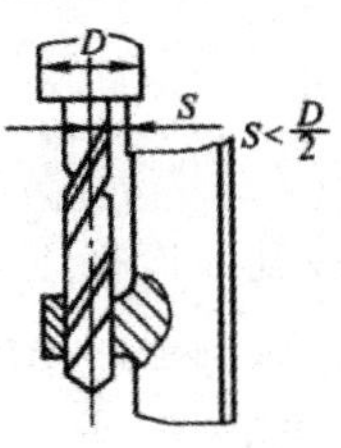 D　S　$S<\frac{D}{2}$	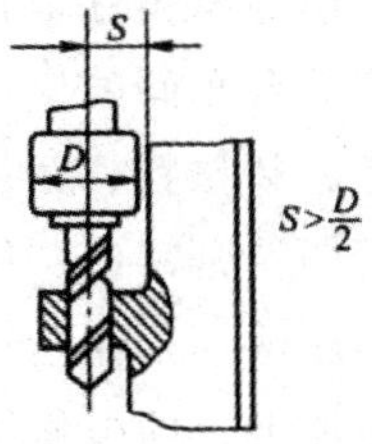 S　D　$S>\frac{D}{2}$	便于刀具的进入和退出，孔不要离箱壁太近或箱壁高度尺寸太大，避免采用加长钻头

（3）确定毛坯的种类和尺寸　确定毛坯的主要依据是零件在产品中的作用、零件本身的结构特征与外形尺寸、零件材料工艺特性以及零件生产批量等。常用的毛坯种类有铸件、锻件、焊接件、冲压件、型材等，其特点及应用见表7－11。选用时应考虑以下因素：

①材料及其力学性能　当零件为铸铁和青铜时应采用铸件；零件为钢材、形状不复杂而力学性能要求不高时，选用型材，力学性能要求较高时采用锻件。

②零件的结构形状和尺寸　大型零件一般用砂型铸件或自由锻件；中小型零件可用模锻件或特种铸件；各台阶直径相差不大的阶梯轴零件及光轴可用棒料，相差较大的可采用锻件。

表7－11　各类毛坯的特点及适用范围

毛坯种类	制造精度/CT	加工余量	原材料	工件尺寸	工件形状	机械性能	适用生产类型
型材	—	大	各种材料	小型	简单	较好	各种类型
型材焊件	—	一般	钢材	大中型	较复杂	有内应力	单件
砂型铸造	≤13	大	铸铁、铸钢、青铜	各种尺寸	复杂	差	单件小批量
自由锻造	≤13	大	钢材为主	各种尺寸	较简单	好	单件小批量
普通模锻	11～15	一般	钢、锻铝、铜等	中、小型	一般	好	中、大批量
钢模铸造	10～12	较小	铸铝为主	中、小型	较复杂	较好	中、大批量
精密锻造	8～11	较小	钢材、锻铝等	小型	较复杂	较好	大批量
熔模铸造	8～11	很小	铸铁、铸钢、青铜	小型为主	复杂	较好	中、大批量
压力铸造	7～10	小	铸铁、铸钢、青铜	中、小型	复杂	较好	中、大批量
冲压件	8～10	小	钢	各种尺寸	复杂	好	大批量
粉末冶金件	7～9	很小	铁、铜、铝基材料	中小尺寸	较复杂	一般	中、大批量
工程塑料件	9～11	很小	工程塑料	中小尺寸	复杂	一般	中、大批量

③生产类型　在大批大量生产时，应采用较多专用设备和工具制造的毛坯。如金属模、机器造型、压力铸造，模锻或精密锻造等毛坯；在单件小批生产时，一般采用通用设备和工具制造的毛坯，如木模砂型铸件、自由锻件、焊接件等毛坯。

④车间的生产能力　应结合车间的生产能力合理选择毛坯。

⑤充分注意应用新工艺、新材料、新技术。

目前，少、无切屑加工如精密铸造、精密锻造、冲压、冷轧、冷挤压、粉末冶金、异型钢材、工程塑料的压铸和注塑等都在迅速推广，采用这些方法制造的毛坯，只要经过少量的机械加工，甚至不需要加工，即可使用。

任务三　工件加工时的定位与基准

一、工件的定位

随着产品生产批量的不同、加工精度要求的不同、工件结构特点不同，工件在装夹中的定位方法也不同。

1. 工件的装夹

为了保证零件加工表面的尺寸、形状和相互位置精度的要求，在零件进行加工时，首先应考虑的重要问题之一就是如何将工件正确地装夹在机床上或夹具中。工件的装夹包括定位和夹紧两个过程，其目的是通过定位和夹紧使工件在加工过程中始终保持正确的加工位置，以保证达到该工序所规定的技术要求。

定位是指确定工件在机床或夹具上占有正确位置的过程。通常可以理解为工件相对于刀具占有一定的位置，能保证加工尺寸、形状和位置的要求；夹紧是指将工件定好的位置固定下来，对工件施加一定的外力，使其在加工过程中保持已确定的位置不变的过程。

定位是使工件占有一个正确的位置，夹紧使它不能移动和转动，把工件保持在一个正确的位置上，所以定位与夹紧是两个概念，决不能混淆。

工件在装夹时一般先定位，后夹紧，但也有定位、夹紧同时完成的，如自动定心夹紧机构——三爪卡盘、弹性夹头等。

工件在机床或夹具中的装夹主要有三种方法。

(1) 直接找正装夹　对于形状简单的工件，操作工人利用百分表、划针等直接在机床上进行工件的定位，俗称找正，然后夹紧工件。如图 7－4 所示，在四爪卡盘上加工一个轴套，要加工的内、外表面有同轴度的要求，若同轴度要求不高时，可用划针找正，定位精度可达到 0.5 mm 左右；若同轴度要求较高时，则可用百分表找正，定位精度可达 0.02 mm 左右。

直接找正装夹费时费事，效率低，一般只适合于单件小批生产中。当加工精度要求特别高时，采用夹具也很难保证定位精度时，只能用精密量具直接找正定位。

(2) 划线找正装夹　对于形状复杂的工件，按照图样要求在工件上划出中心线，对称线及各待加工表面的加工线和找正线，并检查它们与各不加工表面的尺寸和位置，然后按照划好的线找正工件在机床上的位置，并压紧夹牢。图 7－5 为一轴承座在四爪卡盘上，用划线找正与加工轴承孔的装夹情况。

划线找正需要技术高的划线工，且非常费时，故效率和精度均较低，划线找正的定位精度一般只能达到 0.2～0.5 mm。通常用于单件小批生产中加工表面复杂、精度要求不高的铸件粗加工工序或尺寸和重量都很大的铸件及锻件。

(3) 使用夹具装夹　是根据被加工工件的某一道工序的具体加工要求设计一套专用夹具，由夹具上的定位元件来确定工件的位置，通过夹紧元件夹紧工件，可使工件迅速准确地装夹。夹具则通过对定元件安装在机床上。

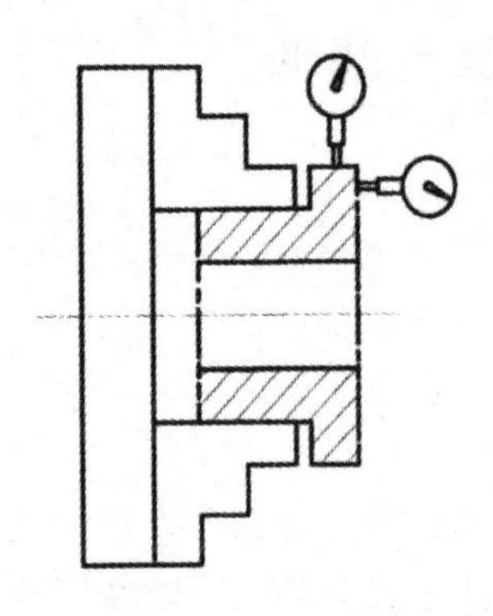

图 7－4　直接找正装夹

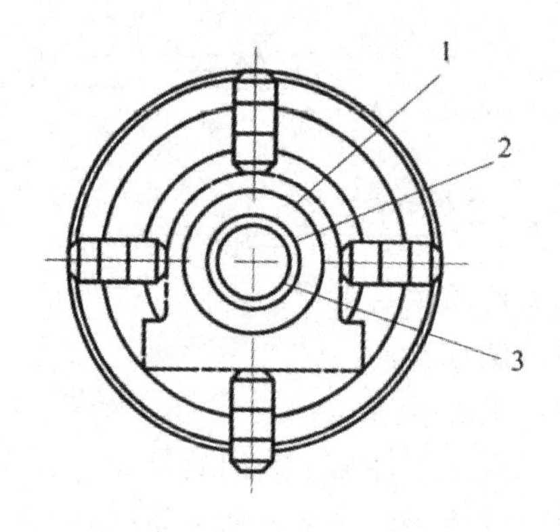

图 7－5　线找正装夹

1—毛坯孔；2—加工线；3—找正线

图 7－6 所示是在插齿机上加工双联齿轮的情形。工件以一面一孔在定位心轴 3 和基座 4 上定位，用夹紧螺母 1 和螺杆 5 夹紧。这种装夹方法由夹具来完成工件的定位和夹紧，易于保证加工精度，操作简单方便，效率高，应用广泛。适用于成批和大量生产。

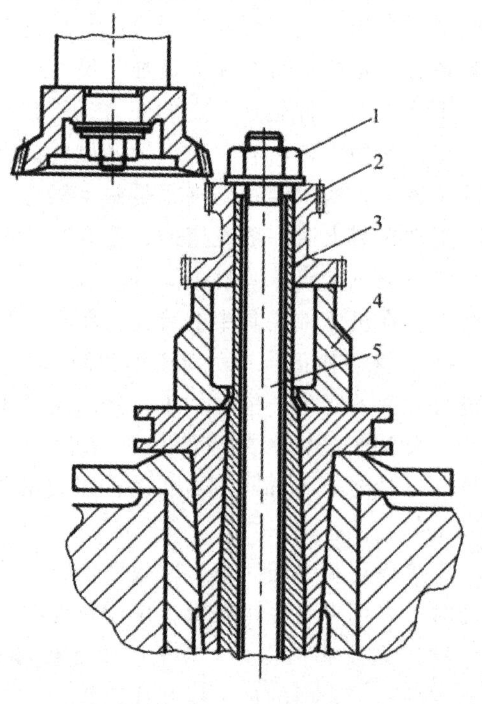

图 7－6　夹具装夹

1—夹紧螺母；2—双联齿轮（工件）；3—定位心轴；4—基座；5—螺杆

2. 定位原理

（1）六点定位原理　如图 7－7 所示，任何一个刚体在空间都有六个独立的运动，即沿空间直角坐标系 x、y、z3 个方向的直线移动和绕 3 个方向的转动。分别用 $\overrightarrow{x}$、$\overrightarrow{y}$、$\overrightarrow{z}$ 表示沿 3 个方向的平动，用 $\overset{\frown}{x}$、$\overset{\frown}{y}$、$\overset{\frown}{z}$ 表示沿 3 个方向的转动。通常把上述 6 个独立运动称为 6 个自由度。

要确定其空间位置，就需要限制其 6 个自由度。图 7－8 所示为一个长方体工件在空间坐标系中的定位情况。在 xOy 平面上布置 3 个不共线的支承点，工件放置在这 3 个点（1、2、3）上，就能限制工件的 $\overrightarrow{z}$、$\overset{\frown}{x}$、$\overset{\frown}{y}$3 个自由度；在 xOz 平面上设置两个支承点 4、5 且两点连线平行于 x 轴，把工件靠在这两个支承点上，可限制 $\overrightarrow{y}$、$\overset{\frown}{z}$ 两个自由度；在 yOz 平面上设置一个支承点 6，使工件与这个支承点接触，则限制 $\overrightarrow{x}$ 这个自由度，从而完全限制了工件的 6 个自由度，工件在空间就有了完全确定的唯一位置，这时工件被完全定位了。

采用 6 个按一定规则布置的支承点来约束限制工件的 6 个自由度，使其在空间得到唯一确定的位置，称之为六点定位原理。

工件定位的实质是限制工件的自由度，使工件在夹具中占有某个确定的正确加工位置。

在空间坐标系中，设置的6个支承点称为定位支承点，实际上就是起定位作用的定位元件。由于工件的形状是多种多样的，都用定位支承点定位显然是不合适的，常用的定位元件有定位支承钉、支承板、圆柱销、圆锥销、心轴、V形块等，将这些具体的定位元件抽象化，转化为相应的定位支承点，用这些定位支承点来限制工件的自由度。表7－12总结了典型定位元件的定位分析。

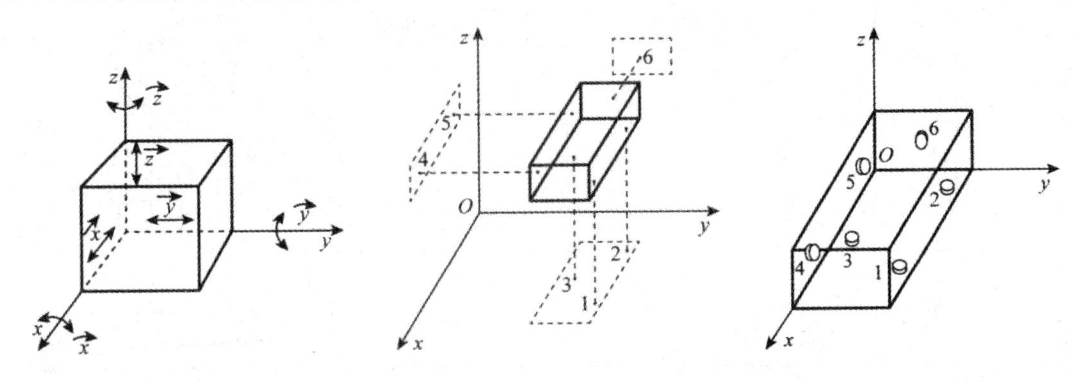

图7－7　刚体在空间的自由度

图7－8　长方体工件定位分析

a）长方体工件的六点定位　b）长方体工件的实际定位

表7－12　典型元件的定位分析

工件定位基准面	定位元件	定位及限制自由度方法	工件定位基准面	定位元件	定位及限制自由度方法
平面	支承钉	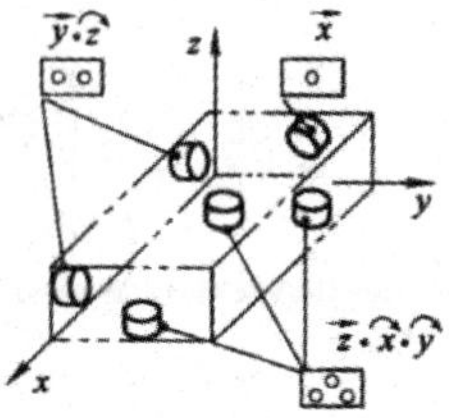	内表面（圆柱孔）	定位销（短销与长销）	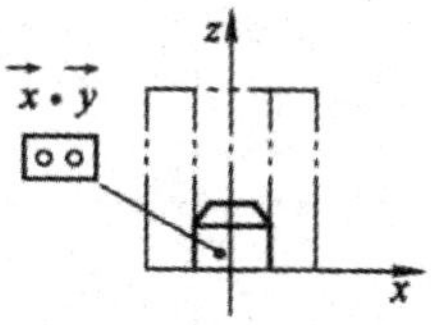 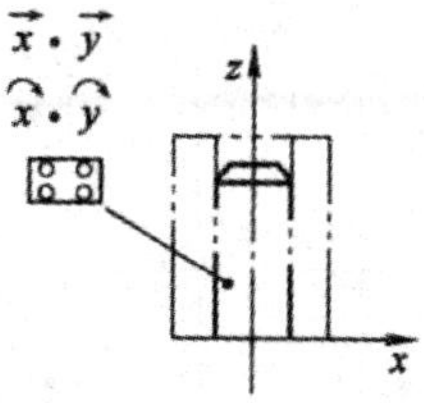

续表

工件定位基准面	定位元件	定位及限制自由度方法	工件定位基准面	定位元件	定位及限制自由度方法
平面	支承板		内表面（圆柱孔）	圆锥销	
平面	固定支承与辅助支撑		内表面（圆柱孔）	锥度心轴	
平面	固定支承与自位支承		内表面（圆锥孔）	顶尖	
外圆柱表面	支承板		外圆柱表面	短半圆座	
外圆柱表面	短V形块		外圆柱表面	长定位套	

续表

工件定位基准面	定位元件	定位及限制自由度方法	工件定位基准面	定位元件	定位及限制自由度方法
外圆柱表面	长V形块	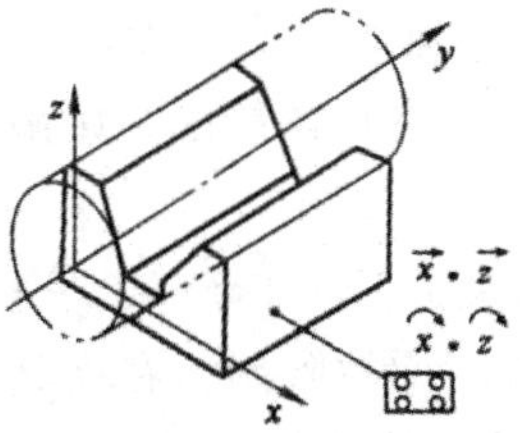 z y x $\vec{x}\cdot\vec{z}$ $\overset{\frown}{x}\cdot\overset{\frown}{z}$	外圆柱表面	长半圆座	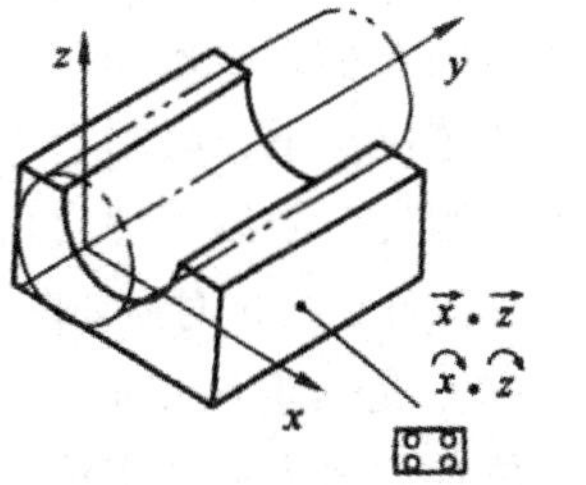 z y x $\vec{x}\cdot\vec{z}$ $\overset{\frown}{x}\cdot\overset{\frown}{z}$
外圆柱表面	活动短V形块	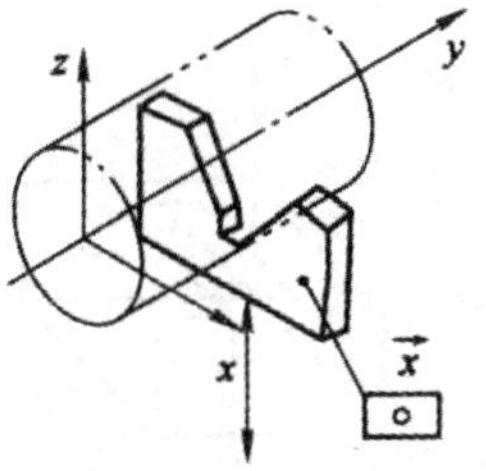 z y x $\vec{x}$	外圆柱表面	锥套	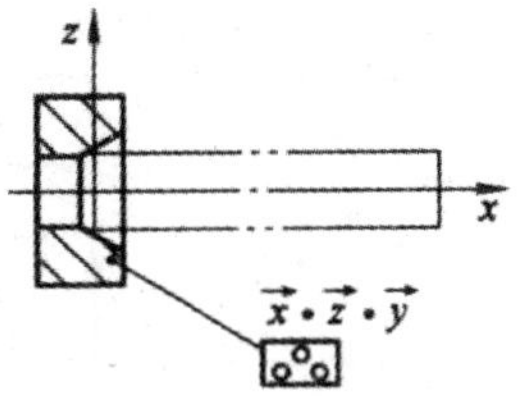 z x $\vec{x}\cdot\vec{z}\cdot\vec{y}$
外圆柱表面	短定位套	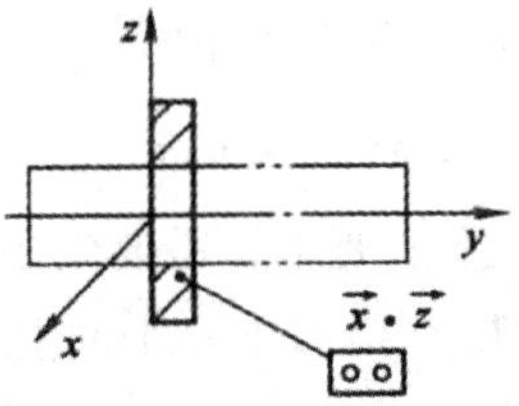 z y x $\vec{x}\cdot\vec{z}$	外圆柱表面	锥套	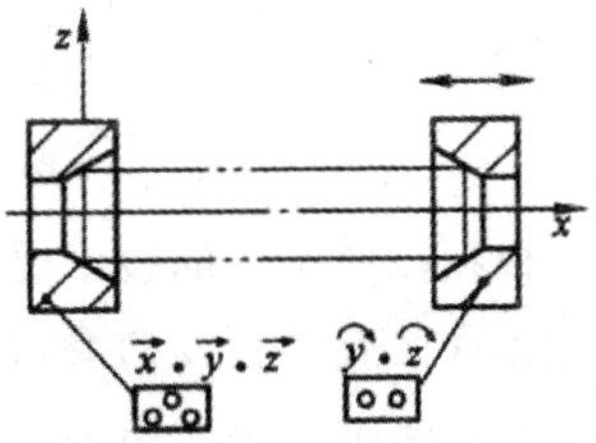 z x $\vec{x}\cdot\vec{y}\cdot\vec{z}$ $\overset{\frown}{y}\cdot\overset{\frown}{z}$

应用六点定位原理实现工件在夹具中的正确定位时，应注意以下几点：

①定位元件大小、长短关系：定位元件大小、长短是相对于定位表面的接触情况而言。

支承钉或支承板与工件的定位表面接触面积较大时（相当于3个支承点或1块矩形支承板或2块条形支承板），限制了1个移动自由度和2个转动自由度，对应的定位表面称为第一定位基准面或主要定位面。布置支承钉、支承板时应尽量分散、远离，使支承面积尽可能大，提高定位稳定性；定位元件与工件的定位表面接触面积窄长时（相当于2个支承点或1块条形支承板），限制2个自由度。2个支承钉或支承板应布置在定位表面的纵长方向上，且2支承钉间距离要尽量远，使导向作用更好。该定位表面称为第二定位基准面或导向面；定位元件与工件的定位表面接触面积很小为点接触时（相当于1个支承点），限制1个自由度，对应的定位表面称为第三定位基准面或止推面（或防转面）。

圆柱销与工件的定位表面接触较长时，为长销限制4个自由度，反之为短销限制2个自由度。同理长V形块限制4个自由度，短V形块限制2个自由度。

②定位元件的组合关系：定位元件组合定位所限制自由度数目不是简单的叠加，要视具体情况而定。如2个短V形块组合相当于1个长V形块限制4个自由度；2块条形支承

板组合相当于1块矩形支承板限制3个自由度；而2顶尖联合定位时，前顶尖（固定顶尖）限制3个平动自由度$\vec{x}$、$\vec{y}$、$\vec{z}$，后顶尖（活动顶尖）限制2个转动自由度$\overset{\frown}{y}$、$\overset{\frown}{z}$，而不是2个平动自由度$\vec{y}$、$\vec{z}$。

③实际生产中1个定位元件可体现1个或多个支承点，需视具体工作方式及其与工件接触范围大小、长短而定，但1个定位支承点只能限制1个自由度。

④定位支承点必须与工件的定位基准（表面）始终贴紧接触，则限制自由度。若一旦脱离，则失去限制工件自由度的作用。

⑤工件在定位时需要限制的自由度数目，完全取决于工件在该道工序中的加工技术要求。

（2）完全定位和不完全定位　工件的6个自由度均被限制，在夹具中占有完全确定的唯一位置，称为完全定位。如图7－9所示，在该长方体上加工一个不通槽。

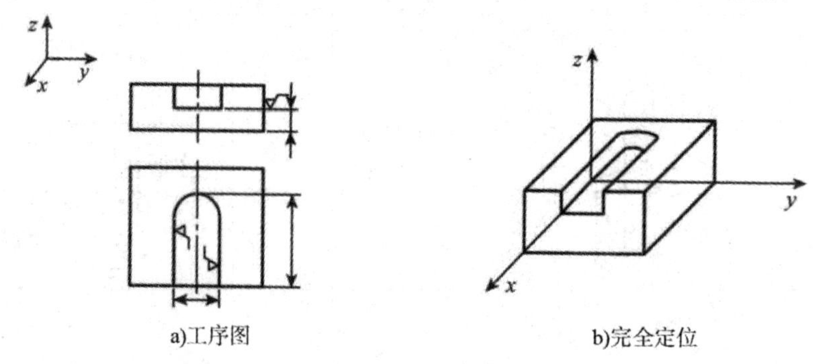

a)工序图　　b)完全定位

图7－9　长方体工件铣不通槽工序的定位分析

根据该道工序的技术要求，分析如下：槽有深度的要求，需要限制$\vec{z}$自由度；槽底与长方体底面有平行度的要求，需要限制$\overset{\frown}{x}$、$\overset{\frown}{y}$自由度；槽的中心平面对长方体中心平面有对称度的要求，需要限制$\vec{y}$、$\overset{\frown}{z}$；不通槽有一定长度的要求，故需限制$\vec{x}$。共限制了6个自由度，属于完全定位。

工件的6个自由度中有1个或几个自由度未被限制，但满足该道工序的技术要求，在夹具中占有正确的位置，称为不完全定位。如图7－10所示，在该长方体上加工一个通槽。在图7－9分析的基础上，通槽不需限制；自由度，其他相同，仅需限制$\vec{z}$、$\overset{\frown}{x}$、$\overset{\frown}{y}$、$\vec{y}$、$\overset{\frown}{z}$5个自由度。图7－11铣该长方体上表面，要求该面与底面平行，且有一定高度的要求，故需限制$\vec{z}$、$\overset{\frown}{x}$、$\overset{\frown}{y}$3个自由度。

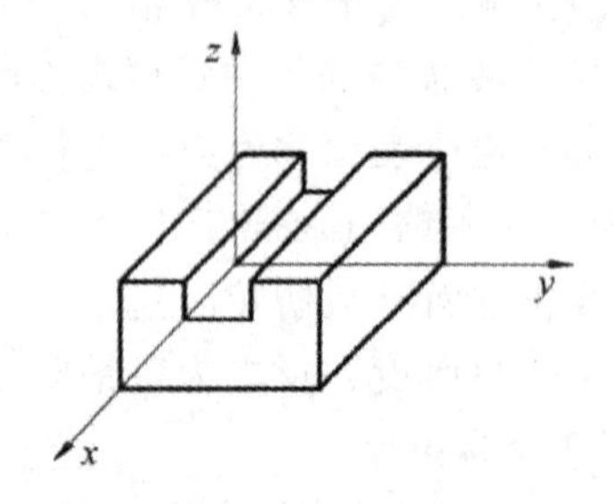

图7－10　长方体工件铣通槽工序的定位分析

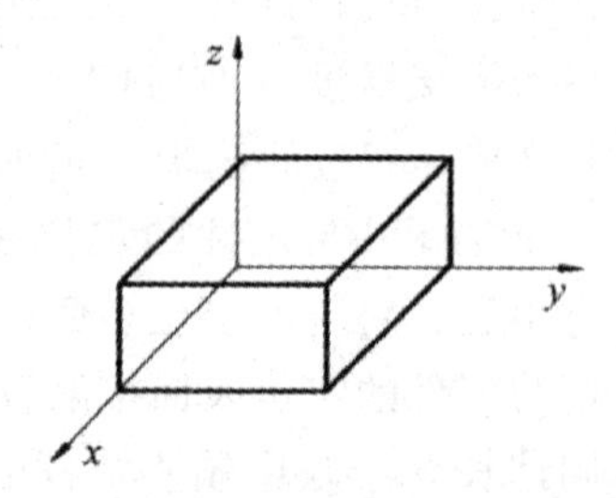

图7－11　长方体工件铣平面工序的定位分析

图 7－12 是在球体上铣一个平面，仅有高度尺寸的要求，故只需限制$\overrightarrow{z}$1 个自由度。图 7－13 是在球体上钻一个通过球心的通孔，由于需要通过球心，故需限制$\overrightarrow{x}$、$\overrightarrow{y}$2 个自由度。图 7－14a）是在一个圆柱体上铣一个通键槽，键槽有深度要求，且键槽与圆柱体中心面有对称度的要求，故需要限制$\overrightarrow{y}$、$\overrightarrow{z}$、$\overset{\curvearrowright}{y}$、$\overset{\curvearrowright}{z}$4 个自由度。如果在图 7－14a）基础上，再铣一通槽，如图 7－14b）所示，则需限制$\overrightarrow{y}$、$\overrightarrow{z}$、$\overset{\curvearrowright}{x}$、$\overset{\curvearrowright}{y}$、$\overset{\curvearrowright}{z}$5 个自由度，上述 6 个例子中所限制的自由度都小于 6 个，但都是正确的定位，均属不完全定位。

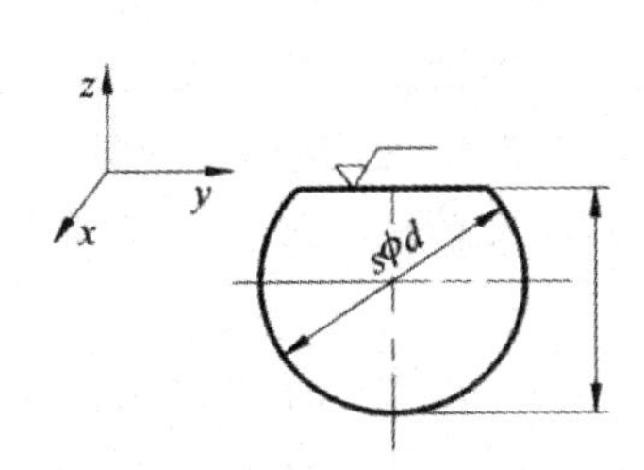

图 7－12　球体上铣平面工序的定位分析

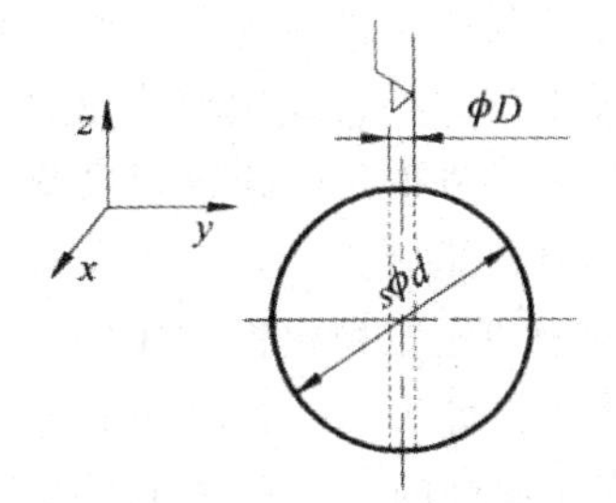

图 7－13　球体上钻通孔工序的定位分析

应当指出，有些加工虽然按工序的加工技术要求不需要限制某些自由度，但为了承受切削力、夹紧力，或为了保证一批工件的进给长度一致、调整方便，有时将无加工要求的自由度也加以限制，也是合理的、必要的。如图 7－14 所示工件，为了承受铣削力、控制加工行程，工件$\overrightarrow{x}$自由度也可以限制。

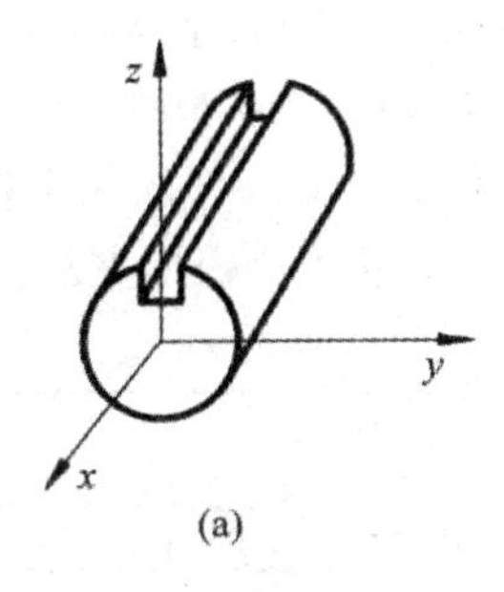

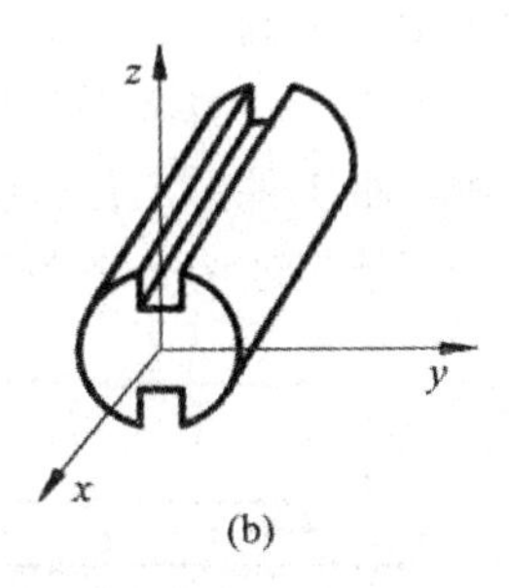

图 7－14　圆柱体上铣通键槽工序的定位分析

（3）欠定位和过定位　根据被加工面的尺寸、形状和位置要求，工件加工时必须限制的自由度没有被限制，称为欠定位。欠定位不能保证工序所规定的加工要求，因而是绝对不允许的。如长方体工件上需要一铣缺口，该缺口宽度为 B，距底面为 A，且与底面有平行度要求，故应限制 5 个自由度。如图 7－15 所示只限制$\overrightarrow{z}$、$\overset{\curvearrowright}{x}$、$\overset{\curvearrowright}{y}$3 个自由度，则不能保证加工尺寸 B 及其侧面与工件侧面的平行度，故为欠定位。为了保证该道工序的加工要求，必须增加一个条形支承板，限制$\overrightarrow{y}$、$\overset{\curvearrowright}{z}$2 个自由度，才能保证工件在加工时有个正确的位置，如图 7－16 所示。

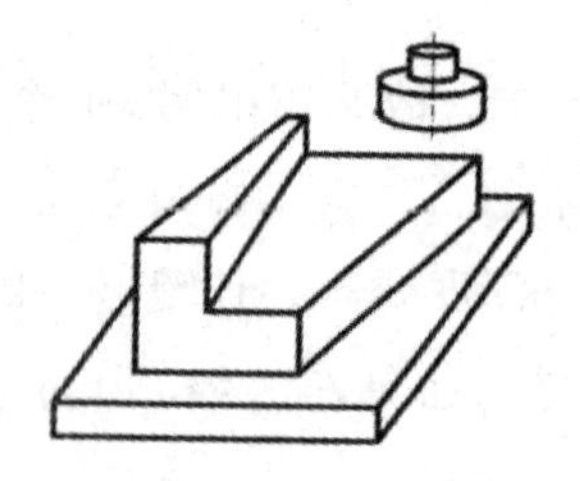

图 7－15　工件的欠定位

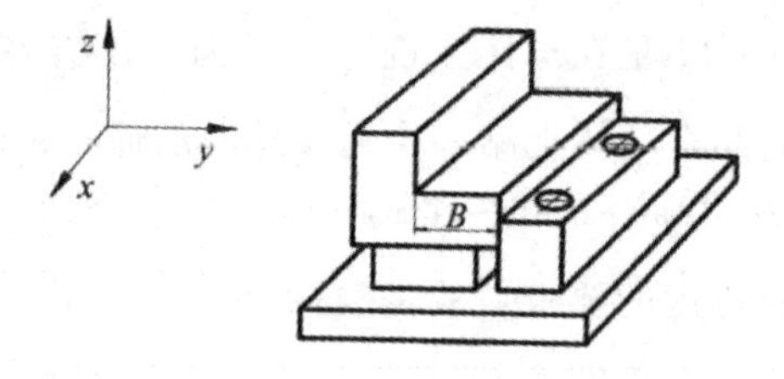

图 7－16　工件的正确定位

过定位是指工件定位时，某一个自由度（或某几个自由度）被两个（或两个以上支承点重复限制，称为过定位或重复定位。过定位是否允许，须视具体情况而定：

①如果工件的定位面经过机械加工，且尺寸、形状、位置精度均较高，则过定位是允许的，有时还是必要的。因为合理的过定位不仅不会影响加工精度，还会起到加强工艺系统刚度和增加定位稳定性的作用。

②反之，如果工件的定位面是毛坯面，或虽经过机械加工，但加工精度不高，这时过定位一般是不允许的，因为它可能造成定位不准确，或定位不稳定，或发生定位干涉等情况。

在长方体上铣一平面，以底平面作为定位基准，布置 3 个支承钉限制 $\vec{z}$、$\overset{\frown}{x}$、$\overset{\frown}{y}$3 个自由度，这是不完全定位，是一合理方案。但当布置 4 个支承钉时，属于过定位。如图 7－17 所示，若工件定位平面粗糙或 4 个支承钉的制造精度和安装精度不高时，实际上只有其中的 3 个支承钉与工件定位表面相接触，将产生定位不准确、不稳定的现象，是不合理的方案。

若在工件重力、夹紧力或切削力的作用下，强行将工件定位表面与 4 个支承钉接触，则会使工件或夹具变形，或两者均变形；如果工件定位表面已加工过，且 4 个支承钉有较高的平面度，则一批工件的定位位置基本一致，更有利于保证工件的加工精度，是合理方案。或者将 4 个支承钉改为 2 个条形支承板（图 7－18）或 1 个矩形支承板也可以。

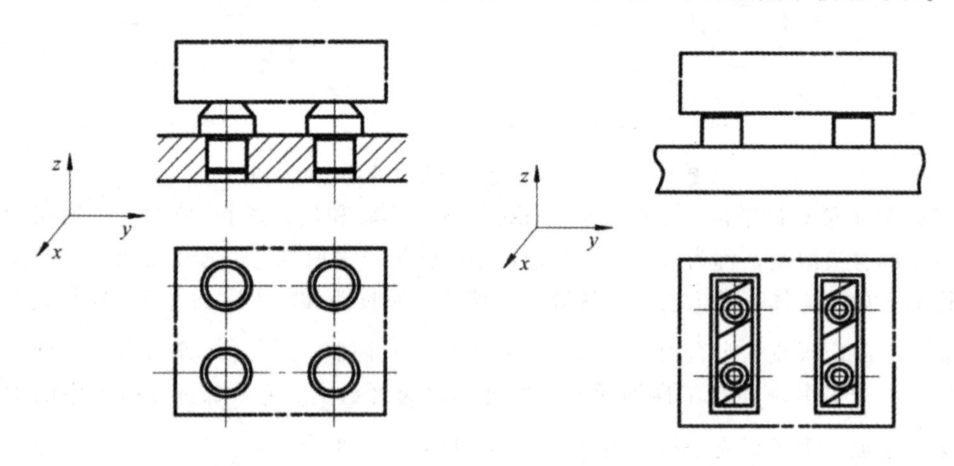

图 7－17　铣平面时的过定位　　图 7－18　精铣平面时的定位

二、基准

零件是由若干表面组成的，它们之间有一定的相互位置和尺寸的要求。在加工过程中也必须相应地以某个或某几个表面为依据来加工其他表面，以保证零件图上所规定的技术要求。零件表面间的各种相互依赖关系引出了基准的概念。

所谓基准就是零件上用来确定其他点、线、面的位置所依据的那些点、线、面。

根据功能和应用场合的不同，基准可分为设计基准和工艺基准两大类。

1. 设计基准

设计基准是指零件图上用以确定其他点、线、面位置的基准。设计基准是设计图样上所用的基准，是尺寸标注的起始点。在图 7－19 中对于尺寸 t 来说，A 面与 B 面是它的设计基准，即可以 A 面为基准确定 t 尺寸，也可以 B 面为基准确定 t 尺寸；对尺寸 L 来说，A 面与 C 面是它的设计基准；尺寸 ϕD、40 的设计基准是孔 ϕD 的中心线；径向圆跳动与端面圆跳动的设计基准也是孔 ϕD 的中心线。

2. 工艺基准

在零件加工和装配中所使用的基准称为工艺基准。工艺基准又可进一步分为工序基准、定位基准、测量基准、装配基准。

（1）工序基准　在工序图上，用来确定本工序所加工表面加工后的尺寸、位置所采用的基准，称为工序基准。

如图 7－20 所示，该道工序在长方体工件上钻直径为 ϕD 的孔，要求加工表面的中心线与 A 面垂直，并与 C 面保持距离为 L_1，与 B 面保持距离为 L_2，则 A 面、B 面、C 面为本道工序的工序基准。

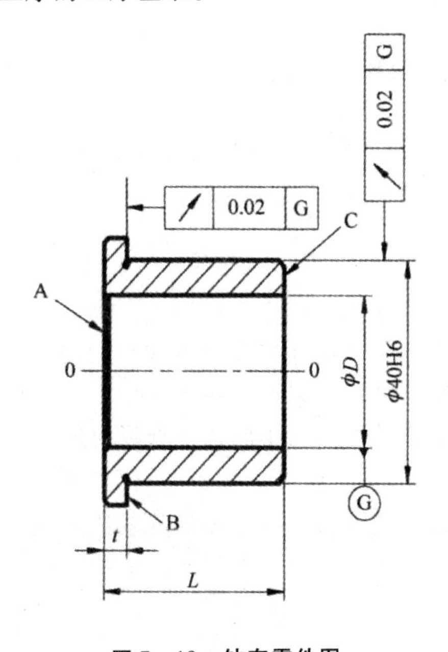

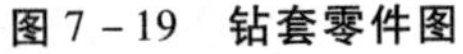
图 7－19　钻套零件图

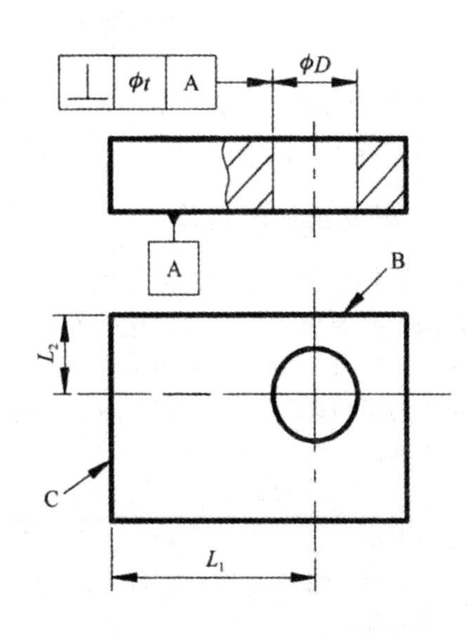

图 7－20　长方体上钻孔工序简图

（2）定位基准　在加工时，使工件在机床或夹具上占有正确位置所采用的基准，称为定位基准。在长方体上钻孔如图 7－20 所示，若以底面 A、导向面 B 和止推面 C 定位，则底面 A、导向面 B 和止推面 C 就是加工时的定位基准。这时工序基准与定位基准重合。

定位基准可分为：粗、精、辅助基准。

（3）测量基准　在加工中或加工后，用以测量工件尺寸、位置所采用的基准，即检验时所用的基准，称为测量基准，也称为度量基准。例如，在检验车床主轴时，用支承轴颈表面作测量基准。

（4）装配基准　装配时用来确定零件或部件在产品中的位置所采用的基准，称为装配基准。例如，齿轮内孔、活塞的活塞销孔、车床的主轴颈都是相应的装配基准，机床床身是机床的装配基准。

一般情况下，设计基准是零件图样上给定的，由该零件在产品结构中的功用决定的；工艺基准是工艺人员根据具体的工艺过程选择确定的。

在分析基准时，必须注意以下几点：

①作为基准的点、线、面在工件上不一定具体存在（如孔的中心线、轴心线、中心平面等），而常由某些具体的表面来体现，这些表面可称为基面。如图 7－19 所示钻套的加工，首先在三爪卡盘上夹持大端外圆，车个端外圆，车小端面，车台阶面，镗孔，这里实际定位表面是大端外圆柱表面，而它所体现的定位基准是大端外圆的轴线。因此，选择基准的问题就是选择合适的定位基面的问题。

②作为基准，可以是没有面积的点、线及很小的面，但代表这种基准的基面总是有一定面积的。例如，在外圆磨床上加工阶梯轴时，采用两顶尖定位，基准是轴线，没有面积，而基面是中心孔，虽然很小但总有一定的面积。

③对于表面位置精度的关系也是一样。例如，图 7－20 中孔 ϕD 的中心线对 A 面有垂直度的要求，也同样具有基准的关系。

任务四　工艺路线的拟定

工艺路线的拟订是制定工艺规程中关键性的一步。其实质就是选择合适的定位基准、加工方法和加工方案等。

一、定位基准的选择

合理选择定位基准对保证加工精度和确定加工顺序都有决定性的影响。因此，它是制定工艺路线时要解决的主要问题。在第一道工序中，工件在加工前为毛坯，即所有的面均为毛面，开始加工时只能选用毛面为基准，称为粗基准；在以后的各工序中，可以选已加工的面作为定位基准，称为精基准。由于粗基准、精基准用途不同，在选择时所考虑的侧重点也不同。

此外，有时会遇到工件上没有能作为定位基准用的恰当表面，就有必要在工件上专门设置或加工出定位表面，这种表面称为辅助基准。如轴加工用的中心孔、活塞加工用的止口和下端面等。辅助基准在零件上不起作用，仅是为了工艺上的需要，加工完毕后，若不需要可以去除。

在选择基准时，需要同时考虑以下 3 个问题：

①用哪个表面作为加工时的精基准，使整个机械加工过程能顺利地进行？

②为加工精基准，应采用哪一个（组）表面作为粗基准？

③是否有个别工序为了特殊的加工要求，需要采用第二个（组）精基准？

由于粗基准和精基准的情况和用途都不同，所以在选择粗基准和精基准时所考虑问题的侧重点也不同。

1. 粗基准的选择

粗基准的选择对零件的加工会产生较大的影响，在选择粗基准时，考虑的重点是如何保证各加工表面有足够余量，使不加工表面的尺寸和位置符合图纸要求。因此选择粗基准的原则有如下几方面。

（1）重要表面余量均匀的原则　若工件必须首先保证某重要表面余量均匀，则应选该表面为粗基准。如车床导轨面的加工，由于导轨面是车床床身的主要表面，精度要求高，要求表面硬度高、耐磨性好，且均匀一致。在铸造床身毛坯时，导轨面需要向下放置，使其表层的金属组织细致均匀，没有气孔和夹砂等缺陷。因此在机加工时要求加工余量均匀，以便达到高的加工精度，同时切去的金属层应尽可能地薄些，保证留下一层组织紧密、耐磨的金属层。同时，导轨面又很长，容易发生余量不均匀或不够的危险。当导轨表面上的加工余量不够时，切去的余量又太多，不但影响加工精度，而且可能将比较耐磨的金属层切去，露出较疏松的、不耐磨的金属组织。

如图 7－21a）所示，机床床身应先以导轨面作为粗基准加工床腿平面，再以床腿平面作为精基准加工导轨面，可以保证导轨面的加工余量比较均匀，而床腿上的加工余量不均匀则不影响机床的加工质量。反之，如图 7－21b）所示，若以床腿平面作为粗基准加工导轨面，则导轨面切去加工余量不均匀，不能满足导轨的加工精度要求。

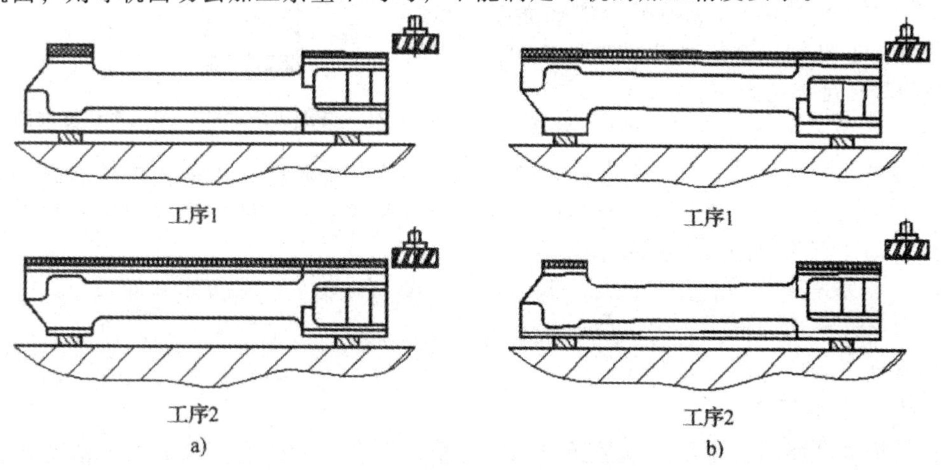

图 7－21　机床床身导轨面加工时粗基准的选择

（2）表面间相互位置要求的原则　若工件必须首先保证加工表面与不加工表面之间的位置要求，则应选不加工表面为粗基准，以达到壁厚均匀，外形对称等要求。如果工件上有好几个不需要加工的表面，则应以其中与加工表面有位置精度要求较高的表面为粗基准。

如图 7－22a）所示，该工件外圆表面 1 是不加工表面，内孔 2 为加工表面，若选用需要加工的内孔 2 作为粗基准，用直接找正法在四爪卡盘装夹工件，可保证所切去的余量均匀 3，但零件壁厚不均匀，不能保证内孔与外圆的位置精度，如图 7－22c）所示。因此选不加工外圆表面 1 做粗基准，用三爪卡盘夹紧工件的外圆来加工内孔 2，切去的余量不均匀 3，但保证内外圆的同轴度要求，如图 7－22b）所示。

（3）加工表面余量最小的原则　若工件上每个表面都要加工，则应以余量最小的表面作为粗基准，使这个表面在以后的加工中不会留下毛坯表面而成废品，即保证各表面都有足够余量。

如图 7－23 所示阶梯轴，$\phi100$ 外圆的加工余量（单边余量为 7 mm）比 $\phi50$ 外圆的加

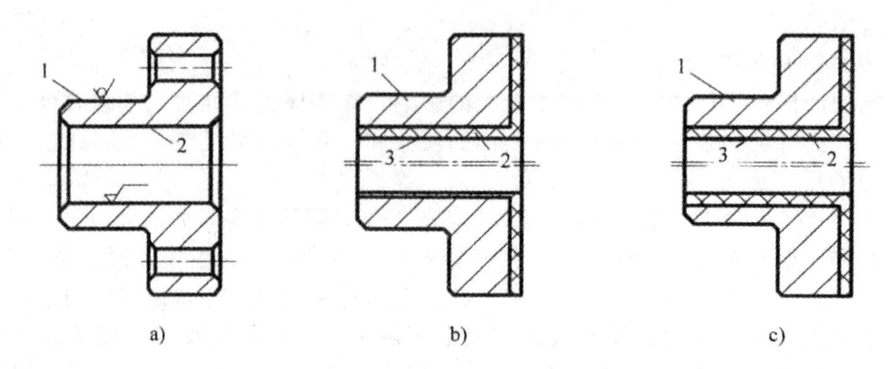

图 7－22　选择不加工表面作粗基准

工余量（单边余量为 4 mm）大，如以 ϕ100 外圆为粗基准，由于大、小端外圆轴线存在偏心为 5 mm，则 ϕ50 外圆上侧单边为 34 mm，下侧单边为 24 mm，导致加工余量不足使工件报废。所以应选 ϕ50 mm 外圆为粗基准面，加工 ϕ100 mm 外圆，然后再以已加工的 ϕ100 mm 外圆为精基准面加工 ϕ50 mm 外圆，这样可保证在加工 ϕ50 mm 外圆时有足够的余量。

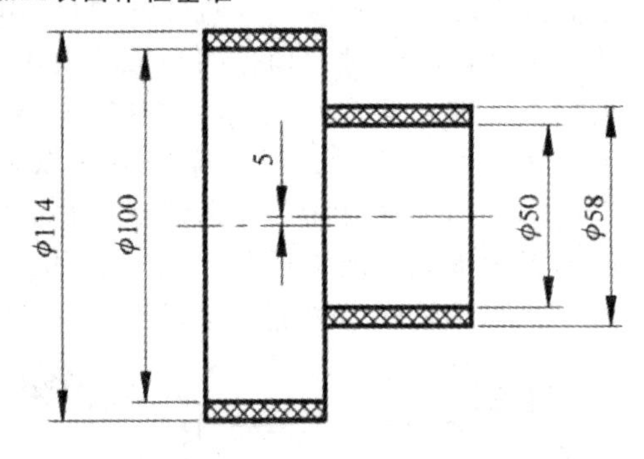

图 7－23　各加工表面均需加工时粗基准的选择

（4）定位准确夹紧可靠原则　粗基准表面应尽可能平整光洁，不能有飞边、浇口、冒口或其他缺陷，以便使定位准确、夹紧可靠。在铸件上不应选择有浇口、冒口的表面、分型面或夹砂等缺陷的表面做粗基准；在锻件上不应选择有飞边的表面作粗基准。

（5）粗基准不重复使用的原则　粗基准的定位精度很低，所以粗基准在同一尺寸方向上通常只允许使用一次，否则定位误差太大。因此在后续的工序中，都应以加工过的表面作为精基准。

2. 精基准的选择

选择精基准时要考虑的重点是如何减少误差，提高定位精度，保证加工精度和安装方便。因此选择精基准的原则有如下几方面。

（1）基准重合原则　应尽可能选择零件设计基准作为定位基准，称为基准重合原则，可以避免产生基准不重合误差。

在对加工面位置尺寸有决定作用的工序中，特别是当位置公差要求很小时，一般应遵守这一原则，否则会产生基准不重合误差，增大加工难度。

（2）基准统一原则　应尽可能选择统一的定位基准加工各表面，以保证各表面间的位置精度，称为基准统一原则。

当采用基准统一的原则时，应尽早地把精基准面加工出来，并达到一定精度，后续工序均以它为精基准加工其他表面。例如，轴类零件一般采用中心孔作为统一基准加工各外圆表面，不但能在一次装夹中加工大多数表面，而且保证了各外圆表面的同轴度要求及端面与轴线的垂直度要求；盘、套类零件一般采用一个端面和内表面作为统一基准；箱体类零件常用一面两孔作为统一基准。

采用基准统一原则可以简化夹具设计，减少工件搬动和翻转次数。如在自动化生产中广泛使用这一原则。应当指出，基准统一原则常会带来基准不重合的问题，在这种情况下，要针对具体问题进行认真分析，在满足设计要求的前提下，决定最终选择的精基准。

（3）互为基准原则　当工件上有两个相互位置精度要求比较高的表面进行加工时，可以利用这两个表面互相作为基准，反复进行加工，以保证位置精度。即加工表面和定位基准面互相转化，称为互为基准原则。一般适用于精加工和光整加工中。

例如，车床主轴前后支承轴颈与主轴锥孔间有严格的同轴度要求，常先以主轴锥孔为基准磨主轴前、后支承轴颈表面，然后再以前、后支承轴颈表面为基准磨主轴锥孔，最后达到图样上规定的同轴度要求。又如加工精密齿轮，当齿面经过高频淬火后进行磨削时，因其淬硬层较薄，要求磨削余量小而均匀，所以要先以齿面为基准磨内孔，再以内孔为基准磨齿面，以保证齿面余量均匀。

（4）自为基准原则　有些精加工工序要求加工余量小而均匀，为保证加工质量和提高生产率，可以加工面自身作为定位基准，称为自为基准原则。自为基准目的在于减小表面粗糙度、减小加工余量和保证加工余量均匀，只能提高加工表面的尺寸精度，不能提高表面间的位置精度。例如，浮动镗刀块镗孔、拉孔、推孔、珩磨孔、铰孔等都是自为基准加工的典型例子。还有一些表面的精加工工序，要求加工余量小而均匀，常以加工表面自身为基准。如在导轨磨床上磨床身导轨面时，就用百分表找正床身的导轨面。

（5）便于装夹原则　选择精基准时，应能保证定位准确、可靠，夹紧机构简单，操作方便。

在上述五条原则中，前四条都有它们各自的应用条件，唯有最后一条，即便于装夹原则是始终不能违反的。在考虑工件如何定位的同时必须认真分析如何夹紧工件，遵守夹紧机构的设计原则。以上原则是从生产实践中总结出来的，必须结合具体的生产条件、生产类型、加工要术等来分析和应用这些原则，甚至有时为了保证加工精度，在满足某些定位原则的同时可能放弃另外一些原则。

二、典型表面的加工方法及设备的选择

1. 加工方法选择应考虑的问题

（1）零件表面的加工方法　主要取决于加工表面的技术要求。这些技术要求还包括由于基准不重合而提高了对作为精基准表面的技术要求。

（2）选择加工方法　应考虑每种加工方法的加工经济精度、材料的性质及可加工性、工件的结构形状和尺寸大小、生产纲领及批量、工厂现有设备条件等。

2. 加工经济精度与加工方法的选择

（1）加工经济精度　加工经济精度是指在正常加工条件下（采用符合质量标准的设备、工艺装备和标准技术等级的工人，不延长加工时间）所能保证的加工精度和表面粗糙度。

各种加工方法所能达到的加工精度和表面粗糙度都有一定的范围。加工误差小，则加工精度高；加工误差大，则加工精度低。统计资料表明，各种加工方法的加工误差和加工成本之间呈负指数函数曲线形状，如图 7－24 所示，图中，δ 表示加工误差，S 表示加工

成本。可以看到，对一种加工方法来说，加工误差小到一定程度时（如曲线中 A 点的左侧），加工成本提高了很多，加工误差却降低很少；反之，当加工误差达到一定程度（如曲线中 B 点的右侧），即使加工误差增大了很多，加工成本却降低很少。说明一种加工方法在 A 点左侧或 B 点右侧都是不经济的，只有在 A、B 区间才是最经济的。每一种加工方法都有一个经济精度的范围，且随着时代的发展，所达到的加工精度和表面粗糙度也在不断进步。例如，材料为 45 钢，尺寸精度为 IT6、表面粗糙度≤0.8 μm 的外圆表面加工中，精加工通常多用磨削加工的方法而不用车削加工的方法，因为车削加工方法不经济；对表面粗糙度 1.6～25μm 的外圆表面加工中，精加工应选择车削加工的方法，这时磨削加工方法就不经济了。

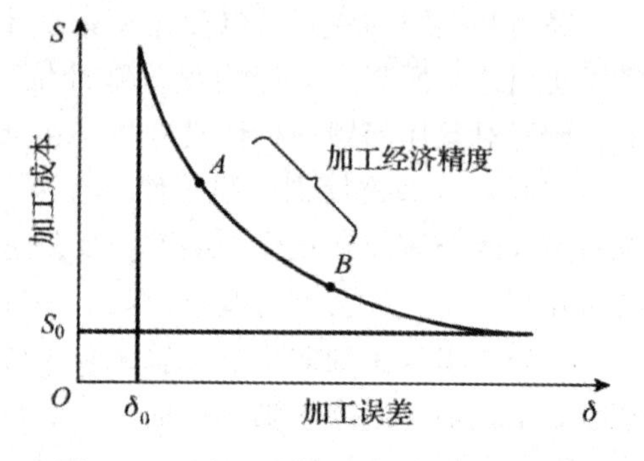

图 7－24　加工误差与加工成本的关系

（2）加工方法的选择　机械零件一般是由一些典型的表面（如外圆、内孔、平面及成型表面等）组合而成，同一种表面可以选用各种不同的加工方法，但每种加工方法所能获得的加工质量、所用时间定额和费用却是各不相同的。因此在选择各表面的加工方法时，要综合考虑各方面工艺因素的影响。

①各加工表面所要达到的加工技术要求：根据每个加工表面的技术要求和各种加工方法及其组合后所能达到的加工经济精度和表面粗糙度，确定加工方法和加工方案。即在选择加工方法时，一般根据零件主要表面的技术要求和工厂具体条件，先选定它的最终工序加工方法，使其经济精度和表面粗糙度与该表面加工技术要求相当，然后再逐一选定该表面各有关前道工序的加工方法。因为零件的加工表面都有一定的加工要求，一般不可能通过一次加工就能达到要求，而是通过多次加工才能逐步达到要求。

各种加工方法所能达到的加工经济精度和表面粗糙度，见表 7－13 所列或见有关的工艺设计手册。

表 7－13　常用加工方法所能达到的加工经济精度和表面粗糙度

加工表面	加工方法		加工经济精度（IT）	表面粗糙度 Ra（μm）
外圆表面（轴）	车	粗车	11～13	10～80
		半精车	9～11	2.5～10
		精车	7～8	1.25～5
		金刚石车	5～6	0.02～1.25
	磨	粗磨	8～9	1.25～10
		半精磨	7～8	0.63～2.5
		精磨	6～7	0.16～1.25
		镜面磨	5	0.008～0.08

续表

加工表面	加工方法		加工经济精度（IT）	表面粗糙度 Ra（μm）
内圆表面（孔）	2 钻	钻孔	11 ~ 13	5 ~ 80
	扩	粗扩	12 ~ 13	5 ~ 20
		精扩	9 ~ 11	1.25 ~ 10
	铰	半精铰	8 ~ 9	1.25 ~ 10
		精铰	6 ~ 7	0.32 ~ 5
		手铰	5	0.08 ~ 1.25
	镗	粗镗	12 ~ 13	5 ~ 20
		半精镗	10 ~ 11	2.5 ~ 10
		精镗（浮动镗）	7 ~ 9	0.63 ~ 5
		金刚镗	5 ~ 7	0.16 ~ 1.25
	拉	粗拉	9 ~ 10	1.25 ~ 5
		精拉	7 ~ 9	0.16 ~ 0.63
	磨	粗磨	9 ~ 11	1.25 ~ 10
		半精磨	9 ~ 10	0.32 ~ 1.25
		精磨	7 ~ 8	0.08 ~ 0.63
		精密磨	6 ~ 7	0.04 ~ 0.16
平面	铣	粗铣	11 ~ 13	5 ~ 20
		半精铣	8 ~ 11	2.5 ~ 10
		精铣	6 ~ 8	0.63 ~ 5
	刨	粗刨	11 ~ 13	5 ~ 20
		半精刨	8 ~ 11	2.5 ~ 10
		精刨	6 ~ 8	0.63 ~ 5
	磨	粗磨	8 ~ 10	1.25 ~ 10
		半精磨	8 ~ 9	0.62 ~ 2.5
		精磨	6 ~ 8	0.16 ~ 1.25
		精密磨	6	0.04 ~ 0.32
	车	粗车	11 ~ 13	10 ~ 80
		半精车	8 ~ 11	2.5 ~ 10
		精车	6 ~ 8	1.25 ~ 5
		金刚石车	6	0.02 ~ 1.25
	插	—	8 ~ 13	2.5 ~ 20
	拉	粗拉	5 ~ 11	5 ~ 20
		精拉	6 ~ 9	0.32 ~ 2.5

②工件所用材料的性质及可加工性：被加工材料的性能不同，加工方法也不同。如淬火钢应采用磨削加工，而有色金属磨削困难，一般应采用金刚镗或高速车削进行精加工。

③应考虑工件的结构类型及尺寸大小：回转体零件轴线部位的孔可选择车削或磨削，

支架箱体零件上的支承孔应选择镗削。

④生产类型：反映的是生产率与经济性关系。在大批大量生产中，可采用高效专用机床和工艺装备，平面和内孔可采用拉削取代铣、刨、镗孔，以获得高效率；轴类零件可以采用半自动液压仿形车床加工等，甚至从根本上改变毛坯的制造方法，如用粉末冶金制造油泵齿轮，或用熔模铸造制造柴油机上的小尺寸零件等，可大大减少切削加工的工作量。在单件小批生产中可采用通用设备、通用工艺装备及一般的加工方法。

⑤考虑本厂现有设备情况及技术条件：要充分利用现有设备，挖掘企业潜力，发挥职工的积极性和创造性。同时也应考虑不断改进现有加工方法和设备，推广新技术，提高工艺水平，以及设备负荷的平衡。

(3) 机床的选择　根据产品变换周期和生产批量的大小以及零件表面的复杂程度等因素，决定选择数控机床或普通机床。一般来说，产品变换周期短生产批量小、零件上有的复杂曲线、曲面，应选数控机床；产品基本不变的大批大量生产，宜选用专用组合机床。无论是普通机床还是数控机床的精度都有高低之分，高精度机床与普通精度机床的价格相差很大，因此，应根据零件的精度要求，选择精度适中的机床。选择时，可查阅产品目录或有关手册来了解各种机床的精度。

对有特殊要求的加工面，例如，相对于工厂工艺条件来说，尺寸特别大或特别小，技术要求高，加工有困难，就需要考虑是否需要外协加工，或者增加投资，增添设备，开展必要的工艺研究，以扩大工艺能力，满足加工要求。

3. 典型表面的加工路线

根据典型表面（外圆表面、内表面和平面）的精度要求选择一个最终的加工方法，然后选定该表面各有关前道工序的加工方法，就组成一条加工路线。长期的生产实践总结出了一些比较成熟的加工路线，熟悉这些加工路线对编制工艺规程有指导作用。

(1) 外圆表面的加工路线　零件的外圆表面主要采用下列4条基本加工路线进行加工。

①粗车—半精车—精车：这是外圆表面中应用最广泛的一条加工路线。只要工件材料可以切削加工，公差等级小于IT7，表面粗糙度值 Ra 大于0.8 μm的外圆表面都可以在这条加工路线中加工。如果加工精度要求较低，可以只取粗车，或取粗车—半精车，达到需要的精度和表面粗糙度即可。

②粗车—半精车—粗磨—精磨：对于黑色金属材料，特别是对半精车后有淬火要求的零件，加工精度等于或低于IT6，表面粗糙度等于或大于0.16 μm的外圆表面，一般可安排在这条加工路线中。

③粗车—半精车—精车—金刚石车：这条加工路线主要适用于工件材料为有色金属（如铜、铝）的零件，不宜采用磨削加工方法加工的外圆表面。

金刚石车是在精密车床上用金刚石车刀进行车削。目前，这种加工方法已用于尺寸精度为0.01 μm数量级和表面粗糙度 Ra 为0.01 μm的超精密加工中。

④粗车—半精车—粗磨—精磨—研磨、砂带磨、抛光以及其他超精加工方法：适用于加工精度IT6以上，表面粗糙度值 Ra 小于0.2 μm的表面加工。这是在加工路线②的基础上增加了光整加工工序。这些加工方法多以减小表面粗糙度值、提高尺寸精度、形状精度为主要目的。如抛光、研磨、超精加工、砂带磨等是以减小表面粗糙度为主；镜面磨削不

仅可以降低表面粗糙度值，还可以得到很高的形状和位置精度。

（2）内圆表面（孔）的加工路线

①钻—扩—铰（手铰）：这是一条应用最为广泛的孔的加工路线，在各种生产类型中都有应用，常用于中、小孔加工。其中扩孔可以提高位置精度；铰孔只能保证尺寸、形状精度和减少孔的表面粗糙度值，不能提高位置精度。当对孔的尺寸精度、形状精度要求比较高时，表面粗糙度值要求又比较小时，往往安排一次手铰加工。麻花钻、扩孔刀、铰刀均为定尺寸刀具，所以经过铰孔加工的孔一般加工精度可达 IT7 级。

②钻（或粗镗）—半精镗—精镗—浮动镗或金刚镗：下列情况下的孔，多在这条加工路线中加工：

a. 单件小批生产中的箱体孔系加工；

b. 位置精度要求很高的孔系加工；

c. 在各种生产类型中，直径比较大的孔，如直径为 80 mm 以上，毛坯上已有位置精度比较低的铸孔或锻孔；

d. 材料为有色金属，需要由金刚镗来保证其尺寸、形状和位置精度以及表面粗糙度的要求。

在这条加工路线中，当毛坯上无毛坯孔时则第一道工序安排钻孔，已有毛坯孔时，第一道工序安排粗镗。后面的工序视零件的精度要求，可安排半精镗，亦可安排半精镗—精镗或安排半精镗—精镗—浮动镗，半精镗—精镗—金刚镗。

③钻（或粗镗）—半精镗—粗磨—精磨—研磨或珩磨：这条加工路线主要用于淬硬零件加工或精度要求高的孔加工。其中，研磨或珩磨是光整加工方法。

④钻—粗拉—精拉：这条加工路线多用于大批大量生产盘套类零件的圆孔、单键孔和花键孔加工。其加工质量稳定、生产效率高。当工件上没有铸出或锻出毛坯孔时，第一道工序需要安排钻孔；当工件上已有毛坯孔时，则第一道工序需安排粗镗孔，以保证孔的位置精度。如模锻孔的精度较好，也可以直接安排拉削加工。拉刀也是定尺寸刀具，经拉削加工的孔一般加工精度可达 IT7 级。

（3）平面的加工路线

①粗铣—半精铣—精铣—高速铣：在平面加工中，铣削加工用得最多，主要是因为铣削生产率高。近代发展起来的高速铣，其公差等级较高（IT6 ~ IT7），表面粗糙度值也较小（$Ra = 0.16 \sim 1.25\ \mu m$）。在这条加工路线中，视被加工面的精度和表面粗糙度的技术要求，可以只安排粗铣，或安排粗、半精铣；粗、半精、精铣以及粗、半精、精、高速铣等作为加工路线。

②粗铣（刨）—半精铣（刨）—粗磨—精磨—研磨、导轨磨、砂带磨或抛光：当被加工面有淬火要求，则可在半精铣（刨）后安排淬火。淬火后则需要安排磨削工序。研磨、导轨磨、砂带磨或抛光均属于光整加工方法。加工路线视加工精度和表面粗糙度的要求，可只安排粗磨，亦可安排粗磨—精磨，还可在精磨后安排研磨或精密磨等。

③粗刨—半精刨—精刨—宽刃精刨、刮研或研磨：刨削适合于单件小批生产，特别适合于窄长平面的加工。宽刃精刨、刮研或研磨也属于光整加工方法，同样根据加工精度和表面粗糙度的要求，选定加工路线。

④粗拉—精拉：这条加工路线，生产率高，适用于有沟槽或有台阶面的零件。由于拉刀和拉削设备昂贵，因此这条加工路线只适合在大批大量生产中采用。

⑤粗车—半精车—精车—金刚石车：这条加工路线主要用于有色金属零件的平面加工，这些平面多是外圆或孔的端面。如果被加工零件是黑色金属，则精车后可安排精密磨、砂带磨或研磨、抛光等。

三、加工阶段的划分

当加工的零件精度要求比较高，生产批量大时，不可能在一个工序内完成全部加工工作，因此按加工性质和目的的不同可划分为下列几个阶段。

1. 粗加工阶段

在这一阶段中主要任务是切除加工面上大部分的加工余量，以提高生产率。主要问题是如何获得高的生产率，其特点为加工精度低，表面粗糙度值大。

2. 半精加工阶段

在这一阶段中主要表面需消除粗加工留下的误差，达到一定的精度，保证精加工余量，为主要表面的精加工做好准备，并完成一些次要表面如钻孔、铣键槽等的加工。

3. 精加工阶段

在这一阶段，应确保尺寸、形状和位置精度以及表面粗糙度达到或基本达到图样规定的要求。可以是加工表面的终加工阶段，也可以作为光整加工前的预备加工。

4. 光整加工阶段

在这一阶段主要任务是对精度要求很高的零件，加工精度 IT6 以上，表面粗糙度值 Ra 小于 0.2 μm 的表面进行加工。如孔表面的珩磨，外圆面的抛光、珩磨或研磨、精密磨、超精加工等。值得注意的是光整加工以提高尺寸精度和表面粗糙度为主，大部分不能纠正几何形状和相互位置误差。

有时，由于毛坯余量特别大，表面极其粗糙。在粗加工前还要有去皮加工，称为荒加工。为了及时发现毛坯废品及减少运输工作量，常把荒加工放在毛坯准备车间进行。

划分加工阶段的原因是：

（1）利于保证加工质量：粗加工阶段切除金属较大，切削深度大，产生的切削力和切削热都较大，因而工艺系统受力变形、受热变形及工件产生内应力和由此引起的变形也较大，不可能达到高的精度和表面粗糙度，因此需要先完成各表面的粗加工，再通过后续加工逐步减小切削用量，逐步来修正工件的变形提高加工精度，降低表面粗糙度值，最后达到规定的技术要求。另外各阶段之间的时间间隔，相当于进行了自然时效处理，有利于消除工件的内应力，并有变形的时间，以便在后道工序中加以修正。

（2）便于合理使用机床设备：粗加工时可采用功率大，切削效率高、精度不高的高效设备；精加工时可采用相应的高精度机床，加工中受力小，有利于延长高精度机床的寿命。如把精密机床用于粗加工，使精密机床会过早地丧失精度。

（3）便于安排热处理工序：工艺过程以热处理工序为界自然地划分为各阶段，并且每个阶段各有其特点及应该达到的目的。例如，粗加工之后进行去应力时效处理；半精加工后进行淬火；精加工后进行冰冷处理及低温回火等。

(4) 利于及早发现毛坯缺陷，及时报废或修补，避免造成更大浪费。

(5) 便于保护精加工表面少受损伤或不受损伤。把表面精加工安排在最后，防止后续加工把已加工好的表面划伤。

(6) 利于合理地使用技术工人。

不划分加工阶段的情况：

(1) 加工要求不高、工件刚性足够、毛坯质量高、切削余量小时，可不划分加工阶段。加工时为减小夹紧力的影响，粗加工后应松开夹紧机构，以较小力重新夹紧，再进行精加工。

(2) 有些重型零件，为便于安装，减少运输费用，也可不划分加工阶段。

四、工序的集中与分散

工序集中与分散是拟定工艺路线的两个不同原则，工序的集中与分散程度必须根据生产类型、零件的结构特点和技术要求、机床设备等具体生产条件进行综合分析确定。工序集中与分散各有所长，工序集中优点较多，现代生产的发展趋于工序集中。

所谓工序集中，是使每个工序中包括尽可能多的工步内容，因而使总的工序数目减少，夹具的数目和工件的安装次数也相应地减少。所谓工序分散，是将工艺路线中的工步内容分散在更多的工序中去完成，因而每一工序中的工步少，工艺路线长。

1. 工序集中的特点

工序集中减少工件的安装次数，节省装夹工件的时间，易于保证各加工面间的相互位置精度要求；有利于采用高效专用机床和工艺装备，从而大大提高了生产率；减少了设备数量和工序数目及运输工作量，相应地减少了操作工人和生产面积，缩短了工艺路线和生产周期，简化了生产计划工作；因为采用的专用设备和专用工艺装备数量多而复杂，所以机床和工艺装备的调整、维修较困难，生产准备工作量大。

2. 工序分散的特点

工序分散可使每个工序使用的机床和工艺装备比较简单，调整对刀也比较容易，对操作工人的技术水平要求较低，生产准备工作量小，但设备数量多，操作工人多，生产面积大。

由于工序集中和工序分散各有特点，所以生产上都有应用。例如，传统的流水线、自动线生产多采用工序分散的组织形式（个别工序亦有采用相对集中的形式），这种形式可以实现高生产率生产，但是适应性较差，特别是那些工序相对集中、专用组合机床较多的生产线，转产比较困难。

采用数控机床（包括加工中心、柔性制造系统）以工序集中的形式组织生产，除了具有上述优点以外，生产适应性强，转产容易，特别适合于多品种、变批量生产的加工。

在一般情况下，单件小批生产采用工序集中的原则，而大批大量生产可以采用工序集中的原则，也可采用工序分散的原则。

五、工艺顺序的安排

合理地安排零件加工顺序，对保证零件质量、提高生产率、降低加工成本都至关重要。对于一个复杂零件的加工过程主要包括机械加工工序、热处理工序、辅助工序等。

1. 机械加工工序的安排

机械加工工艺顺序的安排原则：

（1）先粗后精　先安排粗加工工序，中间安排半精加工工序，最后安排精加工工序和光整加工工序。

（2）先基面后其他表面　先加工基准面，再加工其他表面。开始加工时，总是先把精基准加工出来，然后再以精基准定位，加工其他表面。如果精基准不止一个，则应按基面转换的顺序，逐步提高加工精度来安排基准面和主要表面的加工。例如，精度要求较高的轴类零件（机床主轴、丝杠，汽车发动机曲轴等），其第一道机械加工工序就是平端面，打中心孔，然后以中心孔定位加工其他表面。箱体类零件（主轴箱、气缸体、气缸盖、变速器壳体等）也都是先安排定位基准面的加工（多为一个大平面，两个销孔），再加工其他平面和孔系。

（3）先主后次　先加工主要表面，后加工次要表面。这里所说的主要表面是指设计基准面、装配基准和主要工作面，而次要表面是指键槽、紧固用的光孔和螺孔等。由于次要表面的加工工作量比较小，又与主要表面之间有相互位置的要求。因此，一般都安排在主要表面的主要加工结束之后，在最后精加工或光整加工之前。值得注意的是“后加工”并不一定是整个工艺过程的最后程序。

（4）先面后孔　先加工平面，后加工孔。在一般机器零件上，例如箱体、支架类零件上平面所占的轮廓尺寸比较大，用平面定位比较稳定可靠，故一般先加工平面作为精基准，便于加工孔和其他表面时保证定位稳定、准确、装夹方便。

（5）配套加工　为了保证加工质量的要求，有些零件的最后精加工需放在部件装配之后或在总装过程中进行。例如发动机连杆的大头孔，需要在连杆盖和连杆体装配好后再进行精镗和珩磨。

2. 热处理及表面处理工序的安排

热处理工序在工艺路线中的位置，主要取决于零件的材料和热处理的目的和种类，一般可分为如下几种。

（1）预备热处理　预备热处理包括退火、正火、调质等。一般应安排在粗加工的前后，目的是改善切削加工性。例如，对含碳量大于0.5%的碳钢，一般采用退火，以降低硬度，可安排粗加工之前或后；对含碳量小于或等于0.5%的碳钢，一般采用正火，以提高硬度，使切削时切屑不粘刀，表面粗糙度值减小，可安排粗加工之前或后。而调质处理能得到组织细致均匀的回火索氏体，为后续表面淬火或渗氮时减小变形做好准备，可做预备热处理工序，安排粗加工后半精加工前；如果是以取得较好的综合力学性能为目的，则可为最终热处理工序，安排在半精和精加工之间。

（2）最终热处理　常用的有淬火—回火，此外还有各种热化学处理，如渗碳淬火、渗氮、液体碳氮共渗等。一般安排在半精加工之后和磨削加工之前，而氮化处理应安排在精磨之后，主要目的是提高材料的强度和硬度。对于那些变形小的热处理工序（如高频感应加热淬火、渗氮），有时允许安排在精加工之后进行；对于高精度精密零件（如量块、量规、铰刀、精密丝杠、精密齿轮等）为了消除残余奥氏体，稳定零件的尺寸，在淬火后安排冷处理（使零件在低温介质中继续冷却到 -80 ℃），一般安排在回火之后；为了提高零件表面耐磨性或耐腐蚀性而安排的热处理工序及以装饰为目的而安排的热处理工序和表面处理工序（如镀铬、阳极氧化、镀锌、发蓝处理等）一般都放在工艺过程的最后。

（3）去除应力处理　常用的有人工时效处理、自然时效处理、退火等。人工时效、退火为了消除内应力，一般安排在粗加工之后、精加工之前，有时为了减少运输工作量，对精度要求不太高的零件，把去除内应力的人工时效处理或退火安排在切削加工之前（即在毛坯车间）进行。但是对于精度要求特别高的零件，在粗加工和半精加工过程中要经过多次去内应力退火，在粗、精磨过程中还要经过多次人工时效处理。另外，对于机床的床身、立柱等铸件，常在粗加工前及粗加工后进行自然时效处理，以消除内应力，使组织稳定。

3. 辅助工序的安排

辅助工序主要包括检验工序，清洗工序、去毛刺、去磁、倒棱边、平衡、涂防锈油等，也是工艺规程的重要组成部分。其中检验工序是主要的辅助工序，是保证产品质量的主要措施。每个操作工人在操作过程结束后都必须自检，还必须在下列情况下安排单独的检验工序。

①零件加工完毕后，从该车间转到另一个车间的前后。

②工时较长或重要的关键工序的前后。

③粗加工全部结束以后，精加工开始以前。

④特种性能，如 X 射线检查、超声波探伤检查等多用于工件（毛坯）内部的质量检查，一般安排在工艺过程的开始。磁力探伤、荧光检验主要用于工件表面质量的检验，通常安排在精加工的前后进行。密封性检验、零件的平衡、零件的重量检验一般安排在工艺过程的最后阶段进行。

⑤零件全部加工结束之后。除检验工序外，在切削加工之后，应安排去飞边处理。零件表层或内部的飞边，影响装配操作、装配质量以致会影响整机性能，因此应给以充分重视。

工件在进入装配之前，一般都应安排清洗。工件的内孔、箱体内腔易存留切屑，清洗时应给以特别注意。研磨、珩磨等光整加工工序之后，砂粒易附着在工件表面上，要认真清洗，否则会加剧零件在使用中的磨损。采用磁力夹紧工件的工序，应安排去磁处理，并在去磁后进行清洗。

任务五　加工余量、工序尺寸及公差的确定

一、加工余量的概念

在切削加工时，使加工表面达到所需的精度和表面质量而应切除的金属层厚度，称为加工余量。加工余量分为总余量和工序余量两种。

毛坯尺寸与零件设计尺寸之差称为加工总余量，即某加工表面上切除的金属层总厚度，加工总余量的大小取决于加工过程中各个工序切除金属层厚度的大小。

每一工序所切除的金属层厚度称为工序余量，即为相邻两工序基本尺寸之差。对于回

转体表面（外、内圆柱面）等对称表面而言，其加工余量是从直径上考虑的，故称为双边余量或对称余量用 $2Z_b$ 表示，即表面实际切除的金属层厚度为 Z_b，是双边加工余量的一半。加工平面时，加工余量是非对称的单边余量，它等于实际所切除金属的厚度，如图 7－25所示。

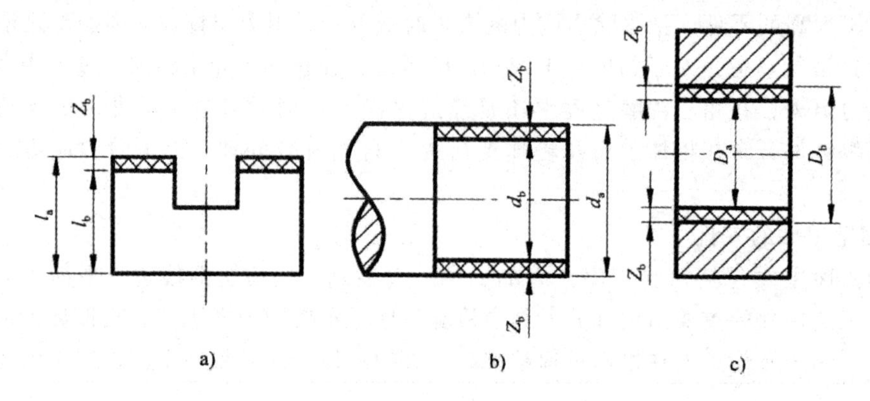

图 7－25　双边余量与单边余量

加工总余量和工序余量的关系如下：

$$Z_{总} = Z_1 + Z_2 + \cdots + Z_n = \sum_{i=1}^{n} \qquad (7-3)$$

式中　$Z_{总}$——加工总余量；

Z_i——工序余量；

n——机械加工工序数目。

任何加工方法不可避免地要产生尺寸变化，因此各工序加工后的尺寸也有一定的误差，故毛坯和各工序尺寸都有公差，即实际切除的余量是一个变值，使加工余量又分为公称余量（也称基本余量、名义余量）、最大余量、最小余量。

工序尺寸的公差按各种加工方法的经济精度选定，在一般情况下，工序尺寸的公差按“人体原则”标注，即公差带在工件材料体内的方向。对于被包容面（轴尺寸，如轴径、键宽等）工序尺寸公差带的上偏差为零，其最大极限尺寸就是基本尺寸；对于包容面（孔尺寸，如孔径、槽宽等）工序尺寸公差带的下偏差为零，其最小极限尺寸为基本尺寸；长度尺寸公差、毛坯尺寸公差一般按对称偏差标注。

根据此规定，可以做出加工余量及其工序尺寸公差的关系图，如图 7－26、图 7－27所示。从图中可以看到下列关系：

对于被包容尺寸（轴径，键宽）有：

工序余量　$Z_b = l_a - l_b$

最大余量　$Z_{max} = l_a - (l_b - T_b) = Z_b + T_b$

最小余量　$Z_{min} = (l_a - T_a) - l_b = Z_b - T_a$

工序余量变动范围　$T_z = Z_{max} - Z_{min} = T_b + T_a$

对于包容尺寸（孔径、槽宽）有：

工序的公称余量　$Z_b = l_b - l_a$

最大余量　$Z_{max} = (l_b + T_b) - l_a = Z_b + T_b$

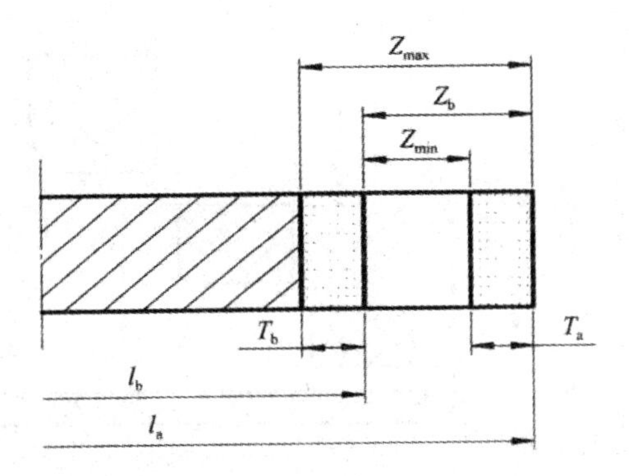

图 7-26 被包容尺寸（轴径）的加工余量及公差

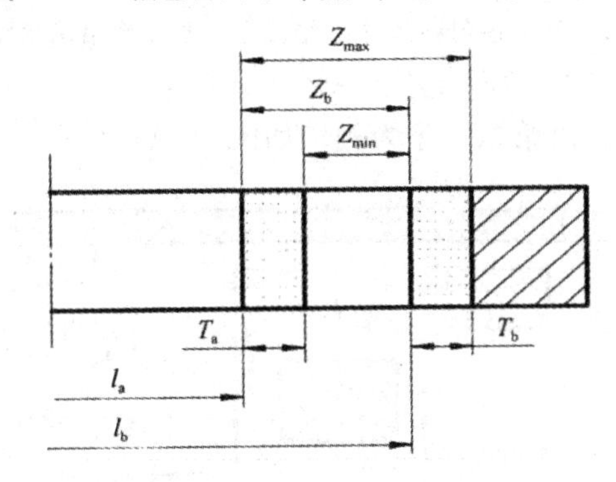

图 7-27 包容尺寸（孔径）的加工余量及公差

最小余量 $Z_{min}=l_b-(l_a+T_a)=Z_b-T_a$

工序余量变动范围 $T_z=Z_{max}-Z_{min}=T_b+T_a$

式中 l_a——上工序的基本尺寸；

l_b——本工序的基本尺寸；

T_a——上工序的公差；

T_b——本工序的公差；

Z_b——本工序的公称余量；

Z_{max}——本工序的最大余量；

Z_{min}——本工序的最小余量。

例如，有一表面需要进行粗加工、半精加工、精加工，如图 7-28、图 7-29 所示，分别表示了被包容件（轴）和包容件（孔）的工序尺寸、工序尺寸公差、工序余量和毛坯余量之间的关系。有：

加工总余量为 $Z_{总}=Z_1+Z_2+Z_3$

对被包容（轴径）尺寸，以第二工序为例，如图 7-28 所示。

最大工序余量：

$$Z_{2max}=d_{1max}-d_{2min}=Z_2+T_2$$

最小工序余量：

$$Z_{2min}=d_{1min}-d_{2max}=Z_2-T_1$$

工序余量公差：

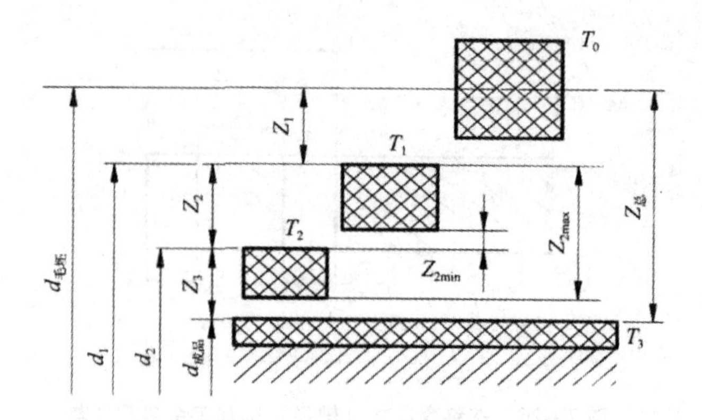

图 7－28 被包容尺寸（轴径）的加工余量示意图

$$TZ_2 = Z_{2\max} - Z_{2\min} = T_1 + T_2$$

对包容（孔径）尺寸，以第二工序为例，如图 7－29 所示。

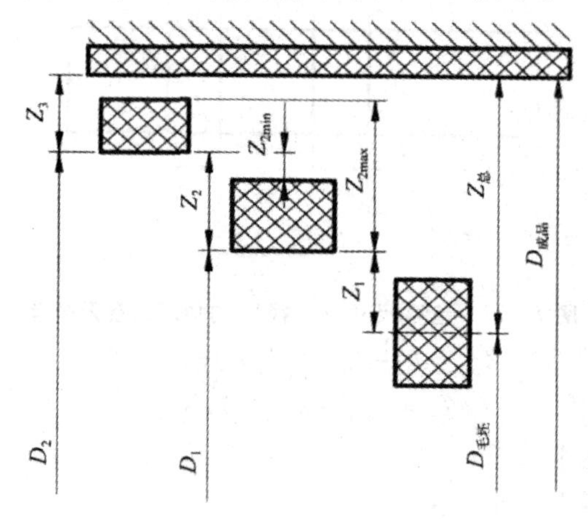

图 7－29 包容尺寸（孔径）的加工余量示意图

最大工序余量：

$$Z_{2\max} = D_{2\max} - D_{1\min} = Z_2 + T_2$$

最小工序余量：

$$Z_{2\min} = D_{2\min} - D_{1\max} = Z_2 - T_1$$

工序余量公差：

$$T_{Z2} = Z_{2\max} - Z_{2\min} = T_1 + T_2$$

式中 $d_{毛坯}$（$D_{毛坯}$）、d_1（D_1）、d_2（D_2）、$d_{成品}$（$D_{成品}$）——毛坯、粗加工、半精加工、精加工的工序尺寸；

$T_{毛坯}$、T_1、T_2、T_3——毛坯、粗加工、半精加工、精加工的工序尺寸公差；

$Z_总$、Z_1、Z_2、Z_3——毛坯余量及粗加工、半精加工、精加工的工序公称余量；

$D_{2\max}$、$D_{1\min}$——半精加工的最大工序尺寸和粗加工最小工序尺寸；

$Z_{2\max}$、$Z_{1\min}$——半精加工的最大工序余量和粗加工最小工序余量。

二、影响加工余量的因素

加工总余量的大小对制定工艺过程有一定影响。总余量不够，导致不足以去除零件上有误差和缺陷部分，达不到加工要求，不能保证加工质量；总余量过大，导致加工劳动量增大，也增加了材料、工具、电力消耗，使成本增高。

加工总余量的数值与毛坯制造精度和生产类型有关。若毛坯精度差，余量分布不均匀，应规定较大的余量；大批大量生产时选择模锻毛坯，其毛坯制造精度高，则粗加工工序的加工余量小，而单件小批生产选择自由锻毛坯，毛坯制造精度低，则粗加工工序的加工余量就大（具体数值可参阅有关的毛坯余量手册）。机械加工工序余量的大小与各种加工方法和所处加工阶段等因素有关，粗加工时的工序余量变化范围很大，半精加工、精加工、光整加工的加工余量依次减少且很小。在一般情况下，加工总余量总是足够分配的，先满足光整加工、精加工、半精加工的余量，剩余为粗加工余量。但是在个别余量分布极不均匀的情况下，可能会出现毛坯上有缺陷的表面层切削不掉的现象，甚至造成废品。影响加工余量的因素较多较复杂，下面从相邻两工序分析工序余量的影响因素。

1. 上工序的尺寸公差 T_a

上工序加工表面存在尺寸公差和形状误差，从图 7－28、图 7－29 可以看出，在工序余量内包括上工序的尺寸公差，即本工序应切除上工序可能产生的尺寸误差。

2. 上工序留下的表面粗糙度值 R_y 和表面缺陷层深度 H_a

本工序必须把上工序留下的表面粗糙度和表面缺陷层全部切去，因此本工序余量必须包括这两项因素，如图 7－30 所示。

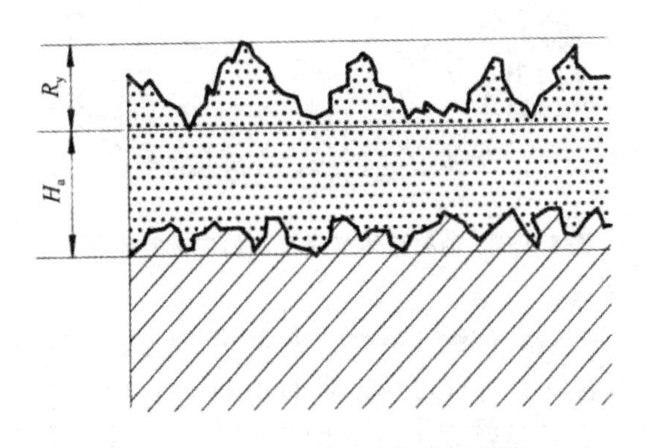

图 7－30　工件上工序的表面质量

表面粗糙度值 R_y 和表面缺陷层深度 H_a 的数值与加工方法与关，其数值可参考表 7－14。

表 7－14　各种加工方法的表面粗糙度值 R_y 和表面缺陷层深度 H_a　　单位：μm

加工方法	表面粗糙度值 R_y	表面缺陷层深度 H_a	加工方法	表面粗糙度值 R_y	表面缺陷层深度 H_a
粗车内外圆	15～100	40～60	粗铣	15～225	40～60
精车内外圆	5～40	30～40	精铣	5～45	25～40
粗车端面	15～225	40～60	粗插	25～100	50～60

续表

加工方法	表面粗糙度值 R_y	表面缺陷层深度 H_a	加工方法	表面粗糙度值 R_y	表面缺陷层深度 H_a
精车端面	5~54	30~40	精插	5~45	35~50
钻孔	45~225	40~60	磨外圆	1.7~15	15~25
粗扩孔	25~225	40~60	磨内圆	1.7~15	20~30
精扩孔	25~100	30~40	磨端面	1.7~15	15~35
粗铰	25~100	25~30	磨平面	1.5~15	20~30
精铰	8.5~25	10~20	拉	1.7~35	10~20
粗镗	25~225	30~50	切断	45~225	60
精镗	5~25	25~40	研磨	0~1.6	3~5
粗刨	15~100	40~50	超精加工	0~-0.8	0.2~0.3
精刨	5~45	25~40	抛光	0.06~1.6	2~5

3. 上工序留下的空间位置误差 e_a

工件上有些形位误差未包括在加工表面工序尺寸公差范围之内，如直线度、同轴度、平行度、轴线与端面的垂直度误差等。在上工序形成的这些误差，在本工序应予以修正。因此，在确定加工余量时，须考虑它们的影响，否则将无法去除上工序留下的表面缺陷层。如图 7-31 所示，由于上工序存在直线度误差 e_a，本工序的加工余量需相应增加 $2e_a$。

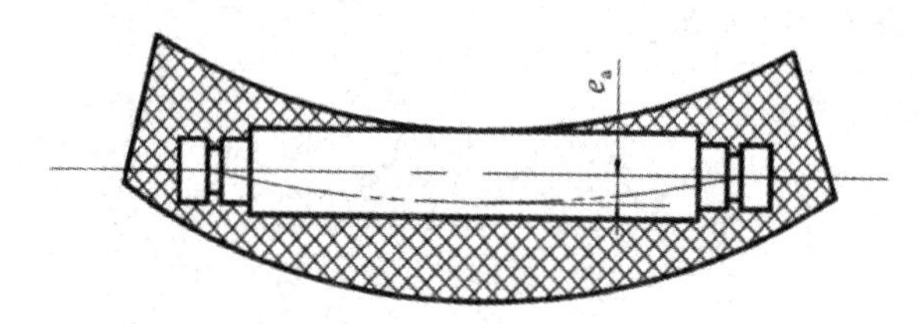

图 7-31　轴的直线度误差对加工余量的影响

4. 本工序的装夹误差 ε_b

如果本工序存在装夹误差（定位误差、夹紧误差），这项误差会直接影响加工面与切削刀具的相对位置，所以加工余量中应包括这项误差。如图 7-32 所示，工件用三爪卡盘装夹，在内圆磨床上磨内表面时，由于存在装夹误差，使工件轴线与机床主轴回转轴线产生偏移，其值为 e，导致磨内孔时加工余量不均匀，严重时可能出现局部位置无加工余量的情况。为了保证孔的加工精度，必须使磨削余量增大 $2e$ 值。

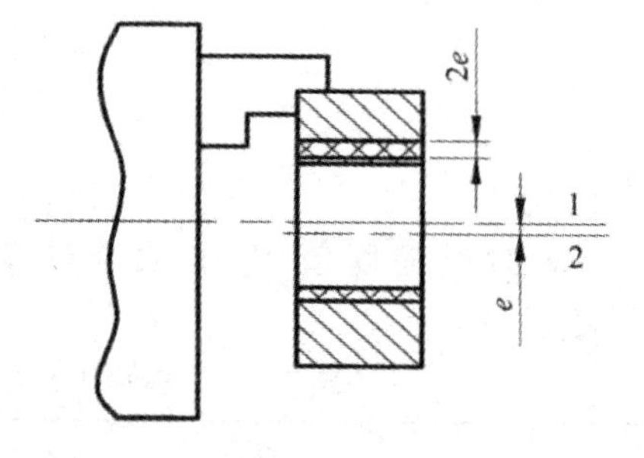

图 7-32　装夹误差对加工余量的影响

1—旋转轴线；2—工件轴线

由于空间误差和装夹误差都是有方向的，所以要采用矢量相加的方法取矢量和的模进行余量计算。

综合上述各影响因素，工序余量的最小值可用以下公式计算：

对于单边余量：

$$Z_{\min}=T_a+R_a+H_a+2|e_a+\varepsilon_b| \qquad (7-4)$$

对于双边余量：

$$2Z_{\min}=T_a+2(R_a+H_a)+2|e_a+\varepsilon_b| \qquad (7-5)$$

用浮动镗刀、拉刀及铰刀加工孔时，由于采用自为基准，即不受空间误差的影响，且无安装误差，故有：

$$2Z_{\min}=T_a+2(R_a+H_a) \qquad (7-6)$$

在无心磨床上加工外圆时，安装误差可以忽略不计，故有：

$$2Z_{\min}=T_a+2(R_a+H_a)+2e_a \qquad (7-7)$$

研磨、珩磨、超精加工、抛光等光整加工工序，主要任务是降低表面粗糙度值，故有：

$$Z_{\min}=R_a \qquad (7-8)$$

三、确定加工余量的方法

确定加工余量的方法有三种：

1. 计算法

掌握影响加工余量的各种因素具体数据的条件下，按照上述公式计算所得到的加工余量是经济合理的，但目前难以获得齐全可靠的数据资料，故一般用得较少。

2. 经验法

凭经验确定加工余量。为避免因余量不足产生废品，所估计的余量一般偏大，多用于单件小批生产。

3. 查表法

以生产实践和实验研究积累的经验制成数据表格，应用时可直接查表，同时还可结合实际加工情况加以修正。查表法确定加工余量，方法简便，较接近实际，是实际生产中常用的方法。

四、工序尺寸与公差的确定

工序尺寸是工件在加工过程中各工序应保证的加工尺寸，即各工序所加工表面加工后所得到的尺寸为工序尺寸，工序尺寸公差应按各种加工方法的经济精度选定。工序尺寸与公差的确定是制定工艺规程的重要内容之一，在确定工序余量和工序所能达到的经济精度后，就可计算出工序尺寸与公差。计算分两种情况：

1. 工艺基准与设计基准重合时，工序尺寸与公差的确定

同一表面经多次加工达到图纸尺寸要求，其中间工序尺寸根据零件图尺寸加上或减去工序余量就可得到，即从最后一道工序（设计尺寸）开始向前推算，逐次加上每道工序的余量，可得出相应的工序尺寸，一直推算到毛坯尺寸。

2. 工艺基准与设计基准不重合时，工序尺寸与公差的确定

必须通过工艺尺寸的计算才能得到，在工艺尺寸链中介绍。

【例 7-1】　某轴直径为 ϕ50 mm，如图 7-33 所示。其公差等级为 IT5，表面粗糙度要求为 $Ra=0.04$ μm，并要求高频淬火，毛坯为锻件。其工艺路线为：

粗车—半精车—高频淬火—粗磨—精磨—研磨。计算各工序的工序尺寸及公差。

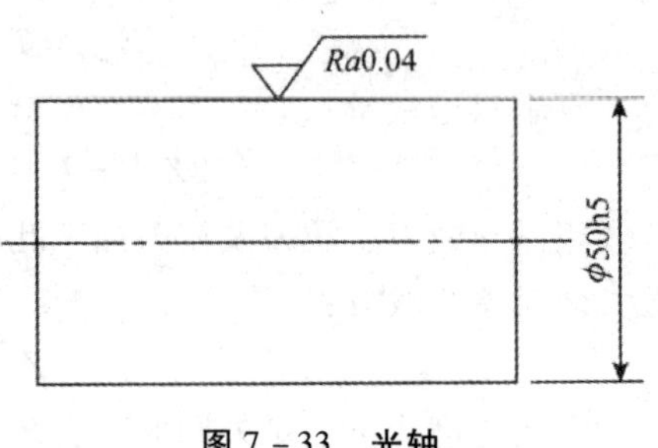

图 7－33 光轴

先用查表法确定加工余量。由工艺手册查得：

研磨余量为 0.01 mm，精磨余量为 0.1 mm，粗磨余量为 0.3mm，半精车余量为 1.1mm，粗车余量为 4.5 mm。

由式（7－3）可得加工总余量为 6.01 mm，圆整后取加工总余量为 6 mm，则粗车余量修正为 4.49 mm。

计算各加工工序基本尺寸。研磨后工序基本尺寸为 50 mm（设计尺寸）；其他各工序基本尺寸依次为：

精磨　　50 mm + 0.01 mm = 50.01 mm

粗磨　　50.01 mm + 0.1 mm = 50.11 mm

半精车　　50.11 mm + 0.3 mm = 50.41 mm

粗车　　50.41 mm + 1.1 mm = 51.51 mm

毛坯　　51.51 mm + 4.49 mm = 56 mm

确定各工序的加工经济精度和表面粗糙度。由表 7－8 查得：研磨后为 IT5，Ra = 0.04 μm（零件的设计要求）；精磨后选定为 IT6，Ra = 0.16 μm；粗磨后选定为 IT8，Ra = 1.25 μm；半精车后选定为 IT11，Ra = 5 μm；粗车后选定为 IT13，Ra = 16 μm。

根据上述经济加工精度查公差表，将查得的公差数值按“人体原则”标注在工序公称尺寸上。查工艺手册可得锻造毛坯公差为 ±2μm。

则工序间尺寸、公差分别为：

研磨：$\phi 50^{0}_{-0.011}$ μm

精磨：$\phi 50.01^{0}_{-0.016}$ μm

粗磨：$\phi 50.11^{0}_{-0.039}$ μm

半精车：$\phi 50.41^{0}_{-0.166}$ μm

粗车：$\phi 50.51^{0}_{-0.39}$ μm

锻造毛坯：$\phi 56^{+2}_{-2}$ μm

任务六　工艺尺寸链

在零件的加工过程和装配中所涉及的尺寸，一般来说都不是孤立的，相互之间有着一定的内在联系，往往一个尺寸的变化会引起其他尺寸的变化，或者一个尺寸的获得要靠其他一些尺寸来保证。因此在制定机械加工工艺过程和保证装配中经常遇到有关尺寸精度的分析计算问题，需要运用尺寸链的基本知识和计算方法，有效地分析和计算工艺尺寸。

一、尺寸链

1. 尺寸链的定义及组成

（1）尺寸链的定义及分类　在零件的加工过程中和机械装配过程中，常常遇到彼此互相连接并构成封闭图形的一组尺寸，其中有一个尺寸的精度决定了其他所有尺寸的精度。这样的一组尺寸构成所谓的尺寸链。

按照功能的不同，尺寸链可分为工艺尺寸链和装配尺寸链两大类。由单个零件在工艺过程中有关尺寸形成的尺寸链为工艺尺寸链，如图7－34所示；机器在装配过程中由相关零件的尺寸或相互位置关系所组成的尺寸链为装配尺寸链，如图7－35所示。

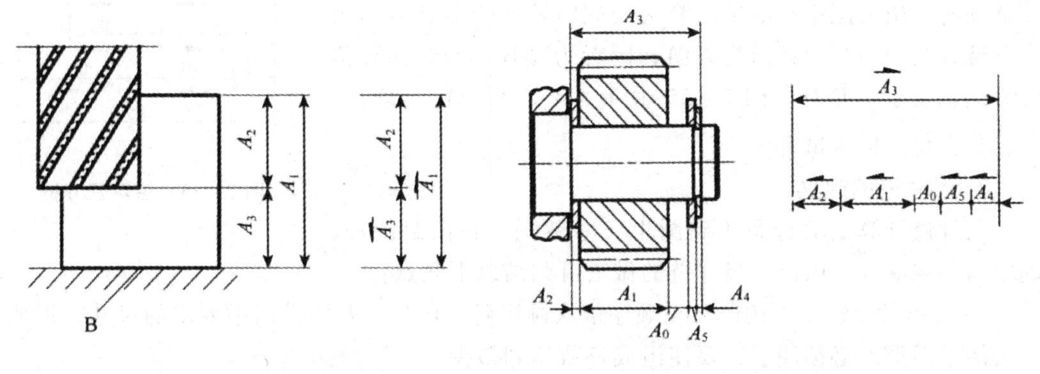

图7－34　工艺尺寸链　　　　图7－35　装配尺寸链

本任务主要介绍工艺尺寸链。按照各尺寸相互位置不同，尺寸链可分为直线尺寸链、平面尺寸链和空间尺寸链。按照各尺寸所代表的几何量的不同，可分为长度尺寸链和角度尺寸链。本任务以应用最多的直线尺寸链为例介绍有关工艺尺寸链的问题。

（2）尺寸链的组成　如图7－34所示的零件，在加工过程中，B面为定位基准，尺寸A_1与A_3是加工过程中直接保证的尺寸，A_2是加工后最后得到的尺寸，是A_1、A_3确定后，间接确定的尺寸。这样，由A_1、A_2和A_3三个尺寸构成一个封闭的尺寸链，由于A_2是最后或间接得到的，其精度将取决于A_1、A_3的加工精度。

工艺尺寸链由一个封闭环和若干个组成环组成。

①环：列入尺寸链中的每一个尺寸称为尺寸链的环。如图7－34中A_1、A_2和A_3，构成一个三环工艺尺寸链。

②封闭环：在加工过程中最后形成（或间接获得）的尺寸。记为：A_0。如图7－34中A_2在本工序加工中最后得到的，为封闭环。

注意：

·一个尺寸链中只能有一个封闭环；

·封闭环的精度决定于其他环的精度；

·判断封闭环的条件是在本道工序中最后得到的尺寸，或间接获得尺寸。而要求保证的尺寸（设计尺寸）不一定是封闭环，需要根据工件的加工工艺判定。

③组成环：在加工过程中直接获得的尺寸。记为：A_{i0}按其对封闭环影响的性质，组成环分为两类：

增环　在组成环中，当其余各组成环不变时，某组成环的尺寸增加（或减小），使得封闭环的尺寸增加（或减小），则该环为增环。记为：$\vec{A}_{i0}$。如图7－34中A_1是增环，为明确起见，加标一个正向箭头，表示为$\vec{A}_1$。

减环　在组成环中，当其余各组成环不变时，某组成环的尺寸增加（或减小），使得封闭环的尺寸减小（或增大），则该环为减环。记为：$\overleftarrow{A}_{i0}$如图7-34中A_3是减环，加标一个反向箭头，为$\overleftarrow{A}_3$。

对于环数较多的尺寸链，如用定义逐个判别各环的增减性很费时间，且容易出错。为能迅速判别增减环，在绘制尺寸链图时，用首尾相接的单向箭头按顺时针或逆时针方向表示各环，其中与封闭环箭头方向相同者为减环，与封闭环箭头方向相反者为增环。图7-35中$\overrightarrow{A}_3$、$\overrightarrow{A}_4$、$\overrightarrow{A}_7$、$\overrightarrow{A}_8$为增环；$\overleftarrow{A}_1$、$\overleftarrow{A}_2$、$\overleftarrow{A}_5$、$\overleftarrow{A}_6$为减环。

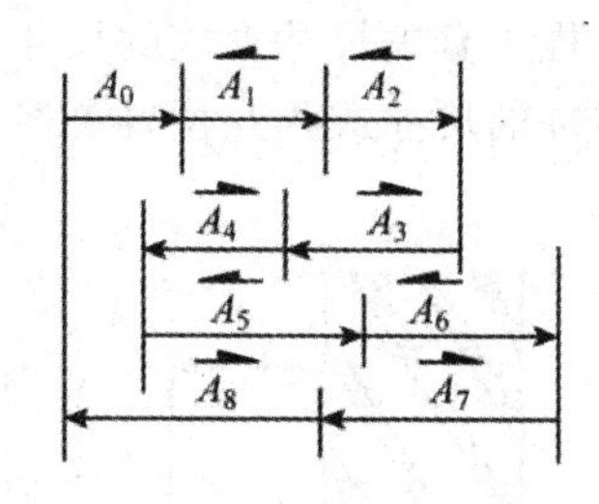

图7-35　多环尺寸链

2. 尺寸链的建立

尺寸链计算的关键是正确画出尺寸链图，找出封闭环，确定增环和减环。因此，尺寸链的做法可归结以下几点：

（1）作尺寸链图　按照加工顺序依次画出各工序尺寸及零件图中要求的尺寸，形成一个封闭的图形。必须注意，要使组成环数达到最少。

（2）找封闭环、组成环　根据零件的加工工艺工程，找出最后（或间接）保证的尺寸A_0为封闭环；直接获得（或已知）的尺寸为组成环。

（3）确定增环和减环　可用定义或利用以上简便的方法，从封闭环开始，给每一个环画出单向箭头，最后再回到封闭环，如电流一样形成回路。凡箭头方向与封闭环方向相反者为增环，箭头方向与封闭环方向相同者为减环。

还应注意：

①工艺尺寸链的构成，取决于工艺方案和具体的加工方法；

②确定哪一个尺寸是封闭环，是解尺寸链关键性的一步。如封闭环选错，整题全错；

③一个尺寸链只能解一个封闭环。

3. 尺寸链的计算基本方法

尺寸链的计算方法有极值法和概率法。目前生产中一般采用极值法，概率法主要用于生产批量大的自动化及半自动生产中。本章主要介绍极值法。

（1）极值法计算公式　从尺寸链中各环的极限尺寸出发，进行尺寸链计算的一种方法，称为极值法。

①封闭环的基本尺寸：根据尺寸链的封闭性，封闭环的基本尺寸等于各组成环基本尺寸的代数和，即

$$A_0=\sum_{i=1}^{m}\overrightarrow{A}_i-\sum_{i=m+1}^{n-1}\overleftarrow{A}_i \tag{7-9}$$

式中　A_0——封闭环Σ的基本尺寸；

$\overrightarrow{A}_i$——增环的基本尺寸；

$\overleftarrow{A}_i$——减环的基本尺寸；

m——增环的环数；

n——包括封闭环在内的总环数。

②封闭环的极限尺寸：封闭环的最大上极限尺寸等于所有增环的最大极限尺寸之和减去所有减环的最小极限尺寸之和，即

$$A_{0\max} = \sum_{i=1}^{m} \overrightarrow{A}_{i\max} - \sum_{i=m+1}^{n-1} \overleftarrow{A}_{i\min} \qquad (7-10)$$

式中　$A_{0\max}$——封闭环的最大极限尺寸；

$\overrightarrow{A}_{i\max}$——增环的最大极限尺寸；

$\overleftarrow{A}_{i\min}$——减环的最小极限尺寸。

封闭环的最小极限尺寸等于所有增环的最小极限尺寸之和减去所有减环的最大极限尺寸之和，即

$$A_{0\max} = \sum_{i=1}^{m} \overrightarrow{A}_{i\max} - \sum_{i=m+1}^{n-1} \overleftarrow{A}_{i\max} \qquad (7-11)$$

式中　$A_{0\min}$——封闭环的最小极限尺寸；

$\overrightarrow{A}_{i\min}$——增环的最小极限尺寸；

$\overleftarrow{A}_{i\min}$——减环的最大极限尺寸。

③封闭环的极限偏差：封闭环的上偏差等于所有增环的上偏差之和减去所有减环的下偏差之和，即

$$ESA_0 = \sum_{i=1}^{m} ES\overrightarrow{A}_i - \sum_{i=m+1}^{n-1} EI\overleftarrow{A}_i \qquad (7-12)$$

式中　ESA_0——封闭环的上偏差；

$ES\overrightarrow{A}_i$——增环的上偏差；

$EI\overleftarrow{A}_i$——减环的下偏差。

封闭环的下偏差等于所有增环的下偏差之和减去所有减环的上偏差之和，即

$$EIA_0 = \sum_{i=1}^{m} EI\overrightarrow{A}_i - \sum_{i=m+1}^{n-1} ES\overleftarrow{A}_i \qquad (7-13)$$

式中　EIA_0——封闭环的下偏差；

$EI\overrightarrow{A}_i$——增环的下偏差；

$ES\overleftarrow{A}_i$——减环的上偏差。

④封闭环的公差：封闭环的公差等于各组成环的公差之和，即

$$TA_0 = \sum_{i=1}^{n-1} TA_i \qquad (7-14)$$

式中　TA_0——封闭环的公差；

TA_i——组成环的公差。

由上式可知，封闭环的公差比任何一个组成环的公差都大。若要减小封闭环的公差，提高封闭环的加工精度有两个途径，一是减少组成环的公差，即提高组成环的精度，则增加了加工难度，增大了生产成本。二是维持组成环的公差不变，减少组成环的环数，相应放大各组成环的公差，减少了加工精度，使结构简单，降低了生产成本。

将式（7－9）、式（7－12）～（7－14）改成表7－15所列的竖式，从各列来看与相应公式对应。即从行来看，在“增环”这一行中，依次为基本尺寸、上偏差、下偏差、公差；在“减环”这一行中为负基本尺寸、负下偏差、负上偏差、公差，然后这两行每列的

数值作代数和，即得到封闭环的基本尺寸、上偏差、下偏差、公差。这种竖式运算方法可归纳成一句口诀："增环、上、下偏差不变；减环上、下偏差对调，变号。"这样使尺寸链的计算更为简洁清晰，这种方法主要用于验算封闭环。

表 7-15　尺寸链计算竖式表

名称	基本尺寸	偏差	偏差	公差
	[式（7-9)）]	[式（7-12)）]	[式（7-13)）]	[式（7-14)）]
增环	$\sum_{i=1}^{m}\overrightarrow{A}_i$	$\sum_{i=1}^{m}ES\overrightarrow{A}_i$	$\sum_{i=1}^{m}EI\overrightarrow{A}_i$	$\sum_{i=1}^{m}T\overrightarrow{A}_i$
减环	$\sum_{i=1}^{m}\overleftarrow{A}_i$	$\sum_{i=1}^{m}EI\overleftarrow{A}_i$	$\sum_{i=1}^{m}ES\overleftarrow{A}_i$	$\sum_{i=1}^{m}T\overleftarrow{A}_i$
封闭环	A_0	ESA_0	EIA_0	TA_0

在生产实际中，可以用尺寸链计算的基本公式，可以进行正计算、反计算、中间计算。正计算是指已知各组成环的基本尺寸、极限偏差求出封闭环的对应要素，一般用于验算所设计的产品技术性能是否满足预期的要求，以及零件加工后满足图样要求；反计算是已知封闭环的基本尺寸及公差，求各组成环尺寸的基本尺寸及公差。一般用于产品的设计工作中，需要按等公差原则、等精度原则及经验法合理分配封闭环的公差；而已知封闭环部分组成环的基本尺寸及公差，求某一组成环的基本尺寸及偏差称为中间计算，主要用于确定工艺尺寸。

极值法解尺寸链的特点是简便、可靠，但在封闭环公差较小、组成环数目较多时，由式（7-14）可知，分摊到各组成环的公差将过小，导致加工困难，制造成本增加，以及实际加工中各组成环都处于极限尺寸的概率较小，故极值法主要用于组成环的数目较少且封闭环公差较小，或组成环数较多，但封闭环公差较大的场合。

（2）概率法计算公式

①将极限尺寸换算成平均尺寸：

$$A_{\Delta}=\frac{A_{max}+A_{min}}{2} \tag{7-15}$$

式中　A_{Δ}——平均尺寸；

A_{max}——最大极限尺寸；

A_{min}——最小限尺寸。

②将极限偏差换算成中间偏差：

$$\Delta=\frac{ES+EI}{2} \tag{7-16}$$

式中　Δ——中间偏差；

ES——上偏差；

EI——下偏差。

③封闭环中间偏差的平方等于各组成环中间偏差平方之和：

$$T_{oq}=\sqrt{\sum_{i=1}^{n-1}TA_i^2} \tag{7-17}$$

式中　T_{oq}——封闭环的平均公差。

二、直线尺寸链在工艺过程中的应用

1. 基准不重合时工艺尺寸的计算

（1）定位基准（工序基准）与设计基准不重合的工序尺寸计算

【例 7－2】　某零件设计尺寸如图 7－36a）所示，本道工序需要铣缺口 D，工序图如图 7－36b）所示，部分加工工艺过程为：车端面 A、B，轴向长度为 60＋0.05mm；钻孔；镗孔，保证孔深 $30_{0}^{+0.04\text{mm}}$；铣缺口，保证工序尺寸 L_1，求工序尺寸 L_1 及偏差。

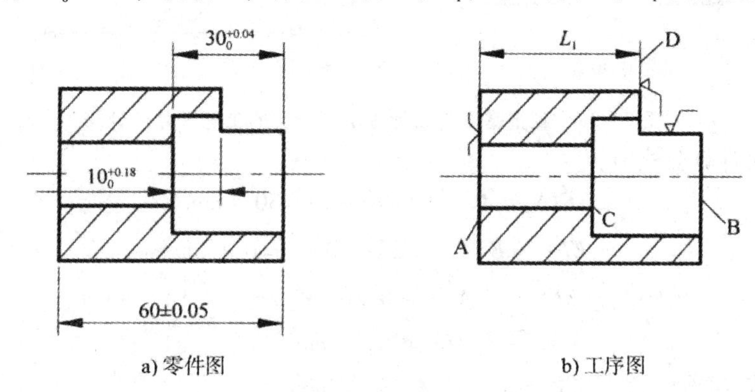

a) 零件图　　b) 工序图

图 7－36　定位基准（工序基准）与设计基准不重合的尺寸链计算

①建立尺寸链，如图 7－37 所示，确定封闭环。设计尺寸 $10_{0}^{+0.18\text{mm}}$是本工序加工后最后（或间接）保证的尺寸，故为封闭环 L_0。尺寸 $\overrightarrow{L}_1$、$\overrightarrow{L}_2$、$\overleftarrow{L}_3$，为组成环，其中 $\overrightarrow{L}_1$，$\overrightarrow{L}_2$ 为增环，$\overleftarrow{L}_3$ 为减环。有：$L_0 = 10_{0}^{+008\text{mm}}$；$L_2 = 30_{0}^{+0.04\text{mm}}$；$L_3 = 60 \pm 0.05\text{mm}$.

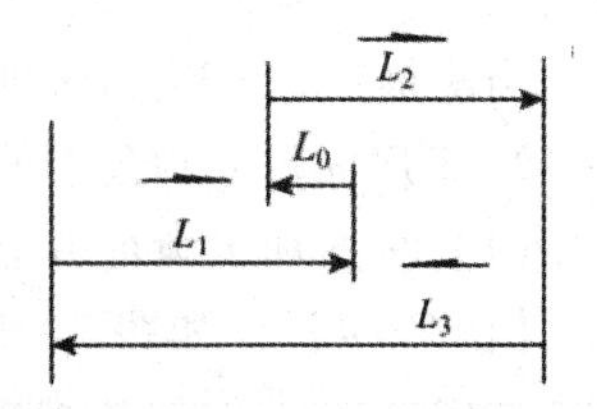

图 7－37　铣缺口尺寸链

②计算工序尺寸及偏差　由 $L_0 = \overrightarrow{L}_1 + \overrightarrow{L}_2 - \overleftarrow{L}_3$，得

$$\overrightarrow{L}_1 = \overrightarrow{L}_0 - \overrightarrow{L}_2 + \overleftarrow{L}_3 = 10 - 30 + 60 = 40\ (\text{mm})$$

由 $ESL_0 = ES\overrightarrow{L}_1 + ES\overrightarrow{L}_2 - EI\overleftarrow{L}_3$，得

$$ES\overrightarrow{L}_1 = ESL_0 - ES\overrightarrow{L}_2 + EI\overleftarrow{L}_3 = +0.18 - 0.04 - 0.05 = +0.09\ (\text{mm})$$

有 $EIL_0 = ES\overrightarrow{\text{L}}_1 - \text{EIL}\overrightarrow{L}_2 + ES\overleftarrow{L}_3$

$$EI\overrightarrow{L}_1 = EIL_0 - EI\overrightarrow{L}_2 + ES\overleftarrow{L}_3 = 0 - 0 + 0.05 = +0.05\ (\text{mm})$$

故所求的工序尺寸为　　$L_1 = 40_{+0.05}^{+0.09}\text{mm}$

（2）测量基准与设计基准不重合的工序尺寸计算

【例 7－3】　如图 7－38b）所示，加工时通过测量工艺尺寸控制台肩位置。求该测量尺寸及偏差。

解：①建立尺寸链如图 7－38a）所示，设计尺寸 $10^{0}_{-0.3}$mm 是本工序加工完后最后获得的尺寸，故为封闭环 A_0。$\overleftarrow{A}_1$ 为减环，$\overrightarrow{A}_2$ 为增环。有：$A_0 = 10^{0}_{-0.3}$mm，$\overleftarrow{A}_1 = L_1$，$\overrightarrow{A}_2 = 40^{0}_{-0.16}$mm。

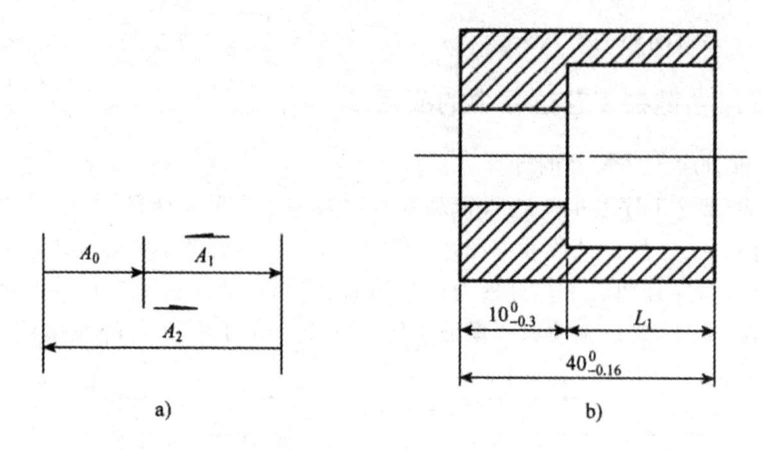

图 7－38　测量基准与设计基准不重合的工艺尺寸链计算

②根据极值法计算公式有：

$$EI\overleftarrow{A}_1 = \overrightarrow{A}_2 - A_0 = 40 - 10 = 30\ (\text{mm})$$

$$EI\overleftarrow{A}_1 = ES\overrightarrow{A}_2 - ESA_0 = 0 - 0 = 0\ (\text{mm})$$

$$ES\overleftarrow{A}_1 = EI\overleftarrow{A}_2 - EIA_0 = -0.16 + 0.3 = +0.14\ (\text{mm})$$

所以　　$L_1 = 30^{+0.14}_{0}\text{mm}$

注意假废品问题，已获得　　$L_1 = 30^{+0.14}_{0}\text{mm}$

但当　　$L_{max} = 30.14\text{mm}$，$L_{min} = 30\text{mm}$

当测得：$L_1 = 30.3\text{mm}$ 时，如果：$L_2 = 40\text{mm}$，则：$L_0 = 9.7\text{mm}$，仍然是合格品。

2. 工序间尺寸和公差的计算

（1）一次加工满足多个设计尺寸要求的工艺尺寸计算

【例 7－4】　如图 7－39a）所示，加工过程如下：①镗孔至 $\phi39.6^{+0.10}_{0}\text{mm}$；②插键槽，工序尺寸 A_2；③热处理；④磨内孔至 $\phi40^{+0.05}_{0}\text{mm}$，同时保证设计尺寸 $43.6^{+0.34}_{0}\text{mm}$；磨孔与镗孔的同轴度误差为 0.05mm。计算工尺寸 A_2 及偏差。

解：①按照工艺顺序建立尺寸链，如图 7－39b）所示。

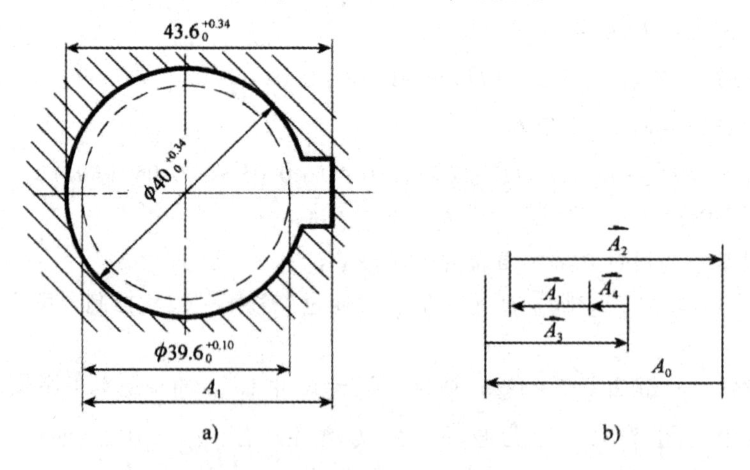

图 7－39　一次加工满足多个设计尺寸要求的工艺尺寸计算

在尺寸链中，键槽深度的设计尺寸 A_0 是最后得到的封闭环，$\overleftarrow{A}_1$ 与 $\overrightarrow{A}_3$ 分别为镗孔和磨孔的半径尺寸，是直接保证的，$\overleftarrow{A}_1$ 为减环，$\overrightarrow{A}_3$ 为增环；$\overleftarrow{A}_4$ 为磨孔与镗孔的同轴度误差是加工前存在的、已知的，为减环；插键槽，工序尺寸 $\overrightarrow{A}_2$ 是直接保证的，为增环。

$\overrightarrow{A}_3 = 20_0^{+0.025}$mm；$\overleftarrow{A}_1 = 19.8_0^{+0.05}$mm；$\overleftarrow{A}_4 = 0 \pm 0.025$mm；$A_0 = 43.60 + 0.34$mm

利用竖式进行计算：

增环	$\overrightarrow{A}_3$　20	+0.25	0	0.025
	$\overrightarrow{A}_2$ (43.4)	(+0.29)	(+0.075)	(+0.215)
减环	$\overrightarrow{A}_1$　−19.8	0	−0.05	0.05
	$\overrightarrow{A}_4$　0	+0.025	−0.025	0.05
封闭环	A_0　43.6	+0.34	0	0.34

所以
$$A_2 = 43.4_{+0.075}^{+0.29}\text{mm}$$

(2) 为了保证应有的渗碳或渗氮层深度的工序尺寸计算

【例7-5】　图7-40a)所示零件：内孔表面F要求渗碳，渗碳层厚度为0.3～0.5mm。加工过程如下：①磨内孔至 $\phi144.76_0^{+0.04}$mm；②渗碳，厚度为 H。③磨内孔至尺寸 $\phi145_0^{+0.04}$mm，并保证渗碳层厚度0.3～0.5mm。求：渗碳层厚度为 H。

解：按照工艺顺序建立尺寸链，如图7-40b)所示。

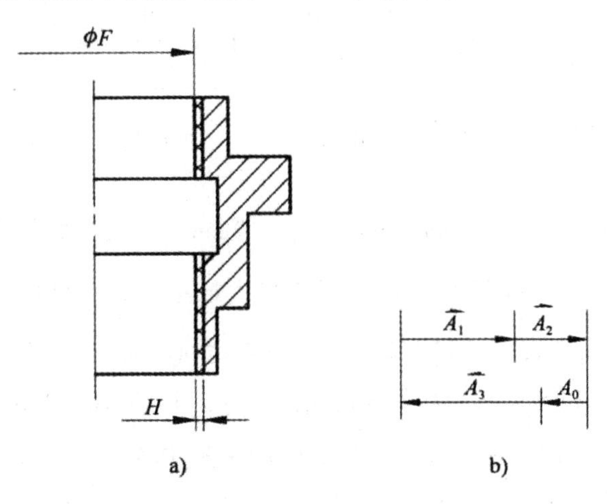

图7-40　渗碳或渗氮层深度的工序尺寸计算

保证渗碳层厚度的设计尺寸 A_0 是最后得到的为封闭环，$\overrightarrow{A}_1$ 与 $\overleftarrow{A}_3$ 分别为渗碳前后磨孔的半径尺寸，是直接保证的，$\overleftarrow{A}_3$ 为减环，$\overrightarrow{A}_1$ 为增环；$\overrightarrow{A}_2$ 为渗碳厚度 H，是直接保证的，为增环，有：

$\overrightarrow{A}_1 = 72.38_0^{+0.02}$mm；；$\overrightarrow{A}_2 = H$；$\overleftarrow{A}_3 = 72.5_0^{+0.02}$mm；$A_0 = 0.3_0^{+0.2}$mm

求解该尺寸链得：$\overrightarrow{A}_2 = H = 0.42_{+0.02}^{+0.08}$mm

(3) 余量校核　加工余量一般为封闭环，但靠火花磨削除外，其磨削余量为组成环。

【例7-6】　如图7-41a)所示，小轴的轴向加工过程为：平端面A，打中心孔；车

台阶面 B，保证尺寸 $49.5_{0}^{+0.30}$mm；平端面 C，打中心孔，保证总长 $80_{0}^{-0.20}$mm；磨台阶面 B 保证尺寸 $30_{0}^{-0.14}$mm，试校核台阶面 B 的加工余量。

解：按照工艺顺序建立尺寸链，如图 7－41b）所示。由于该余量是间接得到的，故为封闭环。

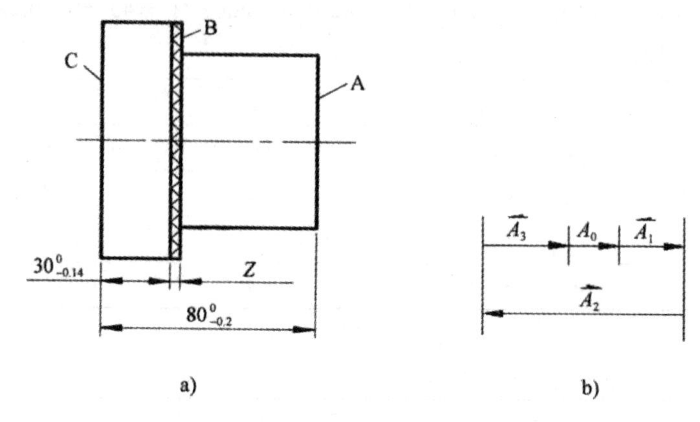

图 7－41　余量校核的尺寸链计算

增环	A_2	80	0	－0.2	0.20
减环	A_3	－30	＋0.14	0	0.14
	A_1	－49.5	0	－0.30	0.30
封闭环	A_0	(0.5)	(＋0.14)	(－0.5)	(0.64)

$A_0=Z_0$ 采用竖式计算余量及偏差；$\overleftarrow{A}_1=49.5_{0}^{+0.30}$mm 与 $\overleftarrow{A}_3=30_{0}^{-0.14}$mm 为减环；$\overrightarrow{A}_2=80_{0}^{-0.20}$mm 为增环。

有 $A_0=0.5_{-0.50}^{+0.04}$mm 而 $A_{0\max}=0.64$mm；$A_{0\min}=0$mm，因此在磨削台阶面 B 时，有些零件可能会因余量不够而不能保证精度，故需要加大最小余量，可取 $A_{0\min}=0.1$mm；因 $\overrightarrow{A}_2$ 与 $\overleftarrow{A}_3$ 是设计尺寸，需要保证，仅可调整中间工序尺寸 $\overleftarrow{A}_1$，满足调整后封闭环要求，有：

$$EI\overleftarrow{A}_1=ES\overrightarrow{A}_2-EI\overleftarrow{A}_3-ESA_0=0+0.14-0.14=0\text{mm}$$

$$\text{ES}\overleftarrow{\text{A}}_1=\text{EI}\overrightarrow{\text{A}}_2-ES\overleftarrow{A}_3-EIA_0=0.20-0-0.40=-0.20\text{mm}$$

所以：调整后中间尺寸 $\overleftarrow{A}_1=49.5_{0}^{-0.20}$mm，满足磨削余量为 $A_0=0.5_{-0.40}^{+0.14}$mm。

（4）靠火花磨削时的尺寸计算　靠火花磨削是一种定量磨削，是指在磨削端面时，由工人根据砂轮靠磨工件时所产生的火花的多少来判断磨去多少余量，无须停车测量。在尺寸链中，磨削余量是直接控制的，为组成环，它间接保证了设计尺寸，因此，设计尺寸是封闭环。

【例 7－7】　如图 7－42a）所示为靠火花磨削汽车变速箱第一轴端面的有关工序如下，①以端面 A 定位，精车 B 面需要保证的工序尺寸 L_1，精车 C 面需要保证的工序尺寸为 L_2；②靠磨 B 面，最后保证的设计尺寸是 44.915 ± 0.085mm 及设计尺寸 232.75 ± 0.25mm。靠火花磨削余量为 $Z=0.1\pm0.02$mm，求工序尺寸 L_1 和 L_2 及偏差。

解：按照工艺顺序建立尺寸链，如图 7－42b）所示尺寸链中靠火花磨削余量减环；

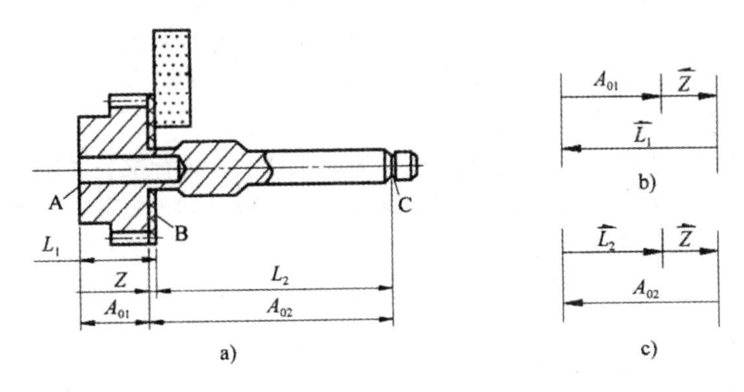

图 7－42　靠火花磨削时的尺寸链计算

在图 7－42c）所示尺寸链中为增环。因 $Z=0.1\pm0.02$mm；$A_{01}=44.915\pm0.085$mm；$A_{02}=232.75\pm0.25$mm，解这两个尺寸链有：

$$L_1=45.015\pm0.065\text{mm}$$

$$L_2=232.65\pm0.23\text{mm}$$

按人体原则标注有：

$$L_1=45.08_{0}^{-0.13}\text{mm}$$

$$L_2=232.65\pm0.23\text{mm}$$

任务七　时间定额和提高劳动生产率的工艺措施

一、时间定额

1. 时间定额的概念

在一定生产条件下，规定生产一件产品或完成一道工序所需消耗的时间称为时间定额。它是安排作业计划、进行成本核算、确定设备数量、人员编制以及规划生产面积的重要依据，是衡量劳动生产率的重要指标。因此，时间定额是工艺规程的重要组成部分。对时间定额必须予以充分重视。

时间定额的大小应合适。若定得过小，容易有忽视产品质量的倾向，或者会影响工人的积极性和创造性。若定得过大，就起不到指导生产的积极作用。因此，合理制定时间定额对保证产品质量、提高劳动生产率、降低生产成本都是十分重要的。

2. 时间定额的组成

（1）基本时间 $t_{基}$　指直接改变生产对象的尺寸、形状、相对位置以及表面状态或材料性质的工艺过程所消耗的时间。

对于切削加工来说，基本时间是切去金属所消耗的机动时间，包括刀具的切入、切出时间，机动时间可通过计算来确定。

（2）辅助时间 $t_{辅}$　指为实现工艺过程而必须进行的各种辅助动作所消耗的时间。辅助动作包括：装、卸工件，开、停机床，改变切削用量，测量以及进、退刀具等。

基本时间和辅助时间之和，称为操作时间。

（3）布置工作地时间 $t_{布置}$　指为使加工正常进行，工人照管工作地（如更换刀具、润滑机床、清理切屑、收拾工具等）所消耗的时间。一般按操作时间的2% ~7%来计算。

（4）休息和生理需要时间 $t_{休}$　指工人在工作班内，为恢复体力和满足生理需要所消耗的时间。一般按操作时间的2%来计算。

（5）准备与终结时间 $t_{准终}$　指工人为了生产一批产品，进行准备和结束工作所消耗的时间。这里，准备和结束工作包括：熟悉工艺文件、领取毛坯、安装刀具和夹具、调整机床和刀具等必须准备的工作。如果一批工件的数量为 n，则每个零件所分摊的准备与终结时间为 $t_{准终}/n$。

3. 单件时间和单件工时定额的计算公式

（1）单件时间的计算公式

$$T_{单件} = t_{基} + t_{辅} + t_{布置} + t_{休} \tag{7-18}$$

（2）单件工时定额的计算公式

$$T_{定额} = T_{单件} + t_{准终}/n \tag{7-19}$$

在大量生产中，$t_{准终}/n$ 可以忽略，即：

$$T_{定额} = T_{单件}$$

二、提高劳动生产率的工艺措施

采取一定的工艺措施来减少工时定额，实质上就会提高劳动生产率。因此，可以从时间定额的组成中寻求提高生产率的工艺途径。

1. 缩短基本时间

（1）提高切削用量　提高切削用量的主要途径是进行新型刀具材料的研究与开发。

刀具材料经历了碳素工具钢—高速钢—硬质合金等几个发展阶段。随着发展阶段的推移，都会伴随着生产率的大幅度提高。就切削速度而言，在18世纪末到19世纪初的碳素工具钢时代，切削速度仅为6 ~12 m/min。在20世纪初的高速钢刀具时代，切削速度提高了2 ~4倍。在二次世界大战以后，硬质合金刀具时代的切削速度又在高速钢刀具的基础上提高了2 ~5倍。可以看出，新型刀具材料的出现，使得机械制造业发生了阶段性的变化。一方面，生产率越过一个新的高度，另一方面，原以为不能加工或不可加工的材料，可以加工了。

在磨削加工方面，高速磨削、强力磨削、砂带磨削的研究成果，使得生产率有了大幅度提高。高速磨削的砂轮速度已高达80 ~125 m/s（普通磨削的砂轮速度仅为30 ~35 m/s）；缓进给强力磨削的磨削深度达6 ~12 mm；砂带磨削同铣削加工相比，切除同样金属余量的加工时间仅为铣削加工的1/10。

缩短基本时间还可在刀具结构和刀具的几何参数方面进行深入研究。例如，群钻在提高生产率方面的作用就是典型的例子。

（2）采用复合工步　复合工步就是同时对几个加工表面进行切削，所以可以节省基本时间。

①多刀单件加工　在各类机床上采用多刀加工的例子很多。图7 -43为在卧式车床上使用多刀刀

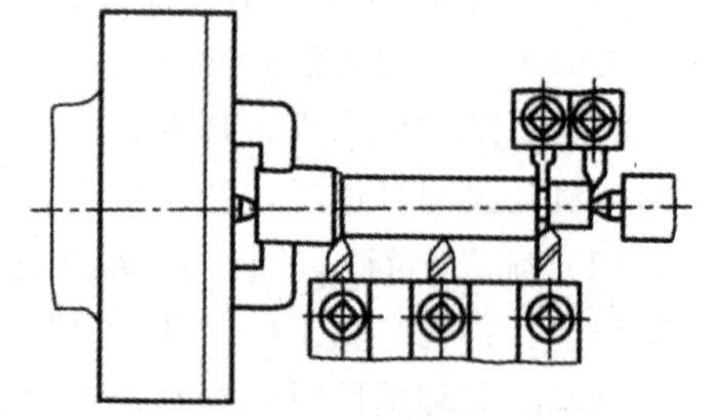

图7 -43　多刀车削加工

架进行多刀加工的例子。图 7－44 是在铣床上应用多把铣刀同时加工零件上的不同表面。图 7－45 为在磨床上采用多个砂轮同时对零件上的几个表面进行磨削加工。

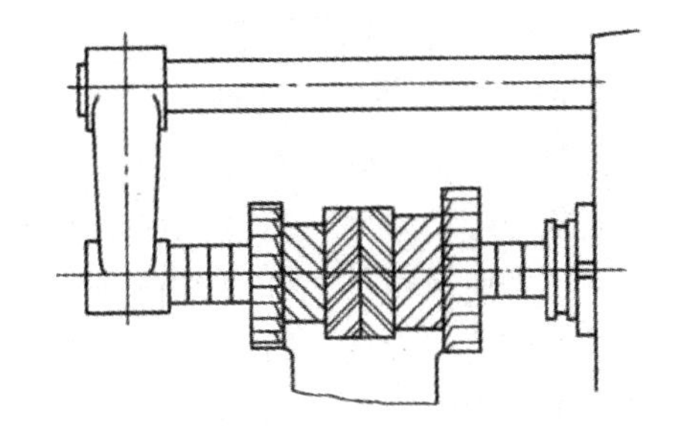

图 7－44　组合铣刀铣平面

②单刀多件或多刀多件加工　一次装夹多个工件进行多件加工，可大大缩短基本时间。

例如，将工件串联安装加工可节省切入和切出时间。而并联加工则是将几个相同的零件平行排列装夹，一次进给同时对一个表面或几个表面进行加工。图 7－46 是在铣床上采用并联加工方法同时对 3 个零件加工的例子。

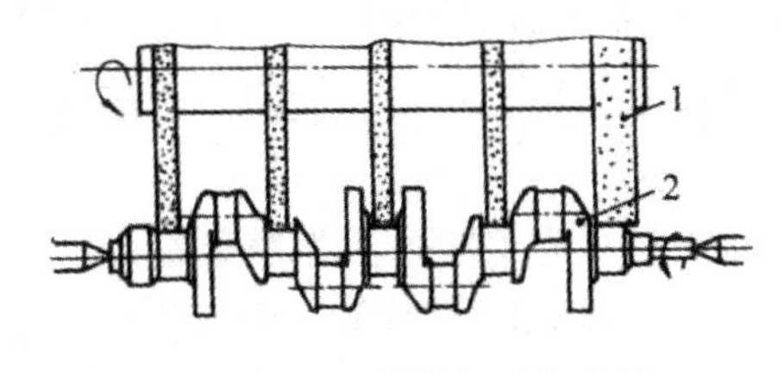

图 7－45　曲轴多砂轮磨削

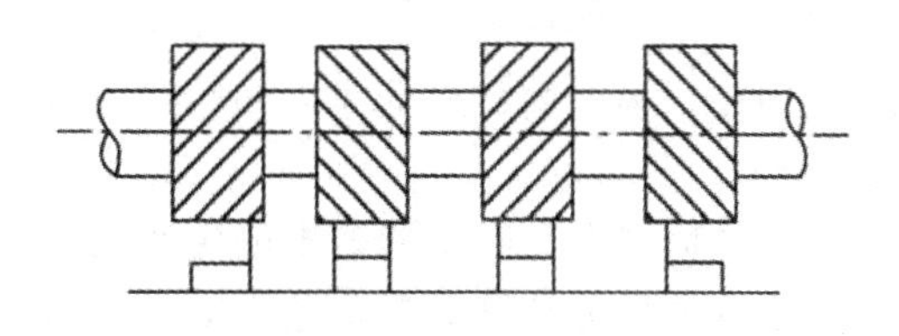

图 7－46　并联加工

1—砂轮；2—工件

2. 减少辅助时间和辅助时间与基本时间重叠

在单件时间中，辅助时间所占比例一般都比较大。可以采取措施直接减少辅助时间，或使辅助时间与基本时间重叠来提高生产率。

（1）减少辅助时间

①采用先进夹具和自动上、下料装置减少装、卸工件的时间。

②提高机床自动化水平，缩短辅助时间。例如，在数控机床（特别是加工中心）上，前述各种辅助动作都由程序控制自动完成，有效减少了辅助时间。

（2）使辅助时间与基本时间重叠

①采用可换夹具或可换工作台，使装夹工件的时间与基本时间重叠。

②用回转夹具或回转工作台进行连续加工。在各种连续加工方式中都有加工区和装卸工件区，装卸工件的工作全部在连续加工过程中进行。例如，图 7－47 是在双轴立式铣床上采用连续加工方式进行粗铣和精铣，装卸工件和加工工件可以连续同时进行。

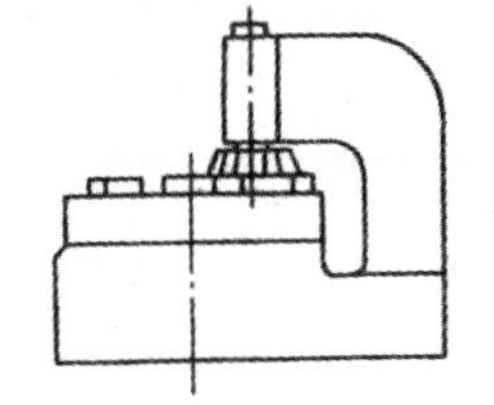

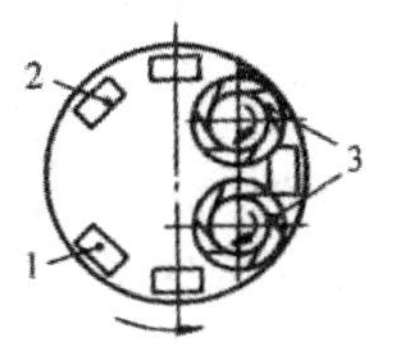

图 7－47　立铣连续加工

1—装工件；2—卸工件；3—铣刀

③采用闭环系统来控制加工尺寸，使测量与调整都在加工时便能自动完成。

3. 减少布置工作地时间

在减少对刀和换刀时间方面采取措施，以减少布置工作地时间。例如，采用高度对刀块、对刀样板或对刀样件对刀，使用微调机构调整刀具的进刀位置以及使用对刀仪对刀等。

减少换刀时间的另一重要途径是研制新型刀具，提高刀具的使用寿命。

4. 减少准备与终结时间

在中小批生产的工时定额中，准备与终结时间占有较大比例，应给以充分注意。实际上，准备与终结时间与工艺文件是否详尽清楚、工艺装备是否齐全、安装与调整是否方便等有关。采用成组工艺和成组夹具可明显缩短准备与终结时间，提高生产率。

随着科技的发展，数控加工在机械加工中的比例也在不断加大。而在数控工序中，可尽量使工序内容详尽、准确、清楚，从而缩短编程时间。这样也能缩短准备时间。

任务八　工艺方案的技术经济分析

一个零件的机械加工工艺过程，往往可以拟订出几个不同的方案。这些方案都能满足技术要求，但它们的经济性是不同的。因此，要进行技术经济分析，以确定一个经济性好的方案。

经济分析就是比较不同方案的生产成本的多少。生产成本最少的方案就是最经济的方案。通常有两种方法来分析工艺方案的技术经济问题：一是对同一加工对象的几种工艺方案进行比较；二是计算一些技术经济指标，再加以分析。

一、工艺方案的比较

零件的生产成本是制造一个零件或一个产品所必需的一切费用的总和。其组成见表7－16所示。其中，与工艺过程有关的那一部分称为工艺成本，而与工艺过程无关的那一部分，如行政人员的工资等，在经济比较中则可不予考虑。

表7－16　零件生产成本的组成

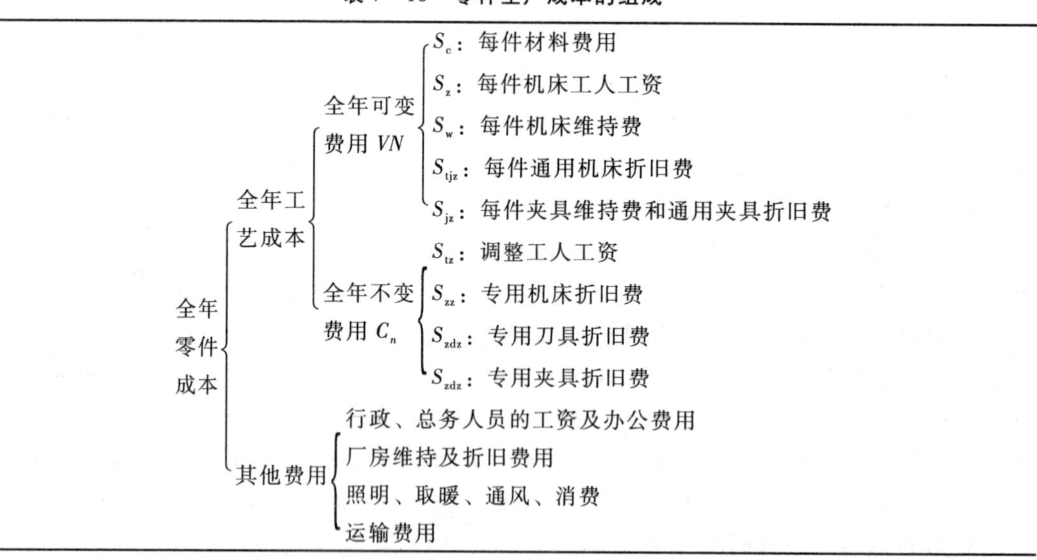

在全年工艺成本中包含两部分费用：一是与年产量Ⅳ同步增长的费用称为全年可变费用 VN，如材料费，通用机床折旧费等；二是不随年产量变化的全年不变费用 C_n，如专用机床折旧费等。因为设备的折旧年限是确定的。因此，专用机床的全年费用不随年产量

变化。

零件（或工序）的全年工艺成本 S_n 为：

$$S_n = VN + C_n \tag{7-20}$$

式中　V——每件零件的可变费用，元/件；

N——零件的年生产纲领，件；

C_n——全年的不变费用，元。

上式为一直线。如图 7－48a），直线Ⅰ、Ⅱ、Ⅲ分别表示 3 种加工方案。方案Ⅰ采用通用机床加工，方案Ⅱ采用数控机床加工，方案Ⅲ采用专用机床加工。3 种方案的全年不变费用 C_n 依次递增，而每件零件的可变费用 V 则依次递减。

单个零件（或单个工序）的工艺成本 S_d 应为

$$S_d = V + \frac{C_n}{N} \tag{7-21}$$

其图形为一双曲线，如图 7－48b）所示。

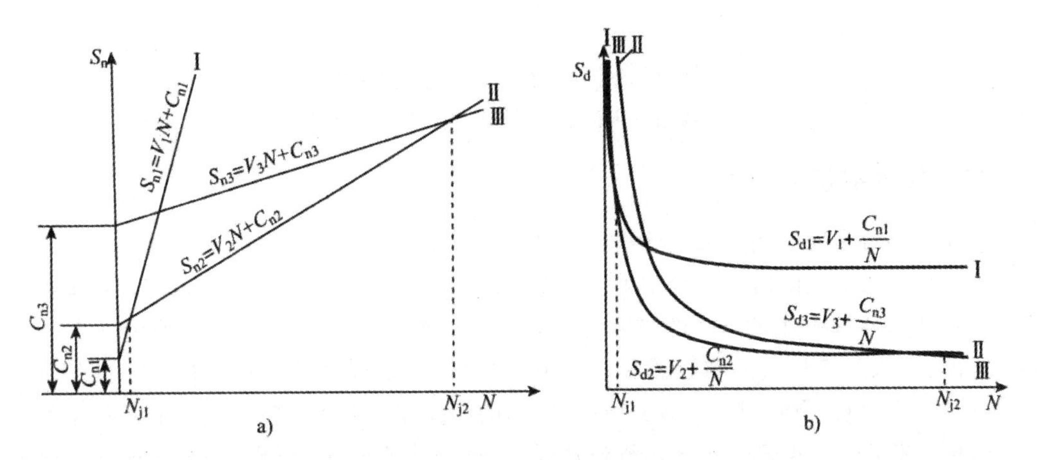

图 7－48　工艺成本与年产量的关系

a）全年工艺成本　b）单件工艺成本

Ⅰ. 通用机床　Ⅱ. 数控机床　Ⅲ. 专用机床

对加工内容相同的几种工艺方案进行经济比较时，一般可分为下列两种情况：

当需比较的工艺方案均采用现有设备，或其投资相近时，工艺成本即可作为衡量各种工艺方案经济性的依据。各方案的比较与零件的年生产纲领有密切关系。

临界年产量 N_j 由下式确定：

$$S_n = V_1N_j + C_{n1} = V_2N_j + C_{n2} \tag{7-22}$$

可以看出，$N < N_{j1}$ 时，宜采用通用机床；$N > N_{j2}$ 时，宜采用专用机床；而数控机床介于两者之间。

在应用上述公式时，应具体情况具体分析。当工件的复杂程度增加时，则不论年产量多少，采用数控机床加工都是合理的，如图 7－49 所示。当然，在同一用途的各种数控机床之间，仍然需要进行经济上的比较与分析。

当需比较的工艺方案基本投资差额较大时，仅比较其工艺成本是难以全面评定其经济性的，此时，必须同时考虑不同方案基本投资差额的回收期。回收期是指第二方案多花费的投资，需多长时间才能由于工艺成本的降低而收回来。回收期可由下式确定：

$$T=\frac{K_2-K_1}{S_{n1}-S_{n2}}=\frac{\Delta K_1}{\Delta S_n} \tag{7-23}$$

式中 T——投资回收期，年；

ΔK——基本投资差额，元；

ΔS_n——全年生产费用节约额，元/年。

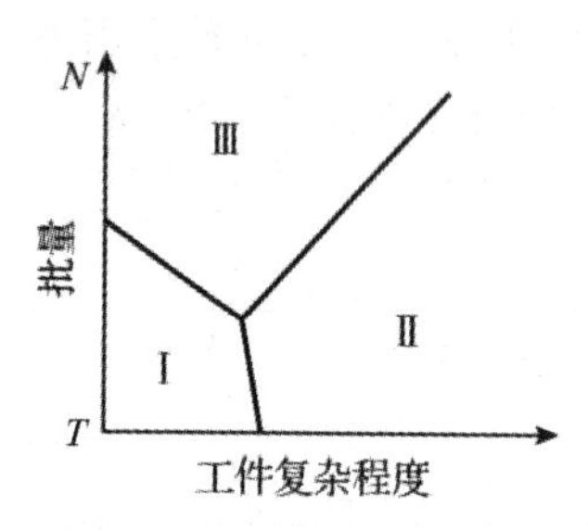

图 7-49 工件复杂程度与机床选择

Ⅰ—通用机床；Ⅱ—数控机床；Ⅲ—专用机床

二、技术经济分析

技术经济分析就是用技术经济指标去具体分析工艺方案的经济性。

当新建或扩建车间时，在确定了主要零件的工艺规程、工时定额、设备需要量和厂房面积等以后，通常要计算车间的技术经济指标。例如：单位产品所需劳动量（工时及台时）、单位工人年产量（台数、重量、产值或利润）、单位设备的年产量等。在车间设计方案完成后，可将上述指标与国内外同类产品的同类指标进行比较，以衡量其设计水平。

有时，在现有车间制定工艺规程也计算一些技术经济指标。例如：劳动量（工时及台时）、工艺装备系数（专用工、夹、量具与机床数量之比）、设备构成比（专用机床、通用机床、数控机床之比）、工艺过程的分散与集中程度（用一个零件的平均工序数目来表示）等。

任务九 数控加工工艺设计

一、数控加工的特点

数控加工技术是20世纪50年代开始发展起来的一种自动加工技术。一般是指数控金属切削机床加工技术。随着科学技术的不断发展，数控加工技术的应用领域日益扩大，其应用技术水平也在不断提高。数控加工技术在发达国家已很成熟，在我国也开始逐步普及。数控加工的特点如下：

1. 加工精度高

目前，数控机床的刀具或工作台的最小移动量普遍达到了 0.001 mm，而且可以对传动误差自动进行补偿，因此，数控机床能达到很高的加工精度。一般数控机床的定位精度为 ±0.01 mm，重复定位精度为 ±0.005 mm。除了机床精度高以外，数控机床是自动加工，避免了人为的干扰因素，一批工件的尺寸一致性好，产品合格率高，加工质量十分稳定。

2. 生产效率高

工件加工所需的时间主要包括切削时间和辅助时间。由于数控机床结构刚性好，允许强力切削，其主轴转速、进给速度均较普通机床大，因此，切削速度快，效率高。此外，数控加工时，工件装夹时间短，对刀、换刀快，更换工件不需调整机床，节省了工件安装调整时间。数控加工质量稳定，一般只抽样检验，节省了停机检验时间。数控加工基本采用通用夹具，节省了工装准备时间。因此，数控加工的辅助时间比普通机床少。

在数控加工中心上加工时，可采用工序集中原则，一台机床可实现多道工序的连续加工，生产效率的提高更为明显。与普通机床相比，数控机床的生产率可提高几倍、几十倍或更高。

3. 对加工对象的适应性强

在一台数控机床上可加工不同品种、不同规格的工件，改变工件时，只需调用不同程序即可，这给生产带来极大便利，特别是对普通机床难加工或无法加工的精密复杂表面(例如螺旋表面)，数控机床也能实现自动加工。

4. 经济效益好

数控机床虽然价格较贵，但因其生产效率高，可大量节省辅助时间，从而节省了直接生产费用。同时，也节省了工装费用。数控机床加工稳定，减少了废品率，使生产成本进一步下降。此外，数控机床可实现一机多用，节省厂房面积，节省建厂投资。因此，使用数控机床仍可获得良好的经济效益。

5. 自动化程度高

数控加工是按输入程序自动完成的。一般情况下，操作者输入程序后，只需进行工件的装卸、刀具准备、加工状态的监测，劳动强度大为减轻，极大地改善了劳动条件。同时，有利于现代化管理，可向更高级的制造系统发展。

二、数控加工工艺的内容

数控加工工艺是指采用数控机床加工零件时所运用的各种方法和技术手段的总和。数控加工工艺是数控编程的基础。实际上，数控编程就是数控加工工艺的程序化。数控程序包含了所有数控加工工艺的内容。实现数控加工，编程是关键。

数控加工工艺的内容主要有：

①选择并确定数控加工的内容。

②进行数控加工工艺分析，使加工内容及技术要求具体化。

③设计数控加工工序，选择刀具、夹具及切削用量。

④处理特殊的工艺问题，如对刀点、换刀点确定，加工路线确定，刀具补偿，加工误差分配等。

⑤针对具体的数控系统编制数控程序，并编制工艺文件。

三、数控加工工艺规程

数控加工工艺规程是规定零件的数控加工工艺过程和操作方法的工艺文件。生产规模的大小、工艺水平的高低、解决各种工艺问题的方法和手段都要通过数控加工工艺规程来体现。因此，数控加工工艺规程设计是一项重要而又严肃的工作。它要求设计者必须具备丰富的生产实践经验和广博的机械制造理论。

数控加工工艺设计的原则和内容与普通机床加工工艺设计相同或相似。但由于数控机床是自动化机床，数控加工的工艺设计要比普通机床加工工艺更具体、更严密。

数控加工工艺规程包括两部分：工艺设计与工序设计。

1. 工艺设计

工艺设计就是把零件的整个加工过程划分为若干个工序，这些工序包括数控工序、普通加工工序、辅助工序、热处理工序等。将这些工序科学合理地排列，就可得到零件的工艺路线。在分析数控加工的工艺路线时，一定要通盘考虑，不但要考虑数控工序的正确划分、顺序安排和彼此间的协调，还要考虑数控工序与其他工序之间的配合协调。

数控工艺设计包含在总的工艺设计之中，在加工方法的选择、工序划分、加工余量的确定、加工顺序安排等方面均与普通机床加工工艺设计相同或相似，此处就不再赘述。

2. 工序设计

如果在工艺过程中安排有数控工序，则不管生产类型如何，都需要对该数控工序的工艺过程做出详细规定，并形成工艺文件。从机械加工工艺的角度分析，数控工序设计符合机械加工工艺的一般规律，但又有一定的特殊性。比如，数控机床的高精度、参数特性，数控夹具的通用性，数控刀具一般应优先选用标准刀具、先进刀具，工步划分要优先保证精度，同时兼顾效率，并充分考虑到数控加工的特点等。

此外，还有数控加工所必需的一些特殊要求。这些特殊要求如下：

（1）建立工件坐标系　为简化、方便编程，编程人员在编程时通常要选择一个工件坐标系，同时也是加工使用的坐标系。根据需要，工件坐标系可设定1～6个。

在工件坐标系内可以使用绝对值编程，也可以使用相对值编程。在图7－50中，B点的坐标尺寸可以表示为B（25，25），即以坐标原点为基准的绝对坐标尺寸；也可以表示为B（15，5），即以A点为基准的相对坐标尺寸。

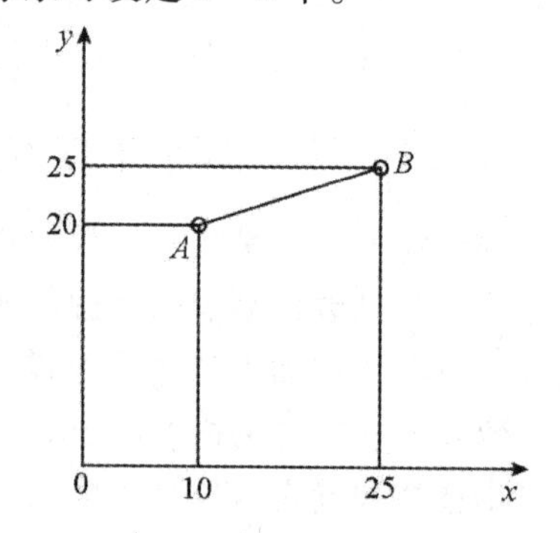

图7－50　绝对坐标与相对坐标

（2）编程数值计算　数控机床具有直线、圆弧插补功能。当工件的轮廓是由直线、圆弧组成时，编程中只要给出直线、圆弧这些几何要素之间的交点（简称基点）的坐标值，就可以用直线插补、圆弧插补指令指挥刀具按直线或圆弧运动。当工件的轮廓是由非圆曲线（如抛物线、椭圆、阿基米德螺线及一般的二次曲线）组成时，由于数控系统一般不具有这类曲线插补功能，通常的处理方法是用直线或圆弧去逼近非圆曲线。逼近直线或圆弧与非圆曲线的交点称为节点。根据这些节点坐标，才能写出程序。

对于不能用数学方程式表达的列表曲线，则需用较为高深的数值计算方法，计算出节点坐标，然后再去写出程序。

因此，编程前根据零件尺寸计算出基点、节点的坐标值，是必不可少的工艺工作。

此外，还有工艺尺寸的计算。如，单向偏差标注的工艺尺寸应换算成对称偏差标注，当粗、精加工在同一工序中完成，还要计算各工步之间的加工余量、工步尺寸及公差等。

（3）确定对刀点、换刀点　对刀点是指数控加工时，刀具相对于工件运动的起点，这个起点也是编程时程序的起点，因此，对刀点也称起刀点或程序起点。对刀是工件加工前必须要做的一项工作，其目的是使工件坐标系与机床坐标系建立确定的尺寸联系。对刀点应直接与工序尺寸的尺寸基准相联系，以减少基准转换误差，保证加工精度。

换刀点是指数控加工时，中间需要换刀工作，换刀时刀具基准点的空间位置。为避免换刀时刀具与工件、夹具、机床之间发生碰撞或干涉，换刀点应设在工件外合适的位置。若用机械手换刀，则应有足够的换刀空间；若采用手工换刀，则应考虑换刀方便。

四、数控编程简介

数控编程是数控加工的基础性工作，没有数控编程，数控机床就无法工作。数控编程方法分为手工编程和自动编程。手工编程是指编程人员根据数控系统的指令直接写出数控程序。自动编程是指编程的大部分或全部工作都是由计算机自动完成的一种编程方法。手工编程适合于简单程序的编制，而自动编程既可以完成简单程序的编制，也可以完成复杂程序的编制，特别是对于一些形状复杂的工件，如非圆曲线、空间曲面、列表曲线等，编程时需经过非常复杂的计算，采用手工编程非常烦琐，有时甚至无法完成编程。即使能用手工编程完成，其花费的时间长、效率低，而且容易出错。在这种情况下，需采用自动编程来完成。

自动编程分为 3 种：

①利用自动编程语言进行编程，以美国 APT 自动编程语言为代表；

②利用计算机绘图软件进行编程，以 CAD/CAM 软件为代表；

③语音式自动编程系统。

手工编程是自动编程的基础。学习时应本着循序渐进的原则，先学习手工编程，再学习自动编程，而不是相反。

1. 数控程序代码及有关规定

数控加工中的各种动作都是事先由编程人员在程序中用指令方式即各种代码予以规定的，包括 G 代码、M 代码、F 代码、S 代码、T 代码等。G 代码、M 代码统称为工艺指令，是程序段的主要组成部分。为了通用化，国际标准化组织（ISO）制定了 G 代码、M 代码标准。我国也制定了与 ISO 标准等效的 G 代码、M 代码标准 JB/T 3208—1999。

应当指出，由于数控系统和数控机床功能的不断增强，有些高档数控系统的 G 代码、M 代码已超出 ISO 标准的规定，G 代码、M 代码的功能含义与 ISO 标准不完全相同。

G 代码是在数控系统插补运算之前需要预先规定，为插补运算做好准备的工艺指令。因此，G 代码称为准备功能代码。在该标准中，G 代码以地址 G 后跟两位数字组成，常用的有 G00 ~ G99。有些高档数控系统的 G 代码已扩展到三位数字，如 G107，G112 或

C02.2、G02.3。

G代码按功能类别分为模态G代码和非模态G代码。模态G代码表示组内某G代码一旦被指定，将一直有效，直到出现同一组其他任一G代码才失效，否则继续保持有效。这样，编程时后面的程序段中该模态G代码可省略，从而简化编程。而非模态G代码只在本程序段中有效，下一程序段中需要时必须重写。

M代码用来指定机床或系统的某些操作或状态。M代码称为辅助功能代码。例如，机床主轴的起、停，切削液的开、关，工件的夹紧、松开等。

此外，ISO标准还规定了主轴转速功能S代码，刀具功能T代码，进给功能F代码，尺寸字地址码X、Y、Z、I、J、K、R、A、B、C等，供编程时选用。

标准中，指令代码功能分为指定、不指定、永不指定三种情况，所谓"不指定"是准备以后再指定，所谓"永不指定"是指生产厂可自行指定。

由于标准中的G代码、M代码有"不指定"和"永不指定"的情况存在，加上标准中标有"#"代码亦可选作其他用途，所以不同数控系统的数控指令含义就可能有差异。编程前必须仔细阅读所用数控机床说明书，熟悉该数控机床数控指令代码的定义和代码使用规定，以免出错。

2. 程序结构与格式

一个完整的数控加工程序由若干程序段组成。程序开头是程序名，结束时写有程序结束指令。例如：

```
O0001;                  程序名
G92X0Y02200:
G90G00X50Y60S300M03:
G01X10Y50F120:
M30;                    程序结束指令
```

一行为一个程序段。每个程序段中有若干个指令字，每个指令字表示一种功能，所以也称功能字。功能字的开头是英文字母（也称地址），其后是数字，如G90、G01、X100.0等。一个程序段表示一个完整的加工工步或加工动作。

程序段格式是指一个程序段中功能字的排列顺序和表达方式。目前，数控系统广泛采用的是可变程序段格式。可变程序段格式是指程序段的长短、指令字的数量都是可变的，指令字的顺序也是可变的。各指令字可根据需要选用，不需要的指令字以及与上一程序段相同的模态指令字可以不写。这种格式的优点是程序简短、直观、可读性强、易于检查和修改。

可变程序段格式的一般格式为：

N_ G_ X_ Y_ Z_ … F_ S_ T_ M

其中，N为程序段号字；G为准备功能字；X、Y、Z为坐标功能字；F为进给功能字；S为主轴转速功能字；T为刀具功能字；M为辅助功能字。

例如：一个程序段

N05 G00X－10.0Y－10.0Z6.0 S100 0M0 3M07

其中，N05为程序段号；G00是使刀具快速定位到某一点；X－10.0Y－10.026.0为空间一点，数字为坐标数值，带 + 、 - 号；S1000 表示主轴转速为 1 000 r/min，M03 表示主轴正转。

常用地址码及其含义见表 7 - 17。

表 7 - 17　常用地址码及其含义

机能	地址码	说明
程序段号	N	程序段顺序编号地址
坐标字	*X*、*Y*、*Z*、*U*、*V*、*W*、*P*、*Q*、*R*	直线坐标轴
	A、*B*、*C*、*D*、*E*	旋转坐标轴
	R	圆弧半径
	I、*J*、*K*	圆弧圆心相对起点坐标
准备功能	G	准备功能
辅助功能	M	辅助功能
补偿值	H、D	补偿值地址
切削用量	*S*	主轴转速
	F	进给量或进给速度
刀具号	T	刀库中的刀具编号

五、数控加工工序综合举例

下面以立式铣床加工圆弧轮廓为例，来说明数控加工工序的一般过程的编程方法。

1. 设备

XK7132 立式铣床，华中系统 HNC - 21/22M；刀具：ϕ12 mm 立铣刀；量具：0 ~ 50 mm 游标卡尺；夹具：机用虎钳。

2. 加工工序

如图 7 - 51 所示零件轮廓，保证尺寸精度。零件加工部位由规则对称圆弧槽组成，其几何形状属于平面二维图形。毛坯尺寸：80 mm × 80 mm × 15 mm。

3. 工艺准备

（1）工件零点设定在毛坯上表面的中心—G54。

（2）以底面为基准，用机用虎钳装夹。

（3）选择 ϕ 12 mm 立铣刀铣削 ϕ 65 mm 圆柱和四个宽度为 20 mm 的圆弧槽。

4. 参考程序

```
00 0001
G54G90G17 G00 X0Y0
S600M03250
X -40Y0
Z5
G012 -3 F100
G42DIX -30.92Y0
```

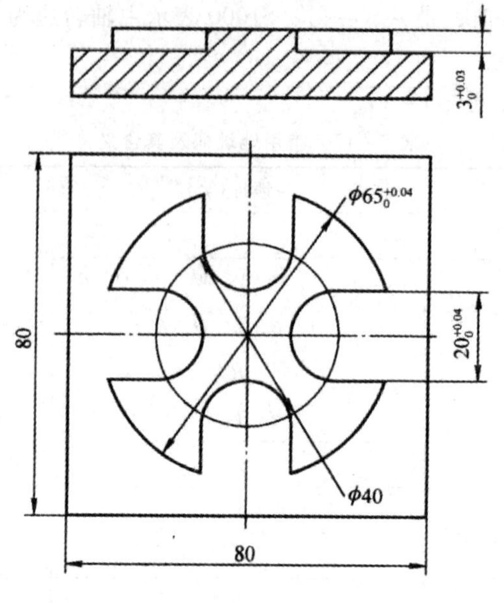

图 7－51　圆弧铣削

```
Y -10
G03X -10Y -30.92R32.5
G01Y -20
G02X10Y -20R10
G01Y -30.92
G03X30.92Y -10 R32.5
G01X20Y -10
G02X20Y10R10
G01X30.92Y10
G03X10Y30.92 R32.5
G01X10Y20
G02X -10Y20R10
G01X -10Y30.92
G03X -30.92Y10R32.5
G01X -20Y10
G02X -20Y -10R10
G01X -30.92Y -10
Y0
X -40G40
G00250
M05
M30
```

六、工序安全与程序试运行

数控工序的工序安全问题不容忽视。数控工序的不安全因素主要来源于加工程序中的错误。将一个错误的加工程序直接用于加工是很危险的。例如，若将 G01 错误地写成 G00，则必然会发生撞刀事故。再如，刀具补偿的数值、符号一定要准确无误，任意一项错误都将导致撞刀或加工零件报废。另外，程序中的任何坐标数据错误都会导致废品或发生其他安全事故。因此，对程序一定要认真检查和校验，并试加工。只有确认程序无误后，才可投入使用。

任务十　成组技术

一、成组技术的基本概念

随着科学技术的飞速发展，市场竞争日趋激烈，机械产品的更新速度越来越快，产品品种日益增多，同时批量却越来越少，从而出现了多品种小批量的生产形式。据统计，多品种中小批生产企业约占机械工业企业总数的75% ~80%。此时，采用成组技术可以近似地扩大生产批量，成为提高生产率的有效方法。

大量的统计分析表明，任何一种机械产品中的零件都可分为 3 类：专用件、相似件、标准件。其比例分别为：5% ~10%、65% ~70%、20% ~25%。可见，利用相似原理，完全可以将 70% 左右的相似件转化为近似大批量的生产。

成组技术的定义：由于许多问题是相似的，把相似的问题归并成组，便可以找到一个单一的解决一组问题的方法，从而节省了时间和精力，这就是成组技术（Group Technology，GT）。在工程方面，这一定义可广泛地应用于设计、制图、制造等过程。

在机械制造领域，成组加工就是将零件按几何形状、结构、工艺相似性进行分组，并根据各组零件的工艺要求，将机床分为若干个机床组。按被加工零件组的工艺流程排列各机床组内的机床，即零件组与机床组一一对应。被纳入同一组的零件可按共同的工艺过程，在同一机床组中稍加调整后即可加工出来，以减少调整时间与加工时间，即可大大提高生产率。

二、零件的分类和编码

零件分类是成组技术的基础。现在流行的分类方法是多位数字编码分类法。这种分类法种类很多，比较著名的有德国的 Opitz、英国的 Brisch、日本的 KK、荷兰的 TNO - Miclass、苏联的 BrITPI、我国的 JLBM -1 等。这里仅介绍我国的 JLBM -1 分类编码系统。

我国于 1984 年制定了“机械零件分类编码系统（JLBM -1）”。该系统由名称类别矩阵、形状及加工码、辅助码三部分共 15 个码位组成，如图 7 -52 所示。

这一系统的优点是：码位多，增加了信息容量；零件类别按名称类别矩阵划分，便于设计检索；分类表更为简单，定义明确，容易掌握。

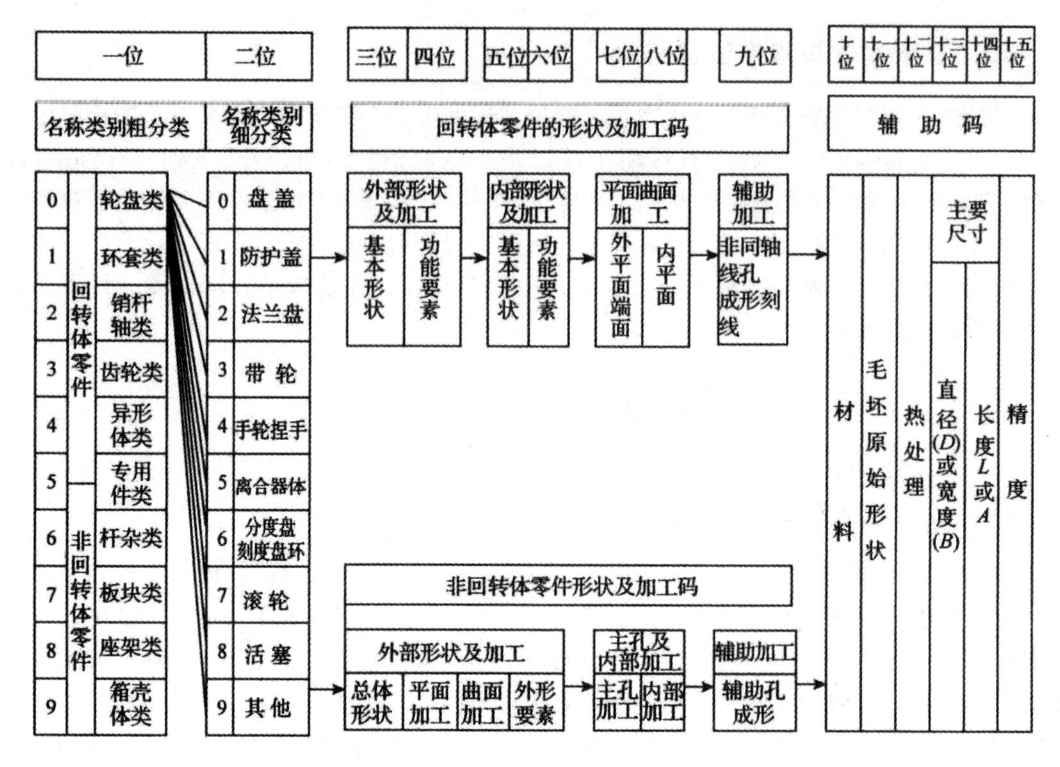

图 7－52　JLBM－1 分类编码系统

三、成组生产的组织形式

随着成组技术的深入应用和发展，它已由最初的成组加工单机逐步发展到成组生产单元、成组生产流水线，以至现代最先进的柔性制造系统（FMS）和计算机集成制造系统（CIMS）。

1. 成组加工单机

成组加工单机是从机群制的布置形式发展起来的。它由一个工作位置构成，即成组零件从始到终都在一台设备上完成加工，如在转塔车床或自动车床上加工回转零件等。也可用于一种设备上完成一个零件组的一个加工工序，其余工序划归另外的零件组或个别加工。在这种情况下，管理困难、效果较差，不能很好地发挥成组加工的突出功效，所以应用较少。

2. 成组生产单元

成组生产单元是指一组（或几组）工艺上相似的零件，按其工艺流程合理地排列出加工所需的一组设备，构成车间内一个小的封闭生产系统，这就形成一个生产单元。它也可概括为：与完成零件组全部工艺过程相对应的一组设备。

图 7－53 为一个生产单元的平面布置形式。根据这 6 个零件组的工艺路线，决定由车、铣、钻、磨等四台机床组成一个生产单元。生产单元与流水线相似，但并不等于流水线。因为它不要求节拍。

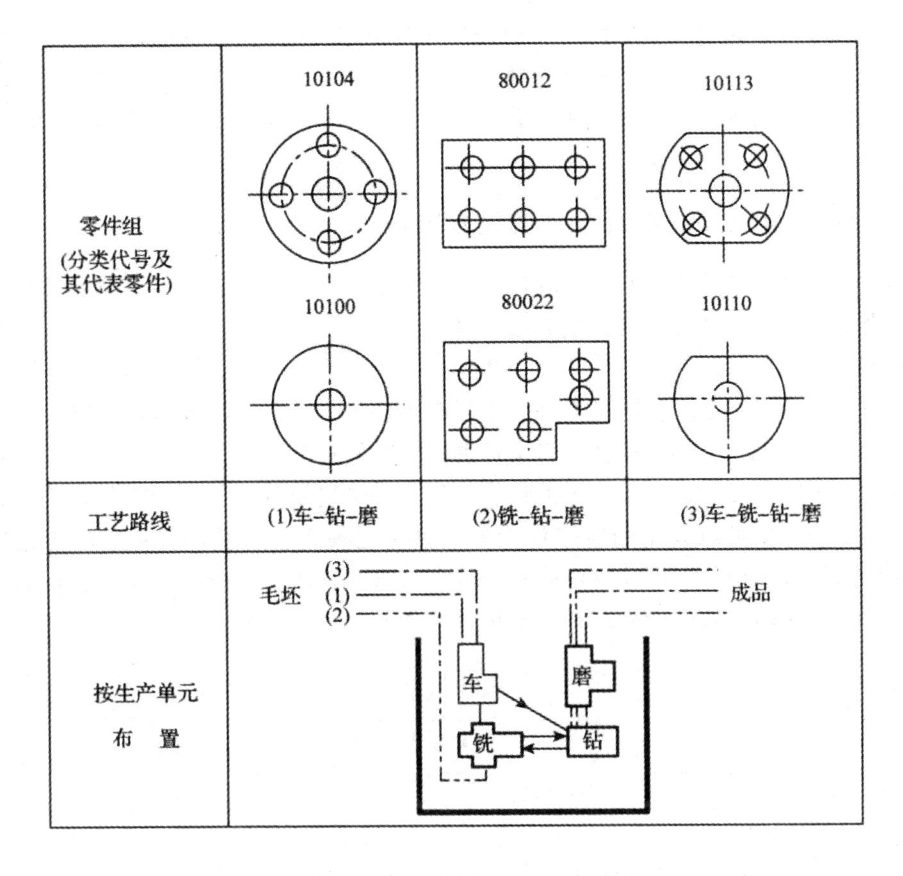

图 7－53　按生产单元平面布置图

3. 成组生产流水线

成组生产流水线是严格按零件组的工艺过程组织起来的，其各工序的节拍是一致的。成组流水线与普通流水线的区别在于：生产线上流动的不是一种零件，而是一组相似零件。

成组流水线具有大批大量生产性质的合理性和优越性。它既可用于复杂零件组，如曲轴流水线，也可用于简单零件组，如法兰盘类等零件。

任务十一　计算机辅助工艺过程设计

计算机辅助工艺过程设计（Computer Aided Process Planning，CAPP）是指用计算机编制零件的加工工艺规程。

长期以来，工艺规程编制是由工艺人员凭经验进行的。不同的工艺人员编制同一零件的工艺规程，其方案一般不相同，而且一般都不是最佳方案。这是因为工艺设计涉及的因素多，因果关系错综复杂。计算机辅助工艺过程设计改变了依赖个人经验的状况，它不仅提高了工艺规程的质量，而且使工艺人员从烦琐重复的工作中解放出来，集中精力去考虑其他问题。

应用 CAPP 会带来一系列的效益：①减少工艺设计费用，可降低 50% 左右的工艺设计费用；②社会效益，如设计周期缩短，产品质量提高等；③有利于推行标准化、最优化，提高工艺设计质量；④有利于计算机管理，提高管理水平。

计算机辅助工艺过程设计是联系计算机辅助设计（CAD）和计算机辅助制造（CAM）之间的桥梁。

一、计算机辅助工艺过程设计的基本方法

目前，国内外研制的许多CAPP系统，按工作原理大体可分为三种类型：样件法、创成法、综合法，其中，样件法又称变异法、派生法。

1. 样件法

在成组技术的基础上，将同一零件族中所有零件的主要形面特征合成主样件，再按主样件制定出适合的典型工艺规程，并以文件的形式存储在计算机中，如图7－54所示。当编制某零件的工艺规程时，只要将零件进行编码，并将它划分到一定的零件族中。输入该零件的成组编码，就可以调用相应零件族的典型工艺规程。然后，按一定的工艺决策模型，对零件的结构、形状、尺寸参数的特点进行分析、判断，筛选出典型工艺规程中的有关工序，并进行切削参数的计算，最后输出该零件的工艺规程。

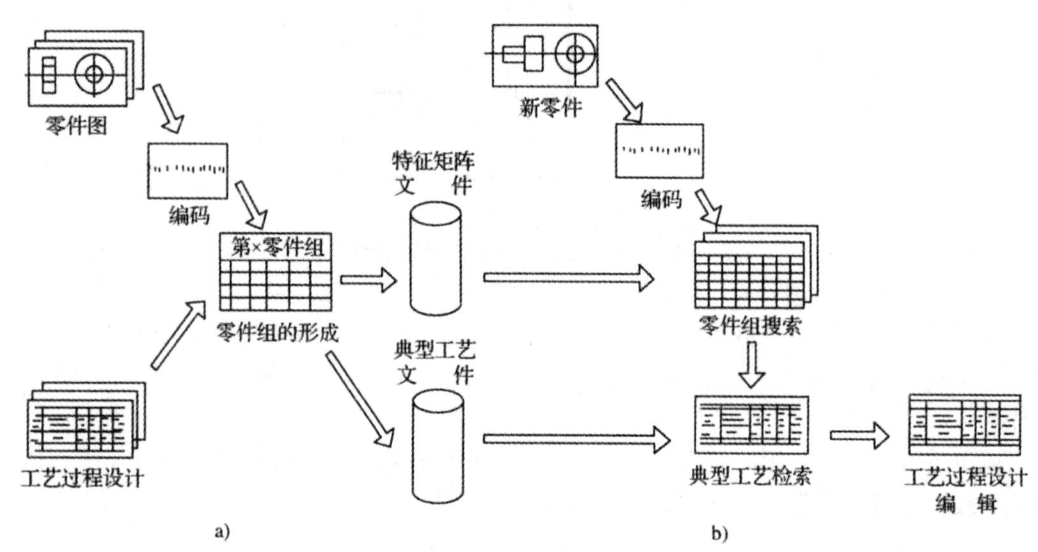

图7－54　样件法CAPP

a）准备阶段　b）编制阶段

图7－55所示为一轴类零件组的主样件，在该主样件上覆盖了该零件族中的特征，并用形面尺寸代号来表示，同时，各个形面又用编码来表示，这样比较清楚。

目前，许多CAPP系统都是属于这一类的，如挪威的AUTOPROS、美国的CAPP（CAM－1）、荷兰的MIPLAN、英国的AUTOCAP等。

2. 创成法

这种方式是由计算机系统“创造”一个新的工艺规程。它利用的是对各种工艺决策的逻辑算法。该方法只要求输入零件的图形、工艺信息，即可由计算机按照决策逻辑和优化公式，在不需要人工干预的条件下制定工艺规程。

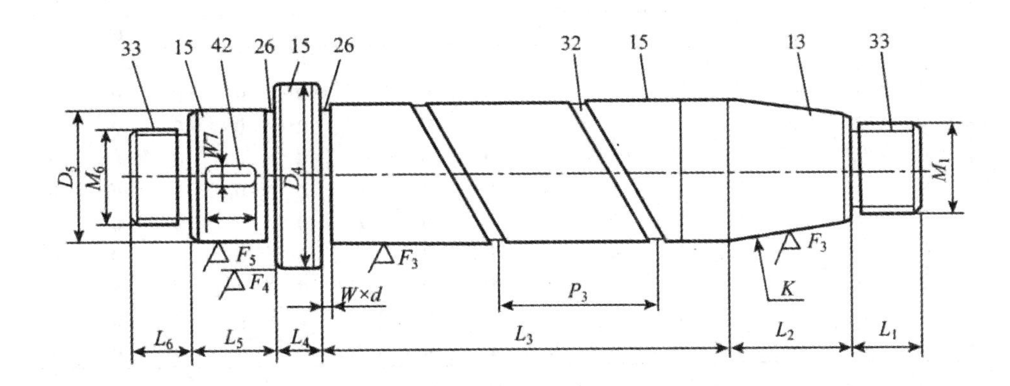

图 7-55 轴类零件组的主样件及其形面代号和编码

形面尺寸代号：D—直径；L—长度；K—锥度；W—槽宽或键宽；d—槽深；F—表面粗糙度等级；

形面编号：13—外锥面；15—外圆面；26—退刀槽；32—油槽；33—外螺纹；42—键槽

但由于图纸信息准确的代码化还有相当大的技术难度，每一种几何要素可用不同的加工方法实现，它们之间的顺序又可以有多种组合方案。因此，工艺决策往往依赖于工艺人员多年积累的丰富经验和知识，而不仅仅依靠计算。这也是创成法难以达到理想效果的原因。为此，人们将人工智能引入到 CAPP 之中，产生了 CAPP 专家系统。

3. 综合法

该方法是以样件法为主，创成法为辅，以制定出合适的工艺规程。例如，工序设计用样件法，工步设计用创成法等。此法综合考虑了样件法和创成法的特点，兼取二者之长，因此很有发展前景。日本集成制造协会（IMSS）研制的 CAPP 系统就是该方法的实例。

二、样件法 CAPP

1. 工艺信息的数字化

（1）零件编码的矩阵化 先按照所选用的零件分类编码系统（如 JLBM-1），将本厂所生产的零件进行编码。为了使零件按其编码输入计算机后能够找到相应的零件组，必须先将零件的编码转换为矩阵。例如，某零件按 JLBM-1 系统编码为 25270 03004 67679。为了形成该零件的矩阵，需先将该编码的一维数组转换为二维数组（表 7-18）。在这个二维数组中，数组元素的第一个数表示编码的数位序号——码位，第二个数表示编码在该码位上的码值。把这个二维数组转换成矩阵，如图 7-56a）所示。矩阵中行和列的交点即矩阵元素为“1”或“0”。“1”表示一个工艺特征，“0”表示不具有一个工艺特征。该矩阵称为零件的特征矩阵。

表 7-18 零件编码转换

一维数组	2	5	2	7	0	0	3	0	0	4	6	7	6	7	9
二维数组	1，2	2，5	3，2	4，7	5，0	6，0	7，3	8，0	9，0	10，4	11，6	12，7	13，6	14，7	15，9

（2）零件组特征的矩阵化 将同一零件组所有零件的编码都转换成特征矩阵，就得到零件组的特征矩阵，如图 7-56b）所示。

（3）主样件的设计 为了使主样件能更好地反映整个零件组的结构——工艺特征，

	1	2	3	4	5	6	7	8	9	10	11	12	13	14	15
0	0	0	0	0	1	1	0	1	1	0	0	0	0	0	0
1	0	0	0	0	0	0	0	0	0	0	0	0	0	0	0
2	1	0	1	0	0	0	0	0	0	0	0	0	0	0	0
3	0	0	0	0	0	0	1	0	0	0	0	0	0	0	0
4	0	0	0	0	0	0	0	0	0	1	0	0	0	0	0
5	0	1	0	0	0	0	0	0	0	0	0	0	0	0	0
6	0	0	0	0	0	0	0	0	0	0	1	0	1	0	0
7	0	0	0	1	0	0	0	0	0	0	0	1	0	1	0
8	0	0	0	0	0	0	0	0	0	0	0	0	0	0	0
9	0	0	0	0	0	0	0	0	0	0	0	0	0	0	1

a) 零件

	1	2	3	4	5	6	7	8	9	10	11	12	13	14	15
0	0	0	1	1	1	1	1	1	1	0	1	1	0	0	0
1	0	0	1	1	1	0	1	0	0	0	0	0	0	0	0
2	1	0	1	1	1	0	1	0	0	1	0	1	0	0	0
3	0	0	0	0	1	0	0	0	0	1	0	1	0	0	0
4	0	0	0	0	1	0	0	0	0	1	0	0	1	0	0
5	0	1	0	0	1	0	0	0	0	0	0	1	1	1	0
6	0	0	0	0	1	0	0	0	0	0	0	1	1	1	0
7	0	0	0	0	1	0	0	0	0	0	1	1	1	1	0
8	0	0	0	0	0	0	0	0	0	0	0	1	0	1	0
9	0	0	0	0	0	0	0	0	0	0	0	0	0	0	1

b) 零件组

图 7－56　特征矩阵

需要对零件组内的零件进行结构——工艺特征方面的频谱分析。频数大的特征必须反映到主样件上，频数小的特征可以舍去，使主样件既能反映绝大部分特征，又不至于过于复杂。

一般可从形面、尺寸及工艺特征等方面进行频谱分析。例如，图 7－57 是某一轴类零件组形面特征的频谱分析图。从图上可以看出，频数大的有外圆柱面、沉割槽、倒角、外螺纹等。频数小的是成形表面和滚花。

因此，在设计主样件时，可以不包括成形表面和滚花。在进行计算机辅助工艺设计时，可通过人机对话进行修改。

采用同样的方法也可对尺寸及工艺特征进行频谱分析。

（4）零件形面的数字化　零件的编码虽然表示了零件的结构、工艺特征，但是它不能表示出零件的所有表面。而机械加工的工序、工步必须针对零件的每个具体表面。

因此，必须对零件的每个表面编码。

（5）工序工步名称数字化　为了使计算机能按统一的方法调出工序、工步的名称，必须对所有工序工步按其名称进行统一编码。假设某一 CAPP 系统有 99 个不同工步，就可用 1，2，3，…，99 来表示这些工步。除了加工工序外，像热处理、检验等非机械加工工序也当作一个工步编码。

有了零件各种形面、各种工步的编码之后，就可用一个 N ×4 的矩阵来表示零件的综

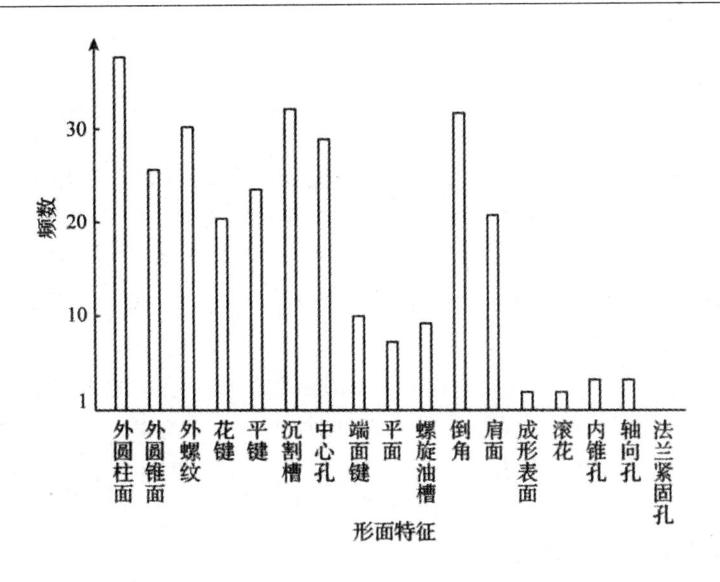

图 7－57　某一轴类零件组形面特征频谱分析图

合加工工艺路线，如图 7－58a）所示。图 7－58b）是一个简单零件综合工艺路线的示例。矩阵的行以工步为单位，每一个工步占一行。矩阵的列的含义如图 7－58a）所示。由此可见，图 7－58b）的矩阵描述了一个工艺路线：①装夹、钻中心孔、粗、精车外圆面；②调头装夹、钻中心孔、粗、精车外圆锥面；③磨外圆面；④检验。

实际零件的工艺路线虽然可以很复杂，但其原理是相同的。

（6）工序工步内容数字化　矩阵中的每一行表示一个工步，矩阵的列的含义如图 7－59所示。

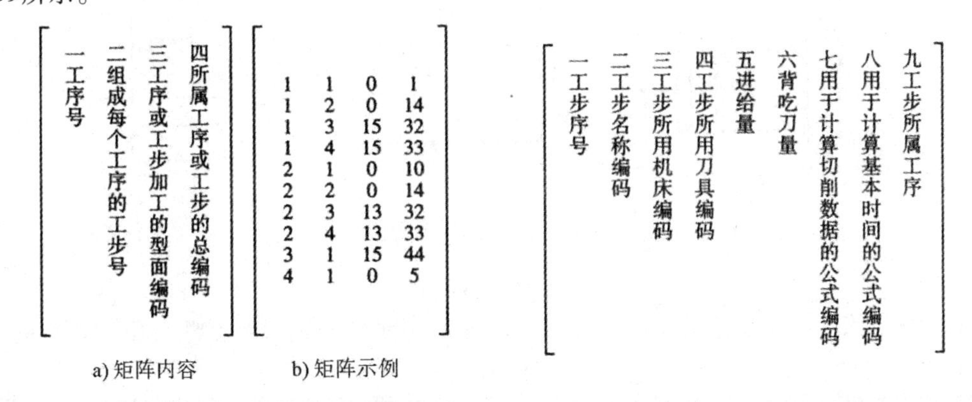

图 7－58　主样件综合加工工艺路线矩阵

图 7－59　工步内容矩阵

2. CAPP 的数据库

各种工艺信息经过数字化后，便形成了大量的数据。这些数据必须以文件的形式集合起来，存在计算机的存储器中，形成数据库文件，以备检索和调用。典型的文件有：成组编码特征矩阵文件、典型工艺（主样件工艺）文件、工艺数据文件等。

课后思考

1. 何为生产过程、机械加工工艺过程、机械加工工艺规程、机械加工工艺系统？机械加工工艺规程在生产中起什么作用？

2. 简要叙述机械加工工艺过程卡、工艺卡、工序卡的主要区别及应用场合。

3. 划分工序的主要依据是什么？举例说明工序、安装、工位、工步及走刀的概念。

4. 如何划分生产类型？生产类型有哪些各有何工艺特点？

5. 某发动机厂年产 480 发动机 3 200 台，每台发动机上有一根曲轴，曲轴的备品率为 12%，机械加工废品率为 3%，试计算发动机曲轴的年生产纲领，并分析属于何种生产类型？若一年的工作日为 240 个工作日、一月按 20 个工作日来计算，试计算曲轴月平均生产批量。

6. 什么是零件的结构工艺性？

7. 工件装夹的含义是什么？在机械加工中工件装夹有哪三种方法？简述各种装夹方法的特点及应用场合。

8. “工件夹紧后，位置不动了，所有的自由度都被限制了”，这种说法是否正确？为什么？

9. 何谓六点原理？试举例说明完全定位与不完全定位、欠定位与过定位有何不同？

10. 根据六点定位原理，分析图 7 - 60a) 在该道工序中加工各表面所需限制哪些自由度？并在图中标出定位基准与工序基准。

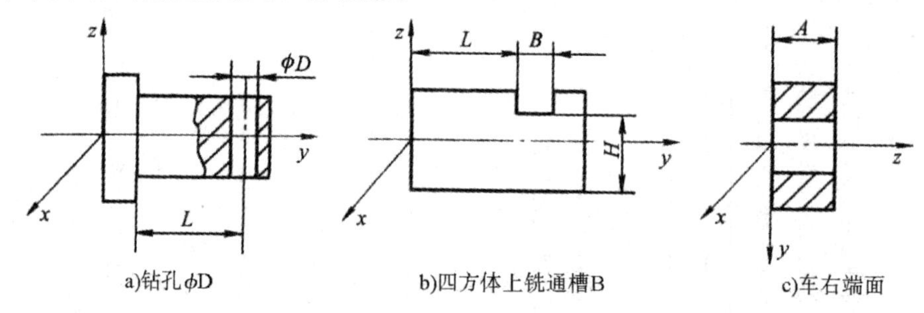

图 7 - 60

11. 分析图 7 - 61 所示的定位方案，指出各定位元件分别限制哪些自由度？判断有无欠定位和过定位，并对不合理的定位方案提出改进意见。

12. 何谓设计基准、定位基准、工序基准、测量基准、装配基准？试举例说明。

13. 粗、精基准选择的原则是什么？为什么粗基准一般只允许使用一次？

14. 何谓经济加工精度？选择加工方法时应考虑的主要问题有哪些？

15. 在批量生产的条件下，加工一批直径为 ϕ20 mm，长度为 180 mm 的光轴，其表面粗糙度 *Ra* 为 0.2 μm，材料为 45 号钢，试选择加工方法、机床，并安排其加工工艺路线。

16. 制定工艺规程时为什么要划分加工阶段？如何划分加工阶段？什么情况下可不划分或不严格划分加工阶段？

17. 决定零件的加工顺序时应考虑哪些因素？

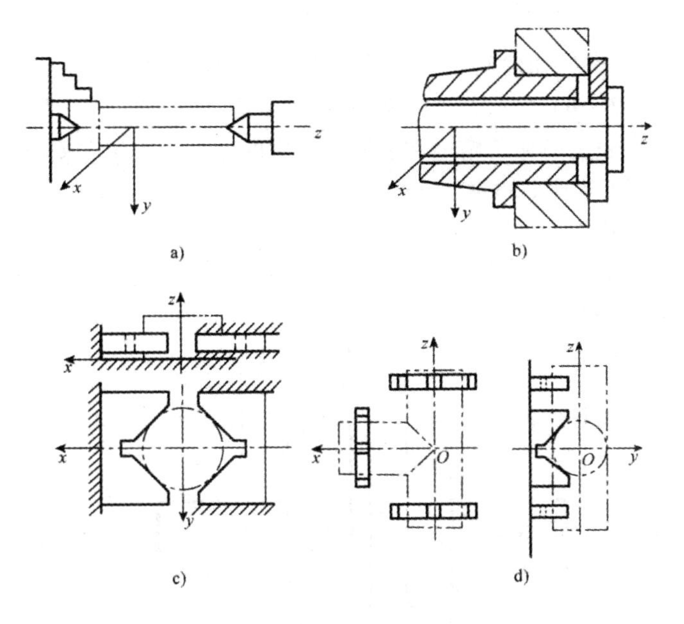

图 7－61

18. 试拟定图 7－62 所示零件的机械加工工艺路线（包括工序内容和包含安装、工步数量、设备、定位基准），已知该零件毛坯为铸件，成批生产。

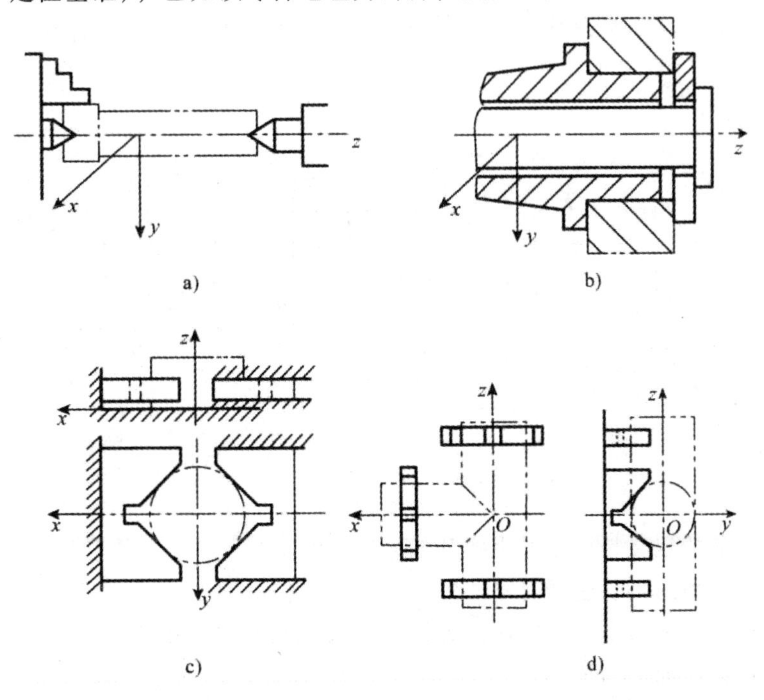

图 7－62

19. 试述总余量和工序余量的概念，说明影响加工余量的因素和确定余量的方法？

20. 某箱体零件为铸件，欲在箱体上加工 $\phi150_{0}^{+0.040}$（H7）mm 孔，该孔已铸出要求表面粗糙度为 $Ra0.4$ μm，材料为 HT250。试拟定加工工艺路线，并计算加工该孔的各工序尺寸和公差。

21. 何谓工艺尺寸链？如何确定工艺尺寸链的封闭环和增、减环？

22. 有偏心轴图 7－63 所示，外圆表面 P 要求渗碳处理，渗碳层深度要求为 0.5～0.8 mm，为了保证该表面的加工精度和表面粗糙度的要求，其工艺安排如下：

①精车 P 面，保证尺寸 $\phi38.4^{0}_{-0.1}$ mm；

②渗碳处理，控制渗碳层深度；

③精磨 P 面，保证尺寸 $\phi38^{0}_{-0.016}$ mm，同时保证渗碳层深度 0.5～0.8 mm。

求磨削前渗碳层深度。

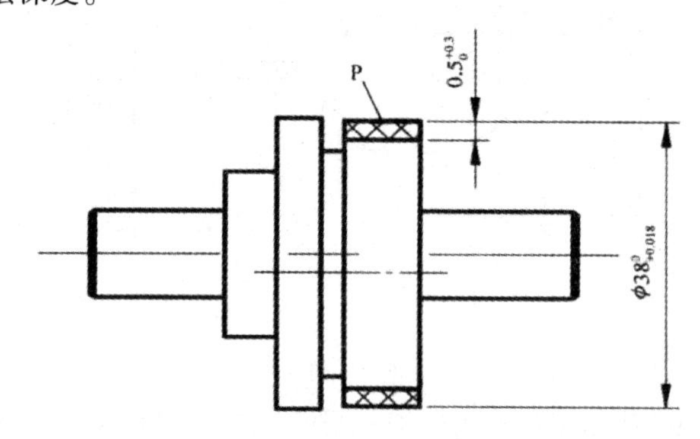

图 7－63

23. 某阶梯轴加工工艺路线图 7－64 所示，①粗车小端外圆、轴肩及小端面；②掉头车大端面及外圆；③精车小端外圆、轴肩及小端面。试校核精车小端面的余量是否合适。如不合适如何改进？

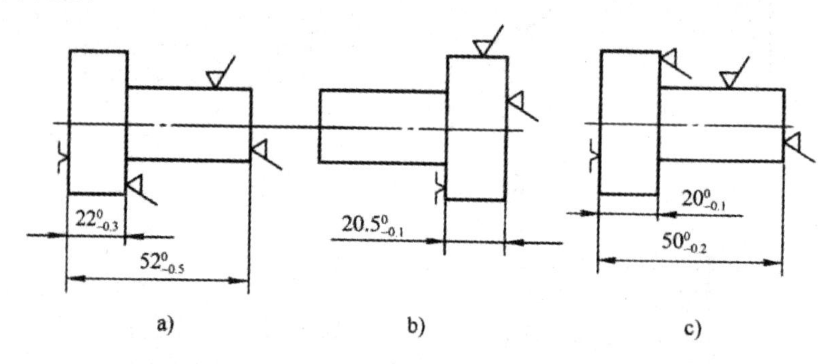

图 7－64

24. 时间定额的定义是什么？由哪几部分组成？

25. 提高生产率的工艺途径有哪些？

26. 何谓可变费用与不可变费用，怎样比较工艺方案的经济性？

27. 试叙述数控加工的特点？

28. 数控编程的方法有哪些？现在常用的程序段格式是什么？

29. 成组技术的定义是什么？为什么采用成组技术可以大大提高生产率？

30. 什么是 CAPP？应用 CAPP 有何效益？

31. 简述样件法 CAPP 和创成法 CAPP 的原理。

项目八　机械加工精度

项目概述

机器零件的加工质量直接影响整台机器的使用性能和寿命。而零件的加工质量是由零件的机械加工精度和加工表面质量决定的。本项目讨论的是加工精度，在实际生产中经常遇到需要解决的工艺问题，多数也是加工精度问题。研究机械加工精度的目的是研究加工系统中各种误差的影响因素，掌握其变化的基本规律，分析工艺系统中各种误差与加工精度之间的关系，寻求提高加工精度的途径，以保证零件的机械加工质量。

本项目介绍了机械加工精度的概念以及影响加工精度的因素，讨论了影响机械加工精度的因素及其提高措施，并对加工精度的统计方法进行说明。学习本项目内容，应学会综合分析加工误差产生的原因，从而找出控制加工误差的方法。同时还应学会运用数理方法对加工误差进行统计分析，按照加工误差的统计特征，找出加工误差的变化规律及可能采取的控制方法，以保证机械加工质量。在影响机械加工精度的诸多误差因素中，机床的几何误差、工艺系统的受力变形和受热变形占有突出的位置，应了解这些误差因素是如何影响加工误差的。

学习目标

1. 理解机械加工精度的相关概念。
2. 掌握获得需要加工精度的方法以及影响加工精度的因素。
3. 对提高加工精度的途径有所了解。

任务一　机械加工精度概述

一、加工精度与加工误差

加工精度是指零件加工后的实际几何参数（尺寸、形状和位置）与理想几何参数的符合程度。在机械加工过程中，由于各种因素的影响，使得加工出的零件不可能与理想要求的完全符合，符合程度越高，加工精度就越高。

加工误差是指零件加工后的实际几何参数（尺寸、形状和位置）对理想几何参数的偏离程度。从保证产品的使用性能分析，没有必要把零件都加工得绝对精确，可以允许有一定的加工误差。加工精度和加工误差是从不同的角度来评定加工零件的几何参数，加工精度的高和低是通过加工误差的小和大来表示的。

零件的加工精度包括尺寸精度、形状精度和位置精度三方面的内容。这三者之间是有联系的，形状误差应限制在位置公差之内，而位置误差又应限制在尺寸公差之内。当尺寸精度要求高时，相应的位置精度、形状精度也要求高。但形状精度要求高时，相应的位置精度和尺寸精度不一定要求高，具体要根据零件的功能要求来确定。

二、获得加工精度的方法

1. 尺寸精度获得方法

尺寸精度是对零件加工精度的基本要求，设计人员根据零件在机器中的作用与要求对零件制定了尺寸精度的几何参数，它包括直径公差、长度公差和角度公差等。为了使零件达到规定的尺寸精度，工艺人员必须采取各种工艺手段予以实现。

（1）试切法　通过试切—测量—调整—再试切反复进行，直到被加工尺寸满足设计要求为止的加工方法称为试切法。试切法加工不需要复杂的装置，生产效率低，加工精度主要取决于工人的技术水平和测量工具的精度，常用于单件小批量生产，特别是新产品试制。

（2）调整法　先按工件尺寸预先调整好机床、夹具、刀具和工件的相对位置，并在一批工件的加工过程中保持不变，以保证在加工时自动获得符合要求尺寸的方法称为调整法。采用这种方法加工时不再进行试切，批量生产时效率大大提高，其加工精度，主要取决于机床和刀具的精度以及调整误差的大小，对机床操作工人技术水平要求不高。

调整法可分为静调整法和动调整法两类：

①静调整法　又称样件法，是在不切削的情况下，采用对刀块或样件调整刀具位置的方法。例如，在镗床上用对刀块调整镗刀的位置，以保证镗孔的直径尺寸；在铣床上用对刀块调整铣刀的位置，以保证工件的高度尺寸。在转塔车床、组合机床、自动车床及铣床上，常采用行程挡块调整尺寸，这也是一种经验调整法，其调整精度一般较低。

②动调整法　又称尺寸调整法，加工前用试切法加工一件或一组零件，调整好工件和刀具的相对位置，若所有试切零件合格，则调整完毕，即可开始加工。这种方法多用于大批量生产。由于考虑了加工过程的影响因素，动调整法的加工精度比静调整法的加工精度高。

（3）定尺寸刀具法　所谓定尺寸刀具法是指利用定尺寸的刀具加工工件的方法。如用麻花钻、扩孔钻、拉刀及铰刀等加工孔，有些定尺寸的孔加工刀具可以获得非常高的精度，生产效率也非常高。但是由于刀具有磨损，磨损后尺寸不能保证，因此成本较高，多用于大批大量生产。此外，采用成形刀具加工也属于这种方法。

（4）自动控制法　用测量装置、进给装置和控制系统组成一个自动加工系统，加工过程中的测量、补偿调整、切削等一系列工作依靠控制系统自动完成。基于程控和数控机床的自动控制法加工，其质量稳定，生产率高，加工柔性好，能适应多品种生产，是目前机械制造的发展方向。

2. 形状精度获得方法

机械零件在加工过程中会产生大小不同的形状误差，它们会影响机器的工作精度、连接强度、运动平稳性、密封性、耐磨性和使用寿命等，甚至对机器产生的噪声大小也有影响。因此，为了保证零件的质量和互换性，设计时应对形状公差提出要求，以限定形状公差。加工时需采取必要的工艺方法给予保证。几何形状精度包括圆度、圆柱度、平面度、直线度等。

获得零件几何形状精度的方法有成形运动法和非成形运动法两种。

（1）成形运动法　这种方法使刀具相对于工件做有规律的切削成形运动，从而获得所要求的零件表面形状，常用于加工圆柱面、圆锥面、平面、球面、曲面、回转曲面、螺旋面和齿形面等。成形运动法主要包括轨迹法、仿形法、成形刀具法和展成法。

①轨迹法　这种方法是依靠刀尖与工件的相对运动轨迹来获得所要求的加工表面几何形状。刀尖的运动轨迹精度取决于刀具和工件的相对运动轨迹精度。

②仿形法　仿形法是刀具按照仿形装置进给对工件进行加工的一种方法，其形状精度主要取决于靠模精度。

③成形刀具法　该方法是用成形刀具来替代通用刀具对工件进行加工。刀具切削刃的形状与加工表面所需获得的几何形状相一致，很明显其加工精度取决于刀刃的形状精度。

④展成法　该方法是利用工件和刀具做展成切削运动进行加工的。滚齿加工多采用此法。

（2）非成形运动法　通过对加工表面形状的检测，由工人对其进行相应的修整加工，以获得所要求的形状精度。尽管非成形运动法是获得零件表面形状精度的最原始方法，效率相对比较低，但当零件形状精度要求很高（超过现有机床设备所能提供的成形运动精度）时，常采用此方法。例如，0 级平板的加工，就是通过三块平板配刮方法来保证其平面度要求的。

3. 位置精度获得方法

零件的相互位置精度主要由机床精度、夹具精度和工件安装精度以及机床运动与工件装夹后的位置精度予以保证的。位置精度获得方法如下：

（1）一次装夹法　零件表面的位置精度在一次安装中由刀具相对于工件的成形运动位置关系保证。例如，车削阶梯轴或外圆与端面，则阶梯轴同轴度是由车床主轴回转精度来保证的，而端面对于外圆表面的垂直度要靠车床横向进给（刀尖横向运动轨迹）与车床主轴回转中心线垂直度来保证。

（2）多次装夹法　通过刀具相对工件的成形运动与工件定位基准面之间的位置关系来保证零件表面的位置精度。例如，在车床上使用双顶尖两次装夹轴类零件，以完成不同表面的加工。不同安装中加工的外圆表面之间的同轴度，通过相同顶尖孔轴心线，使用同一工件定位基准来实现的。

（3）非成形运动法　利用工人，而不是依靠机床精度，对工件的相关表面进行反复的检测和加工，使之达到零件的位置精度要求。

三、影响加工精度的原始误差及分类

1. 原始误差

零件的机械加工是在由机床、夹具、刀具和工件组成的工艺系统中进行的。工艺系统中凡是能直接引起加工误差的因素都称为原始误差。原始误差的存在，使工艺系统各组成部分之间的位置关系或速度关系偏离理想状态，致使加工后的零件产生加工误差。若原始误差在加工前已存在，即在无切削负荷的情况下检验的，称为工艺系统静误差；在有切削负荷情况下产生的则称为工艺系统动误差。

工艺系统的误差是“因”，是根源，加工误差是“果”，是表现，因此把工艺系统的误差称为原始误差。工艺系统的原始误差根据产生的阶段不同可归纳如下：

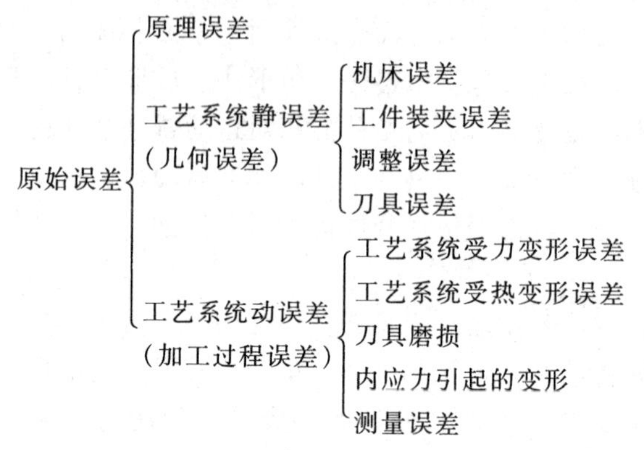

2. 误差敏感方向

切削加工过程中，由于各种原始误差的影响，会使刀具和工件间的正确相对位置遭到破坏，引起加工误差。各种原始误差的大小和方向各有不同，加工误差则必须在工序尺寸方向上测量，所以原始误差的方向不同对加工误差的影响也不同。我们把对加工精度影响最大的那个方向（即通过刀刃的加工表面的法向）称为误差的敏感方向，如图 8－1 所示。

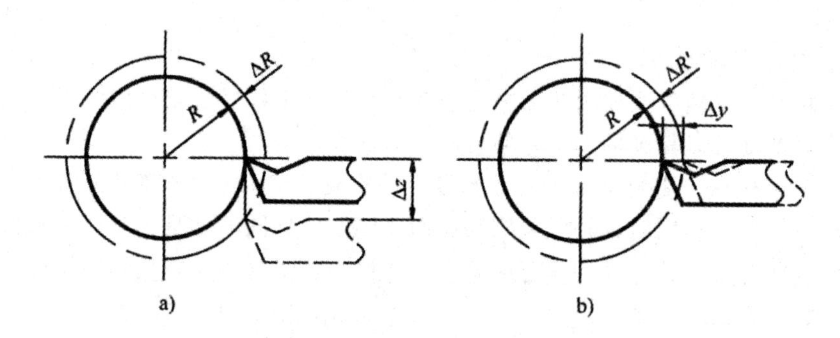

图 8－1　原始误差与加工误差之间的关系

a）加工表面有切向位移　b）加工表面有法向位移

由原始误差引起的加工误差大小，必须在工序尺寸方向上测量。原始误差的方向不同，对加工误差的影响也不同。

以图 8－1 所示的车削为例，实线为刀尖正确位置，虚线为误差位置。图 8－1a）所示为某一瞬时，由于原始误差的影响，刀尖在加工表面有切向位移 Δz，即有原始误差的情况，由此引起零件加工后的半径 R 变为 $R+\Delta R$，这时半径加工误差（省去高阶微小量 ΔR^2）为：

$$\Delta R=\frac{\Delta z^2}{2R} \tag{8-1}$$

如图 8－1b）所示，原始误差的影响使刀尖在加工表面法向位移为 Δy 的情况下，半径加工误差为：

$$\Delta R' = Ay \tag{8-2}$$

由此可见，当原始误差值相等，即 $\Delta z = \Delta y$ 时，法线方向的加工误差最大，切线方向的加工误差极小，以致可以忽略不计，所以把对加工误差影响最大的那个方向（即通过刀刃的加工表面的法线方向）称为误差敏感方向。这是分析加工精度问题时的重要概念。

四、研究加工精度的方法

研究加工精度的方法一般有两种。一是因素分析法，通过分析计算、实验或测试等方法，研究某一确定因素对加工精度的影响。这种方法一般不考虑其他因素的共同作用，主要分析各项误差单独的变化规律。二是统计分析法，运用数理统计方法对生产中一批工件的实测结果进行数据处理与分析，进而控制工艺过程的正常进行。这种方法主要是研究各项误差综合变化规律，适用于大批、大量的生产条件。

这两种方法在生产实际中往往结合起来应用。一般先用统计分析法找出误差的出现规律，判断产生加工误差的可能原因，然后运用因素分析法进行分析、试验，以便迅速、有效地找出影响加工精度的关键因素。

任务二　影响加工精度的因素

一、加工原理误差

加工原理是指加工表面的成形原理。加工原理误差是指采用了近似的成形运动或近似的刀刃廓形进行加工而产生的加工误差。从理论上讲，应采用完全正确的刀刃形状并作相应的成形运动，以获得准确的零件表面。但是，这往往会使机床、夹具和刀具的结构变得复杂，造成制造上的困难；或者由于机构环节过多，增加运动中的误差，结果反而得不到高的精度。因此，在生产实际中，为了提高生产率，降低加工成本，常采用近似的加工原理来获得规定范围的加工精度。

例如，使用成形齿轮盘铣刀铣削齿轮时，为了减少铣刀数量，用一把铣刀铣削一定齿数范围内的齿轮，而这把铣刀是按照该齿数范围内最小齿数的齿轮齿廓设计的，所以加工该齿数范围内其他齿数的齿轮时，就会出现加工原理误差。又如齿轮滚刀为便于制造，采用阿基米德或法向直廓基本蜗杆代替渐开线蜗杆而产生的刀刃齿廓近似误差；滚切齿轮时，由于滚刀刃数有限，切削不连续，包络成的实际齿形是一条折线，而不是渐开线，导致造型原理误差。

采用近似的成形原理，虽然会带来加工原理误差，但可简化机构或刀具形状，提高生产率、降低生产成本，因此在允许的范围内，有加工原理误差的加工方法仍在广泛使用。

二、工艺系统的几何误差

工艺系统的几何误差主要指机床、夹具和刀具在制造时产生的误差，以及使用中的调整和磨损误差等。

1. 机床的几何误差

加工的切削运动一般是由机床完成的，机床的几何误差通过成形运动反映到工件表面上。因此机床的几何误差直接影响加工精度，特别那些直接与工件和刀具相关联的机床零部件，其回转运动和直线运动对加工精度影响最大。以下重点分析机床几何误差中对加工精度影响最大的主轴回转误差、导轨误差和传动链误差。

（1）主轴回转误差

①主轴回转误差的形式。机床主轴是用来装夹工件或刀具，并将运动和动力传给工件或刀具的重要零件。主轴回转误差是指主轴实际回转轴线相对其理想回转轴线在误差敏感方向上的最大漂移量。但理想轴线难以得到，通常以平均回转轴线（即各瞬时回转轴线的平均位置）代替。所谓漂移，即回转轴线在每转一转中，偏离理想轴线的方位和大小都在变化的一种现象。它将直接影响被加工工件的几何精度。为便于分析，可将主轴回转误差分解为径向跳动、轴向跳动和角度摆动三种不同形式的误差，如图 8－2 所示。

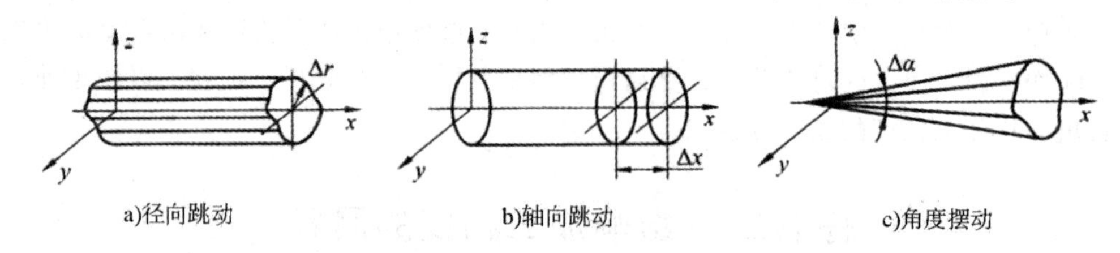

图 8－2　主轴回转误差的三种形式

径向圆跳动误差　它是主轴瞬时回转轴线相对于平均回转轴线在径向上的变动量。如图 8－2a）所示，车外圆时，它使加工面产生圆度和圆柱度误差。产生径向圆跳动误差的主要原因是主轴支承轴颈的圆度误差和轴承工作表面的圆度误差等。

轴向窜动误差　它是主轴瞬间回转轴线沿平均回转轴线方向上的变动量。如图 8－2b）所示，车端面时，它使工件端面产生垂直度、平面度误差。产生轴向窜动的原因是主轴轴肩端面和推力轴承承载面对主轴回转轴线有垂直度误差。

角度摆动误差　它是主轴瞬时回转轴线相对于平均回转轴线在角度方向上的偏移量。如图 8－2c）所示，车削时，它使加工表面产生圆柱度误差和端面的形状误差。

主轴工作时，其回转运动误差常常是以上三种误差基本形式的合成。

②主轴回转误差的影响因素。影响主轴回转精度的主要因素有主轴轴颈的误差、轴承的误差、轴承的间隙、与轴承配合零件的误差等。

当主轴采用滑动轴承结构时，对于工件回转类机床（如车床、磨床），由于切削力的方向大致不变，主轴颈以不同部位和轴承内孔的某一固定部位相接触，因此，影响主轴回转精度的主要因素是主轴支承轴颈的圆度误差，而轴承孔的误差影响较小，如图 8－3a）所示。对于刀具回转类机床（如铣床等），由于切削力方向随主轴的回转而改变，主轴颈在切削力作用下总是以某一固定部位与轴承孔的不同部位接触。因此，对主轴回转精度影响较大的是轴承孔的圆度误差，而支承轴颈的影响较小，如图 8－3b）所示。

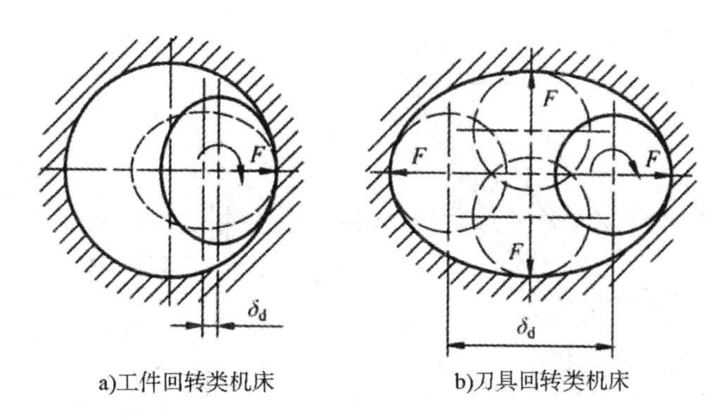

图 8-3　主轴采用滑动轴承的径向跳动

滚动轴承主要受轴承内外环滚道的圆度、波度、滚动体尺寸误差、前后轴承的内环孔偏心及装配质量等因素的影响而产生回转误差。另外，由于滚动体的自转和公转周期与主轴不一样，主轴的回转精度也会受到影响。

③主轴回转误差对加工精度的影响。不同形式的主轴回转误差以及不同的加工方式对加工精度的影响都是不相同的。在车床上加工外圆和内孔时，主轴径向跳动可以引起工件的圆度和圆柱度误差，但对加工工件端面则无直接影响。主轴轴向窜动对加工外圆和内孔的影响不大，但对所加工端面的垂直度及平面度则有较大的影响，对车螺纹会产生螺距误差。

（2）机床导轨误差　机床导轨是机床中确定主要部件相对位置的基准，也是运动的基准，它的各项误差直接影响被加工工件的精度，直线导轨的导向精度一般包括导轨在水平面内的直线度、在垂直面内的直线度以及前后导轨的平行度（扭曲）等几项主要内容。

①导轨在水平面内的直线度误差。如图 8-4 所示，车床、磨床等的导轨在水平面内直线度误差将使刀尖在水平面内产生位移 Δy，直接反映在被加工工件表面的法线方向（误差敏感方向），产生工件半径误差 ΔR，$\Delta R=\Delta y$，对加工精度的影响很大，1∶1 地反映为工件表面的圆柱度误差。

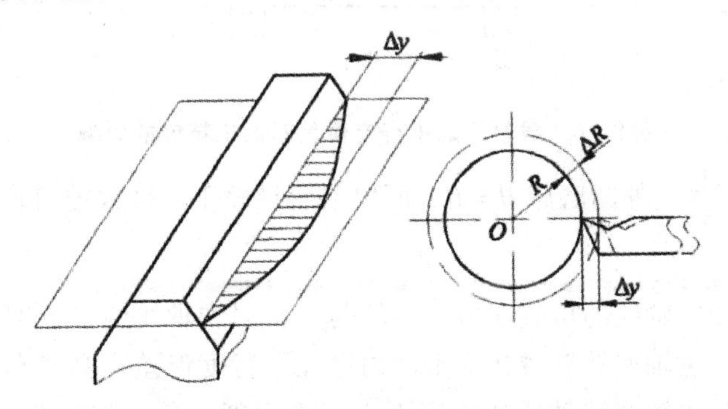

图 8-4　导轨在水平面内的直线度误差对加工精度的影响

②导轨在垂直平面内的直线度误差。如图 8-5 所示，车床、磨床等机床的导轨在垂直面内的直线度误差，使刀尖位置下降 Δz，产生工件半径误差 ΔR，其相互关系为：

$$\Delta R = \frac{\Delta z^2}{2R}$$

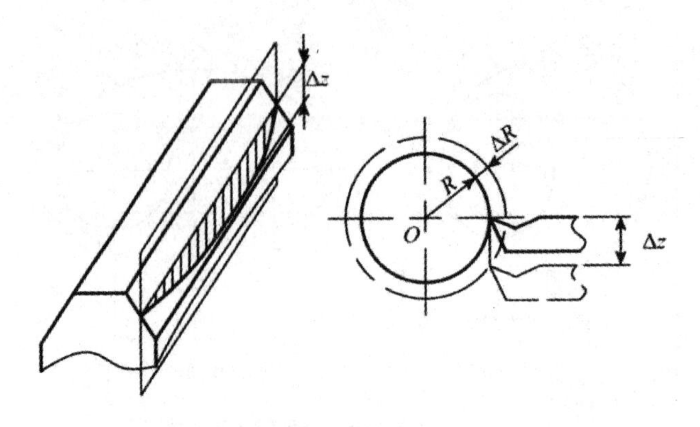

图 8－5　导轨在垂直面内的直线度对加工精度的影响

此时 ΔR 很小，对加工精度的影响可以忽略不计。

③前后导轨的平行度误差。就车床而言，前后导轨在垂直平面内的平行度误差（扭曲度），会使刀架与工件的相对位置发生偏斜，刀尖相对工件被加工表面产生偏移，影响加工精度。如图 8－6 所示，车床导轨间在垂直方向上的平行度误差 Δl，将使工件与刀具的正确位置在误差敏感方向上产生 $\Delta y \approx (H/B) \cdot \Delta l$ 的偏移量，使工件半径产生 $\Delta R = \Delta y$ 的误差。

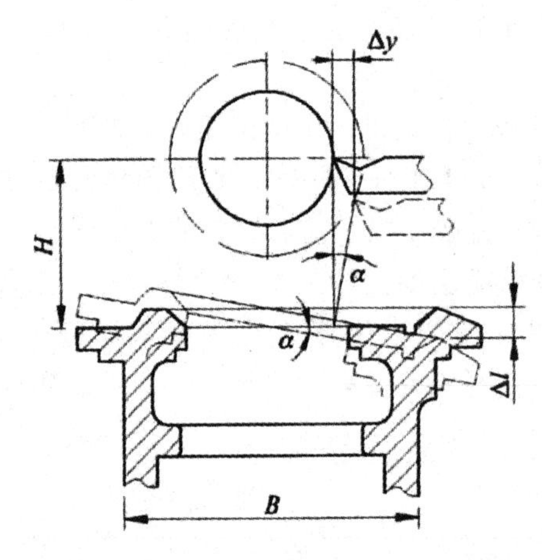

图 8－6　导轨间的平行度误差对加工精度的影响

一般车床 $\frac{H}{B} = \frac{2}{3}$，外圆磨床 $H = B$，所以前后导轨平行度误差对加工表面加工精度影响比较大。

④导轨对主轴回转轴线的位置误差。导轨与主轴回转轴线的平行度误差也影响工件的加工精度。若车床与主轴回转轴线在水平面内存在平行度误差，会使车出的内、外圆柱面产生锥度；若车床与主轴回转轴线在垂直面内有平行度误差，如图 8－7 所示，加工后表面为双曲回转局部实际半径为 $r_z = \sqrt{r_0^2 + h_x^2} = \sqrt{r_0^2 + t^2 \tan^2 \infty}$ 。

除了导轨本身的制造误差外，导轨的不均匀磨损和安装质量，也是造成导轨误差的重要因素。

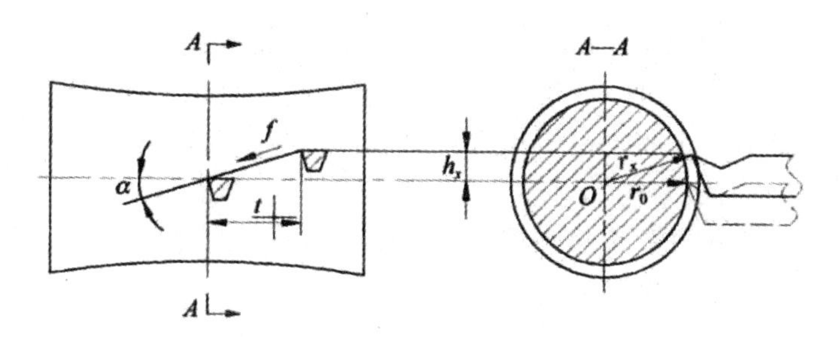

图 8－7　车削加工外圆表面时产生的误差

(3) 机床传动链误差

①传动链误差的概念。传动链的传动误差是指内联系的传动链中首、末两端传动件之间相对运动的误差，是按展成法原理加工工件（如螺纹、齿轮、蜗轮等零件）时影响加工精度的主要因素。例如在滚齿机上用单头滚刀加工直齿轮时，要求滚刀旋转一周，工件转过一个齿，加工时必须保证工件与刀具间有严格的传动关系，而此传动关系是由刀具与工件间的传动链来保证的。

传动链中的各传动件，如齿轮、蜗轮、蜗杆等有制造误差（主要是影响运动精度的误差）、装配误差（主要是装配偏心）和磨损时，就会破坏正确的运动关系，使工件产生误差，这些误差的累积，就是传动链的传动误差。传动链传动误差一般用传动链末端件的转角误差来衡量。传动链的总转角误差 $\Delta\varphi_\Sigma$是各传动件误差 $\Delta\varphi_j$所引起末端传动件转角误差 $\Delta\varphi_{jn}$的叠加，即 $\varphi_\Sigma=\sum_{j=1}^{n}\Delta\varphi_j^2$，而传动链中某一传动件的转角误差引起末端传动件转角误差 $\Delta\varphi_{jn}$的大小，取决于该传动件的误差传递系数 K_j，K_j在数值上等于从它到末端件之间的总传动比 i，即 $\Delta\varphi_{in}=K_j\Delta\varphi_j=i_j\Delta\varphi_j$。考虑到各传动件转角误差的随机性，则传动链末端件的总转角误差可用概率法进行估计，即

$$\Delta\varphi_\Sigma=\sqrt{\sum_{j=1}^{n}i_j^2\Delta\varphi_j^2}$$

传动比 i_j，反映了第 j 个传动件的转角误差对传动链误差影响的程度，所以，i_j 越小，转角误差就越小，对加工精度的影响也就越小。

②减少传动链传动误差的措施如下。

缩短传动链　传动链中传动组越少，传动链越短，则误差来源越少。

采用降速传动　传动链采用降速传动，则传动副的误差反映到末端件是缩小的，如为升速，则误差将会扩大。

合理地分配各传动副的传动比　从误差传递规律来看，末端传动组的传动比在传动过程中对其他传动组的传动误差都有影响，如果将其设计很小，对于减少传动误差有很明显的作用。因此，末端传动副应尽量采用传动比较小的传动副（如蜗杆蜗轮副、丝杠螺母副等）。

合理地确定各传动副的精度　误差传递规律的分析说明，不是所有传动副的精度对加工误差都有相同的影响。中间传动副的误差在传递过程中都被缩小了，只有末端传动副的误差直接反映到执行件上，对加工精度影响最大。因此，末端传动副的精度要高于中间传动副。

合理选择传动件　内联系传动链中不能有传动比不准确的传动副，如摩擦传动副。分度蜗轮的直径要尽量取得大些。在齿轮加工机床上，由于受力较小，在保证耐磨性的前提下，分度蜗轮的齿数可以取得多些，模数可以取得小些。同样，在保证耐磨性的前提下，丝杠的导程也应取得小些。

采用校正装置　为了进一步提高精度，可以采用校正装置。校正装置可以是机械的，也可采用一些现代化的手段进行补偿。

2. 工艺系统其他几何误差

（1）刀具误差　刀具的误差主要表现为刀具的制造误差和磨损，对加工精度的影响随刀具的种类不同而异。采用定尺寸刀具、成形刀具、展成刀具加工时，刀具的制造误差会直接影响工件的加工精度；而对一般刀具（如普通车刀等），其制造误差对工件加工精度无直接影响。

任何刀具在切削过程中，都不可避免地要产生磨损，并由此影响工件的尺寸和形状精度。正确地选用刀具材料，合理地选用刀具几何参数和切削用量，正确地刃磨刀具，合理地选用切削液等，均可有效地减少刀具的磨损。必要时还可采用补偿装置对刀具磨损进行自动补偿。

（2）装夹误差和夹具误差　装夹误差包括定位和夹紧产生的误差。夹具误差包括定位元件、刀具导向元件、分度机构和夹具体等的制造误差以及夹具装配后各元件的相对位置误差、夹具使用过程中其工作表面磨损所产生的误差以及经常被忽略的基准位置误差。装夹误差和夹具误差主要影响工件加工表面的位置精度。

为了减少夹具误差及其对加工精度的影响，在设计和制造夹具时，对于影响工件精度的夹具尺寸和位置应严加控制，其制造公差可取工件相应尺寸或位置公差的1/5～1/2。对于易磨损的定位零件和导向零件，除选用耐磨性好的材料外，可制成可拆卸的夹具结构，以便及时更换磨损件。

（3）调整误差　在加工开始前，为使切削刃和工件保持正确的位置，需要进行调整。在加工过程中，由于刀具磨损等使已调整好的刀具与工件位置发生了变化，因此需要进行再调整或校正，使刀具与工件保持正确的相对位置，保证各工序的加工精度及其稳定性。调整方式不同，其误差来源也不同。

①试切法调整　采用试切法加工时，其调整误差的主要来源如下：

测量误差　工件在加工过程中要用各种量具、量仪等进行检验测量，再根据测量结果对工件进行试切或调整机床。量具本身的误差、读数误差以及测量力等所引起的误差都会导致测量误差。如图8－8所示，测量过程中测量部位、目测或估计不准造成的误差。

测量精度要求较高的量具，需满足“阿贝原则”。“阿贝原则”指零件上的被测线应与测量工具上的测量线重合或在其延长线上。量具制造误差的影响，如图8－9所示，外径百分尺是符合“阿贝原则”的，游标卡尺不符合“阿贝原则”。

进给机构的位移误差　试切最后一刀时，由于进给机构常会出现“爬行”现象或刻度不准确，使刀具的实际进给量比手轮转动的刻度值偏小或偏大，造成加工误差。

切削层厚度变化所引起的误差由于受切削刃锋利程度的影响，试切最后一刀金属层很薄时，切削刃往往切不下金属而仅起挤压滑擦作用。当按此调整位置进行正式切削时，则

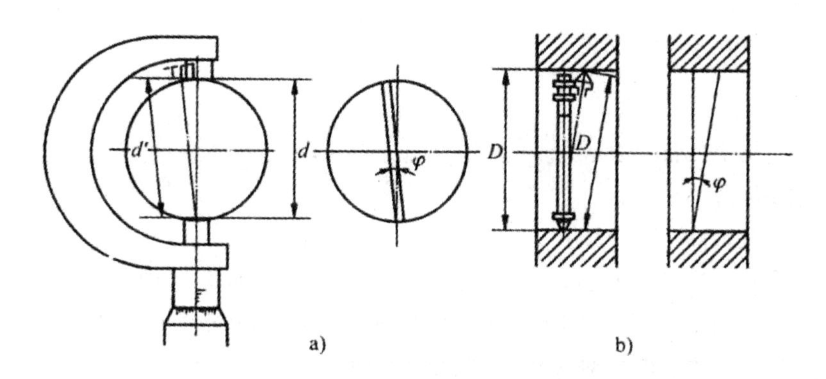

图 8-8　测量部位不准确的影响

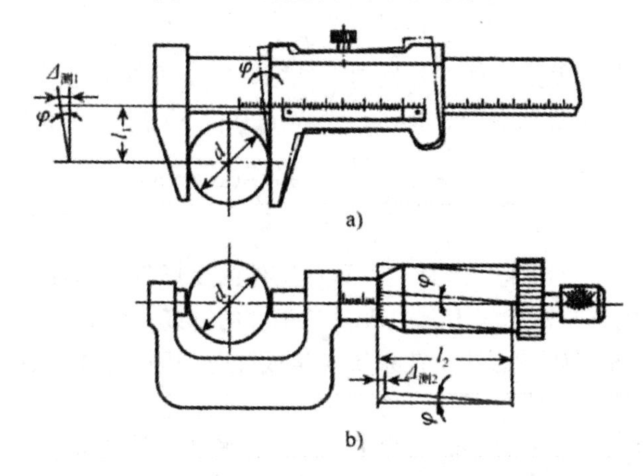

图 8-9　游标卡尺和百分尺的测量误差

因新切削段的切深比试切时大，此时切削刃不打滑，切掉的金属要多一点，使正式切削的工件尺寸比试切时的尺寸小，产生尺寸误差。

②定程机构位置调整　当用行程挡块、靠模、凸轮等机构来控制刀具进给时，定程机构的制造精度和刚度、与其配合使用的离合器、电气开关、控制阀等的灵敏度以及整个系统的调整精度等都会产生调整误差。这种调整方法简单、费时，大批大量生产应用较多。

③样件调整　在各种仿形机床、多刀车床和专用机床的加工中，常用专用样板调整各切削刃之间的相对位置，样板的制造和安装误差，以及对刀误差会引起调整误差。

三、工艺系统的过程误差

机械加工工艺系统在切削力、传动力、惯性力、夹紧力以及重力等外力作用下，会产生相应的弹性变形、塑性变形、温升、热变形等现象，从而破坏刀具和工件之间已调整好的正确位置关系，使工件产生几何形状误差和尺寸误差。

1. 工艺系统的刚度

工艺系统在外力作用下产生变形的大小，不仅和外力的大小有关，而且和工艺系统抵抗外力使其变形的能力，即工艺系统刚度有关。工艺系统在各种外力作用下，将在各个受力方向上产生相应的变形，这里主要研究误差敏感方向上的变形。

根据虎克定律，作用力 F 与在作用力方向上产生的变形量 y 的比值称为物体的静刚度

k（简称刚度），即

$$k = \frac{y}{F} \tag{8-3}$$

式中 k——刚度，N/mm；

F——作用力，N；

y——沿作用力 F 方向的变形量，mm。

这里主要研究的是误差敏感方向，即通过刀尖的加工表面的法向。因此，工艺系统的刚度 k_{xt}定义为：工件和刀具的法向切削分力（即背吃刀或切深抗力）F_p 与在总切削力的作用下，它们在该方向上的相对位移 y_{xc}的比值，即

$$k_{xt} = \frac{F_p}{y_{xt}} \tag{8-4}$$

因为工艺系统是由机床、刀具、夹具和工件组成的，所以工艺系统在某一处的受力变形量 y_{xt}是各组成环节变形量的合成，即 $y_{xt} = y_{jc} + y_{dj} + y_{jj} + y_{gj}$则工艺系统的刚度 k_{xt}有

$$k_{xt} = \frac{1}{\frac{1}{k_{jc}} + \frac{1}{k_{dj}} + \frac{1}{k_{jj}} + \frac{1}{k_{gj}}} (\mathrm{N/mm}) \tag{8-5}$$

式中 y_{jc}、y_{dj}、y_{jj}、y_{gj}——机床、刀具、夹具和工件的变形量，mm；

k_{jc}、k_{dj}、k_{jj}、k_{gj}——机床、刀具、夹具和工件的刚度，N/mm。

从式（8-5）可知，如果已知工艺系统各组成部分的刚度，即可求得工艺系统的总刚度。一般在用刚度计算公式求解某一系统刚度时，应针对具体情况进行分析。如车外圆时，车刀本身在切削力作用下的变形对加工误差的影响很小，可略去不计，这时计算公式中可省去刀具刚度一项。再如镗孔时，镗杆的受力变形严重地影响着加工精度，而工件（如箱体零件）的刚度一般较大，其受力变形很小，可忽略不计。

2. 工艺系统受力变形引起的加工误差

（1）切削力大小变化引起的加工误差　在切削加工中，由于毛坯本身存在的几何形状误差导致工件的加工余量不均匀，工件材质不均匀等因素，引起切削力的变化，使工艺系统变形发生变化，从而造成的加工误差。

如图 8-10 所示，毛坯面有椭圆形状误差，把刀具调整到图上虚线位置，那么在椭圆长轴方向上的背吃刀量为 a_{p1}，短轴方向上的背吃刀量为 a_{p2}，由于背吃刀量的变化，切削力的大小在切削时也发生变化，工艺系统受力产生的位移也随之变化，对应 a_{p1} 产生的变形位移为 δ_1，a_{p2} 产生的变形位移为 δ_2，加工后截面会产生椭圆形状误差。

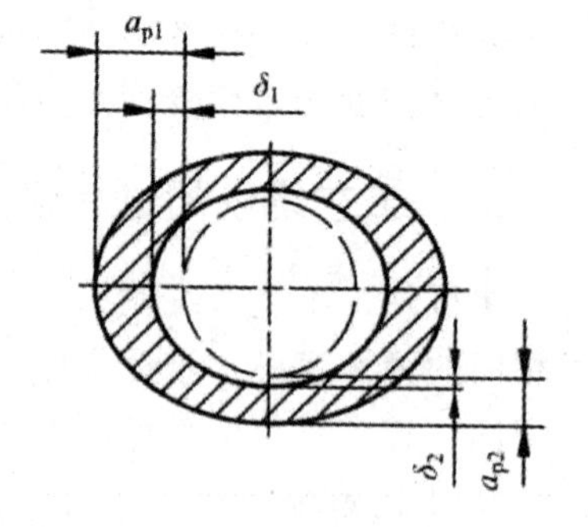

图 8-10　毛坯形状误差的复映

由毛坯误差产生的原始误差为 $\Delta_m = a_{p1} - a_{p2}$，引起工件的加工误差为 $\Delta_g = \delta_1 - \delta_2$，$\Delta_m$越大，$\Delta_g$ 也越大。这种现象称为毛坯误差复映现象。Δ_g 与 Δ_m 的比值 ε 称为误差复映系数，它反映了误差的复映程度。

尺寸误差和形位误差都存在误差复映现象。如果知道了某加工工序的复映系数，就可以通过测量毛坯的误差值来估算加工后工件的误差值。

当在加工过程中，采用多次行程时，则其加工后的总误差复映系数 $\varepsilon_{总}$ 为各次行程时误差复映系数 ε_1，ε_2，ε_3，…，ε_n的乘积，即

$$\varepsilon_{总} = \varepsilon_1 \varepsilon_2 \varepsilon_3 \cdots \varepsilon_n \tag{8-6}$$

一般来说，ε 是一个小于 1 的数，这表明该工序对误差具有修正能力。工件随加工次数（走刀次数）的增加，精度会逐步提高。

（2）切削力作用点位置变化引起的加工误差　在车床两顶尖间车削光轴零件时，如图 8－11 所示，当刀具位于图示位置时，在切削分力 F_y 的作用下，产生的变形误差为：

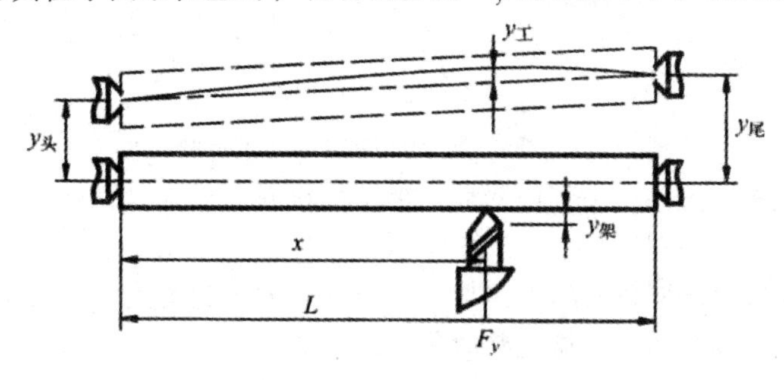

图 8－11　车削短粗轴时工艺系统变形误差

$$y_{系} = y_{机} + y_{工} = y_{头} + (y_{尾} - y_{头})\frac{x}{L} + y_{架} + y_{工} = \left(1 - \frac{x}{L}\right)y_{头} + \frac{x}{L} \cdot y_{尾} + y_{架} + y_{工}$$

$$y_{头} = \frac{F_y}{K_{头}}\left(1 - \frac{x}{L}\right)$$

$$y_{尾} = \frac{F_y}{K_{尾}} \cdot \frac{x}{L}$$

$$y_{架} = \frac{F_y}{K_{架}}$$

$$y_{系} = F_y\left[\frac{1}{K_{架}} + \frac{1}{K_{头}}\left(\frac{L - x}{L}\right)^2 + \frac{1}{K_{尾}} \cdot \frac{x}{L} + \frac{F_y}{3EI} \cdot \frac{(L - x)\ x^2}{L}\right] \tag{8-7}$$

式中　E——工件材料的弹性模量；

I——工件截面的惯性矩。

从式（8－7）可以看出，工艺系统的变形是随着着力点位置的变化而变化的，x 值的变化将引起 $y_{系}$ 的变化，进而引起切削深度的变化，结果使工件产生圆柱度误差。

加工细长轴时，由于刀具在工件两端切削时工艺系统刚度较高，刀具对工件的变形位移很小；而在工件中间切削时，则工艺系统刚度（主要是工件刚度）很低，刀具相对工件的变形位移很大，从而使工件在加工后产生较大的腰鼓形误差，如图 8－12a）所示。

加工刚度很高的短粗轴时，也会因加工各部位时的工艺系统刚度（主要是车床刚度）不等，而使加工后的工件产生相应的形状误差，其形状恰与加工细长轴时相反呈现轴腰形，如图 8－12b）所示。

（3）切削过程中其他力引起的加工误差

①夹紧力引起的误差　工件在装夹过程中，如果工件刚度较低或夹紧力的方向和施力点选择不当，将引起工件变形，造成相应的加工误差。如图 8－13 所示，薄壁环镗孔时用

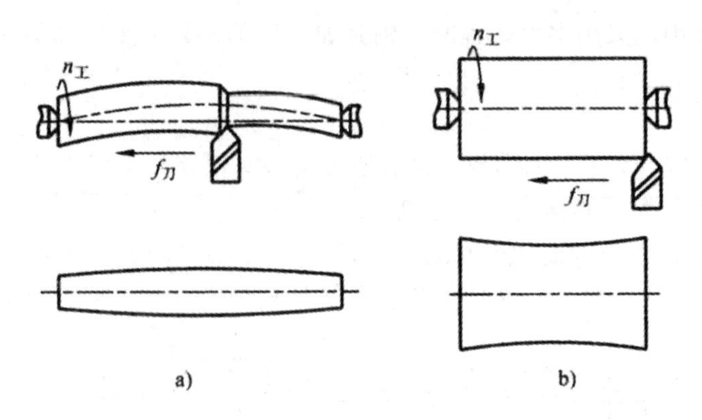

图 8-12　细长轴和短粗轴加工后的形状误差

三爪卡盘装夹，夹紧后毛坯产生弹性变形，加工后松开三爪卡盘，已镗成圆形的孔变成了三角棱圆形孔。

此类误差常在局部刚度较差的工件加工时出现，减小此类误差，可更换开口环夹紧工件，使夹紧力均布在薄壁环上，避免受力集中。

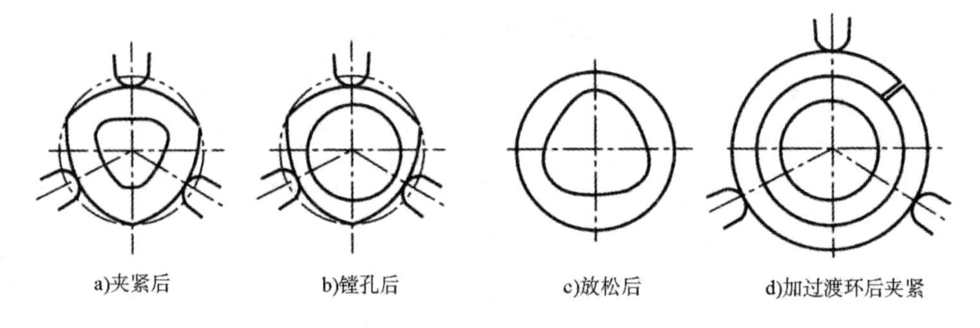

图 8-13　夹紧力引起的加工误差

②重力引起的误差　在工艺系统中，零部件的自重也会引起变形，如大型立式车床、龙门刨床、龙门铣床、摇臂钻床等机床的横梁（摇臂）等，由于重力而产生的变形。

重力引起的变形在大型工件的加工过程中，有时是产生形状误差的主要原因。在实际生产中，装夹大型工件时，可恰当地布置支承以减小工件自重引起的变形，从而减小加工误差。

③惯性力引起的误差　在高速切削时，工艺系统中有不平衡的高速旋转的构件（包括夹具、工件和刀具等）存在，就会产生离心力 F_Q，如图 8-14 所示，造成工件的径向跳动误差，并且常常引起工艺系统的受迫振动。

减小惯性力的影响，可采用“配重平衡”的方法，如车床夹具常配有配重块来实现动平衡，必要时还可适当降低转速，以减小离心力的影响。

④传动力引起的误差　在车床或磨床上加工轴类零件时，常用单爪拨盘带动工件旋转。如图 8-15 所示，传动力在拨盘转动的每一周中不断改变方向，在其敏感方向上的分力与切削力 F_p 相同时，工件被拉离刀具，相反时工件被推向刀具，造成背吃刀量的变化，产生工件的圆度误差。

加工精密工件时，可改用双爪拨盘或柔性连接装置带动工件旋转，来减小此类误差。

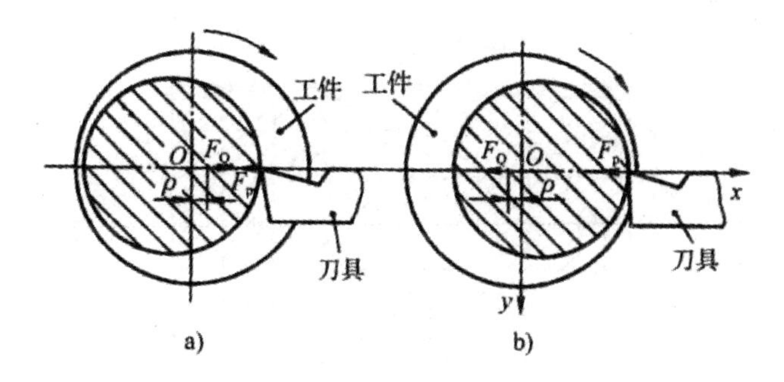

图 8-14　惯性力引起的加工误差

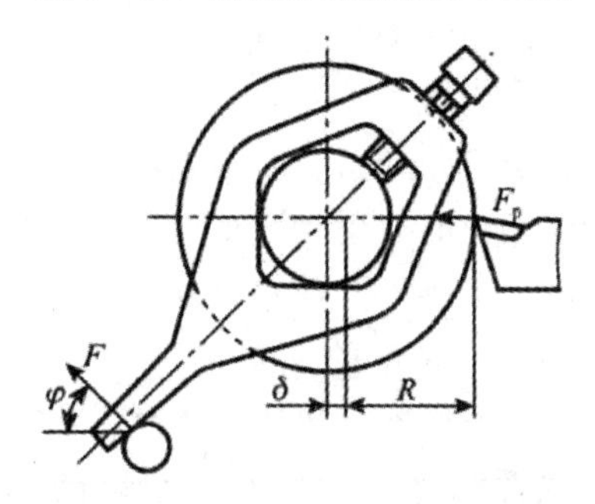

图 8-15　传动力产生的加工误差

3. 工艺系统热变形引起的加工误差

工艺系统热变形对加工精度的影响比较大，特别是在精密加工和大件加工中，由热变形所引起的加工误差有时可占工件总误差的 40% ~70%，不仅严重降低了加工精度，而且影响生产效率。高效、高精度、自动化加工技术的发展，使工艺系统热变形问题变得尤为突出。控制工艺系统热变形已成为机械加工技术进一步发展的重要研究课题。

（1）工艺系统的热源　引起工艺系统受热变形的热源大体分为内部热源和外部热源两大类。

外部热主要是指工艺系统外部的、以对流传热为主要形式的环境热（与气温变化、迎风、空气对流和周围环境等有关）和各种辐射热（包括由太阳及照明、暖气设备等发出的辐射热）。

①内部热源　内部热产生于工艺系统的内部，由驱动机床提供能量完成切削运动和切削功能的过程中，其中一部分转变为热能而形成的热源，主要指切削热、摩擦热和动力装置能量损耗发出的热，其热量主要是以热传导的形式传递的。

切削过程中，工件切削层金属的弹塑性变形、刀具与工件、刀具与切屑间的摩擦所消耗的能量，绝大部分转化为切削热，切削热传给工件，刀具和切屑的分配情况将随着切削速度的变化及不同的加工方式而变化。如图 8-16 所示，车削时，大量的切削热为切屑所带走，且随车削速度提高，切屑带走的热量增大，传给刀具和工件的热量一般不大。对钻孔、卧式铣削，固有大量切屑留在孔内，故传给工件的热量较高（约占 50%）。在磨削时，传给工件的热量更高，一般占 84% 左右。传动过程中来自轴承副、齿轮副、离合器、导轨副等的摩擦热以及动力源能量（如电机、液压系统）损耗的发热等。摩擦热是机床热变形的主要热源。

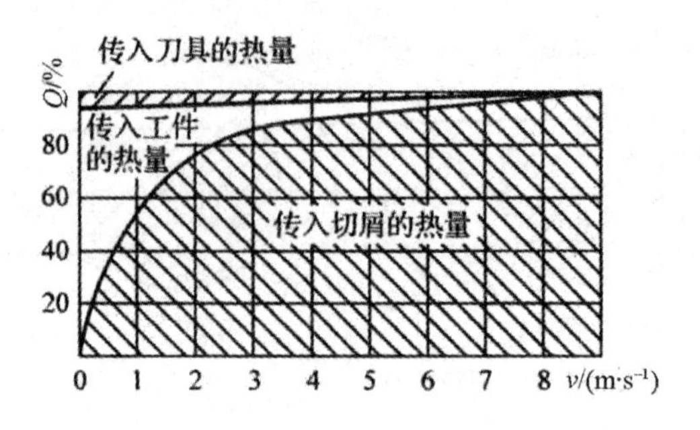

图 8－16　削加工时切削热的分配

②外部热源。外部热源主要是指室温、空气对流、热风或冷风以及由阳光、灯光、取暖设备等直接作用于工艺系统的辐射热。

工艺系统受热源影响，温度逐渐升高，到一定温度时达到平衡，温度场处于稳定状态。因而热变形所造成的加工误差也有变值和定值两种。温度变化过程中加工的零件相互之间精度差异较大，热平衡后加工的零件几何精度相对较稳定。

（2）工艺系统热变形及其对加工精度的影响

①机床热变形及其对加工精度的影响。机床在工作过程中，受到内外热源的影响，各部分的温度将逐渐升高。机床热源的不均匀性及其结构的复杂性，使机床的温度场不均匀，导致机床各部分的变形程度不等，破坏了机床原有的几何精度，从而降低了机床的加工精度。

机床空运转时，各运动部件产生的摩擦热基本不变。运转一段时间之后，各部件传入的热量和散失的热量基本相等，即达到热平衡状态，变形趋于稳定。机床达到热平衡状态时的几何精度称为热态几何精度。在机床达到热平衡状态之前，机床几何精度变化不定，对加工精度的影响也变化不定。因此，精密加工应在机床处于热平衡之后进行。

不同类型机床的热变形对加工精度的影响也不同。车、铣、钻、镗类机床，主轴箱中的齿轮、轴承摩擦发热，润滑油发热是其主要热源，使主轴箱及与之相连部分如床身或立柱的温度升高而产生较大变形。例如车床主轴发热使主轴箱在垂直面内和水平面内发生偏移和倾斜，如图 8－17 所示。在垂直平面内，主轴箱的温升将使主轴升高；又因主轴前轴承的发热量大于后轴承的发热量，主轴前端将比后端高。此外，由于主轴箱的热量传给床身，床身导轨将向上凸起，故而加剧了主轴的倾斜。对卧式车床热变形试验结果表明，影响主轴倾斜的主要因素是床身变形，它约占总倾斜量的 75%，主轴前后轴承温度差所引起的倾斜量只占 25%。

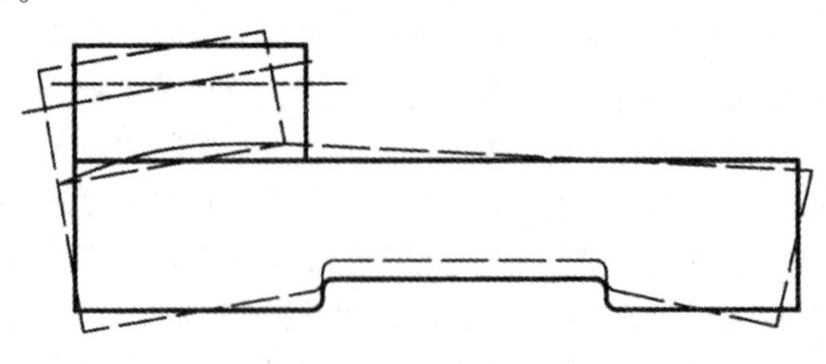

图 8－17　车床的热变形

对于不仅在水平方向上装有刀具，在垂直方向和其他方向上也都可能装有刀具的自动车床、转塔车床，其主轴热位移，无论在垂直方向还是在水平方向，都会造成较大的加工误差。

因此在分析机床热变形对加工精度影响时，还应注意分析热位移方向与误差敏感方向的相对位置关系。对于存在误差敏感方向的热变形，需要特别注意控制。

龙门刨床、导轨磨床等大型机床，它们的床身较长，如导轨面之间稍有温差，就会产生较大的弯曲变形，故床身热变形是影响加工精度的主要因素。

②工件热变形及其对加工精度的影响。在工艺系统热变形中，机床热变形最为复杂，工件、刀具的热变形相对来说要简单一些，使工件产生热变形的热源，主要是切削热。但对于精密零件，周围环境温度和局部受到日光等外部热源的辐射热也不容忽视。

一些形状较简单的轴类、套类、盘类零件的内、外圆加工时，切削热比较均匀地传入工件，如不考虑工件温升后的散热，其温度沿工件全长和圆周的分布都是比较均匀的，可近似地看成均匀受热，其热变形可以按物理学计算热膨胀的公式求得

$$\Delta L = \alpha L \Delta\theta \tag{8-8}$$

式中　α——工件材料的线膨胀系数（钢：$\alpha \approx 1.17 \times 10^{-5}℃^{-1}$，铸铁：$\alpha \approx 1.05 \times 10^{-5}℃^{-1}$）；

L——工件在热变形方向上的尺寸（长度或直径），mm；

$\Delta\theta$——温升，℃。

此类误差在加工长度较短的销轴和盘套类零件时，由于走刀行程很短，可以忽略：车削较长工件时，由于温升逐渐增加，工件直径随之逐渐胀大，因而车刀的背吃刀量将随走刀而逐渐增大，工件冷却收缩后外圆表面就会产生圆柱度误差；当工件以两顶尖定位，工件受热伸长时，如果顶尖不能轴向位移，则工件受顶尖的压力将产生弯曲变形，对加工精度产生影响，宜采用弹性或液压尾顶尖。

铣、刨、磨平面时，除在沿进给方向有温度差外，更严重的是工件只是在单面受到切削热的作用，上下表面间的温度差将导致工件向上拱起，加工时中间凸起部分被切去，冷却后工件变成下凹，造成平面度误差。

如图 8－18 所示，长度为 L、厚度为 S 的板类零件，加工时工件受热上下表面温差为 $\Delta t = t_1 - t_2$，工件变形呈向上凸起。以 f 表示工件中心点变形量，由于中心角 φ 很小，可认为中性层弦长近似为原长 L，则

$$f = \frac{L}{2}\tan\frac{\varphi}{4} \tag{8-9}$$

由于中心角 φ 很小，$\tan\frac{\varphi}{4} \approx \frac{\varphi}{4}$，所以

$$f = \frac{L_{\varphi}}{8} \tag{8-10}$$

由图 8－18 中关系，可得

$$(R+S) - R\varphi = \alpha \Delta t L \tag{8-11}$$

其中，R 为圆弧半径，则

$$f = \alpha \Delta t \frac{L^2}{8s} \tag{8-12}$$

可以看出，热变形量 f 随 L 增大而急剧增加。减小 f，必须减小 Δt，即减小切削热的导入。

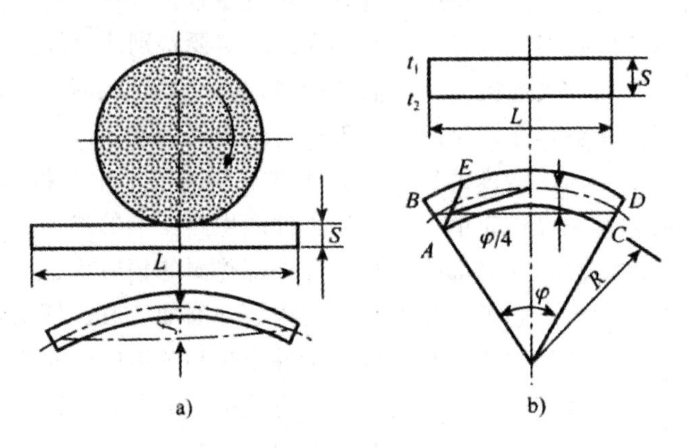

图 8－18　平面加工热变形

③刀具热变形及其对加工精度的影响。刀具热变形主要是由切削热引起的。通常传入刀具的热量并不太多，但由于热量集中在切削部分，以及刀体小，热容量小，故仍会有很高的温升。例如车削时，高速钢车刀的工作表面温度可达 700～800 ℃，而硬质合金刀刃可达 1 000 ℃以上。图 8－19 表示了车刀受热后热变形情况。

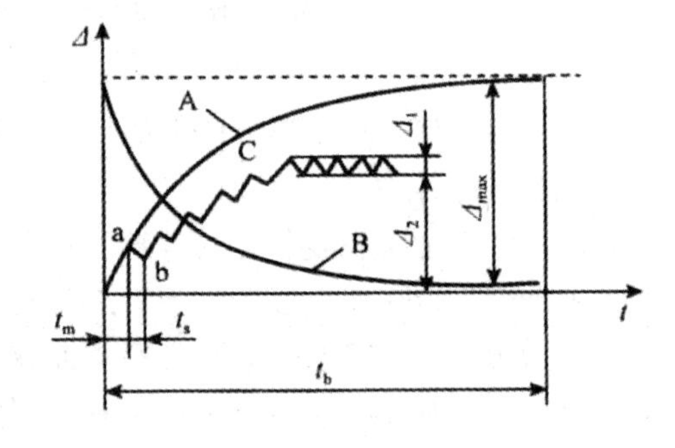

图 8－19　车刀热伸长量与切削时间的关系

A 曲线表示连续工作时车刀的热伸长曲线，开始切削时温升较快，伸长较大，以后温升逐渐减缓，经过不长时间 t_b 后（10～20 min）达到热平衡状态。

B 曲线表示切削停止后，车刀冷却变形过程，刀具温度立即下降，开始冷却较快，以后逐渐减慢。

C 曲线表示间断切削时车刀温度忽升忽降所形成的变形过程，t_m 为切削时间，t_s 为间断时间。由于刀具有短暂的冷却时间，故其热变形曲线具有热胀冷缩双重特性，且总的变形量比连续切削时要小一些，最后趋于 Δ_1 范围内变动。

加工大型零件，刀具热变形往往造成几何形状误差。如车长轴时，可能由于刀具热伸长而产生锥度（尾座处的直径比主轴箱附近的直径大）。

（3）控制工艺系统热变形的主要措施

①减少热源的影响。工艺系统的热变形对粗加工加工精度的影响一般可不考虑，而精加工主要是为保证零件加工精度，工艺系统热变形的影响不能忽视。为了减小切削热，宜采用较小的切削用量。如果粗精加工在一个工序内完成，粗加工的热变形将影响精加工的精度。一般可以在粗加工后停机一段时间使工艺系统冷却，同时还应将工件松开，待精加

工时再夹紧。这样就可减少粗加工热变形对精加工精度的影响。当零件精度要求较高时，则以粗精加工分开为宜。

②采取隔热措施。为了减少机床的热变形，凡是可能从机床分离出去的热源，如电动机、变速箱、液压系统、冷却系统等均应移出，使之成为独立单元。对于不能分离的热源，如主轴轴承、丝杠螺母副、高速运动的导轨副等则可以从结构、润滑等方面改善其摩擦特性，减少发热，例如采用静压轴承、静压导轨，改用低黏度润滑油、锂基润滑脂，或使用循环冷却润滑等；也可用隔热材料将发热部件和机床大件（如床身、立柱等）隔离开来，如图 8 – 20 所示。对发热量大的热源，如果既不能从机床内部移出，又不便隔热，则可采用强制式的风冷、水冷等散热措施。

③控制温度变化，均衡温度场。控制环境温度变化，从而使机床热变形稳定，主要是采用恒温的方法来解决。一般来说精密机床都要求安装在恒温车间。恒温的精度根据加工精度要求而定。图 8 – 21 是立式平面磨床采用热空气来加热温升较低的立柱后壁，以均衡立柱前后壁温升，减少立柱弯曲变形。

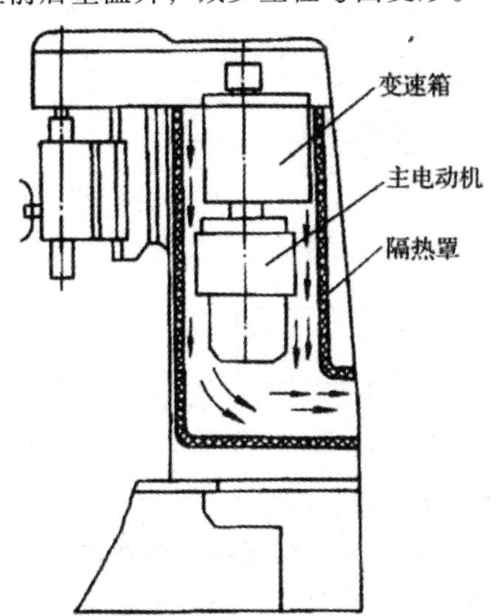

图 8 – 20　采用隔热材料减少热变形

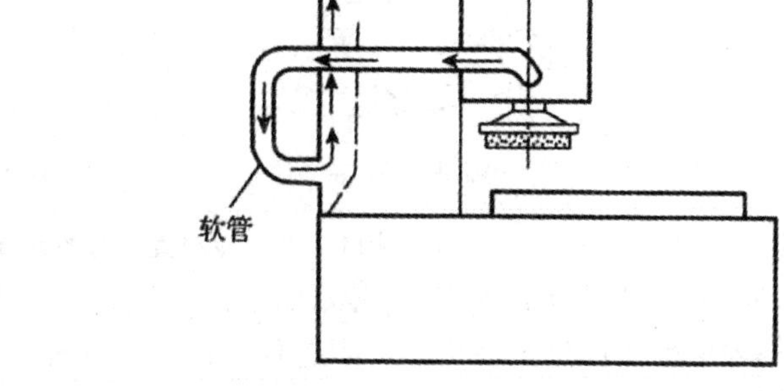

图 8 – 21　均衡立柱前后壁的温度场

④采取补偿措施。采用热补偿方法使机床的温度场比较均匀，从而使机床仅产生均匀变形，不影响加工精度。

⑤采用合理的机床部件结构。在变速箱中，将轴、轴承、传动齿轮等对称布置，可使箱壁温升均匀，箱体变形减小。机床大件的结构和布局对机床的热态特性有很大影响。以加工中心机床为例，在热源影响下，单立柱结构会产生相当大的扭曲变形，而双立柱结构由于左右对称，仅产生垂直方向的热位移，很容易通过调整的方法予以补偿。因此，双立柱结构的机床主轴相对于工作台的热变形比单立柱结构小得多。

4. 内应力引起的变形误差

内应力（残余应力）是指外部载荷去除后，仍残存在工件内部的应力。

内应力是由金属内部的相邻组织发生了不均匀的体积变化而产生的，体积变化的因素主要来自热加工或冷加工，特点是不稳定，内部力求恢复到一个稳定的没有应力的状态，导致工件变形，影响工件精度。

（1）毛坯制造中产生的内应力　在铸、锻、焊及热处理等热加工过程中，由于工件各部分热胀冷缩不均匀以及金相组织转变时的体积变化，使毛坯内部产生了相当大的残余应力，如图 8－22 所示。

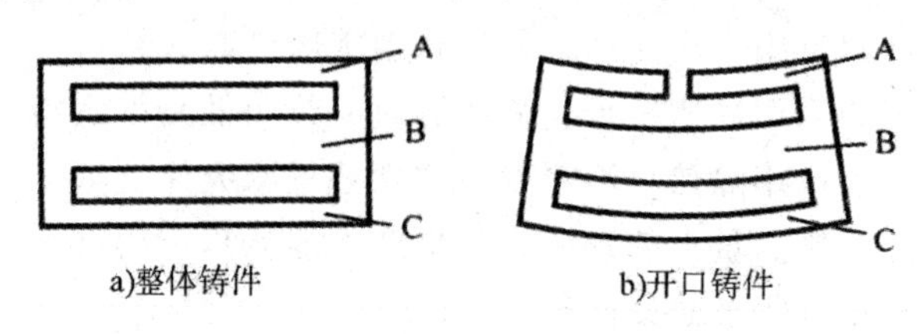

a)整体铸件　　b)开口铸件

图 8－22　铸件内应力引起的变形

（2）冷校直带来的内应力　一些刚度较差容易变形的轴类零件，常采用冷校直方法使之变直。校直的方法是在室温状态下，将有弯曲变形的轴放在两个 V 形块上，使凸起部位朝上，在弯曲的反方向加外力 F，如图 8－23 所示。

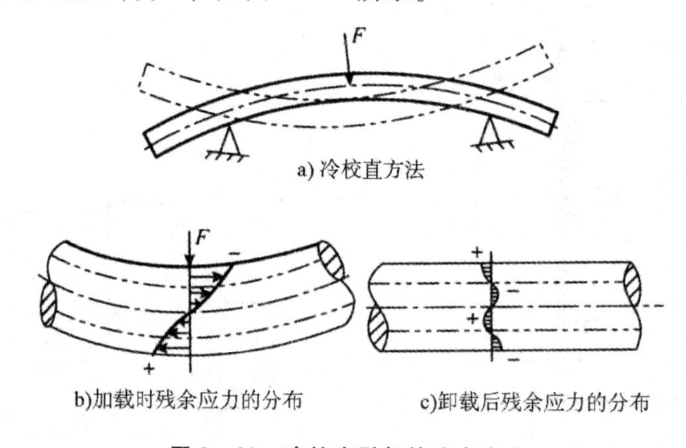

a) 冷校直方法

b)加载时残余应力的分布　　c)卸载后残余应力的分布

图 8－23　冷校直引起的残余应力

（3）切削加工中产生的内应力　工件在进行切削加工时，在切削力和摩擦力的作用下，使表层金属产生塑性变形，引起体积改变，从而产生残余应力。这种残余应力的分布情况由加工时的工艺因素决定。

（4）减少或消除残余应力的措施

①合理设计零件结构在机器零件的结构设计中，应尽量简化结构，使壁厚均匀、结构对称，以减少内应力的产生。

②合理安排热处理和时效处理。对铸、锻、焊接件进行退火、回火及时效处理，零件淬火后进行回火，对精密零件，如丝杠、精密主轴等，应多次安排时效处理。常用的时效处理方法有自然时效，人工时效及振动时效。

③合理安排工艺过程。粗、精加工宜分阶段进行，使粗加工后有一定时间让内应力重新分布，以减少对精加工的影响。

任务三　加工误差的统计分析

实际生产中，影响加工精度的因素错综复杂，不少因素对加工影响是带有随机性的，还有我们不知道的因素。因此，在很多情况下只靠单因素分析方法来分析加工误差是不够的。运用数理统计的方法对加工误差数据进行处理和分析，从中发现误差形成规律，找出影响加工误差的主要因素，这就是加工误差的统计分析法。

一、加工误差的性质及分类

从数理统计上说，加工误差可分为系统误差和随机误差两大类。

1. 系统误差

所谓系统误差是指大小方向不变或大小方向随时间有规律地变的误差。

（1）常值系统误差　在连续加工一批零件时，加工误差的大小和方向基本上保持不变，称为常值系统误差。

机床、刀具、夹具的制造误差、工艺系统受力变形引起的加工误差，均与时间无关，其大小和方向在一次调整中也基本不变，因此属于常值系统误差。机床、夹具、量具等磨损引起的加工误差，在一定时间内无明显的差异，也可看作是常值系统误差。常值系统误差可以通过对工艺装备进行相应的维修、调整，或采取针对性的措施来加以消除。

（2）变值系统误差　如果加工误差是按零件的加工次序作有规律变化的，则称之为变值系统误差。

机床、刀具、夹具等在热平衡前的热变形误差和刀具的磨损等，属于变值系统误差。变值系统误差，若能掌握其大小和方向随时间变化规律，可以通过采取自动连续、周期性补偿等措施来加以控制。

2. 随机误差

在连续加工一批零件中，出现的误差如果大小和方向是不规则地变化着的，则称为随机误差。毛坯误差（余量不均、硬度不均等）的复映、夹紧误差、残余应力引起的误差、多次调整的误差等，属于随机性误差。

随机性误差是不可避免的，但我们可以从工艺上采取措施来控制其影响。如提高工艺系统刚度，提高毛坯加工精度（使余量均匀），对毛坯热处理（使硬度均匀），时效处理（消除内应力）等。

随机误差和系统误差的划分不是绝对的，二者既有区别又有联系。同一原始误差在不同条件下引起的可能是随机误差，也可能是系统误差。

二、加工误差的统计分析方法

统计分析是以生产现场观察和对工件进行实际检验的数据资料为基础，用数理统计的方法分析处理这些数据资料，从而揭示各种因素对加工误差的综合影响，获得解决问题途径的一种分析方法，主要有分布图分析法和点图分析法等。

1. 分布图分析法

(1) 实际分布图——直方图　加工一批工件，由于随机误差的存在，加工尺寸的实际数值是各不相同的，这种现象称为尺寸分散。

加工后的一批工件，按尺寸大小分成若干组。各组零件数量（称为频数）一般不相等。若用 X 轴表示尺寸，Y 轴表示件数（频率或频率密度）就得到直方图。

连接直方图中每一直方宽度的中点（组中值）得到一条折线，即实际分布曲线。

下面通过实例来说明直方图的做法：

【例 8-1】　磨削一批轴径 $\varphi 50 +0.06 +0.01$ mm 的工件，经实测后的尺寸见表 8-1。

表 8-1　轴径尺寸实测值　　单位：μm

44	20	46	32	20	40	52	33	40	25	43	38	40	41	30	36	49	51	38	34
22	46	38	30	42	38	27	49	45	45	38	32	45	48	28	36	52	32	42	38
40	42	38	52	38	36	37	43	28	45	36	50	46	38	30	40	44	34	42	47
22	28	34	30	36	32	35	22	40	35	36	42	46	42	50	40	36	20	16	53
32	46	20	28	46	28	54	18	32	33	26	46	47	36	38	30	49	18	38	38

注：表中数据为实测尺寸与基本尺寸之差。

作直方图的步骤如下：

①收集数据，一般取 100 件左右。找出最大值 $x_{max}=54$ μm，最小值 $x_{max}=16$ μm（见表 8-1）。

②把 100 个样本数据分成若干组，一般用表 8-2 的经验数值确定。

选择的组数 k 和组距要适当。组数过多，分布图会被频数随机波动所歪曲；组数太少，分布特征将被掩盖：k 值一般应根据样本容量来选择。本例取组数 $k=9$。通常确定的组数要使每组平均至少摊到 4~5 个数据。

表 8-2　分组数的推荐值

样本总数 n	50 以下	50~100	100~250	250 以上
分组数 k	6~7	6~10	7~12	10~20

③计算组距 h，即组与组的间距

$$h=\frac{x_{max}-x_{min}}{k-1}=\frac{54-16}{9-1}\mu m=4.75\ \mu m$$

取计量单位的整数值　　$h=5\ \mu m$

④计算第一组的上、下界限值

第一组的上界限值为　$x_{min}+\frac{h}{2}=16+2.5=18.5(\mu m)$

第一组的下界限值为　$x_{min}-\frac{h}{2}=16-2.5=13.5(\mu m)$

⑤计算其余各组的上、下界限值：第一组的上界限值就是第二组的下界限值。第二组的下界限值加上组距就是第二组上界限值，其余类推。

⑥计算各组的中心值 x_i 中心值是每组中间的数值。

$$x_i=\frac{某组上限值+某组下限值}{2}$$

第一组中心值为

$$x_1 = \frac{18.5 + 13.5}{2} = 16\ \mu m$$

⑦记录各组数据，整理成表 8-3 所列的频数分布表。

表 8-3　频数分布表

组号	组界/μm	中心值/μm	频数/m	频率/m/n
1	13.5～18.5	16	3	0.03
2	18.5～23.5	21	7	0.07
3	23.5～28.5	26	8	0.08
4	28.5～33.5	31	14	0.14
5	33.5～38.5	36	25	0.25
6	38.5～43.5	41	19	0.16
7	43.5～48.5	46	16	0.16
8	48.5～53.5	51	10	0.10
9	53.5～58.5	56		0.01

⑧统计各组的尺寸频数、频率和频率密度，并填入表 8-3 中。

⑨计算 $\bar{x}$ 和 s

$$\bar{x} = \frac{1}{n}\sum_{i=1}^{n} x_i = 37.29\ \mu m$$

$$s = \sqrt{\frac{1}{n}\sum_{i=1}^{n}(x_i - \bar{x})} = 8.93\ \mu m$$

式中　$\bar{x}$——样本的算术平均值，表示加工尺寸的分布中心；

x_i——各工件的尺寸；

n——样本的含量；

s——样本的标准差（均方根偏差），表示加工的尺寸分散程度。

⑩按表列数据以频率密度为纵坐标，组距（尺寸间隔）为横坐标，就可画出直方图；再由直方图的各矩形顶端的中心点连成折线，在一定条件下，此折线接近理论分布曲线，如图 8-24 所示。

要进一步分析研究该工序的加工精度问题，必须找出频率密度与加工尺寸间的关系，因此必须研究理论分布曲线。

（2）理论分布曲线——正态分布曲线　方程及特性概率论已经证明，相互独立的大量微小随机变量，其总和的分布是服从正态分布的。大量实验表明，在机械加工中，用调整法加工一批零件，当不存在明显的变值系统误差因素时，则加工后零件的尺寸近似于正态分布，如图 8-25 所示。正态分布曲线（又称高斯曲线）其概率密度函数表达方程式为：

$$y = \frac{1}{\sigma\sqrt{2\pi}} e^{\frac{1}{2}(x-\bar{x})^2}$$

式中　y——分布的概率密度（相当于直方图上的频率密度）；

x——随机变量；

$\bar{x}$——工件的平均尺寸；

σ——正态分布随机变量的总体标准差（均方根偏差），$\sigma = \sqrt{\frac{1}{N}\sum_{i=1}^{N}(X_i - \mu)^2}$ 表示加工的尺寸分散程度。

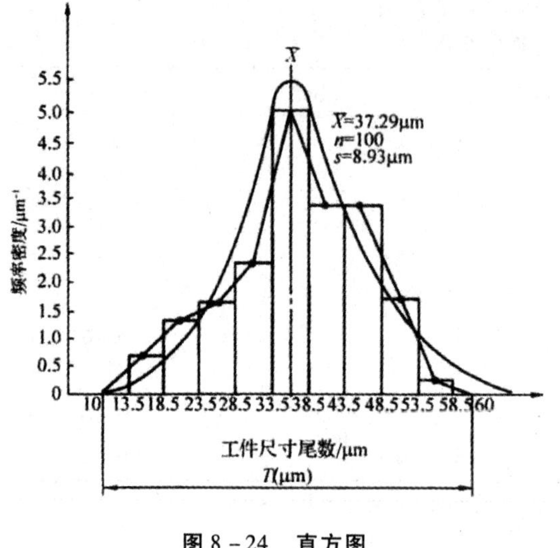

图 8-24　直方图

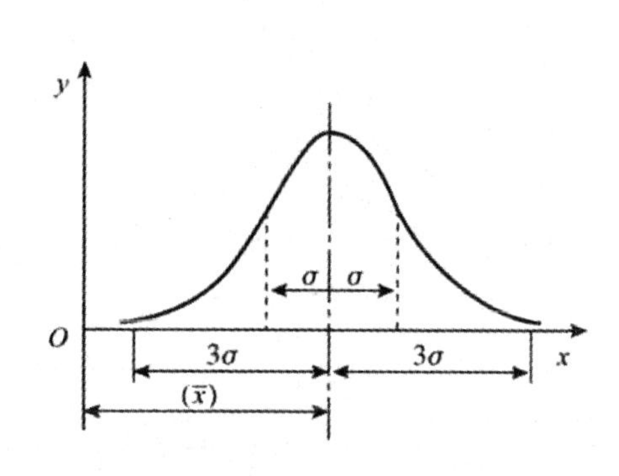

图 8-25　正态分布曲线

正态分布曲线对称于直线 $X = \overline{x}$，在 $X = \overline{x}$ 处达到最大值 $Y_{max} = \frac{1}{\sigma\sqrt{2\pi}}$，在 $X = \overline{x} \pm \sigma$ 处有拐点，且 $Y_x = \frac{1}{\sigma\sqrt{2\pi}}e^{-\frac{1}{2}} = Y_{max}e^{-\frac{1}{2}} \approx 0.6Y_{max}$。靠近 $\overline{x}$ 的工件尺寸出现概率较大，远离 $\overline{x}$ 的工件尺寸概率较小。

平均值 $\overline{x}$ 和标准差 σ 是正态分布曲线的两个特征参数。平均值 $\overline{x}$ 是表征分布曲线位置的参数，即表示了尺寸分散中心的位置。$\overline{x}$ 不同，分布曲线沿 $\overline{x}$ 轴平移而不改变其形状，如图 8-26a）所示。标准差 σ 是表征分布曲线形状的参数，不影响曲线位置，它表示了尺寸分散范围的大小。$\overline{\sigma}$ 减小，Y_{max} 增大，曲线变陡，如图 8-26b）所示。

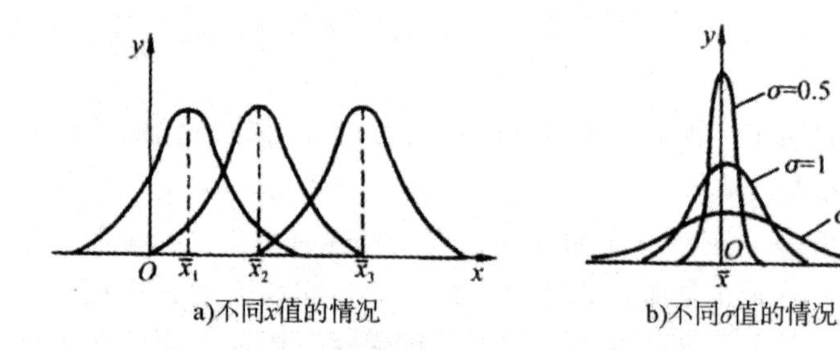

图 8-26　不同特征参数 F 的正态分布曲线

按照加工误差的性质，常值系统误差决定尺寸分散中心的位置；随机性误差引起尺寸分散，决定分布曲线的形状；而变值系统误差则使分散中心位置随时间按一定规律移动。

正态分布曲线下所包含的全部面积 $F(x) = \int_{-\infty}^{+\infty} Y\mathrm{d}x = 1$，代表了工件（样本）的总体，

即100%零件的实际尺寸都在这一分布范围内。实际尺寸落在从 $\bar{x}$ 到 X 这部分区域内工件的概率为 $F(x)=\int_{-x}^{X} Y\mathrm{d}x$。令 $z=\frac{x-\bar{x}}{\sigma}$，作积分变换，$\mathrm{d}x=\sigma\mathrm{d}z$ 则

$$F(x)=\varphi(z)=\frac{1}{\sqrt{2\pi}}\int_0^z \mathrm{e}^{-\frac{z^2}{2}}\mathrm{d}z \qquad (8-13)$$

计算表明，工件落在 $x\pm3\sigma$ 间的概率为99.73%，而落在该范围以外的概率仅0.27%，可忽略不计。因此可以认为，正态分布的分散范围为 $x\pm3\sigma$，就是工程上经常用到的 $x\pm3\sigma$ 原则，或称 6σ 原则。

6σ 原则是一个很重要的概念，在研究加工误差时应用很广。6σ 的大小代表了某加工方法在一定条件下所能达到的加工精度。所以在一般情况下，应使所选择的加工方法的标准差 6σ 与公差带宽度 T 之间有下列关系：$6\sigma\leqslant T$。

（3）非正态分布　工件的实际分布，有时并不接近于正态分布。例如将两次调整下加工或两台机床加工的工件混在一起，尽管每次调整加工的工件都接近正态分布，但由于其常值系统误差不同，叠加在一起就得到双峰曲线，如图8－27b）所示。

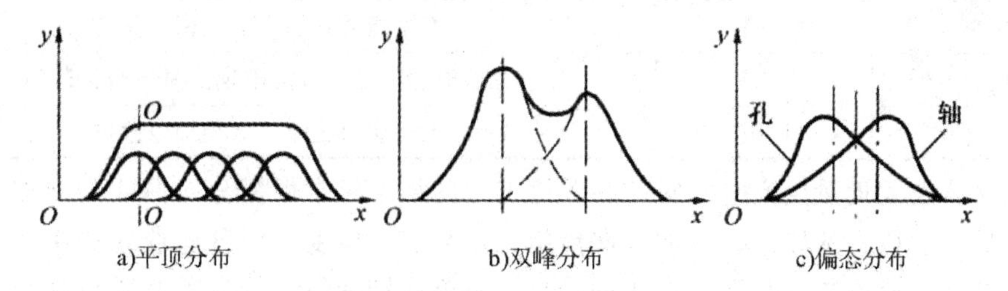

图8－27　几种非正态分布

当加工中刀具或砂轮的尺寸磨损较快而没有补偿时，变值系统误差占突出地位，工件的实际尺寸分布如图8－27a）所示。尽管在加工的每一瞬时，工件的尺寸呈正态分布，但随着刀具或砂轮的磨损，其分散中心是逐渐移动的，因此，分布曲线呈平顶状。

再如用试切法加工轴颈或孔时，由于主观上不愿意产生不可修复的废品，加工轴颈时宁大勿小，加工孔时宁小勿大，使分布曲线呈不对称状态，如图8－27c）所示。当用调整法加工时，若工艺系统存在显著的热变形，加工结果也常常呈现偏态分布，如刀具热变形严重，加工轴时曲线凸峰偏向右，加工孔时曲线凸峰偏向左。

（4）分布曲线的应用

①判别加工误差的性质。假如加工过程中没有变值系统误差，那么其尺寸分布就服从正态分布，即实际分布与正态分布基本相符，这时就可进一步根据 x 是否与公差带中心重合来判断是否存在常值系统误差。

②确定各种加工方法所能达到的精度。由于各种加工方法在随机因素的影响下所得到的加工尺寸的分布规律符合正态分布，因而可在多次统计的基础上，为每一种加工方法求得它的标准差 σ 值。按分散范围等于 6σ 的规律，即可确定各种加工方法所能达到的加工精度。

③确定工序能力及其等级。工序能力是指工序处于稳定、正常状态时，该工序加工误差正常波动的幅值。当加工尺寸服从正态分布时，其尺寸分散范围是 6σ，因此可以用 6σ

来表示工序能力。

工序能力等级是以工序能力系数来表示的，它代表工序能满足加工精度要求的程度。当工序处于稳定状态时，工序能力系数的计算如下：

$$C_p = \frac{T}{6\sigma} \tag{8-14}$$

式中　T——工件尺寸公差。

根据工序能力系数 C_p 的大小，将工序能力分为五级，见表 8－4。在一般情况下，工序能力不应低于二级。

④估算合格品率或不合格品率。将分布图与工件尺寸公差带进行比较，超出公差带范围的曲线面积代表不合格品的数量。

表 8－4　工序能力等级

工序能力系数	能力等级	说明
$C_p > 1.67$	特级	工序能力过高，可以允许有异常波动，不经济
$1.67 \geq C_p > 1.33$	一级	工序能力足够，可以允许有一定波动
$1.33 \geq C_p > 1.00$	二级	工序能力勉强，必须密切注意
$1.00 \geq C_p > 0.67$	三级	工序能力不足，可能出现少量不合格产品
$C_p \leq 0.67$	四级	工序能力很差，必须加以改进

分布曲线在大批量生产时，对一些关键工序的加工经常根据分布曲线判断加工误差的性质，分析产生废品的原因，以便采取措施，提高加工精度。但分布曲线法不考虑零件加工的先后顺序，故不能反映误差变化的趋势，不能区别变值系统误差和随机性误差；且只能在一批零件加工后才能绘制分布图，因此不能在加工过程中及时提供控制精度的信息，以便随时调整机床来保证加工精度。

2. 点图分析法

分析工艺过程的稳定性，通常采用点图法。用点图来评价工艺过程稳定性采用的是顺序样本，即样本是由工艺系统在一次调整中，按顺序加工的工件组成。这样的样本可以得到在时间上与工艺过程运行同步的有关信息，反映出加工误差随时间变化的趋势。

（1）点图的形式

①个值点图。按加工顺序逐个测量一批工件的尺寸，将它们记录在以工件顺序号为横坐标、工件尺寸为纵坐标的图上就成了个值点图，如图 8－28 所示。

② $\bar{x}-R$ 点图（平均值—极差点图）。由 $\bar{x}$ 点图和 R 点图联系在一起的 $\bar{x}-R$ 图是目前应用最广的一种点图，如图 8－29 所示。

按加工顺序每隔一段时间抽检一组 m 个工件（$m=3\sim10$），计算出每组的平均值 x 和每组的极差 R（组内最大值与最小值之差）：

$$\bar{x} = \frac{1}{m}\sum_{i=1}^{m}\bar{x}_i$$

$$R = x_{\max} - x_{\min}$$

式中　$x_{\max x}$、$x_{\min}$——分别是同一样组中工件的最大尺寸和最小尺寸。

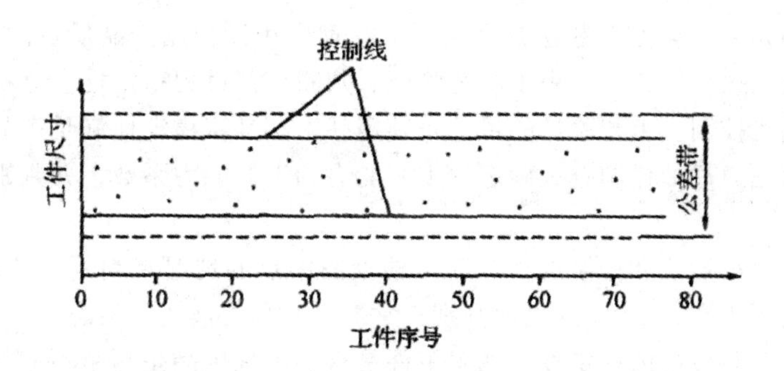

图 8-28　个值点图

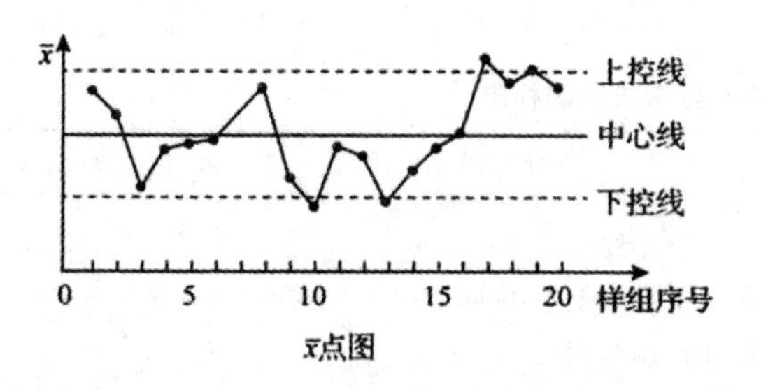

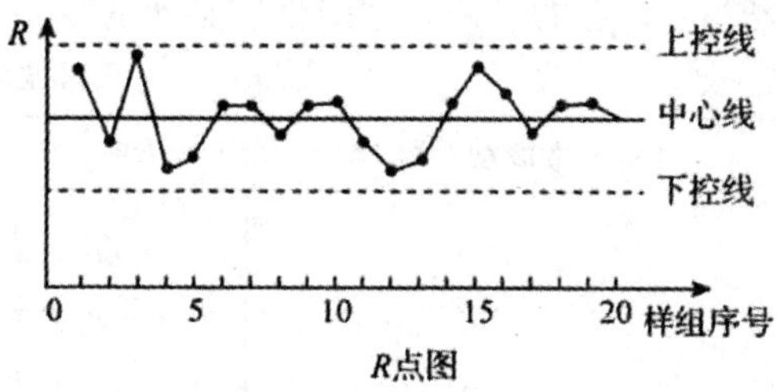

图 8-29　$\bar{x}-R$ 点图

以组序号为横坐标，以各组的 $\bar{x}$ 与 R 为纵坐标，就可做出其相应的 $\bar{x}-R$ 图。为判断工艺过程是否稳定，必须在 $\bar{x}-R$ 图上标出中心线及上下控制线，其计算公式如下：

$\bar{x}$ 图中心线：

$$\bar{\bar{x}} = \frac{1}{K}\sum_{i=1}^{m} \bar{x}_i$$

R 图中心线：

$$\bar{R} = \frac{1}{K}\sum_{i=1}^{K} \bar{R}$$

式中　K——组数；

$\bar{x}_i$——第 i 组的平均值；

$\bar{R}_i$——第 i 组的极差。

$\bar{x}$ 图上控线：　　$\bar{x}_s = \bar{\bar{x}} + A \cdot \bar{R}$

$\bar{x}$ 图下控线：　　$\bar{x}_x = \bar{\bar{x}} + A \cdot \bar{R}$

R 图上控线：　　$\bar{R}_s = D_1 \cdot \bar{R}$

R 图下控线：　　$\bar{R}_x = D_{21} \cdot \bar{R}$

式中　A、D_1、D_2见表 8-5。

表 8-5　系数 A、D_1、D_2的数值

每组件数	3	4	5	6
A	1.023	0.729	0.577	0.483
D_1	2.574	2.282	2.115	2.004
D_2	—	每组件数≤6 时，$D_2=0$		—

（2）点图的应用　点图分析法是全面质量管理中用以控制产品质量的主要方法之一，在实际生产中应用很广。它主要用于工艺验证、判断工艺过程稳定性、分析加工误差和进行加工过程的质量控制。工艺验证的目的是判定某工艺是否稳定地满足产品的加工质量要求。其主要内容是通过抽样调查，确定其工艺能力和工艺能力系数，并判别工艺过程是否稳定。

在点图上做出平均线和控制线后，就可根据图中点的情况来判别工艺过程是否稳定、点的波动状态是否正常，表 8－6 表示判别正常波动与异常波动的标志。

必须指出，工艺过程的稳定性与加工工件是否会出现废品是两个不同的概念。工艺过程是否稳定是由其本身的误差情况（用 $\bar{x}-R$ 图）来判定的，工件是否合格是由工件规定的公差来判定的，两者之间没有必然的联系。

表 8－6　正常波动与异常波动的标志

正常波动	异常波动
①没有点子超出控制线 ②大部分点子在平均线上下波动，小部分在控制线附近 ③点子波动没有明显的规律性	①有点子超出控制线 ②点子密集在平均线上下附近 ③点子密集在控制线附近 ④连续 7 点以上出现在平均线一侧 ⑤连续 11 点中有 10 点出现在平均线一侧 ⑥连续 14 点中有 12 点以上出现在平均线一侧 ⑦连续 17 点中有 14 点以上出现在平均线一侧 ⑧连续 20 点中有 16 点以上出现在平均线一侧 ⑨点子有上升或下降倾向 ④点子有周期性波动

任务四　保证和提高加工精度的途径

为了保证和提高机械加工精度，首先要找出产生加工误差的主要因素，然后采取相应的工艺措施以减少或控制这些因素的影响。

一、直接减少或消除误差法

这是生产中应用较广的提高加工精度的一种方法，是在查明产生加工误差的主要因素后，设法对其进行直接消除或减少。如细长轴是车削加工中较难加工的一种工件，普遍存在的问题是精度低、效率低。正向进给，一夹一顶装夹高速切削细长轴时，由于其刚性特别差，在切削力、惯性力和切削热作用下易引起弯曲变形。

如用中心架，可缩短支承点间的一半距离，工件刚度提高近八倍；如用跟刀架，可进一步缩短切削力作用点与支承点的距离，提高了工件刚度。细长轴多采用反拉法切削，一端用卡盘夹持，另一端采用可伸缩的活顶尖装夹。此时工件受拉不受压，工件不会因偏心压缩而产生弯曲变形。尾部的可伸缩活顶尖使工件在热伸长下有伸缩的自由，避免了热弯曲。此外，采用大进给量和大的主偏角车刀，增大了进给力，减小了背向力，切削更平稳，提高细长轴的加工精度。

二、误差转移法

误差转移法就是转移工艺系统的几何误差、受力变形和热变形等误差从敏感方向转移到误差的非敏感方向。当机床精度达不到零件加工要求时，常常不是一味提高机床精度，而是在工艺上或夹具上想办法，创造条件，使机床的几何误差转移到不影响加工精度的方面去。如磨削主轴锥孔时，锥孔与轴颈的同轴度，不靠机床主轴的回转精度来保证，而是靠专用夹具的精度来保证，机床主轴与工件主轴之间用浮动连接，机床主轴的回转误差就转移了，不再影响加工精度。

例如，转塔车床的转位刀架，其分度、转位误差将直接影响工件有关表面的加工精度。如果改变刀具的安装位置，使分度转位误差处于加工表面的切向，即可大大减小分度转位误差对加工精度的影响。如图 8－30a）所示安装外圆车刀，则刀架的转位误差方向与加工误差敏感方向一致，刀架转角误差将直接影响加工精度，若如图 8－30b）所示采用“立刀”安装法，即把刀刃的切削基面放在垂直平面内，这样就能把刀架的转位误差转移到误差的非敏感方向上去，由刀架转位误差所引起的加工误差就可忽略不计。

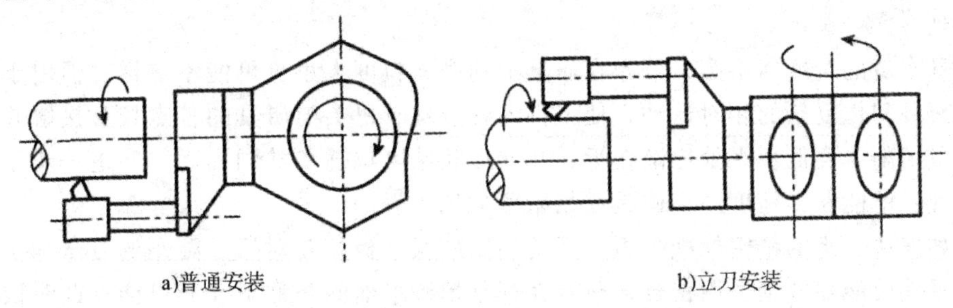

图 8－30　转塔车床刀架转位误差的转移

三、误差分组法

在加工中，对于毛坯误差、定位误差而引起的工序误差，可采取分组的方法来减少其影响。误差分组法是把毛坯或上道工序加工的工件尺寸经测量按大小分为 n 组，每组工件的尺寸误差范围就缩减为原来的 $1/n$。然后按各组分别调整刀具与工件的相对位置或选用合适的定位元件，使各组工件的尺寸分散范围中心基本一致，以使整批工件的尺寸分散范围大大缩小。

这种方法比起一味提高毛坯或定位基准的精度要经济得多。例如某厂采用心轴装夹工件剃齿，由于配合间隙太大，剃齿后工件齿圈径向圆跳动超差。为不用提高齿坯加工精度而减少配合间隙，采用误差分组法，将工件内孔尺寸按大小分成 4 组，分别与相应的 4 根心轴配合，保证了剃齿的加工精度要求。

四、就地加工法

在机械加工和装配中，有些精度问题牵涉到很多零部件的相互关系，如果单纯依靠提高零部件的精度来满足设计要求，有时不仅困难，甚至不可能达到。而采用就地加工法就可以解决这种难题。

例如在转塔车床中，转塔上六个安装刀具的孔，其轴心线必须与机床主轴回转中心线重合，而六个端面又必须与回转中心垂直。实际生产中采用了就地加工法，转塔上的孔和端面经半精加工后装配到机床上，然后在该机床主轴上安装镗杆和径向小刀架对这些孔和端面进行精加工，便能方便地达到所需的精度。

这种就地加工方法，在机床生产中应用很多。如为了使牛头刨床的工作台面对滑枕保持平行的位置关系，就在装配后的自身机床上进行“自刨自”的精加工。平面磨床的工作台面也是在装配后作“自磨自”的精加工。在车床上，为了保证三爪卡盘卡爪的装夹面与主轴回转中心同心，也是在装配后对卡爪装夹面进行就地车削或磨削。加工精密丝杠时，为保证主轴前后顶尖和跟刀架导套孔严格同轴，采用了自磨前顶尖孔、自磨跟刀架导套孔和刮研尾架垫板等措施来实现。

五、误差平均法

误差平均法就是利用有密切联系的表面之间的相互比较、相互修正，或者互为基准进行加工，以达到很高的加工精度。例如，对配合精度要求很高的轴和孔，常采用研磨的方法来达到。

研具本身的精度并不高，分布在研具上的磨料粒度大小也可能不一样，但由于研磨时工件与研具间作复杂的相对运动，使工件上各点均有机会与研具的各点相互接触并受到均匀的微量切削。高低不平处逐渐接近，几何形状精度也逐步共同提高，并进一步使误差均化，因此，就能获得精度高于研具原始精度的加工表面。

又如三块一组的精密标准平板，就是利用三块平板相互对研、配刮的方法加工的。因为三块平板要能够分别两两密合，只有在都是精确平面的条件下才有可能。此时误差平均法是通过对研、配刮加工使被加工表面原有的平面度误差不断缩小而使误差均化的。

六、误差补偿法

误差补偿法是人为地造出一种新的误差，去抵消或补偿原来工艺系统中存在的误差，尽量使两者大小相等、方向相反，从而达到减少加工误差，提高加工精度的目的。

采用机械式的校正装置只能校正机床静态的传动误差。如果要校正机床静态及动态传动误差，则需采用计算机控制的传动误差补偿装置。

七、控制误差法

用误差补偿的方法来消除或减小常值系统误差一般来说是比较容易的，因为用于抵消常值系统误差的补偿量是固定不变的。对于变值系统误差的补偿就不是用一种固定的补偿量所能解决的。于是生产中就发展了所谓积极控制的误差补偿方法称控制误差法。

控制误差法是在加工循环中，利用测量装置连续地测量出工件的实际尺寸精度，随时给刀具以附加的补偿量，控制刀具和工件间的相对位置，直至实际值与调定值的差不超过预定的公差为止。现代机械加工中的自动测量和自动补偿就属于这种形式。

课后思考

1. 试举例说明加工精度、加工误差的概念，它们之间有什么区别?

2. 车床床身导轨在垂直平面内及水平面内的直线度对车削轴类零件的加工误差有什么影响? 影响程度各有何不同?

3. 近似加工运动原理误差与机床传动链误差有何区别?

4. 试说明车削前，工人经常在刀架上装上镗刀修整三爪卡盘三个卡爪的工作面或花盘的端面，其目的是什么? 能否提高主轴的回转精度 (径向跳动和轴向窜动)?

5. 设已知一工艺系统的误差复映系数为 0.25，工件在本工序前有圆柱度 (椭圆度) 0.45 mm。若本工序形状精度规定公差 0.01 mm，问至少进给几次方能使形状精度合格?

6. 在车床或磨床上加工相同尺寸及相同精度的内、外圆柱表面时，加工内孔表面的进给次数往往多于外圆表面，试分析其原因。

7. 加工误差按照统计规律可分为哪几类? 各有什么特点? 采取什么工艺措施可减少或控制其影响?

8. 什么是正态分布曲线? 它的特征参数是什么? 特征参数反映了分布曲线的哪些特征?

9. 分布图分析法和点图分析法在生产中有何应用?

10. 提高加工精度的主要措施有哪些? 举例说明。

项目九　机械加工表面质量

项目概述

零件的质量，除了加工精度还包括表面质量。本项目研究零件加工表面质量，要求掌握机械加工过程中各种工艺因素对加工表面质量的影响规律，以方便应用这些规律进行加工过程控制，最终达到提高加工表面质量。本项目主要从机械表面质量含义及内容、影响机械加工过程中的表面粗糙度、加工后表面层的物理力学特性、加工过程中机械振动因素等方面进行介绍。

机械加工得到的表面实际上都不是完整理想的表面。实践表明，机械零件的破坏，尤其是配合零件的破坏，都是从其表面破损开始的。通过实验也表明，机械加工过程中零件表面质量，关系到加工后产品的质量。

本项目研究零件加工表面质量，是要掌握机械加工中各种工艺因素对加工表面质量的影响规律，以方便应用这些规律进行加工过程控制，最终达到提高加工表面质量的目的。

学习目标

1. 掌握机械加工表面质量的相关概念。
2. 了解表面质量对使用性能的影响。
3. 明确表面层的性能状况及其影响。
4. 对提高机械加工表面质量的方法有一定的了解。

任务一　表面质量的含义及其对零件使用性能的影响

机械零件在加工过程中，被加工表面及其微观几何形状误差和表面层物理机械性能发生变化，将直接影响到零件的使用性能，甚至影响到机械装配后的总体性能。

一、表面质量的内容及含义

加工表面质量包括以下两方面内容：加工表面的几何形貌和表面层材料的力学物理性能和化学性能。

1. 加工表面的几何形貌

加工表面的几何形貌是指在机械加工过程中，刀具与被加工工件接触过程中直接的摩擦、切屑分离过程中相关表面的变形、加工过程中的机械振动等因素的作用，使零件表面上留下的表层微小结构变化。加工表面的几何形貌包括以下四个方面：加工表面的粗糙度、表面波纹度、纹理方向、表面缺陷。

（1）表面粗糙度　表面粗糙度是指加工轮廓的微观几何轮廓，其波长与波高比值一般小于50。

（2）表面波纹度　加工表面上波长与波高的比值等于50～1 000的几何轮廓称为波纹度，其为机械加工中振动引起的。加工表面上波长与波高比值大于1000的几何轮廓，称为宏观几何轮廓，属于加工精度范畴，不在此处讨论。

（3）纹理方向　纹理方向指加工中刀具纹理方向，它取决于表面形成过程中采用的加工方法。车削加工中产生的纹理方向一般为轴向，铣削加工产生的纹理方向与进给方向有关。

（4）表面缺陷　指加工表面上出现的缺陷，例如铸造砂眼、气孔，毛坯件的裂纹等。在制造毛坯件及进行机械加工过程中，经常会出现表面缺陷现象。

2. 表面层材料的力学物理性能和化学性能

在机械加工过程中，由于各种外力因素与热因素的综合作用，加工表面层金属的力学物理性能与化学性能会发生相应的变化，主要为以下几个方面变化：

（1）表面层金属的冷作硬化　是指在机械加工过程中，金属在高温及高压条件下，金属层发生变化，表层金属变硬的现象，表层金属的冷作硬化由硬化程度与硬化层深度来衡量。一般条件下，表层硬化层深度可达0.05～0.30 mm。

（2）表面层金属的金相组织变化　在机械加工中，由于切削热的作用会引起表面层金属的金相组织发生变化。

（3）表层残余应力　机械加工过程中，由于切削力与切削热的综合作用，金属表层的晶粒结构发生变化，品格发生扭曲现象，需要释放内应力，便产生了表层残余应力。

二、加工表面质量对零件使用性能的影响

1. 表面质量对耐磨性的影响

（1）表面纹理对耐磨性的影响　零件表面纹理的形状与刀纹的方向对零件的耐磨性有一定影响，在加工过程中，纹理方向与刀纹方向一致或者相反导致两个接触面之间的有效接触面积变化，同时在零件运动过程中，润滑液对零件的运动性能影响也有发生。一般情况下，纹理方向与刀纹方向相同，则润滑液会存在于两配合表面，提高其抗磨损性能。相反则会把润滑液挤出两配合表面，会加速零件间的磨损。

（2）表面波纹度和表面粗糙度对耐磨性的影响　零件表层的波纹度与零件表面粗糙度有关，波纹度越大，零件表面越粗糙，导致零件表面接触面积变小。在两个零件做相对运动时，开始阶段由于接触面小，压强大，在接触点的凸峰处会产生弹性变形、塑性变形及剪切等现象，这样凸峰很快被磨平，被磨掉的金属微颗粒落在相互配合的摩擦表面之间，加速磨损过程。即便有润滑油作用也不大，由于多余的凸出波峰被磨平后，两个配合表面直接为干摩擦。一般情况下，工作表面在初期磨损阶段（如图9－1第Ⅰ部分）磨损得很快，随着磨损的继续，实际接触面积越来越大，单位面积压力也逐渐减小，磨损则以较慢的速度进行，进入正常磨损阶段（如图9－1第Ⅱ部分），过了此阶段又将出现急剧磨损阶段（如图9－1第Ⅲ部分），这是因为磨损继续发展，使得实际接触面积越来越大，产生了

金属分子间的亲和力，使表面容易咬焊，零件之间配合关系失效，配合的两个零件将不能使用。

零件的表面粗糙度对零件表面耐磨性影响很大。一般来说，表面粗糙度值越小，其耐磨性越好；但表面粗糙度值太小，接触面容易产生分子黏接，且润滑油不易存储，磨损反而增加。因此，就磨损而言，存在一个最优表面粗糙度值。表面粗糙度的最优值与机器零件工况有关，图 9－2 给出了不同工况下表面粗糙度值与起始磨损量的关系，曲线 1 是轻载荷，曲线 2 是重载荷，可以看出载荷加大时，起始磨损量增大，最优表面粗糙度值也随之增大。

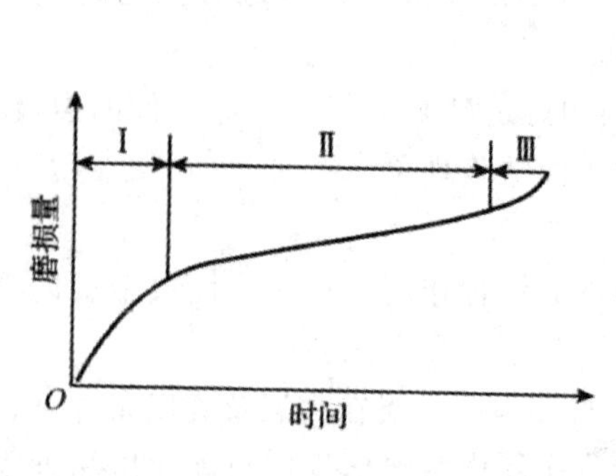

图 9－1　零件表面间磨损曲线图

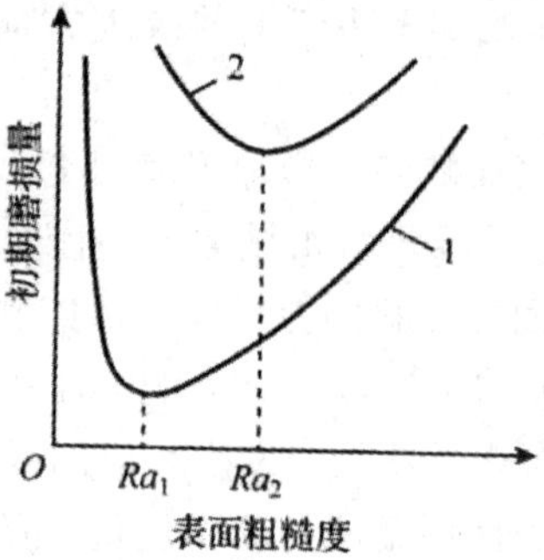

图 9－2　零件表面粗糙度与起始磨损量关系

（3）表面层冷作硬化对耐磨性的影响　在机械加工过程中，加工表面的冷作硬化现象在一定程度上能减少接触表面摩擦副之间的塑形变形与弹性变形，提高其耐磨性。但不是冷作硬化的程度越高，对零件表面的耐磨性就越好，因为硬化的程度过高，会导致零件表面的晶粒过于疏松，严重的情况甚至出现微小裂纹甚至组织剥落现象。图 9－3 所示为 *T7A* 钢的磨损量随冷作硬化程度的变化情况。一般在零件加工过程中，出现冷作硬化现象后，应采取相应措施保证其冷作硬化程度。

2. 表面质量对零件耐疲劳性的影响

（1）表面粗糙度对零件耐疲劳性的影响　零件表面在交变载荷的作用下，容易受到疲劳破坏。零件表面的划痕、微小裂纹都会引起零件表面应力集中，当零件表面微观凹处的应力超过材料的疲劳极限时，零件表面出现疲劳裂纹。通过实验得到，零件表面粗糙度越高，疲劳强度越低，如图 9－4 所示为表面粗糙度与耐疲劳性的关系。对于承受交变载荷的零件，减小表面粗糙度可以提高零件的疲劳强度 40% 左右；零件材料内部晶粒结构及分布也影响到对零件疲劳强度的影响，晶粒越小，其组织越细密，零件表面粗糙度对疲劳强度的影响越大。此外，加工表面粗糙度的纹理方向对零件耐疲劳性影响较大，当其方向与受力方向垂直时，疲劳强度将明显下降。

（2）表面层金属力学物理性质对耐疲劳性的影响　表面层的残余应力对疲劳强度的影响很大，残余压应力能够抵消部分工作载荷施加的拉应力，延缓疲劳裂纹的扩展，因而能提高零件的疲劳强度；而残余拉应力容易使已经加工的表面产生裂纹而降低疲劳强度。带有不同残余应力表面层的零件其疲劳寿命可相差数倍甚至数十倍。

表面层金属的冷作硬化能够提高零件的疲劳强度，这是因为硬化层能阻碍已有裂纹的扩大和新疲劳裂纹的产生，因此可以大大降低外部缺陷和表面粗糙度的影响。

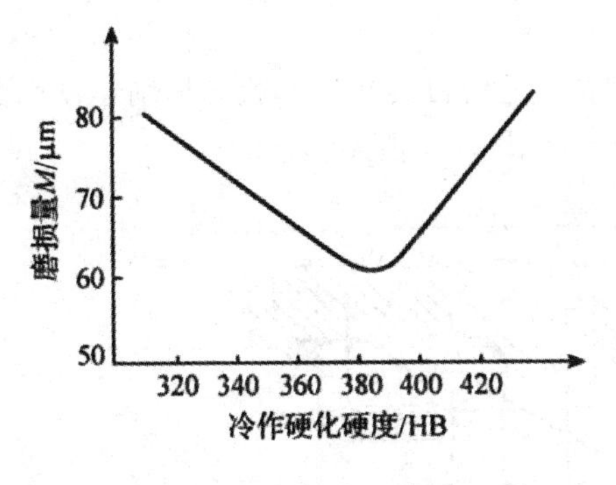

图 9－3　表面冷硬程度与耐磨性的关系

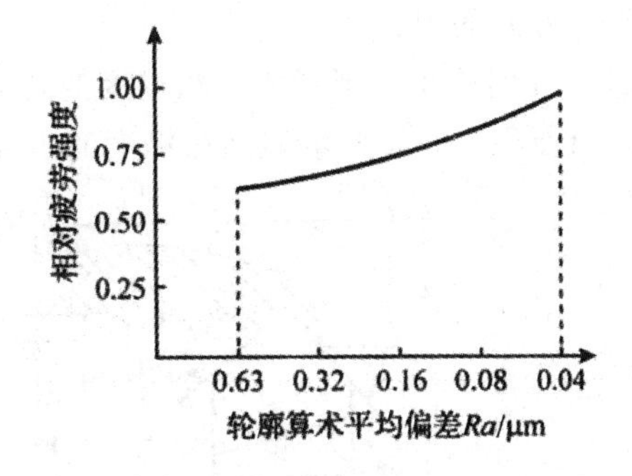

图 9－4　表面粗糙度对耐疲劳性的影响

3. 表面质量对零件耐腐蚀性的影响

影响零件耐腐蚀性的表面质量主要是表面粗糙度和残余应力。当空气潮湿时，零件表面常会发生电化学腐蚀或者化学腐蚀，化学腐蚀是由于粗糙表面的凹谷处聚集物产生相应的化学反应。两个零件的表面在接触过程中，相应的波峰与波谷之间产生电化学反应，逐渐腐蚀金属表层。

当零件表面受到残余拉应力的时候，可以延缓裂纹的延长，可以提高零件的耐腐蚀能力；当零件表面受到残余压应力的时候，会增大零件表面的微小裂纹，从而降低零件表面的耐腐蚀性。

4. 表面质量对零件配合质量的影响

影响零件配合质量的主要是表面粗糙度。对于间隙配合的零件，表面粗糙度越大，初期磨损量就越大，工作时间越长配合间隙就会增加，影响了间隙配合的稳定性；对于过盈配合的零件，轴在压入孔内时表面粗糙度的部分凸峰会被挤平，使实际过盈量比预定的小，影响了过盈配合的可靠性，所以表面粗糙度越小越能保证良好的过盈配合。过渡配合对配合质量的影响是以上两种配合关系的综合。

5. 其他影响

两个配合表面之间的接触质量直接影响到相关零件的密封性。降低粗糙度，可以提高密封性能，防止出现泄漏现象。配合表面之间的表面粗糙度越小，可以使零件之间有较大的接触刚度。对于滑动零件，降低粗糙度可以使摩擦因数降低，运动灵活性增高。表面层的残余应力会使零件在使用过程中缓慢变形，失去原来的精度，降低机器的工作质量，同时对机械加工过程中的零件表面密封性也有较大影响。

对于工作时滑动的零件，恰当的表面粗糙度值能提高运动的灵活性，减少发热和功率损失，对配合表面之间的密封性影响较小。

任务二　影响表面粗糙度的主要因素

一、影响切削加工表面粗糙度的因素

1. 表面粗糙度的形成

用切削刀具加工零件表面时，已加工表面粗糙度的形成主要包括几何因素、塑性变形和振动三方面的因素。

（1）几何因素　形成表面粗糙度的几何因素主要是指刀具几何形状和切削运动引起的切削残留面积，它是影响表面粗糙度的主要因素，如图 9－5 所示。

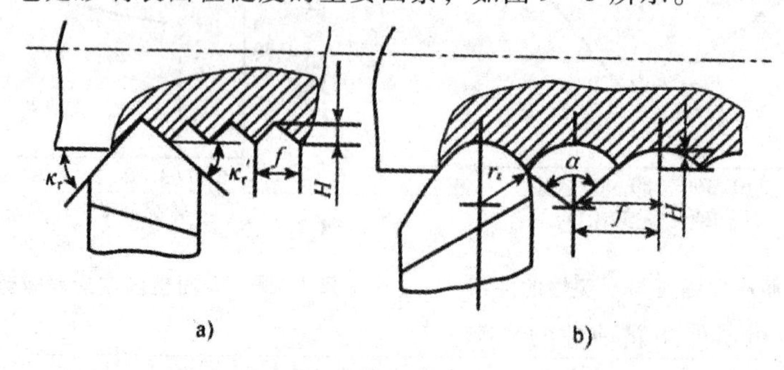

图 9－5　车削加工影响表面粗糙度的几何因素

在切削加工过程中，主要以刀刃的直线部分形成的表面粗糙度图（9－5a)），可以通过以下关系方程确定其几何关系。

$$H = \frac{f}{\cot k_r + \cot k'_r} \tag{9-1}$$

式中　k_r、k'_r——刀具的主偏角和副偏角；

F——刀具加工时的进给量。

当加工时，切削深度和进给量较小时，加工后表面粗糙度主要由刀尖圆弧半径组成（图 9－5b)），由下列关系得出：

$$H = r_\varepsilon[1 - \cos(\alpha/2)] = 2r_\varepsilon \sin^2(\alpha/4) \tag{9-2}$$

当其中心角较小时，可用 sin（$\alpha/2$）/2 代替 sin（$\alpha/4$），可以得到

$$H \approx \frac{f^2}{8r_\varepsilon} \tag{9-3}$$

因此，在进行机械加工过程中，选择较小的进给量 f，以及较大的刀尖圆弧半径 r_ε，可以提高零件表面质量。

（2）塑性变形　零件的表面粗糙度相关值为 H，其反映了 R_z 的大小，但是其有一定区别；R_z 除了受刀具几何形状的影响，同时还受到表面金属层塑性变形的影响。由于塑性变形的存在，多数情况下已加工表面的残留面积上叠加着一些不规则金属生成物、黏附物或刻痕，使得表面粗糙度的实际轮廓与理论轮廓有较大的差异。形成它们的原因有积屑瘤、鳞刺、摩擦等。

塑形材料加工过程中，当切削速度为 20～50 m/s 时，零件表面容易出现积削瘤现象，积屑瘤生成、长大和脱落严重影响加工后工件表面的粗糙度。当切削速度更高时，由于与材料表面摩擦减小，零件质量变好，表面粗糙度值变小。

鳞刺是指加工表面上出现鳞片状的缺陷。在加工过程中，出现鳞刺是由于切屑在前刀面上过度摩擦与焊接造成周期性的停留，代替刀具推动切削层，使切削层与工件直接出现撕裂现象。这种过程连续发生后工件表面出现一系列鳞刺，构成不光滑表面。积屑瘤会影响鳞刺的形成。

2. 影响表面粗糙度的因素

（1）切削用量对加工零件表面粗糙度的影响　切削用量中对表面粗糙度有影响的主要是切削速度，通过试验可以得到，加工过程中，切削速度越高，切削过程中切屑与加工表面的塑形变形程度越小，粗糙度越小。积削瘤与鳞刺的产生都与加工速度有关，在低速情况下，容易产生，因此尽量采用较高的切削速度。图 9－6 为切削 45 号钢时切削速度与粗糙度关系。

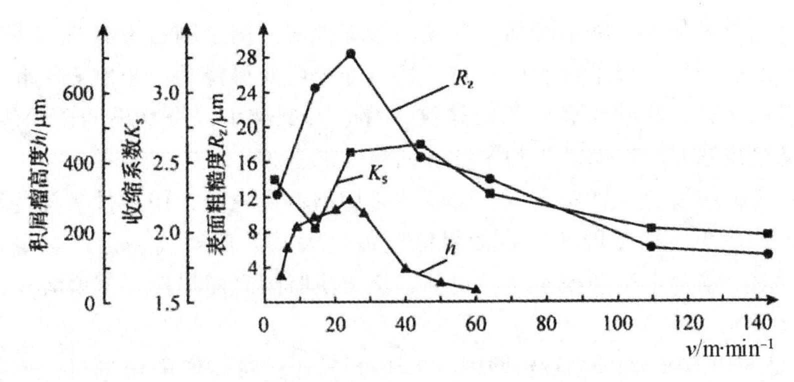

图 9－6　切削 45 号钢时切削速度与粗糙度关系

（2）材料性能对加工后零件的粗糙度影响　工件材料切削加工性（零件材料被切削加工的难易程度）对表面粗糙度影响也较大，越难加工的材料表面粗糙度越大，具体体现在韧性较大的塑性材料，加工后表面粗糙度越大；而脆性材料的加工粗糙度比较接近理论粗糙度。对于同样的材料，晶粒组织越粗大，加工后的表面粗糙度就越大。因此，为了降低加工后的表面粗糙度，同时为了改善材料的切削加工性，常在切削加工前进行调质或正火处理，以得到均匀细密的晶粒组织和较高的硬度。

在相同切削条件下，切削力越小，切削温度越低，零件的表面质量越好。同时，加工过程中切削液、刀具的角度等方面对零件表面的粗糙度值都有影响，刀具角度影响被切削材料的塑形变形和摩擦，进而影响加工后零件的表面粗糙度。

（3）工艺系统的振动　工艺系统的振动，会影响零件表面的粗糙度，从而影响零件表面的波度与纹理方向，在机械系统出现高频振动时，对零件表面质量影响较大。为了提高零件表面质量，必须采取相应的措施防止加工过程中出现高频振动。

同时，在加工过程中，工艺系统的振动会导致零件表面出现较大的波纹度等，直接影响到零件的质量。

二、影响磨削加工表面粗糙度的因素

磨削加工是机械加工过程中的精加工，往往是加工中的最后工序，因此磨削加工过程，直接影响零件的表面质量，并最终影响零件的配合质量。磨削加工过程，可以看成是无数个微小的磨粒在进行切削加工，但是不同磨粒的几何参数不同，因此对磨削后工件表面的粗糙度影响很大。在磨削过程中，大部分磨粒有很大的负前角，因此在加工过程中，工件受力非常大，引起工件的塑形变形较大。磨粒磨削工件过程中，金属材料沿着磨粒的侧向流动，形成沟槽的隆起现象，增大表面粗糙度。磨削会造成加工表面金属软化，增大零件表面粗糙度。

从以上所述可知，影响磨削表面粗糙度的主要因素有：

1. 砂轮的影响

砂轮的粒度越细，砂轮工作表面单位面积上的磨粒数越多，工件上的刻痕也越密，粗糙度越小。砂轮经过修整后，在磨粒上可以形成很多细小刻痕，加工后零件的表面粗糙度越小。

砂轮的修整质量是改善磨削表面粗糙度的重要因素。用金刚石刀具进行修整后，可以把砂轮表面上的已经加工过不锋利的磨粒，进行加工后变得锋利。金刚石笔相当于微小的刀具与砂轮表面接触，在砂轮表面车出螺纹，背吃刀量越小，修整出的砂轮表面越光滑，磨削刃的等高性也越好，因而磨出的工件表面粗糙度也越小。

砂轮硬度应大小适合，砂轮太硬，磨粒钝化后仍不易脱落，使工件表面受到强烈摩擦和挤压作用，塑性变形程度增加，表面粗糙度值增大并易使磨削表面产生烧伤。砂轮太软，磨粒易脱落，常会产生磨损不均匀现象，从而使磨削表面粗糙度值增大。

2. 磨削用量的影响

图 9－7 是采用 GD60ZR2A 砂轮磨削 30CrMnSiA 材料时，磨削用量对表面粗糙度的影响规律曲线。

砂轮速度 u 越高，工件材料来不及变形，表层金属的塑性变形减少，磨削表面的粗糙度值将明显减少。

工件圆周进给速度 u_W 和轴向进给量小，单位切削面积上通过的磨粒数就多，单颗磨粒的磨削厚度就小，塑性变形也小，因此工件的表面粗糙度值也小。如果工件圆周进给速度过小，砂轮与工件的接触时间长，传到工件上的热量就多，有可能出现烧伤。

背吃刀量 ap（切削深度）对表层金属塑性变形影响很大，增大背吃刀量，塑性变形将随之增大，被磨削表面粗糙度值会增大。

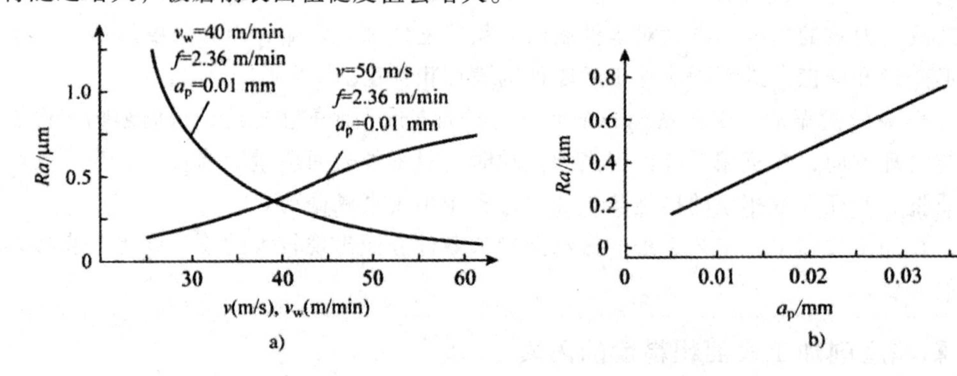

图 9－7　磨削用量对表面粗糙度的因素

ν_w—工件速度；ν—砂轮速度

此外，被加工材料的硬度、塑性和导热性以及砂轮和磨削液的正确使用等，都对磨削表面粗糙度有一定的影响，必须给予足够的重视。

任务三　影响表面层物理力学性能的主要因素

表面层物理机械性能的变化及影响因素。切削过程中，由于工件表面层受到切削力、切削热的作用，其表面层的物理机械性能与基体材料性能有很大的变化，主要表现为：表面层的冷作硬化、金相组织变化及表面层的残余应力。

一、影响表面层冷作硬化的因素

机械加工过程中产生的塑性变形，使品格出现扭曲、畸变，晶粒间产生滑移现象，晶格被拉长，引起材料的强化，使得材料表面层金属的强度和硬度都增加了，被称为冷作硬化（也被称为表面强化）。随着冷作硬化现象的产生，会增大金属变形的阻力，减少金属的塑性、金属的物理性质也会发生相应变化。

冷作硬化会产生的现象如下：

①晶格发生变形、扭曲情况，晶粒组织及原子结构处于不稳定状态，自然向稳定状态转变，即可出现金属中产生内应力。

②晶粒发生细化现象，加大了滑移面的制动情况。

③金属内部的晶粒大小不一，在滑移过程中，产生晶粒结构不均匀现象，产生内应力。

④在滑移过程中，产生了相应的碎片，加大了碎块的阻力。

⑤在晶粒滑移过程中，晶粒变形的方向，形成纤维组织，增大了晶粒周围的面积，结果是增大了其表面张力，提高了晶粒的形状，降低金属塑性。

⑥塑性变形过程中，金属晶粒扭曲后，相互咬合影响，反而使晶粒间变形困难。

冷作硬化的结果是，金属处于不稳定状态，只要有相应的条件，就会出现金属的冷硬结构向稳定的状态转化，这种现象被称为弱化现象。

冷作硬化的指标为以下三项：冷硬层的深度 h，冷硬层的显微硬度 H，硬化程度 N，如图 9－8 所示。

$$N=\frac{H-H_0}{H_0}$$

式中　H_0——基体材料的硬度。

1. 影响切削加工表面冷作硬化的因素

（1）切削用量的影响　切削用量对加工表面冷硬程度的影响很大，在切削过程中，切削用量中切削速度与进给量对金属表层的冷作硬化影响最大。图 9－9 给出了在切削 45 号钢时，进给量和切削速度对冷作硬化的影响，由图可以看出，加大进给量时，表层金属的硬度将随之增加，这是因为随着进给量的增大，切削力增大，表层金属的塑性变形增大，冷硬程度就增大。但是，这种情况只是在进给量比较大时才是正确的，如果进给量很

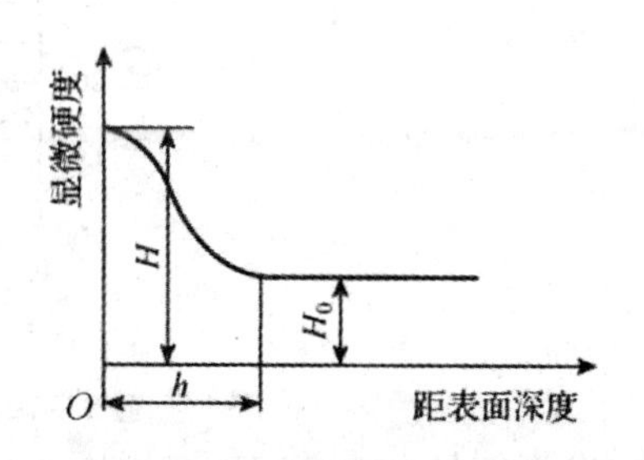

图 9－8　切削加工后表面层的冷作硬化

小，小于 0.05 ~0.06 mm 时，若继续减小进给量，则表层金属的冷硬程度不仅不会减小，反而会增大。

增加切削速度后，刀具与工件的接触作用时间减少，材料的塑形变形扩展深度变小，金属表层的冷硬程度变小。但是增大切削速度后，切削热在金属表面的作用时间变短，金属表层的冷硬程度也会增加。在图 9－9 的加工条件下，增加切削速度，金属表层的冷硬程度加大。但是，在切削高塑性钢时，在不同速度范围内，切削速度对金属表层冷硬程度影响不同。

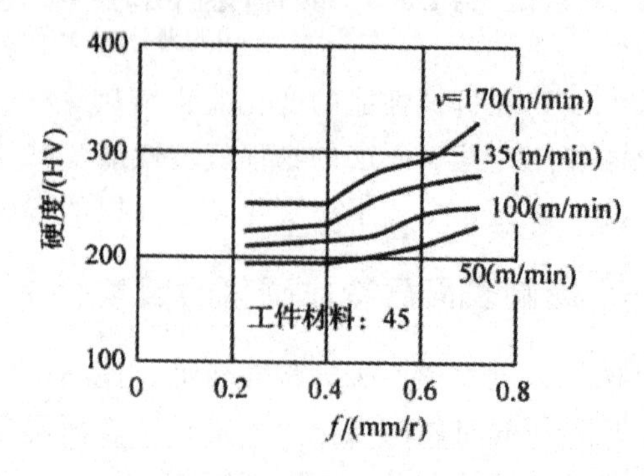

图 9－9　进给量与切削速度对冷作硬化程度的影响

在容易形成积屑瘤与鳞刺的切削速度范围内，增大切削速度时，其表层的塑性变形程度为先增大，后减小，表层金属的冷硬程度也是先大后小。但是在形成积屑瘤与鳞刺速度之外的区域，切削速度增大时，金属表层的冷硬程度将增大。如切削 Q235 钢的时候，在切削初期，其速度为 14 m/min 时，冷硬层为 100 μm，当速度超过 200 m/min 时，冷硬层为 38 *μm*，其表面冷硬程度显著降低。

背吃刀量对金属表层的冷硬程度影响不大。通过试验得出，切削深度从 1 mm 增大至 5 mm，冷硬层从 70 μm 增加到 84 μm。可见切削深度增大 5 倍，但是冷硬层却变化不大。

（2）刀具几何状对表面冷硬程度的影响　通过试验得出，切削刃钝圆弧半径对切屑的形成过程起到了决定性作用。已加工表面的显微硬度随着切削刃圆弧半径的增大而明显增大。因为切削刃刀尖圆弧半径增大，径向的切削分力也随之增大，被加工的金属表层塑性变形程度加剧，冷硬程度增大。

刀具磨损对表层金属的冷硬程度影响明显。图 9－10 是俄罗斯学者通过试验得到的结果，刀具的后刀面磨损宽度 *VB* 从 0 增大到 0.2 mm 时，表层金属的显微硬度 *HV* 由 220 增大到 340。刀具磨损宽度增大后，刀具的后刀面与被加工表面剧烈摩擦，塑性变形增大，导致金属表层冷硬程度增大。但是磨损宽度 *VB* 继续增大后，摩擦热继续增大，弱化趋势增大。表层技术的显微硬度 *HV* 逐渐下降，甚至稳定在某一状态下。

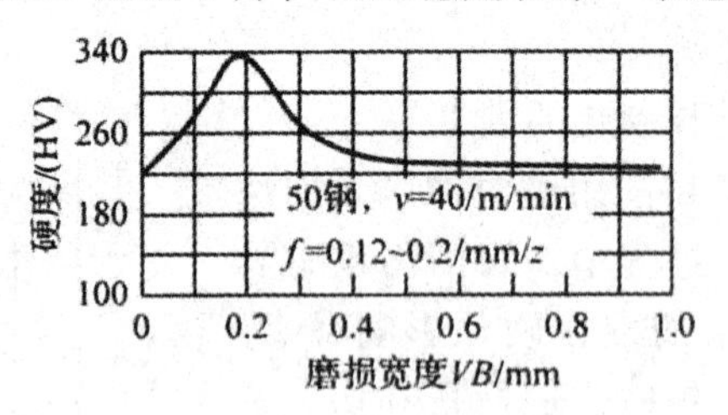

图 9－10　后刀面磨损对冷硬程度影响

当前角在 ±20°范围变化时，对表面层的冷硬程度影响不大。刀具的后角、主偏角、副偏角、刀尖圆弧半径等对表层金属的冷硬程度影响不大。

（3）加工材料性能的影响　在相同的加工条件下，不同材料的工件，表面层的冷硬程度与冷硬深度都不相同。具体情况如下：材料的硬度越小，则材料在加工过程中强化的倾向越小，则其加工后表面的冷硬程度越小。碳钢中，含碳量越高，则强度越高，其强化越小，则表面的冷硬程度越小。有色金属的熔点较低，其容易弱化，冷作硬化比钢材等小得多。

2. 影响磨削加工的表面冷作硬化的因素

（1）工件材料性能的影响　分析工件材料对磨削表面冷作硬化的影响，分别从材料的塑性和导热性两个方面考虑。

磨削高碳工具钢 T8，加工表面冷硬程度平均可达 60% ~65%，个别可达 100%；而磨削纯铁时，加工表面冷硬程度可达 75% ~80%，有时甚至可以达到 140% ~150%。其原因是纯铁的塑性好，磨削时的塑性变形大，强化倾向大；纯铁的导热性比高碳工具钢高，热不容易集中在金属表面层，因此弱化倾向小。

（2）磨削用量的影响

①加大背吃刀量，磨削力随之增大，磨削过程的塑性变形加剧，表面冷硬倾向增大，图 9 - 11 为磨削高碳工具钢 T8 磨削深度对加工工件冷硬程度的影响的实验结果。

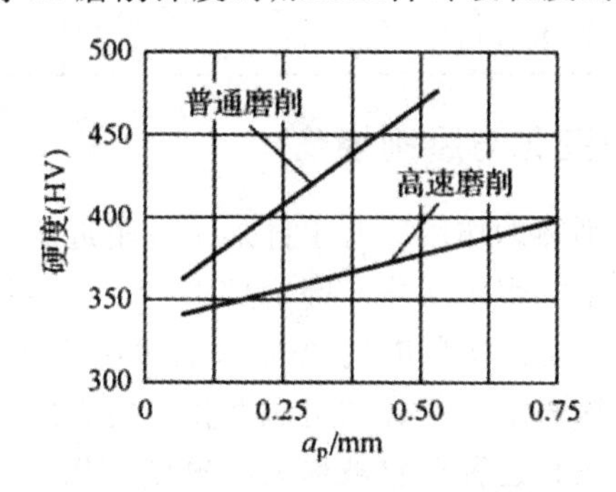

图 9 - 11　磨削深度对冷硬程度的影响

②加大纵向进给速度，单颗磨粒的切屑厚度随之增大，磨削力加大，冷硬增大。但提高纵向进给速度，有时又会使磨削区产生较大的热从而使冷硬减弱。加工表面的冷硬状况要综合考虑上面两种综合因素的作用。

③提高工件转速，会缩短砂轮对工件的作用时间，使软化倾向减弱，因而表面层的冷硬增大。提高磨削速度，每颗磨粒切除的切削厚度变小，减弱了塑性变形程度；磨削区的温度增高，弱化倾向增大。高速磨削时加工表面的冷硬程度总比普通磨削时低，图 9 - 11 的实验结果也说明了这个问题。

（3）砂轮粒度的影响　砂轮的粒度越大，单颗磨粒的载荷越小，冷硬程度也越小。在磨削淬火钢的时候，必须考虑淬火钢的回火问题。由于磨削过程中，瞬时会产生极高的温度，金属表层的马氏体会转化为屈氏体或者索氏体，出现软点，产生热应力问题，这些都会对材料表面的冷硬程度有影响。

表 9 - 1 列出了用各种机械加工方法（采用一般切削削量）加工钢件时，加工表面冷硬层深度和冷硬程度的部分数据。

表9-1 不同加工方法冷硬程度

加工方法	材料	硬化层深度 $h/\mu m$		硬化程度 $N/\%$	
		平均值	最大值	平均值	最大值
车削		30~50	200	20~50	100
精细车削		20~60	—	40~80	120
端铣		40~100	200	40~60	100
周铣		40~80	110	20~40	80
钻孔	低碳钢	180~200	250	60~70	
拉孔		20~75	50~100		
滚齿		120~150	60~100		
外圆磨		30~60	40~60		
平面磨		30~60	25~30		
外圆磨	中碳钢	30~60		40~60	150
外圆磨	淬火钢	20~40		25~30	100

二、表面层金相组织变化与磨削烧伤

在机械加工中，由于切削热的作用，使工件加工区附近温度升高，当温度达到金相组织转变临界点时，就会产生金相组织变化。磨削加工由于大多数磨粒的负前角切削所产生的磨削热比一般切削大得多，加之磨削时约70%以上的热量传给工件，这就使得加工表面层有很高的温度，极易在金属表层产生金相组织变化，使表层金属强度和硬度降低，产生残余应力，甚至出现微观裂纹，这种现象被称为“磨削烧伤”。

磨削淬火钢时，工件表面层上形成的瞬时高温将会改变金属层表面的金相组织，具体有以下三种变化形式：

（1）回火烧伤　如果磨削区的温度未超过淬火钢的相变温度（碳钢的相变温度为720℃），但是已经超过马氏体的转变温度（中碳钢为300℃），工件表面金属的马氏体将转化为硬度较低的回火组织，被称为回火烧伤。

（2）淬火烧伤　如果磨削区温度超过了相变温度，冷却液急剧冷却，表层金属出现二次淬火马氏体组织，硬度比原来的回火马氏体更高，在其底层因冷却较慢，出现硬度比原来的回火马氏体更低的回火组织（索氏体或托氏体），被称为淬火烧伤。

（3）退火烧伤　如果磨削区温度超过相变温度，磨削过程没有冷却液进行冷却，表层金属将产生退火组织，表层金属的硬度将急剧下降，被称为退火烧伤。

1. 影响磨削烧伤的因素

磨削烧伤的实质是材料的表面层的金相组织发生变化，是由于磨削区表面层的高温及高温梯度引起的。磨削温度的高低取决于热源强度和热作用时间。因此，所有影响磨削热产生与传导的因素都会影响磨削温度，也是影响磨削烧伤的因素，具体影响因素如下。

（1）被加工材料　被加工材料对磨削区温度的影响主要取决于其强度、硬度、韧性和导热性。工件材料的高温强度越高加工性越差，磨削加工中所消耗的功率就越多，发热量越大。耐热钢由于其高温硬度高于一般碳钢，因此比一般碳钢难于加工，磨削时磨削热量非常大。被加工材料的韧性越大，磨削力就越大，在磨削过程中弹性恢复大，造成磨粒与已加工表面产生强烈摩擦，会使温度急剧上升。因此，强度越高、硬度越大、韧性越好的材料磨削时越容易产生磨削烧伤。

（2）砂轮的选择　磨削导热性差的材料，应注意选择砂轮的硬度、结合剂和组织对磨削效果都会产生影响。

硬度太高的砂轮，磨削自锐性差，使磨削力增大温度升高容易产生烧伤，因此应选择较软的砂轮为好；选择弹性好的结合剂，如橡胶、树脂结合剂等。磨削时磨粒较大，减小了磨削深度，从而降低了磨削力，有助于避免烧伤；砂轮中的气孔对消减磨削烧伤起着重要作用，因为气孔能容纳切屑使砂轮不易堵塞，又可以把冷却液或空气带入磨削区使温度下降。因此磨削热敏感性强的材料，应选组织疏松的砂轮。

金刚石磨料最不易产生磨削烧伤，其主要原因是其硬度和强度都比较高。立方氮化硼砂轮热稳定性极好，磨粒切削刃锋利，磨削力小，磨料硬度和强度也很高，且与铁族元素的化学惰性高，磨削温度低，所以能磨出较高的表面质量。

通常来说，为了避免发热量大而引起磨削烧伤，应选用粗粒度砂轮。当磨削软而塑性大的材料时，为防止堵塞砂轮也应选择较粗粒的砂轮。

（3）磨削用量　理论分析计算与实践均表明增大磨削深度时，磨削力和磨削热也急剧增加，表面层温度升高，因此，磨削深度不能选得过大，否则容易造成烧伤。

①增加进给量　增加进给量后，磨削区温度下降，可减轻磨削烧伤。这是因为增大后使砂轮与工件表面接触时间相对减少，热作用时间减少而使整个磨削区温度下降。但增大进给量后，会增大表面粗糙度，可以通过采用宽砂轮等方法来解决。

②增大工件速度　当工件速度增加时，磨削区温度上升，但上升的速度没有增大速度的比例高，也容易出现磨削烧伤的情况，同时也会使工件表面粗糙度增大。因此一般可考虑用提高砂轮速度来解决此问题。

③增加砂轮速度　提高砂轮速度后会使工件表面温度趋于升高。但是同时却又使切削厚度下降，单颗磨粒与工件表面的接触时间少，这些因素又降低了表面层温度，因而提高砂轮速度，对加工表面的温升有时影响并不严重。实践表明，同时提高砂轮速度和工件速度，可避免产生烧伤。

2. 减少磨削烧伤的工艺途径

（1）正确选择砂轮　具体见上一节影响因素分析的相应内容。

（2）合理选择磨削用量　具体见上一节影响因素的分析的相应内容。

（3）提高冷却效果　良好的润滑条件可将磨削区的热量及时带走，避免或减少烧伤。但磨削时，由于砂轮转速高，在其周围会产生气流场，普通冷却方法表面将产生一层强气流，用普通的冷却方法，磨削液很难进入磨削区，采用下列有效方法来改善冷却条件。

①采用高压大流量冷却，这样不但能增强冷却的作用，而且还可以对砂轮表面进行冲洗，使其空隙不易被切屑堵塞。例如有的磨床使用的冷却液流量 3.7 L/s，压力为 0.8 ~ 1.2 MPa。

②为了减轻高速旋转的砂轮表面的高压附着气流的作用，加装空气挡板（图 9－12），以便冷却液能顺利地喷注到磨削区，这对高速磨削更为必要。

③采用内冷却，如图 9－13 所示，经过严格过滤的冷却液通过中空主轴法兰套引入法兰的中心腔 3 内，由于离心力的作用，将切削液沿砂轮孔隙向四周甩出，直接进入磨削区。

（4）选用开槽砂轮　在砂轮的圆周上开一些横槽，可以将冷却液带入磨削区，可以有效防止工件烧伤。开槽砂轮的形状如图 9－14 所示，常用的开槽砂轮有均匀等距开槽［图 9－14（a）］和在 90°内变距开槽［图 9－14（b）］两种形式。在砂轮上开槽还能起到风扇作用，可以改善磨削过程散热条件。

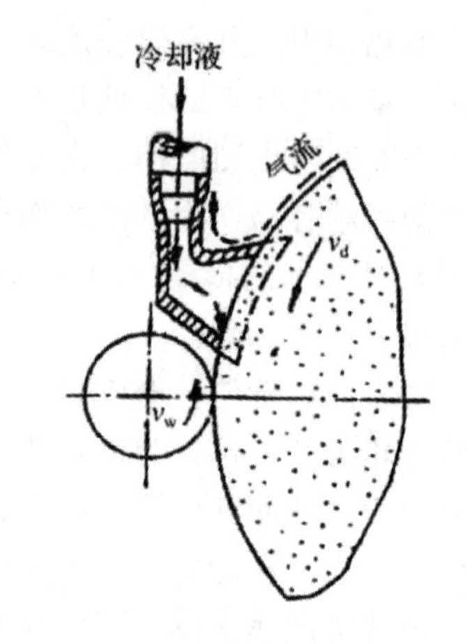

图 9－12　带空气挡板的冷却液喷嘴

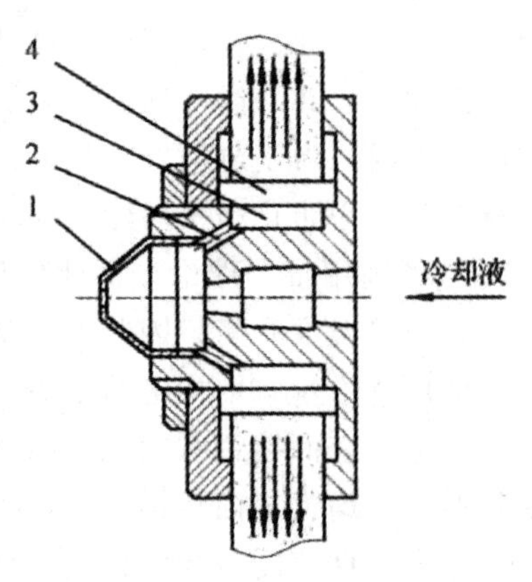

图 9－13　内冷却装置

1—锥形盖；2—通道孔；3—砂轮中心腔；4—有径向小孔的薄壁套

三、影响表面层残余应力的因素

机械加工中，零件金属表面层发生形状改变、体积变化或金相组织改变时，在表层与基体交界处的晶粒间或原始晶胞内就产生相互平衡的弹性应力，这种应力属于微观应力，称之为残余应力。经过加工得到的表面层都会有或大或小的残余应力。残余拉应力容易使已加工的零件表面产生变形或微小裂纹。

1. 工件表面层产生残余应力的主要原因

加工表面层产生残余应力的主要原因可以归纳为以下三方面。

（1）冷塑性变形的影响　在切削或磨削加工过程中，工件表面受到刀具后刀面或砂轮磨粒的挤压和摩擦，表面层产生伸长塑性变形，此时基体金属仍然处于弹性变形状态；切削过后，基体金属趋于弹性恢复，但受到已产生塑性变形的表面层金属的牵制，从而在表面层产生残余压应力，里层产生残余拉应力。

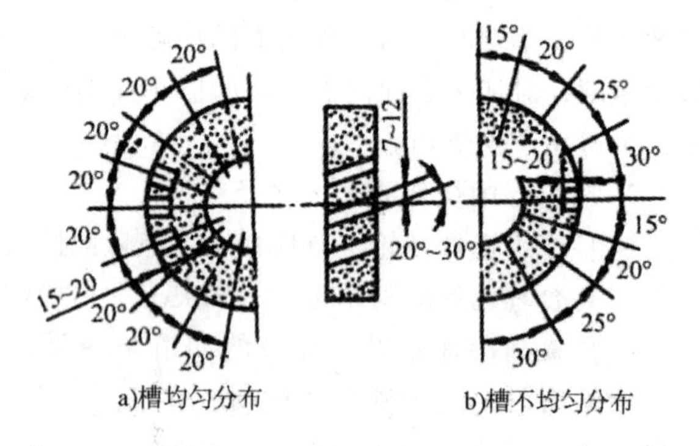

图 9－14　开槽砂轮

（2）热塑性变形的影响　切削或磨削加工过程中，工件加工表面在切削热的作用下会产生残余应力。例如在外圆磨削时，表层金属的平均温度达 300～400 ℃，瞬时磨削温度则可高达 800～1 200 ℃。如图 9－15a）所示为工件温度分布示意图。t_p点相当于金属层具有高塑性温度，温度高于 t_p的表层金属不会产生残余应力；t_n为标准室温，t_m

为金属熔化温度。由所示温度分布图可知，表层金属 1 的温度超过 t_p，表层金属 1 处于没有残余应力作用的完全塑性状态；金属层 2 的温度在 t_n和 t_p之间，此层金属受热后体积会膨胀，由于表层金属 1 处于完全塑性状态，故它对金属层 2 的受热膨胀不起任何阻止作用；但金属层 2 的膨胀要受到处于室温状态的里层金属 3 的阻止，金属层由于膨胀受阻将产生瞬时压缩残余应力，而金属层 3 受到金属层 2 的牵连产生瞬时拉伸残余应力，如图 9－15b）所示。

切削过程结束之后，工件表面的温度开始下降，当金属 1 的温度较低时，金属层 1 将从完全塑性状态转变为不完全塑性状态，金属层 1 的冷却金属内部发生收缩，但它的收缩受到金属层 2 的阻碍，这样金属层 1 内就产生了拉伸残余应力，而在金属 2 内的压缩残余应力将进一步增大，如图 9－15c）所示。随着表层金属继续冷却，金属 1 继续收缩，它仍将受到里层金属的阻碍，因此金属层 1 的拉伸应力还要继续加大，而金属层 2 压缩应力将扩展到金属层 2 和金属层 3 内。在室温下，金属受热引起的金属残余应力状态，如图 9－15d）所示。

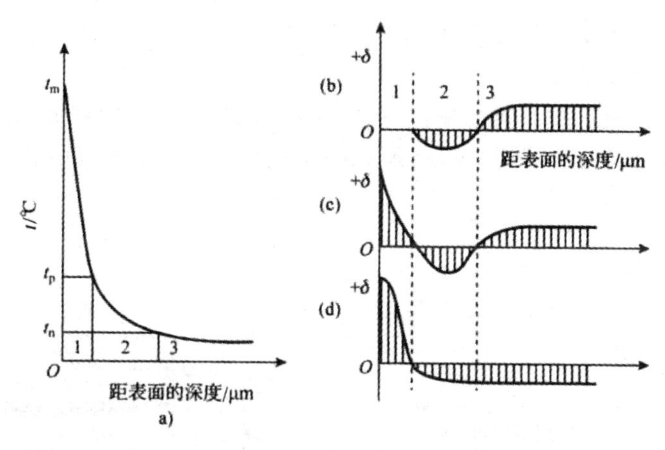

图 9－15　切削热在表层金属产生拉伸残余应力

（3）金相组织变化的影响　金相组织变化主要发生在磨削加工过程中。不同的金相组织具有不同的密度（$\gamma_{马氏体}=7.75\ t/m^3$，$\gamma_{奥氏体}=7.96\ t/m^3$，$\gamma_{铁素体}=7.88\ t/m^3$，$Y_{珠光体}=7.78\ t/m^3$），因而具有不同的比容。在机械加工中，表层金属产生金相组织的变化，表层金属的比容将随之发生变化，而表层金属的比容变化必然会受到与之相连的基体金属的阻碍，产生相应的残余应力。如果金相组织的变化引起表层金属的比容增大，则表层金属将产生压缩残余应力，里层金属产生相应的残余拉伸应力；若金相组织的变化引起表层金属的比容减小，则表层金属会产生残余拉应力，而里层金属产生残余压应力。在磨削淬火钢时，因磨削热有可能使表层金属产生回火烧伤，工件表层金属组织将从马氏体转变为接近珠光体的托氏体或索氏体，表层金属密度增大，比容减小，体积缩小，因而表层金属产生残余拉应力，里层金属会产生与之相平衡的残余压应力。如果磨削时表层金属的温度超过相变温度，且冷却又很充分，表层金属将因急冷形成淬火马氏体，密度减小，比容增大，体积变大，则表层产生残余压应力，里层产生残余拉应力。

机械加工后表面层的残余应力是由上述三方面因素综合作用的结果。在一定条件下，其中某种或某两种因素可能会起主导作用，决定了工件表层残余应力的状态。因此，产生的残余应力比较复杂。

2. 影响车削表层金属残余应力的工艺因素

（1）切削速度和被加工材料的影响　用正前角车刀加工 45 号钢的切削试验结果表明，在所有的切削速度下，工件表层金属均产生拉伸残余应力，即可说明切削热在切削过程起到主导作用。在同样的切削条件下加工 18CrNiMoA 钢时，表面残余应力状态变化很大。前人试验结果表明在采用正前角车刀以较低的切削速度（6～20m/min）车削 18CrNiMoA 钢时，工件表面产生残余拉应力，但随着切削速度的增大，拉伸应力值逐渐减小，在切削速度为 200～250m/min 时表层呈现残余压应力。高速（500～850m/min）车削 18CrNiMoA 时，表面产生压缩残余应力，如图 9－16 所示。

这说明在低速车削时，切削热起主导作用，表层产生残余拉应力；随着切削速度的提高，表层温度逐渐提高至淬火温度，表层金属产生局部淬火，金属的比容开始增大，金相组织变化因素开始起作用，致使拉伸残余应力的数值逐渐减小。在进行高速切削时，表层金属的淬火进行得较充分，表面层金属的比容增大，金相组织变化起主导作用，因而表层金属中产生了残余压应力。

（2）进给量的影响　提高进给量，会使表层金属的塑性变形增加，切削区产生的热量也将增大。加大进给量的结果，会使残余应力的数值及扩展深度均相加增大，如图 9－17 所示。

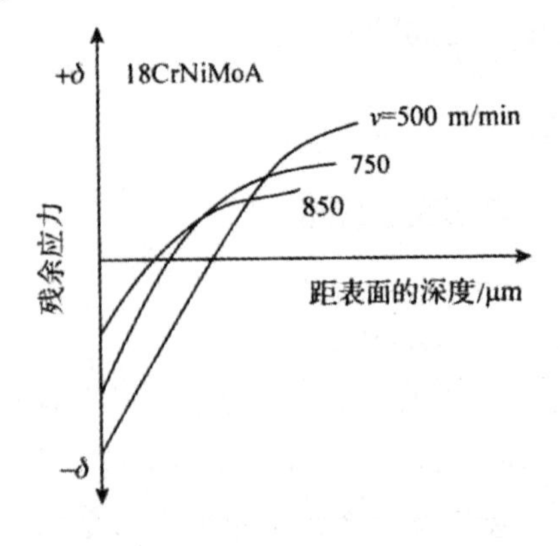

图 9－16　切削速度对残余应力的影响

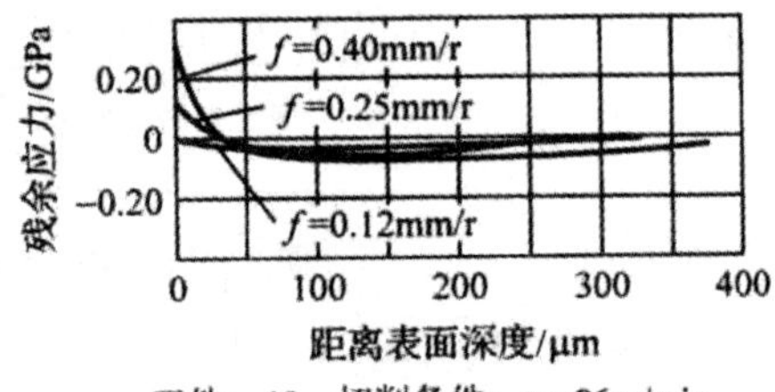

图 9－17　进给量对残余应力的影响

（3）前角的影响　前角对表层金属残余应力的影响极大，图 9－18 是车刀前角对残余应力影响的试验曲线。以 150m/min 的切削速度车削 45 号钢时，当前角由正值变为负值或继续增大负前角时，拉伸残余应力的数值减小，如图 9－18a）所示。当以 750 m/min 的切削速度车削 45 号钢时，前角的变化将引起残余应力性质的变化，刀具负前角很大（$\gamma=-30°$，$\gamma=-50°$）时，表层金属发生淬火反应，表层金属产生压缩残余应力，如图 9－18b）所示。

车削容易发生淬火反应的 18CrNiMoA 合金钢时，在切削速度为 750m/min 时，采用负前角车刀进行加工都会使表面层产生压缩残余应力；只有在采用较大的正前角车刀加工时，才会产生拉伸残余应力（图 9－19）。前角的变化不仅影响残余应力的数值和符号，在很

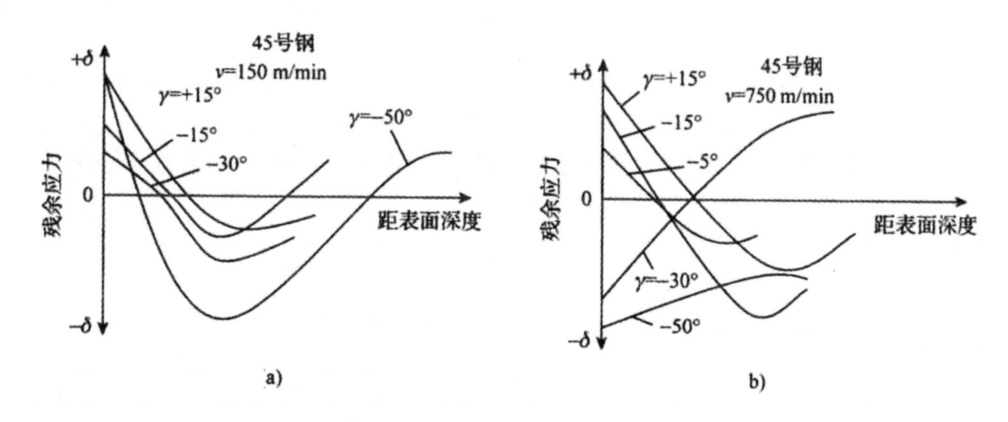

图 9-18 车刀前角对表层金属残余应力影响

大程度上影响残余应力的扩展深度。

此外，切削刃钝圆半径、刀具磨损状态等都对表层金属残余应力的性质及分布有影响。

3. 影响磨削表层金属残余应力的工艺因素

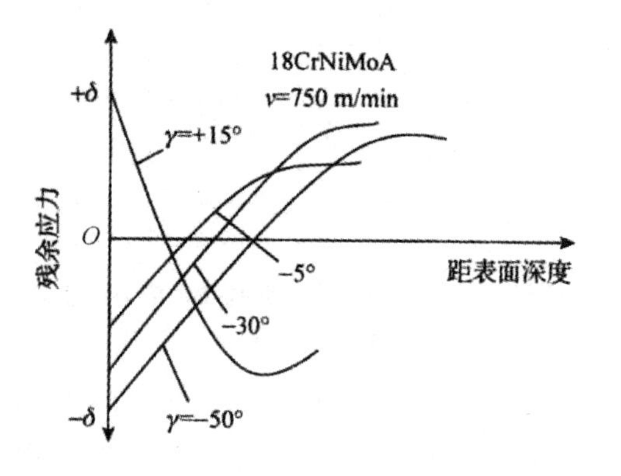

图 9-19 车刀前角对表层金属残余应力影响

磨削加工过程中，材料塑性变形严重，且热量大，工件表面温度高，热因素和塑性变形对磨削表面残余应力的影响都很大。在一般磨削过程中，若热因素起主导作用，工件表面一般会产生残余拉应力；若塑性变形起主导作用，工件表面将产生残余压应力；当工件表面温度超过相变温度且又冷却不充分时，工件表面出现淬火烧伤，此时金相组织变化因素起主要作用，工件表面将产生残余压应力。在进行精密磨削时，塑性变形起主导作用，工件表层金属产生残余压应力。

（1）磨削用量的影响　磨削背吃刀量 a_p 对金属表面层残余应力的性质、大小有很大影响。图 9-20 是磨削工业铁时，磨削背吃刀量对残余应力的影响。当磨削背吃刀量很小（例如 $a_p=0.005$ mm）时，塑性变形起主要作用，因此磨削表面形成残余压应力。继续加大磨削背吃刀量，塑性变形加剧，磨削热随之增大，热因素的作用逐渐起主导地位，在表面层产生残余拉应力；且随着磨削背吃刀量的增大，残余拉应力的数值将逐渐增大。当 $a_p>0.025$ mm时，尽管磨削温度很高，但工业铁的含碳量极低，一般不会出现淬火现象，此时塑性变形因素逐渐起主导作用，表层金属的残余拉应力数值逐渐减小；当 a_p 取值很大时，表层金属呈现残余压应力状态。

提高砂轮速度，磨削温度增高，而每颗磨粒所切除的金属厚度减小，此时热因素的作用增大，塑性变形因素的影响减小，因此提高砂轮速度将使表面金属产生残余拉应力的倾向增大。图 9-20 中，给出了高速磨削（曲线 2）和普通磨削（曲线 1）的试验结果对比。增大工件的回转速度和进给速度，将使砂轮磨削工件热作用的时间缩短，热因素的影响逐渐减小，塑性变形因素的影响逐渐加大。这样，表层金属中产生残余拉应力的趋势逐渐减小，而产生残余压应力的趋势逐渐增大。

（2）工件材料的影响　一般来说，工件材料的强度越高，导热性越差，塑性越低，在磨削时表面金属产生残余拉应力的倾向就越大。如图 9－21 为磨削碳素工具钢与工业铁残余应力的比较情况。碳素工具钢 T8 比工业铁强度高，材料的变形阻力大，磨削时发热量也大，且 T8 的导热性比工业铁差，磨削热容易集中在表面金属层，同时 T8 的塑性低于工业铁，因此磨削碳素工具钢 T8 时，热因素的作用比磨削工业铁明显，表层金属产生残余拉应力的倾向比磨削工业铁大。

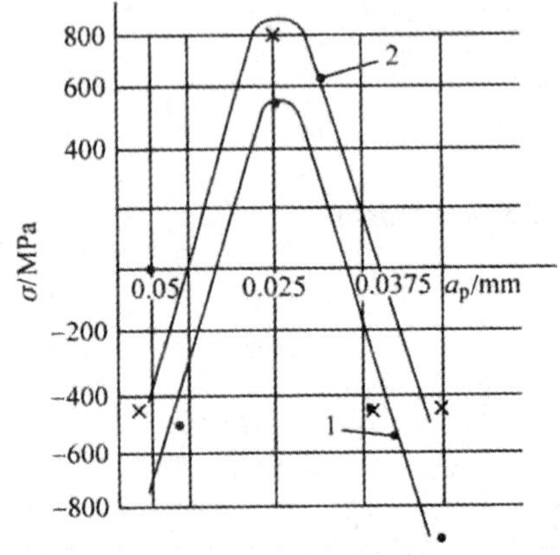

图 9－20　磨削背吃刀量对残余应力的影响

1—普通磨削；2—高速磨削

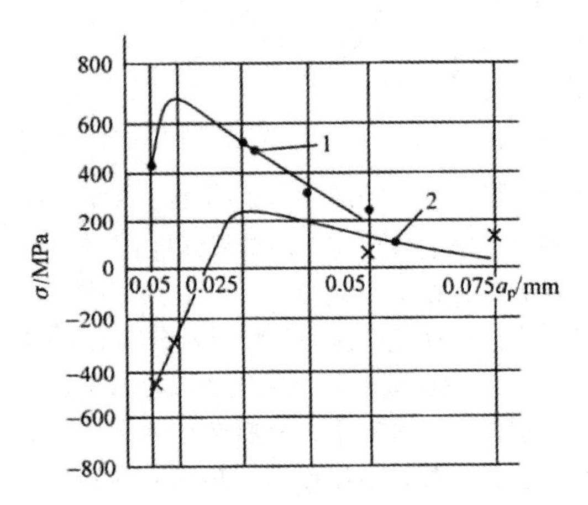

图 9－21　工件材料对残余应力的影响

1—碳素工具钢 T8 磨削；2—工业铁磨削

表 9－2 列出了常用加工方法加工后工件的残余应力情况。

表 9－2　各种加工方法的残余应力

加工方法	受力情况	应力值 σ/MPa	残余应力层深度 h/mm
车削	一般情况，表层受拉，里层受压，当 $v_c \geqslant 500$ m/min 时，表层受压，里层受拉	200～800，刀具磨损后达到 1 000	一般情况下，0.05～0.10 之间，当大负前角（$\gamma = -30°$）车刀，v_c 很大时，h 可达 0.65
磨削	表层受压，里层受拉	200～1 000	0.05～0.30
铣削	同车削	600～1 500	
碳钢淬硬	表层受压，里层受拉	400～750	
滚压加工	表层受压，里层受拉	700～800	
喷丸加工	表层受压，里层受拉	1 000～1 200	
渗碳淬火	表层受压，里层受拉	1 000～1 100	
镀落	表层受压，里层受拉	400	
镀铜	表层受压，里层受拉	200	

如上所述，机械加工后工件表面层的残余应力是冷态塑性变形、热态塑性变形和金相组织变化三者综合作用的结果。在不同的加工条件下，残余应力可能有明显的差别。切削加工时起主要作用的往往是冷态塑性变形，表面层经常产生残余压应力；磨削加工时，通常热态塑性变形或金相组织变化是产生残余应力的主要因素，所以表面层常存在残余拉伸应力。

任务四　控制加工表面质量的工艺途径

一、控制加工工艺参数

综上所述，在加工过程中影响表面质量的因素非常复杂，为了获得要求的表面质量，就必须对加工方法、切削参数进行适当的控制。控制表面质量就会增加加工成本，影响加工效率，因此，对于一般零件宜采用正常的加工工艺保证表面质量，就不必再提出过高要求。而对于一些直接影响产品性能、寿命和安全工作的重要零件的重要表面，就有必要加以控制了。例如，承受高应力交变载荷的零件需要控制受力表面不产生裂纹与残余拉应力；轴承沟道为了提高接触疲劳强度，必须控制表面不产生磨削烧伤和微观裂纹等。类似这样的零件表面，就必须选用适当的加工工艺参数，严格控制表面质量。

二、采用精加工与光整加工方法

1. 采用精密加工

精密加工需具备一定的条件。它要求机床运动精度高、刚性好、有精确的微量进给装置，工作台有很好的低速稳定性，能有效消除各种振动对工艺系统的干扰，同时还要求稳定的环境温度等。

（1）精密车削　精密车削的切削速度 v 在 160 m/min 以上，背吃刀量 $a_p = 0.02 \sim 0.2$ mm，进给量 $f = 0.03 \sim 0.05$ mm/r。由于切削速度高，切削层截面小，故切削力和热变形影响很小。加工精度可达 IT5 ~ IT6 级，表面粗糙度值 $Ra0.8 \sim 0.2$ μm。

（2）高速精镗（金刚镗）　高速精镗广泛用于不适宜用内圆磨削加工的各种结构零件的精密孔，如活塞销孔、连杆孔和箱体孔等，控制切削速度 $v = 150 \sim 500$ m/min。为保证加工质量，一般分为粗镗和精镗两步进行。粗镗 $a_p = 0.12 \sim 0.3$ mm；$f = 0.04 \sim 0.12$ mm/r；精镗 $a_p < 0.075$ mm；$f = 0.02 \sim 0.08$ mm/r。高速精镗的切削力小，切削温度低，加工表面质量好，加工精度可达 IT6 ~ IT7，表面粗糙度 $Ra0.8 \sim 0.1$ μm。

高速精镗要求机床精度高、刚性好、传动平稳，能实现微量进给。一般采用硬质合金刀具，主要特点是主偏角较大（45° ~ 90°），刀尖圆弧半径较小，故径向切削力小，有利于减小变形和振动。当要求表面粗糙度小于 $Ra0.08$ μm 时，须使用金刚石刀具。金刚石刀具主要适用于铜、铝等有色金属及其合金的精密加工。

（3）宽刃精刨　宽刃精刨的刃宽为 60 ~ 200 mm，适用于龙门刨床上加工铸铁和钢件。切削速度低（$v = 5 \sim 10$ m/min），背吃刀量小（$a_p = 0.005 \sim 0.1$ mm），如刃宽大于工件加工面宽度时，无需横向进给。加工直线度可达 1 000∶0.005，平面度不大于 1 000∶0.02，表面粗糙度值在 $Ra0.8$ μm 以下。

宽刃精刨要求机床有足够的刚度和很高的运动精度。刀具材料常用 YG8、YT5 或 W18Cr4。加工铸铁时前角 $\gamma = -10° \sim 15°$，加工钢件时 $\gamma = 25° \sim 30°$，为使刀具平稳切入，一般采用斜角切削。加工中最好能在刀具的前刀面和后刀面同时浇注切削液。

（4）高精度磨削　高精度磨削可使加工表面获得很高的尺寸精度、位置精度和形状精度以及较小的表面粗糙度值。通常表面粗糙度 $Ra0.1\sim0.5$ μm 时称为精密磨削，$Ra0.025\sim0.012$ μm 时称为超精密磨削，小于 $Ra0.008$ μm 时为镜面磨削。

2. 采用光整加工

光整加工是用粒度很细的磨料（自由磨粒或烧结成的磨条）对工件表面进行微量切削、挤压和刮擦的一种加工方法。其目的主要是减小表面粗糙度值并切除表面变质层。其加工特点是余量极小，磨具与工件定位基准间的相对位置不固定。其缺点是不能修正表面的位置误差，其位置精度只能靠前道工序来保证。

光整加工中，磨具与工件之间压力很小，切削轨迹复杂，相互修整均化了误差，从而获得小的表面粗糙度值和高于磨具原始精度的加工精度，但切削效率很低。常见的几种光整加工方法如下。

（1）研磨　研磨是出现最早、最为常用的一种光整加工方法。研磨原理是在研具与工件加工表面之间加入研磨剂，在一定压力下两表面作复杂的相对运动，使磨粒在工件表面上滚动或滑动，起切削、刮擦和挤压作用，从加工表面上切下极薄的金属层。这种方法可适用于各种表面的加工，粗糙度 $Ra<0.16$ μm，工件表面的形状精度和尺寸精度高（IT6以上），且具有残余压应力及轻微的加工硬化。按研磨方式可分为手工研磨和机械研磨两种。

手工研磨时，研磨压力主要由操作者凭感觉确定；机械研磨时，粗研压力为 100～300 kPa，精研压力为 10～100 kPa。磨料粒度粗研为 W28～W40，精研为 W5～W28。粗研速度为 40～50 m/min，精研速度为 6～12 m/min。手工研磨时，研磨余量小于 10 μm，机械研磨小于 15 μm。手工研磨生产率低，对机床设备的精度条件要求不高，金属材料和非金属材料都可加工，如半导体、陶瓷、光学玻璃等。

（2）超精研磨　如图 9－22 所示为超精研磨原理图。研具为细粒度磨条，对工件施加很小的压力，并沿工件轴向振动和低速进给，工件同时作慢速旋转。采用油作切削液。

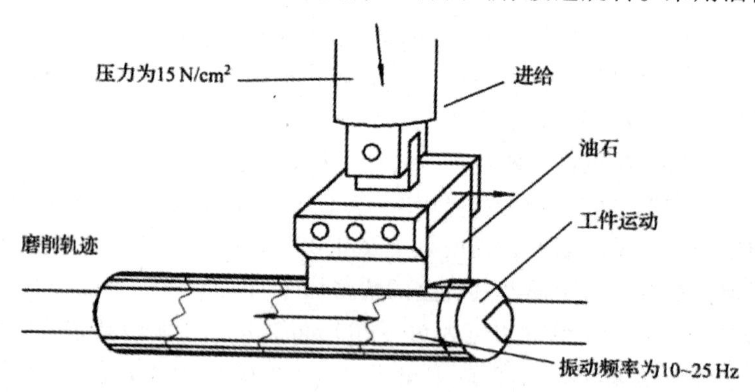

图 9－22　超精加工原理

研磨过程大致分为如下几个阶段：

①强烈切削阶段。开始加工时工件表面粗糙，与磨条接触面小，实际比压力大，磨削作用大。

②正常切削阶段。表面逐渐磨平，接触面积增大，比压逐渐减小，但仍有磨削作用。

③微弱切削阶段。磨粒变钝，切削作用微弱，切下来的细屑逐渐堵塞油石气孔。

④停止切削阶段。工件表面很光滑，接触面积大为增加，比压变小，磨粒已不能穿破油膜，故切削作用停止。由于磨粒运动轨迹复杂，研磨至最后呈挤压和抛光作用，故表面粗糙度可达 $Ra0.01 \sim 0.08\ \mu m$；加工余量小，一般只有 0.008 ~ 0.010 mm，切削力小，切削温度低，表面硬化程度低，故不会产生表面烧伤，不能产生残余拉应力。

（3）珩磨　珩磨是低速大面积接触的磨削加工，与磨削原理基本相同，所用磨具是由几根粒度很细的油石磨条所组成的珩磨头，磨条靠机械或液压的作用胀紧和施加一定压力在工件表面上，并相对工件做旋转与往复运动，这种方法主要用于内孔的光整加工，孔径 $\varphi 8 \sim 1200$ mm，长径比可以达到 10 或 10 以上。

珩磨直线往复速度 v_f 一般不大于 0.5 m/min，加工淬火钢时 $v_f = 8 \sim 10$ m/min，加工未淬火钢 $v_f = 12$ m/min，加工铸铁铁和青铜 $v_f = 12 \sim 18$ m/min。油石的扩张进给压力在粗珩时为 0.5 ~ 2 MPa，精珩时为 0.2 ~ 0.8 MPa；珩磨头圆周速度 $v =（2 \sim 3）v_f$。

珩磨后尺寸精度可达 IT6 ~ IT7，表面粗糙度可达 $Ra0.20 \sim 0.025\ \mu m$. 表面层的变质层极薄；珩磨头与机床主轴浮动连接，故不能纠正位置误差；生产率比研磨高；加工余量小，加工铸铁为 0.02 ~ 0.05 mm，加工钢为 0.005 ~ 0.08 mm；适于大批大量生产中精密孔的终加工，不适宜加工较大韧性的有色合金以及断续表面，如带槽的孔等。

三、表面强化工艺

采用表面强化工艺能改善工件表面的硬度、组织和残余应力状况，提高零件的物理力学性能，从而获得良好的表面质量。表面强化工艺中包括化学热处理、电镀和机械表面强化，前两者不属本课程范畴，故不作介绍，本任务只介绍机械表面强化技术。

机械表面强化是指在常温下通过冷压加工方法，使表面层产生冷塑变形，增大表面硬度，在表面层形成残余压应力，提高它的抗疲劳性能；同时将微观不平的顶峰压平，减小表面粗糙度值，使加工精度有所提高。常见的表面强化工艺有喷丸强化和滚压加工。

1. 滚压加工

滚压加工是利用经过淬硬和精细抛光过的、可自由旋转的滚柱或滚珠，在常温状态下对零件表面进行挤压，将表层的凸起部分向下压，凹下部分往上挤（图 9 - 23），逐渐将前工序留下的波峰压平，从而修正工件表面的微观几何形状。滚压加工可减小表面粗糙度值 2 ~ 3 级，提高硬度 10% ~ 40%，表面层耐疲劳强度一般提高 30% ~ 50%。滚柱或滚珠材质通常采用高速钢或硬质合金。滚柱滚压是最简单最常用的冷压强化方法。单滚柱滚压压力大且不平衡，这就要求工艺系统有足够的刚度；多滚柱滚压可对称布置滚柱以滚压内孔和外圆，减小了工艺系统的变形；这种方法也可滚压成形表面或锥面。滚珠滚压接触面积小，压强大，滚压力均匀，用于对刚度差的工件进行滚压，也可以做成多滚珠滚压，如图 9 - 24a）b）所示。

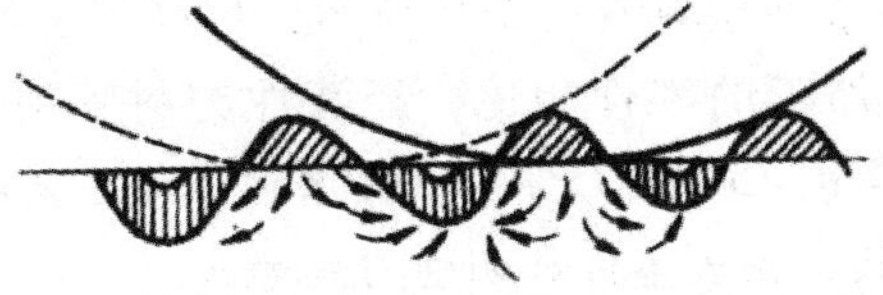

图 9 - 23　滚压加工原理图

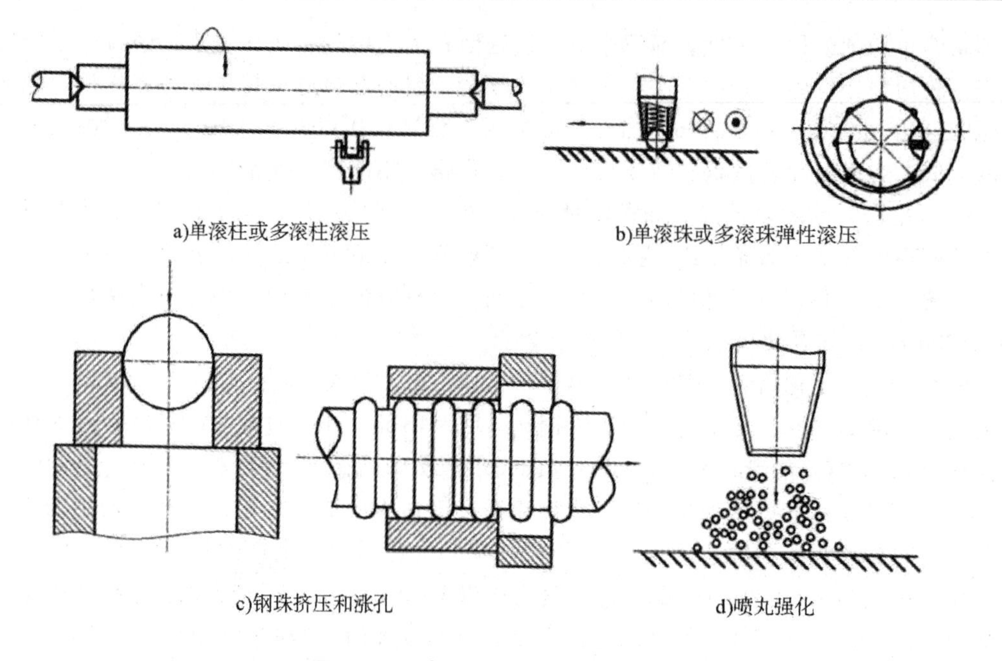

图 9-24 常用的冷压强化工艺方法

2. 挤压加工

挤压加工是利用截面形状与工件孔形相同的挤压工具（被称为胀头），在两者间有一定过盈量的前提下，推孔或拉孔而使表面强化，如图 9-24c）所示。其特点为效率较高，可采用单环或多环挤刀，后者与拉刀相似，挤后工件孔质量提高。

3. 喷丸强化

喷丸强化是用压缩空气或机械离心力将小珠丸高速（35~50m/s）喷出，打击零件表面，使工件表面层产生冷硬层和残余压应力，可显著提高零件的疲劳强度和使用寿命，如图 9-24d）所示。所用丸珠可以是铸铁、砂石、钢丸等，也可以是切成小段的钢丝（使用一段后自然变成球状），其尺寸为 0.2~4 mm。对软金属可用铝丸或玻璃丸。喷丸强化主要用于强化形状比较复杂的零件，直齿轮、连杆、曲轴等，也可用于一般零件，如板弹簧、螺旋弹簧、履带销、焊缝等。对于在腐蚀性环境中工作的零件，特别是淬过火而在腐蚀性环境中工作的零件，喷丸强化加工的效果更显著。

4. 液体磨料强化

这种强化方法是在喷丸强化工艺基础上发展起来的，是用液体和磨料的混合物来强化零件表面强度的工艺。图 9-25 所示为液体磨料喷射加工原理示意，液体和磨料在 400~800Pa 压力下，经过喷嘴高速喷出，射向工件表面，由于磨粒的冲击作用，磨平工件表面粗糙度凸峰并碾压金属表面。由于磨料的冲击作用，工件表面层产生塑性变形，变形层仅为 1~2μm。加工后的工件表面层具有残余压应力，提高了工件的耐磨性、抗蚀性和疲劳强度。实践表明，与磨削加工的零件相比，经液性磨料喷射加工的零件耐磨性可提高 25%~30%，疲劳强度可提高 15%~75%。液体磨料强化工艺最适用于复杂型面加工，如锻模、汽轮机叶片、螺旋桨、仪表零件和切削刀具等。

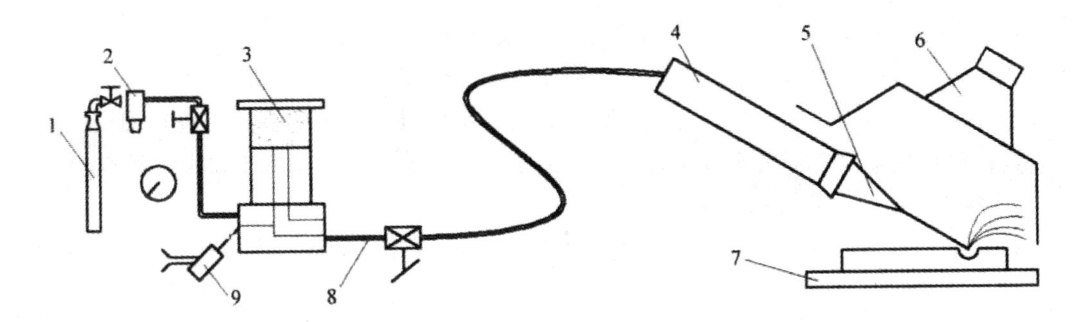

图 9－25　液体磨料喷射加工原理

1—压气瓶；2—过滤器；3—磨料室；4—导管；5—喷嘴；
6—收集器；7—工件；8—控制阀；9—振动器

四、表面质量的检查

对加工后零件的表面质量，目前国家只有表面粗糙度来衡量，其余项目没有国家标准进行衡量，也缺乏完善的无损检测方法。目前比较通用的方法为企业根据加工产品的用途，自行规定产品的质量要求以及需要检测的表面质量参数。其余不重要的项目，即可根据加工过程中的工艺要求进行间接保证，不再进行检查。常用的零件表面质量检测项目与评定方法如下：

1. 表面粗糙度

采用轮廓检查仪、双管显微镜或干涉显微镜等测定零件表面的粗糙度。表面的划痕、坑点等缺陷采用目测方法进行，其余采用光电检查仪进行检测。

2. 波度

在圆度仪上进行检测相应的波度值。因为波度现在并没有国家标准，因此只有企业自行制定标准来进行确定与检测。

3. 金相组织变化

现在采用最多的是酸洗法。即根据不同金相组织具有不同的耐腐蚀性。经过酸腐蚀后，正常组织为均匀的灰色，回火组织为黑色或灰黑色，二次回火组织为灰白色，一般呈现点状或块状的条纹。

4. 表面显微硬度变化

一般采用维氏硬度计进行测定。当测定表面层硬度分布时，将工件表面加工出 2°～3°的倾斜表面，可将表层厚度放大 25 倍后测定，如图 9－26 所示为硬度仪。

图 9－26　硬度测试仪

5. 残余应力检测方法

（1）酸腐蚀法　零件表面产生较大拉应力时，经过酸腐蚀后，可以出现裂纹。

（2）逐层去除法　该方法用于测定零件表面的应力分布情况。采用电解质腐蚀层去除零件表层，由于零件表层有残余应力，内应力重新平衡后，会引起零件的变形，测量其变形量可以计算得到残余应力值。

（3）X 射线衍射法　采用 X 射线照射后，会使零件表面内部原子间距发生变化，当零件表层存在残余应力时，金属原子间距产生变化。间距大于正常组织时为拉应力，小于正常组织时为压应力。需要测定表层应力分布时，则可以逐层去除后，再进行测定。采用 X 射线衍射仪快速测定金属残余应力分布，但是成本较高，因此采用此方法的不多。

6. 裂纹等微观缺陷检测方法

（1）着色检测　利用荧光计或有色气体的渗透作用进行检测，当零件表面有裂纹时，会显示出裂纹。

（2）酸蚀检测　采用腐蚀的方法，对零件表面进行检测，这样可以更清晰地显示零件的裂纹情况。

（3）磁粉探伤法　此方法是根据金属表层的磁化作用进行检测，将零件表面磁化后，有裂纹的部分会产生漏磁现象，当磁粉分布于零件表面上时，磁粉即沿着缺陷裂纹处分布，可以清晰发现裂纹情况。

任务五　机械加工中的振动及其控制措施

在机械加工过程中，在工件和刀具之间常常产生振动。产生振动时，工艺系统的正常切削过程便受到干扰和破坏，从而使零件加工表面出现振纹，降低了零件的加工精度和表面质量。强烈的振动会使切削过程无法进行，甚至会引起刀具崩刃打刀现象，加速了刀具或砂轮的磨损，使机床连接部分松动，影响运动副的工作性能，并导致机床丧失精度。此外，强烈的振动及伴随而来的噪声，还会污染环境，危害操作者的身心健康。

本任务主要介绍机械加工中产生振动的原因及减小振动的常用措施。

一、机械加工中的振动及其分类

机械加工过程中产生的振动，按其性质可以分为自由振动、强迫振动和自激振动三种类型。

1. 自由振动

工艺系统受到初始干扰力而破坏了其平衡状态后，系统仅靠弹性恢复力来维持的振动称为自由振动。机械加工过程中的自由振动往往是由于切削力的突然变化或其他外界力的冲击等原因所引起的。这种振动一般可以迅速衰减，因此对机械加工过程的影响较小，约占 5%，一般不予考虑。

2. 强迫振动

工艺系统在外部周期性的干扰力（激振力）的作用下产生的振动，在机械加工中约占 35%。

3. 自激振动

在没有周期性外力作用下，工艺系统在输入输出之间有反馈特性，并有能源补充而产生的振动，在机械加工中也称为颤振，如图 9－27 所示，是机械加工中振动的主要类型，约占 65%。

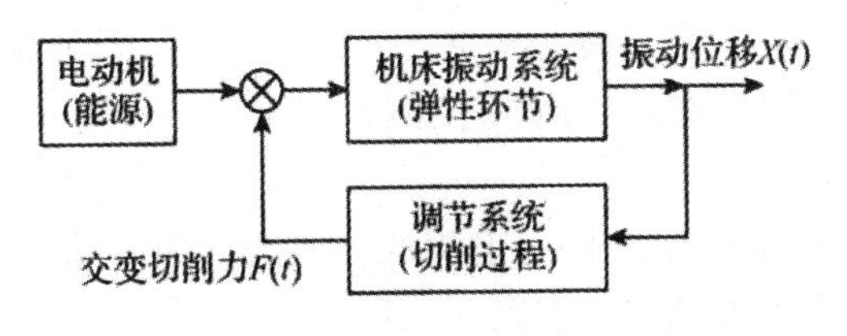

图 9－27　自激振动闭环系统

二、机械加工中的强迫振动及其控制措施

1. 强迫振动产生的原因

强迫振动的振源有两部分，一部分是来自机床内部的，称为机内振源；一部分是来自机床外部的，称为机外振源。机外振源甚多，但它们多半是通过地基传给机床的，可以通过加设隔振地基把振动隔除或削弱。机内振源指来自机床内部产生的振源，具体由以下三方面组成：

①回转零部件质量的不平衡，例如机床上各个电动机的振动，包括电动机转子旋转不平衡及电磁力不平衡引起的振动。

②机床传动件的制造误差和缺陷，机床上各回转零件的不平衡，如砂轮、皮带轮、卡盘、刀盘和工件等的不平衡引起的振动；运动传递过程中引起的振动，如齿轮啮合时的冲击，皮带传动中平皮带的接头，三角皮带的厚度不均匀，皮带轮不圆，轴承滚动体尺寸及形状误差等引起的振动，往复运动部件的惯性力，不均匀或断续切削时的冲击动。

③切削过程中的切入切出产生的冲击，如铣削、拉削加工中，刀齿在切入或切出工件时，都会有很大的冲击发生。此外，在车削带有键槽的工件表面时也会发生由于周期冲击而引起的振动，液压传动系统压力脉动引起的振动等。

2. 强迫振动的特征

在机械加工过程中，由于机床、刀具及工件在接触切削过程中产生的振动，会极大影响工件的精度，机械振动中的强迫振动与通用机械的振动没有特殊区别。

①通常情况下，机械加工过程中产生的强迫振动，其振动频率与干扰力频率相同，或者为其整数倍。其相应的频率对应关系为诊断机械加工过程中产生振动是否为强迫振动的主要依据，可以根据以上经验对频率特征进行分析，并得出结论。

②强迫振动的幅值既与干扰力的幅值有关，同时又与工艺系统的动态特性相关。通常情况下，干扰力的频率不变的情况下，干扰力幅值越高，强迫振动的幅值随之增大。工艺系统的动态特性对强迫振动幅值影响亦较大。

如果干扰力的频率远离工艺系统各阶模态的固有频率，则强迫振动响应将处于机床动态响应的衰减区，振动响应幅值就很小；当干扰力频率接近工艺系统某一周有频率时，强迫振动的幅值将明显增大；若干扰力频率与工艺系统某一同有频率相同，系统将产生共振。

③在共振区，较小的频率变化会引起较大的振幅和相位角的变化。

④强迫振动的稳态过程是谐振，只要干扰力存在，振动就不会被阻尼衰减掉，去除干扰力后，振动就会停止。

⑤若工艺系统阻尼系数不大，振动响应幅值将十分大。阻尼越小，振幅越大，谐波响应轨迹的范围越大，增加阻尼能有效地减小振幅。

3. 强迫振动的控制措施

强迫振动是由于外界周期性干扰力引起的。因此，为了消除强迫振动，应先找出振源，然后采取相应的措施加以控制，有以下几种方法。

（1）减小或消除振源的激振力　对转速在600 r/min以上的零件，如砂轮、卡盘、电动机转子等必须经过平衡，特别是高速旋转的零件。例如砂轮，其本身砂粒的分布不均匀和工作时表面的磨损不均匀等原因，容易造成主轴的振动。因此，对于新换的砂轮必须进行修整前和修整后的二次平衡。

（2）提高机床的制造精度　提高齿轮的制造精度和装配精度，特别是提高齿轮的工作平稳性精度，从而减少因周期性的冲击而引起的振动，并可减少噪声；提高滚动轴承的制造和装配精度，以减少因滚动轴承的缺陷而引起的振动，尤其是机床主轴的滚动轴承运动会引起主轴系统的振动，因此提高关键部件的制造精度可以减少系统强迫振动的影响。选用长度一致、厚薄均匀的传动带。

（3）调整振源频率，避免激振力的频率与系统的固有频率接近，以防止共振

①采取更换电动机的转速或改变主轴的转速来避开共振区。

一般情况下，$|(f_m-f)/f|\geqslant 0.25$，其中$f$为振源频率，$f_m$为系统的固有频率。

②采用提高接触面精度、降低结合面的粗糙度、消除间隙、提高接触刚度等方法，来提高系统的刚度和固有频率，这样可以提高系统抵抗振动能力。

（4）采用隔振措施

①机床的电动机与床身采用柔性连接以隔离电动机本身的振动。

②把液压部分与机床分开。

③采用液压缓冲装置以减少部件换向时的冲击。

④采用厚橡皮、木材将机床与地基隔离；用防振沟隔开设备的基础和地面的联系，以防止周围的振源通过地面和基础传给机床。

三、机械加工中的自激振动及其控制措施

1. 自激振动产生的机理

（1）再生耦合机理　在稳定的切削加工过程中，由于偶然干扰，如刀具碰到硬质点或加工余量不均匀，使加工系统产生振动并在加工表面上留下振纹。第二次走刀时，刀具将在有振纹的表面上切削，使切削厚度发生变化，导致切削力周期性地变化，产生自激振动。

在机械加工过程中，以车削为例，由于刀具的进给量较小，刀具的副偏角较小，当工件转过一圈开始切削下圈时，刀具与已经切过的上一圈表面接触，产生切削重叠，磨削加工亦为如此。若在切削过程中系统受到了瞬时的偶然扰动，工件与刀具之间产生相对振动（自由振动），由于此干扰很快消失，系统振动逐渐衰减，在工件表面留下的波纹已经产生的切削重叠后，会产生相应的振动，当进行顺序加工过程中，后续的切削又受到前序的影响，产生相应的波动，由于切削厚度的逐渐变化，切削力发生相应的波动，此过程中即产

生了动态力。这种由于切削层厚度变化引起的自激振动，被称为再生颤振。

（2）振型耦合颤振机理　在多自由度的系统振动过程中，有学者采用振型耦合颤振机理对自激振动进行解释，本任务简要介绍其原理。

假设二自由度的振动系统，在切削前，工件表面光滑，可以不考虑再生效应。质量为 m 的刀具挂在刚度分别为 k_1 与 k_2 的弹簧上，加工表面法向与振型方向的夹角分别为 α_1 与 α_2，在加工过程中，动态切削力与 x 轴夹角为 β。当刀架系统产生频率为 ω 的振动后，刀具将在 α_1 与 α_2 方向上同时振动，通过试验得出，刀具的振动轨迹一般为椭圆形的封闭曲线。

假设刀尖按照图 9－28 中的方向运动，椭圆形曲线的旋转方向为顺时针方向，刀具在轨迹方向为 ACB 轨迹切入工件，它的运动方向与切削力方向相反，刀具做负功，当刀尖由 BDA 方向运动时，切削力方向与刀具运动方向相反，刀具做正功。由于在刀具运动过程中，切出时的切削层厚度大于切入时切削层厚度，因此在一个周期内，切削力做功为正值，有多余能量输入系统中，自激振动得以维持。若在加工过程中，刀具与工件运动方向与以上方向相反，则切削力做功为负值，振动能力逐渐消减后，自激振动不能维持。

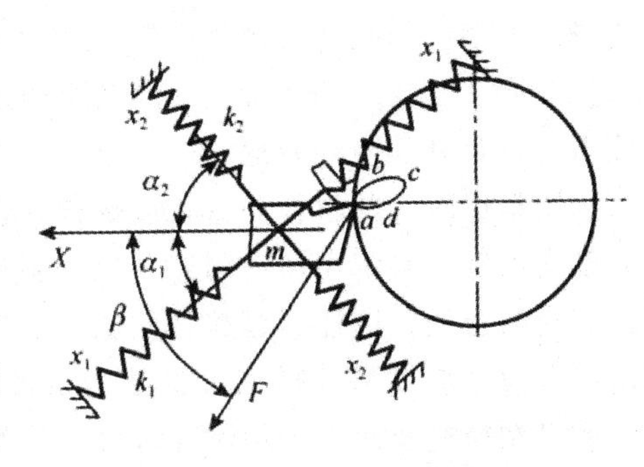

图 9－28　振型耦合机理

2. 自激振动的特点

与其他振动相比，自激振动有如下特点：

①自激振动是一种不衰减振动。

②自激振动的频率等于或接近于系统的固有频率。

③自激振动能否产生及振幅的大小取决于振动系统在每一个周期内获得和消耗的能量对比情况。

3. 自激振动的控制措施

通过以上产生机理分析可知，发生自激振动主要在切削加工过程中工艺系统本身的某种缺陷所引起的周期性变化力的影响，是系统本身内部因素引起的，与外部因素无关。为防止和消除该种振动对加工质量的影响，通过判断不同的振动类型，针对不同特点采用有效消除振动的方法，具体如下：

①合理选择切削参数。增大进给量，适当提高切削速度，改善被加工材料的切削性能。

②合理选择刀具参数。增加主偏角以及前角，适当减少刀具后角，在后刀面上磨削出消振倒棱，适当增加钻头的横刃。

③减小重叠系数。增大刀具的主偏角和进给量，可以减小重叠系数，例如在生产过程中，采用主偏角，$k=90°$车刀加工外圆等。

④采用变速切削。调整切削速度，避开临界切削速度，以防止切削过程中因动态所引起的自激振动。如采用变速磨削来抑制或缓解磨削颤振的发展，因为工件经过磨削后，颤

振后期振幅均方根的平均值及工件表面振幅高度的均方根值与采用恒速磨削有明显下降。

四、控制机械加工中振动的其他途径

除了以上提到的强迫振动和自激振动的控制措施以外，控制机械加工中的振动还有如下措施。

1. 改善工艺系统的振动特性

（1）提高工艺系统的刚度　提高工艺系统薄弱环节的刚度，可以有效地提高系统的稳定性。增强连接结合面的接触刚度，对滚动轴承施加预载荷，加工细长工件外圆时采用中心架或跟刀架，镗孔时对镗杆设置镗套等措施，都可以提高工艺系统的刚度。

（2）增大工艺系统的阻尼　工艺系统的阻尼主要来自零件材料的内阻尼、结合面上的摩擦阻尼以及其他附加阻尼。

选用阻尼较大的材料制造相应部件，铸铁的内阻尼比钢大，因此机床上的床身、立柱等大型支承件一般都用铸铁制造；机床阻尼大多来自零件部结合面间的摩擦阻尼，对于机床的活动结合面，应注意调整其间隙，必要时可以施加预紧力以增大摩擦力，对于机床的固定结合面，应适当选择加工方法、表面粗糙度等级；在机床振动系统上增加阻尼减振器，或是在精密机床上采用滚珠丝杠、导轨等附加阻尼也可以提高系统的阻尼。

2. 采用相应的减震装置

（1）动力减振器　动力式减振器是用弹性元件把一个附加质量块连接到振动系统中，利用附加质量的动力作用，使弹性元件附加在振动系统上的力与系统激振力抵消。如图 9－29所示为用于消除镗杆振动的动力减振器，在振动系统中原有质量基础上增加了附加质量后，使其加到主振动系统上的作用力与激振力大小相等，方向相反，达到一致振动系统振动的目的。

（2）冲击式减振器　冲击式减震器是利用两物体相互碰撞损伤动能的原理，是由一个与振动系统刚性连接的壳体和一个在体内可以自由冲击的质量所组成。当系统振动时，由于质量反复地冲击壳体消耗了振动的能量，因而可以显著地消减振动。图 9－30 为冲击式减振器的应用实例。

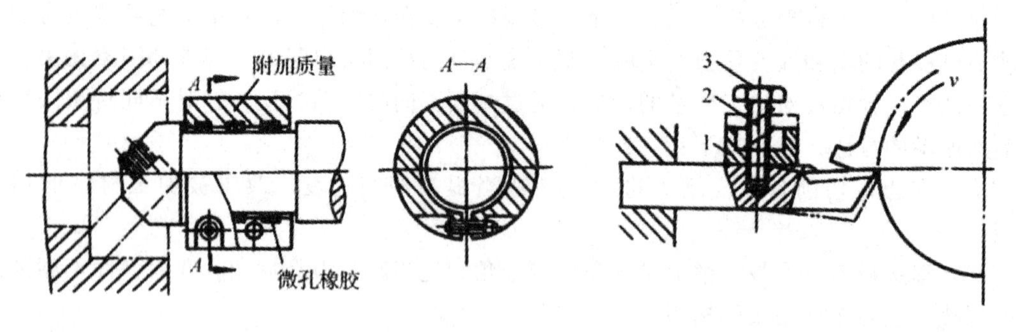

图 9－29　用于镗杆的动力减振器图

图 9－30　冲击式减振器

1—自由质量；2—弹簧；3—螺钉

冲击式减振器具有结构简单、重量轻、体积小、减振效果好等特点，并可以在较大振动频率范围内使用。

（3）摩擦式减振器　摩擦式减振器是利用阻尼来消耗振动系统的能量，在系统振动过程中，利用相应的阻尼系数对其进行分析，通过摩擦作用，消耗掉的能量即可以减少系统的能量输入，从而达到消减振动的目的。

（4）阻尼减振器　它是利用固体或液体的摩擦阻尼来消耗振动能量从而达到减振的目的。图 9－31 为固体摩擦阻尼减振器。

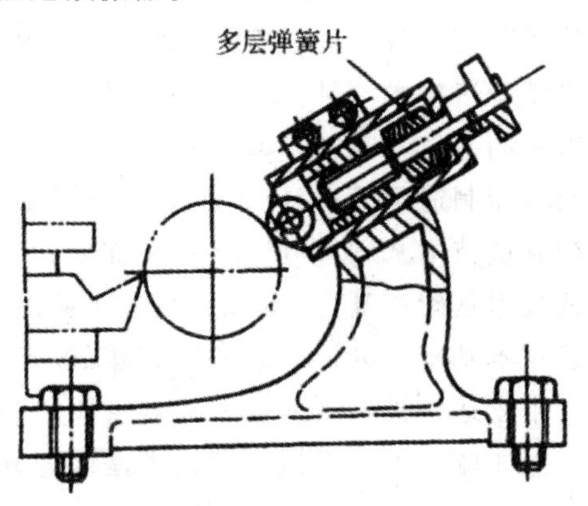

图 9－31　固体阻尼减振器

课后思考

1. 什么是回火烧伤、退火烧伤和淬火烧伤？
2. 什么是强迫振动？它有哪些主要特征？
3. 机械加工过程中，如何消除残余应力？
4. 机械加工表面质量包括哪些内容？
5. 简述切削的基本参数对表面质量的影响。
6. 简述冷作硬化现象及其产生条件。
7. 简述再生颤振机理及产生原因。
8. 零件的加工表面质量对零件的使用性能有哪些影响？
9. 简述各种表面强化措施及其作用。
10. 简述机械加工过程中的振动形式及消除方法。

参考文献

[1] 刘英. 机械制造技术基础 [M]. 北京：机械工业出版社，2017.

[2] 赵萍，李旭英. 机械制造技术 [M]. 北京：中国林业出版社，2017.

[3] 于骏一，邹青. 机械制造技术基础 [M]. 北京：机械工业出版社，2017.

[4] 张红. 工程材料与机械制造工艺 [M]. 北京：电子工业出版社，2017.

[5] 刘英，周伟. 机械制造技术基础 [M]. 3 版. 北京：机械工业出版社，2018.

[6] 王靖东. 机械制造技术基础 [M]. 北京：机械工业出版社，2018.

[7] 李凯岭. 机械制造技术基础 [M]. 北京：机械工业出版社，2018.

[8] 巩亚东，史家顺，朱立达. 机械制造技术基础 [M]. 北京：科学出版社，2017.

[9] 李凯岭，迟京瑞，王丽丽，等. 机械制造技术基础 [M]. 北京：清华大学出版社，2018.

[10] 熊良山. 机械制造技术基础 [M]. 武汉：华中科技大学出版社，2014.

[11] 熊良山. 机械制造技术基础学习辅导与题解 [M]. 武汉：华中科技大学出版社，2014.

[12] 张世昌，李旦，张冠伟. 机械制造技术基础 [M]. 北京：高等教育出版社，2014.

[13] 任乃飞，任旭东. 机械制造技术基础 [M]. 镇江：江苏大学出版社，2018.

[14] 张辛喜. 机械制造技术基础 [M]. 北京：机械工业出版社，2019.

[15] 王茂元. 机械制造技术基础 [M]. 北京：机械工业出版社，2017.